上海市

上海市

佘山洋

马鞍列岛

嵊山洋

嵊泗列岛

嵊泗县 嵊泗

舟

崎岖列岛

川湖列岛 黄泽洋

七姊八妹列岛

玉盘洋

衢山岛 岱

浪岗山列岛

山洋

慈溪市

慈溪

东霍洋

火山列岛 岱山岛

岱衢洋

岱山县

余姚市

宁

宁

波

海 定海 舟山岛

舟山市 山

中街山列岛

两兄弟屿

群

东

宁波市

市 定海区

普陀区

鄞

鄞州区

普

朱家尖岛

岛

东钱湖

陀

奉化市

奉化

梅散列岛

象山

象山县

大目洋

韭山列岛

宁

宁海

宁海县

半招列岛

台

三门县

三

门

猫头洋

渔山列岛

海

州

东矶列岛

台州市

海

州市区 台州湾

台州列岛

大陈洋

温岭

温岭市

玉

环

玉环县

披山洋

洞头

洞头县

洞头列岛

北麂列岛

海

U0214625

《浙江植物志（新编）》编辑委员会 编著

浙江植物志 新编

Flora of Zhejiang

（New Edition）

第七卷　萝藦科—胡麻科

Volume 7

Asclepiadaceae—Pedaliaceae

浙江科学技术出版社

图书在版编目(CIP)数据

浙江植物志：新编. 第七卷 /《浙江植物志（新编）》
编辑委员会编著. — 杭州：浙江科学技术出版社，2020. 3

ISBN 978-7-5341-8884-8

Ⅰ. ①浙… Ⅱ. ①浙… Ⅲ. ①植物志－浙江

Ⅳ. ① Q948.525.5

中国版本图书馆 CIP 数据核字（2019）第 290128 号

书　　名	浙江植物志（新编）·第七卷
编　　著	《浙江植物志（新编）》编辑委员会

出版发行 浙江科学技术出版社

　　　　　　杭州市体育场路 347 号　邮政编码：310006

　　　　　　编辑部电话：0571-85152719

　　　　　　销售部电话：0571-85176040

　　　　　　网址：www.zkpress.com

排　　版 杭州万方图书有限公司

印　　刷 浙江新华数码印务有限公司

经　　销 全国各地新华书店

开　　本	889mm×1194mm　1/16	印　　张	33.75
字　　数	780 千字		
版　　次	2020 年 3 月第 1 版		2020 年 3 月第 1 次印刷
书　　号	ISBN 978-7-5341-8884-8	定　　价	350.00 元
审 图 号	浙 S（2019）11 号		

策划组稿　章建林　詹　喜　　　**责任编辑**　赵雷霖　卢晓梅

责任校对　张　宁　赵　艳　　　**封面设计**　金　晖

责任印务　叶文炀

【内容提要】

本卷记载了浙江省野生或习见栽培的被子植物（萝藦科至胡麻科）19科，187属，476种（不计种下分类群，但浙江无原种的种下分类群以种计）。其中包括本志作者自《浙江植物志（新编）》编著项目启动以来发表的新分类群（新种、新亚种和新变种）9个，新组合3个，浙江分布新记录属6个，新记录种（含亚种和变种）26个，订正了7个以往错误鉴定种。每种植物均有中名、拉丁名、形态描述、产地、生境、分布、用途等记述，95%以上种类附有野外实地拍摄的彩色图片。

本书可供农业、林业、园艺、医药、环保等行业的科技人员、管理人员及广大植物爱好者参考，也可作为各类院校植物学、农学、林学、园艺学、药学、生态学等相关专业的辅助教材。

Summary

In this volume, 476 species belonging to 187 genera in 19 families (from Asclepiadaceae to Pedaliaceae) are recorded. Which are wild and commonly cultivated species in Zhejiang Province. The species covered in this volume include 9 new taxa (new species, new subspecies and new variety), 3 new combinations. 6 genera newly recorded and 26 species newly recorded in Zhejiang. 7 formerly mis-identified species are clarified. Each species contains Chinese name, scientific name, morphological description, locality, habitat, distribution, economic usage, etc. More than 95% species are accompanied by color pictures obtained from original observation.

This book can be used as a reference for scientists and technicians, managers and plant hobbyists of agriculture, forestry, horticulture, medicine and pharmacy, environmental protection and other related fields. It also can be course materials for various majors in botany, agriculture, forestry, horticulture, pharmacy, ecology, etc.

《浙江植物志(新编)》
编辑委员会

主　　任　胡　侠（2018 年 12 月起在任）

　　　　　林云举（2014 年 11 月至 2018 年 12 月在任）

副 主 任　吴　鸿　杨幼平　王章明（常务）　陆献峰

　　　　　于明坚　江　波　吾中良　章滨森

委　　员　柳新红　陈华新　朱光权　丁良冬　孙晓霞

主　　编　李根有　丁炳扬

副 主 编　金孝锋　陈征海　张方钢　金水虎

编　　委　李根有　丁炳扬　金孝锋　陈征海　张方钢

　　　　　金水虎　柳新红　赵云鹏

顾　　问　郑朝宗　裘宝林

组 织 编 著　浙江省林业局

　　　　　　浙江省植物学会

本卷编著者及分工

卷 主 编　丁炳扬

卷副主编　柳新红　周　庄

编 著 者　萝藦科、旋花科

柳新红　杨少宗（浙江省林业科学研究院）

茄科、车前科

陈友吾（浙江省林业科学研究院）

菟丝子科、花葱科、醉鱼草科

柳新红（浙江省林业科学研究院）

睡菜科、水马齿科

王金旺（浙江省亚热带作物研究所）

紫草科

杨少宗　柳新红（浙江省林业科学研究院）

马鞭草科

叶立新（浙江凤阳山–百山祖国家级自然保护区管理局凤阳山管理处）

唇形科

丁炳扬（浙江省林业科学研究院）

木犀科

朱光权（浙江省林业科学研究院）

玄参科、苦槛蓝科、列当科、苦苣苔科、爵床科、胡麻科

周庄（浙江省亚热带作物研究所）

Authors and Division

Volume editor-in-chief

Ding Bingyang

Volume associate editor-in-chief

Liu Xinhong and Zhou Zhuang

Authors

Asclepiadaceae, Convolvulaceae

Liu Xinhong and Yang Shaozong (Zhejiang Academy of Forestry)

Solanaceae, Plantaginaceae

Chen Youwu (Zhejiang Academy of Forestry)

Cuscutaceae, Polemoniaceae, Buddlejaceae

Liu Xinhong (Zhejiang Academy of Forestry)

Menyanthaceae, Callitrichaceae

Wang Jinwang (Zhejiang Institute of Subtropical Crops)

Boraginaceae

Yang Shaozong and Liu Xinhong (Zhejiang Academy of Forestry)

Verbenaceae

Ye Lixin (Management Office of Fengyangshan, Administration of Zhejiang Fengyangshan-Baishanzu National Nature Reserve)

Lamiaceae

Ding Bingyang (Zhejiang Academy of Forestry)

Oleaceae

Zhu Guangquan (Zhejiang Academy of Forestry)

Scrophulariaceae, Myoporaceae, Orobanchaceae, Gesneriaceae, Acanthaceae, Pedaliaceae

Zhou Zhuang (Zhejiang Institute of Subtropical Crops)

序 一

　　浙江植物学专家前辈历经10年的辛勤努力，于1993年出版了8卷《浙江植物志》（7卷加总论卷）。该志记载了浙江野生与习见栽培的维管植物共231科，1372属，4444种（含种下等级）。该志编撰严谨，图文并茂，荣获第二届国家图书奖（1995），不仅深受社会各界欢迎，出现了一书难求的现象，还成为浙江乃至周边省份科研、科普、教学、生产的必备参考书，在浙江省的经济建设、生态保护等方面发挥了非常重要的作用。

　　《浙江植物志》出版之后的20多年中，随着经济的飞速发展，省外及国外一些植物物种被大量引入，同时浙江新一代植物学工作者在继承前辈严谨工作作风的基础上，不懈努力，深入调查，又发现了众多的植物新分类群和分布新记录。而这些资料均分散在各种期刊和著作中，不利于各行各业应用。因此，《浙江植物志（新编）》的出版顺应了时代的发展和社会的需求，意义重大。

　　《浙江植物志（新编）》对原志书进行了全面的、系统的补充修订，并在被子植物部分采用了当代著名的四大被子植物分类系统之一的克朗奎斯特（Cronquist）分类系统（1988）；本志书用精美的彩色照片代替了原来的线描图，使之更具直观性和实用性，这在省级植物志书中是非常有特色的。

　　全套志书由原来的8卷增加至10卷；收录种类比原志书有了大量增加，其中有近年发现的新分类群100余个，新记录科3个，新记录属80多个，新记录种400多个，同时增加了很多物种的新分布点；对原记载的植物逐种进行了考证，对不少植物学名根据新的资料予以了更正，对一些原来鉴定错误或经调查已无栽培的种类进行了更正与删减，充分汲取了植物分类的最新研究成果，使之更具科学性和准确性。

　　由此可见，本套志书在学术水平上又有了较大的提升，充分体现出了编撰志书为地方经济建设及基层大众服务的初衷。相信本套志书出版之后，定会为浙江省的植物学研究、教学、科普以及植物资源的开发利用与保护等发挥重要作用。

　　我注意到，在从事植物经典分类人才越来越稀缺的今天，在经济较发达的浙江，仍有一批中青年植物学者执着地坚守在基础研究的岗位上，这让我尤为高兴。

　　在本套志书编撰之初，我与浙江同行就有了密切的书信联系和问题交流，并自始至终给予了特别关注。得知本套志书即将陆续出版，甚感欣慰，特予作序。

中国科学院植物研究所研究员
中国科学院院士　

2019年5月于北京

序 二

　　浙江地处我国东南沿海，陆域面积不大，但自然条件优越，植物资源丰富，人文底蕴深厚，有钟观光、钱崇澍、李善兰等植物学先驱，并涌现出了陈嵘、张肇骞、钟补求、蔡希陶、王伏雄、吴中伦、梁希、杨衔晋、林刚、陈诗、陈谋、贺贤育等林学家、植物分类学家和采集家，成为我国近代植物学的重要发源地之一。独特的区域优势和丰富的植物资源，吸引了众多国内外学者来浙江开展采集和研究工作，除浙江籍人士外，还有胡先骕、秦仁昌、郑万钧、陈焕镛、裴鉴、唐进、耿以礼、郑勉、裴佩熹、J. Cunningham、R. Fortune、E. Faber、F.B. Forbes、W.B. Hemsley、S. Matsuda、C.S. Sargent、H. Migo、A.N. Steward 等，为浙江的植物资源调查和分类研究奠定了基础。

　　1993 年，本人有幸受邀参加"浙江植物资源调查研究及《浙江植物志》编著"成果评审会，方云亿、章绍尧等浙江老一辈植物分类学家踏实严谨、精益求精的科研作风给我留下了深刻印象。项目成果获得了浙江省科技进步奖一等奖(1994)，《浙江植物志》还获得第二届国家图书奖(1995)和第七届全国优秀科技图书一等奖(1995)，成为省级植物志的典范。《中国植物志》于 2004 年全部出版，有人认为植物分类学家从此已无用武之地。殊不知，由于历史原因，就整体而言，我国植物分类学还处在描述阶段。浙江省的植物分类学者认识到这一点，他们承前启后，不仅自己奋斗，还培养人才，为这一领域注入了活力。浙江省的植物资源调查研究工作方兴未艾，相继出版了《浙江种子植物检索鉴定手册》等专著，积累了丰富翔实的新资料，结出了新成果。

　　《浙江植物志(新编)》由浙江省 27 家单位的 50 余位专家参与编研工作。通过大规模和系统的野外考察、标本采集、照片拍摄，收录的种类大幅增加，其中有近年发现的新记录科 3 个，新记录属 80 多个，新记录种 400 多个，充实了浙江乃至全国植物区系地理的内容；全书 85% 以上的种类配有实地拍摄的彩色照片，图文并茂。与《浙江植物志》相比，《浙江植物志(新编)》种类收录更齐全，分类处理更合理，兼顾科学性、可读性、实用性和鉴赏性。在此，我对本志编著者和浙江科学技术出版社相关人员所付出的心血表示感谢，也希望浙江的植物分类工作者再接再厉，继续开展更深入的植物资源调查和研究，在分类修订、生物多样性编目、物种形成、系统发生和进化、亲缘地理等方面取得新的更大的成绩。

　　是为序。

中国植物学会名誉理事长
中国科学院院士　洪德元

2019 年 6 月于北京

前 言

　　浙江位于中国东南沿海，长江三角洲南翼，东临东海，南接福建，西与安徽、江西相连，北与上海、江苏接壤，地理坐标为27°02′～31°11′N，118°01′～123°10′E。陆地面积10.55万平方千米，约占全国的1.1%，是我国陆地面积较小的省份。全省以山地丘陵为主，素有"七山一水二分田"之说。因地处中亚热带，全省气候温和，雨量充沛，山脉纵横，丘陵起伏，河谷、平原、盆地交错分布，海岸曲折，岛屿众多，自然环境复杂多样，利于各类植物繁衍生息，加之地史古老，孕育并保存了丰富的植物种类，享有"东南植物宝库"之美誉。

　　浙江境内的植物标本采集与调查工作始于18世纪初期。随着杭、甬等地通商口岸的开放，J. Cunningham、R. Fortune、E. Faber等10多个国家的50多位学者先后进入浙江的舟山、宁波、杭州、台州等地开展植物标本的采集和调查工作，对早期植物科学的传播及植物分类资料的积累起到了重要作用。在我国最早科学系统地开展植物标本采集的是钟观光（北仑），之后在浙江涌现出了一批我国近代植物分类学家和采集家，如钱崇澍（海宁）、陈嵘（安吉）、钟补勤（北仑）、钟稼勤（北仑）、钟补求（北仑）、林刚（平阳）、陈诗（诸暨）、陈谋（诸暨）、吴中伦（诸暨）、贺贤育（镇海）、张肇骞（永嘉）等。我国许多著名植物分类学家也曾先后来浙江进行采集、研究，如胡先骕、秦仁昌、郑万钧、耿以礼、唐进、裴鉴、郑勉、裴佩熹等。因此，浙江也成为我国近代植物分类研究的发祥地之一。中华人民共和国成立后，浙江省人民政府对植物资源的普查工作非常重视，陆续组织开展了一些专题性或区域性的植物资源普查工作，积累了大量的标本和资料，为植物志书的编写奠定了良好的基础。

　　1982年，浙江省科委下达了089号文件，组织省内19家大专院校、科研单位的50余位科研、教学专家，开展了《浙江植物志》的编著工作。他们通过野外考察、标本查阅、资料整理、潜心编撰，历经十载寒暑，出版了洋洋8卷巨著。全志共记载浙江野生及习见栽培植物231科，1372属，3897种，30亚种，391变种，126变型，第一次全面系统地展示了浙江植物资源的全貌。该项目成果荣获浙江省科学技术进步奖一等奖（1994）。《浙江植物志》还获得第二届国家图书奖（1995）及第七届全国优秀科技图书一等奖（1995）。长期以来，作为省内外植物专业人士、学生及社会有关人员必不可少的权威工具书，《浙江植物志》在浙江省的经济和生态建设方面发挥了极为重要的作用。

　　《浙江植物志》出版后的20多年中，社会、经济、文化、环境等方面均发生了翻天覆地的变化，植物种类、相关信息也相应地产生了巨大的改变。随着交通状况不断改善和植物分类知识的广泛普及，在年青一代专业人员的不懈努力下，植物调查和研究工作更为全面和深入，新发现也逐渐增多。据初步统计，在本项目进行之前就已发现新种

（含种下等级）或新记录种350多个；在此期间，国内外植物分类和系统进化等方面的研究也取得了长足发展，被 *Flora of China* 和其他文献归并的有300余种，分类等级或学名改变的有300多种；与此同时，很多历史上曾经引种的植物已经消失，而在走向国际化的进程中，更多与农业、林业、园林、医药相关的新资源植物又被不断地引进栽培，种类变动的数量高达本志书记载总数的近1/4。

近些年来，在浙江各级政府的高度重视下，植物资源调查研究工作的开展如火如荼、方兴未艾。在本志编撰前及期间，浙江的科研团队相继出版了《温州植物志》（5卷）、《杭州植物志》（3卷）、《宁波植物图鉴》（5卷）等区域性志书，以及一批实用性图鉴或专著，如《浙江种子植物检索鉴定手册》《浙江野菜100种精选图谱》系列丛书、《浙江省常见树种彩色图鉴》《宁波珍稀植物》《宁波滨海植物》《玉环木本植物图谱》《台州乡土树种识别与应用》《慈溪乡土树种彩色图谱》《莫干山区乡土树种》等；各地已建或新建自然保护区的资源普查工作陆续开展，出版了《天目山植物志》（4卷）、《清凉峰植物》《清凉峰木本植物志》（2卷）、《百山祖的野生植物》等专著和科学考察报告，积累的新资料越来越丰富。党的十八大后，中共浙江省委、省人民政府统筹推进"五位一体"总体布局，十分重视生态建设和植物资源保护工作。在新形势下，迫切需要厘清浙江省植物种类、分布、生存状况及开发利用价值，为森林、湿地、物种三条"生态保护红线"的研究与监测提供信息丰富、数据准确、功能完善的基础资料。如今，社会安宁，经济繁荣，修志时机已充分成熟，工作基础也已相对夯实。因此，为适应新形势的快速变化，尽早编撰一部能反映浙江植物资源现状的志书已是大势所趋和当务之急。

经过一段时间的酝酿和筹备，2014年年底，由浙江省林业局（原浙江省林业厅）与浙江省植物学会联合组织成立了《浙江植物志（新编）》编委会，聚集全省27家教学、科研、生产单位的50余位专家和学者，正式启动了"浙江省野生植物资源调查、建档、编纂及《浙江植物志》（第二版）编著"项目（浙江省财政项目，编号：335010-2015-0005）。

5年来，编委会召开了10余次全体或扩大会议，制订和完善了编写大纲和细则，并提出全部采用彩色照片及系统更先进、种类更齐全、资料更丰富、数据更准确、使用更方便的要求；组织了数百次规模不等的野外科学考察活动，时间覆盖一年四季，地点遍及全省各地，拍摄了100余万幅植物种类和生境彩色照片，采集标本5000余号，发现了众多的植物新类群和省级以上分布新记录植物，获取了大量植物新分布点及新用途等重要信息；参编者查阅了大量文献资料，以及省内外各大植物标本馆、中国数字植物标本馆（CVH）、国家标本资源共享平台（NSII）的大量相关标本，对不少有疑问的植物类群和学名进行了认真考证，发表研究论文上百篇，取得了丰硕的成果。

本套志书共10卷，收录的种类原则上为浙江省境内野生、归化、逸生及当下习见栽培的植物。具体收录的种类和内容如下：第一卷为概论（包括自然概况、采集和研究简史、植物区系、资源植物），蕨类植物门，石杉科至满江红科，计50科；第二卷为裸子植物门，苏铁科至红豆杉科，计10科，被子植物门，木兰科至荨麻科，计33科；第三卷为胡桃科至杨柳科，计36科；第四卷为白花菜科至蔷薇科，计17科；第五卷为含羞草科至茶茱萸科，计26科；第六卷为黄杨科至夹竹桃科，计27科；第七卷为萝藦科至胡麻科，计19科；第八卷为紫葳科至菊科，计9科；第九卷为泽泻科至禾本科，计17科；第十卷为莎草科至兰科，计18科。

本志的编写及出版工作得到了社会各界的大力支持和热切关注。中国科学院植物研究所王文采院士、洪德元院士自始至终给予了倾情关注和悉心指导；郑朝宗教授、裘宝林教授不顾年老体迈，欣然受邀担任本志顾问，并多次亲临现场指导、细心审阅资料；许多参与《浙江植物志》编著工作的省内老一辈植物分类学家为本志的编写建言献策，并寄予热切厚望；浙江科学技术出版社本着公益精神，不求赢利，为高质量出版本志，与编委会进行了密切合作；省内外植物分类专家及爱好者为本志无私提供了相关信息和高质量照片；江苏省中国科学院植物研究所标本馆（NAS）、中国科学院昆明植物研究所标本馆（KUN）、中国科学院西北高原生物研究所植物标本馆（HNWP）、中国科学院植物研究所标本馆（PE）、中国科学院华南植物园标本馆（IBSC）、中国科学院沈阳应用生态研究所东北生物标本馆（IFP）、安徽师范大学生命科学学院生物标本馆植物标本室（ANUB），以及杭州植物园植物标本馆（HHBG）、浙江农林大学植物标本馆（ZJFC）、浙江自然博物院植物标本馆（ZM）、浙江大学植物标本馆（HZU）、杭州师范大学植物标本馆（HTC）、温州大学植物标本馆（WZU）等为本志作者查阅标本给予了极大方便；全省各县（市、区）及自然保护区等单位的领导和技术人员在植物资源考察过程中给予了大力支持；原浙江省林业厅厅长林云举、副厅长王章明一直将本项目作为重要工作来抓，对编写过程中遇到的困难和问题都给予了及时解决；浙江省野生动植物保护管理总站吾中良站长、章滨森站长、陈华新副站长，浙江省林业科学研究院江波院长，浙江省森林资源监测中心汪奎宏主任以及本志编委会办公室的柳新红、朱光权、陈友吾、孙晓霞等同志在本志的调查和编写过程中做了大量组织、协调和日常管理工作。所有这一切，都为本志编研工作的顺利开展和完成提供了强有力的保障。谨在此一并致以诚挚的谢意！

由于编著者研究水平、编研时间所限，志书中难免存在不足之处，恳盼读者不吝指正。

《浙江植物志（新编）》编辑委员会

执笔：李根有

2019年4月30日

编写说明

1. 本志收录的种类原则上为浙江省境内野生、归化、逸生及当下习见栽培的维管植物。蕨类植物采用秦仁昌分类系统（1978）；裸子植物采用郑万钧分类系统（1978）；被子植物采用克朗奎斯特（Cronquist）分类系统（1988），但对个别科做了适当调整，如芍药科（根据王文采先生意见，移至毛茛科之后）、禾本科（因考虑分卷平衡原因，与莎草科位置对调）等。

2. 本志收载的种下等级包括亚种和变种，变型不单独著录，只在种下讨论中予以附记，列出名称（中名、拉丁名）和主要鉴别特征。对于栽培植物的品种通常不作划分。在种类统计上以种系为单位，即浙江无模式亚种（变种）的亚种（变种）以种计数［1个种系下不止1个亚种（变种）的只计1个］，其余亚种（变种）不作计数。

3. 本志对浙江省自然分布种类省内产地情况的著录，除全省均有分布的外，尽可能反映其产地信息。为节省篇幅，以地级市为单位编写，如某市大部分县（县级市和区）有产的只写出该地级市名称；对于不是大部分县（县级市和区）有产的则直接列出县（县级市和区）名称（与地级市间用"及"连接）；对于一些老市区间难以明确划分界线的简称为"市区"。产地名称和范围的行政区划资料截至2014年，但为更好地反映植物分布的自然属性，部分市区仍作独立产地予以记载。具体如下：

湖州：湖州市区（吴兴、南浔）、长兴、安吉、德清。

嘉兴：嘉兴市区（南湖、秀洲）、嘉善、平湖、桐乡、海盐、海宁。

杭州：杭州市区（上城、下城、江干、拱墅、西湖、余杭）、萧山（含滨江）、富阳、临安、桐庐、建德、淳安。

绍兴：绍兴市区（越城、柯桥）、上虞、诸暨、嵊州、新昌。

宁波：宁波市区（海曙、江东、江北、镇海、北仑）、鄞州、慈溪、余姚、奉化、象山、宁海。

舟山：定海、普陀、岱山、嵊泗。

衢州：衢州市区（柯城、衢江）、开化、常山、江山、龙游。

金华：金华市区（婺城、金东）、浦江、兰溪、义乌、东阳、磐安、永康、武义。

台州：台州市区（椒江、路桥、黄岩）、天台、三门、临海、仙居、温岭、玉环。

丽水：莲都、缙云、遂昌、松阳、龙泉、庆元、云和、景宁、青田。

温州：温州市区（鹿城、龙湾、瓯海）、洞头、乐清、永嘉、瑞安、文成、平阳、苍南、泰顺。

4．本志对浙江省分布的植物种类国内分布情况的著录，除全国均有分布的外，分大区（东北、华北、华东、华中、华南、西南、西北）和省（自治区、直辖市）两级编写，如大区内大部分省（自治区、直辖市）有分布的只写出该大区名称；对于不是大部分省（自治区、直辖市）有分布的则直接列出省（自治区、直辖市）名称，与大区间用"及"连接。分布区名称和范围以2014年的行政区划为依据，但为更好地反映植物分布的自然属性，对部分地区做了适当调整。具体如下：

东北：黑龙江、吉林、辽宁。

华北：内蒙古、河北（含北京、天津）、山西、山东。

华东：江苏（含上海）、安徽、浙江、江西、福建。

华中：河南、湖北、湖南。

华南：台湾、广东（含香港、澳门）、海南、广西。

西南：四川（含重庆）、贵州、云南、西藏。

西北：陕西、宁夏、甘肃、青海、新疆。

目　录

一四〇 萝藦科 Asclepiadaceae

多年生草本、藤本或灌木，具乳汁，常有块根。单叶，对生或轮生，稀互生；叶片全缘；叶柄顶端常具丛生腺体。聚伞花序常呈伞形，有时呈伞房状或总状；花两性，整齐，5数，稀4数；花萼裂片内面常有腺体；花冠合瓣，顶端5裂；副花冠常存在；雄蕊5，与雌蕊黏生成合蕊柱，每一花药有花粉块2或4；雌蕊1，子房上位，由2离生心皮组成，胚珠多数。蓇葖果双生，或因1个退化而单生。种子多数。

约250属，2000多种，分布于热带、亚热带和少数温带地区。我国有44属，270种，主要分布于西南及东南部；浙江有11属，27种。

本科植物有不少种类可作药用及重要的药物原料，但通常有毒，以乳汁及根部毒性较大，应慎用；有的可作杀虫药；有的种类则可作观赏用。

《中国植物志》和《浙江植物志》中记载苦绳 *Dregea sinensis* Hemsl.在浙江有产，但未见标本，野外调查也未发现，故该种存疑，未予收录。

分属检索表

1.花粉颗粒状黏合成四合花粉，承载在匙形的载粉器内，基部有1黏盘；花丝离生⋯⋯⋯⋯⋯
⋯⋯⋯⋯⋯⋯⋯⋯⋯⋯⋯⋯⋯⋯⋯⋯⋯⋯⋯⋯⋯⋯⋯⋯⋯⋯⋯⋯⋯**1.杠柳属 Periploca**
1.花粉粒联结成块状，藏在1层软韧的薄膜内，通常通过花粉块柄系结于着粉腺上；花丝合生成筒状。
  2.每花药有花粉块4，每药室藏2，相邻2药室中的4花粉块固定在1细小淡色无柄的着粉腺上⋯⋯⋯⋯
⋯⋯⋯⋯⋯⋯⋯⋯⋯⋯⋯⋯⋯⋯⋯⋯⋯⋯⋯⋯⋯⋯⋯⋯⋯⋯**2.弓果藤属 Toxocarpus**
  2.每花药有花粉块2，每药室藏1，相邻2药室中的2花粉块固定在1紫红色有柄的着粉腺上。
    3.花粉块下垂。
      4.副花冠缺或仅有1微型而膜质的副花冠着生于合蕊冠的基部；缠绕状植物⋯⋯⋯⋯⋯
⋯⋯⋯⋯⋯⋯⋯⋯⋯⋯⋯⋯⋯⋯⋯⋯⋯⋯⋯⋯⋯⋯⋯⋯⋯⋯**5.秦岭藤属 Biondia**
      4.具有1轮稀2轮明显的副花冠；直立或缠绕性植物。
        5.柱头短，不伸出花药外。
          6.副花冠5裂或杯状或筒状，顶端具各式浅裂片或锯齿，有时内面有小舌状片或附属物成
            2轮副花冠；茎直立或缠绕⋯⋯⋯⋯⋯⋯⋯⋯⋯⋯⋯⋯**3.鹅绒藤属 Cynanchum**
          6.副花冠为5小叶状，匙形，基部无距；茎直立⋯⋯⋯**4.马利筋属 Asclepias**
        5.柱头延伸成长喙，伸出花药外；茎缠绕⋯⋯⋯⋯⋯⋯**6.萝藦属 Metaplexis**
    3.花粉块直立或平展。
      7.副花冠生在花冠筒的弯缺处或筒壁上而成为5硬条带或退化成2列纵毛⋯⋯⋯⋯⋯⋯⋯
⋯⋯⋯⋯⋯⋯⋯⋯⋯⋯⋯⋯⋯⋯⋯⋯⋯⋯⋯⋯⋯⋯⋯⋯⋯⋯**7.匙羹藤属 Gymnema**
      7.副花冠发育健全，生于合蕊冠上或雄蕊背部。
        8.花冠高脚碟状，钟形或坛形。

9. 副花冠背部加厚，裂片通常钻形 ·· 8. 牛奶菜属 Marsdenia

9. 副花冠背部扁平，裂片细小或无 ·· 9. 黑鳗藤属 Jasminanthes

8. 花冠辐状。

10. 花粉块长圆状伸长；叶片常肉质 ·· 10. 球兰属 Hoya

10. 花粉块球状，稀长圆形；叶片常革质或纸质 ·· 11. 娃儿藤属 Tylophora

1 杠柳属 Periploca L.

蔓性灌木。叶对生；叶片全缘。聚伞花序腋生或顶生；花萼5深裂；花冠辐状；副花冠异形，环状，5～10裂；雄蕊5，花丝短，离生于副花冠内面，花药卵圆形，背面具髯毛；花粉颗粒状黏合成四合花粉，承载于匙形载粉器内，基部的黏盘粘连在柱头上；子房无毛，胚珠多数，柱头盘状突起。蓇葖果双生，叉开，长圆柱形。种子长圆形，顶端具白色种毛。

约10种，分布于亚洲温带地区、欧洲南部和热带非洲。我国有5种，分布于西南、华北、西北、东北、华中等地；浙江栽培1种。

杠柳 （图7-1）

Periploca sepium Bunge

图7-1　杠柳

落叶蔓性灌木。小枝圆柱形，有细条纹和皮孔。叶对生；叶片卵状长圆形或长圆状披针形，长3～8cm，宽0.8～2cm，先端渐尖，基部楔形，全缘，两面无毛，中脉在下面微突起，侧脉18～25对；叶柄长2～5mm。聚伞花序腋生；花序梗长1～2cm；花梗长0.6～1.2cm；花萼5深裂，裂片卵形，长约3mm，内面基部有10个小腺体；花冠紫红色，辐状，直径约1.5cm，花冠筒长2.5～3mm，裂片卵状长圆形，长7～8mm，反折，内被长柔毛，外无毛；副花冠环状10裂，其中5裂片延伸成丝状，被短柔毛；花药粘连，四合花粉藏在载粉器内，黏盘粘连在柱头上；子房无毛，柱头盘状突起。蓇葖果双生，纺锤状圆柱形，长6～10cm，直径约5mm，具纵条纹，无毛。种子黑褐色，顶端有长约3cm的种毛。花期4—6月，果期7—9月。

分布于东北、华北及江苏、江西、河南、四川、贵州、陕西、甘肃等地。杭州市区、临安、北仑、开化、瓯海有引种栽培。

本种的根皮可入药，入药时名"香五加皮"。

② 弓果藤属 Toxocarpus Wight et Arn.

攀缘灌木，被长柔毛、锈色茸毛，稀无毛。叶对生；叶片顶端具细尖头，基部双耳形。伞形聚伞花序，腋生；花萼细小，5深裂；花冠辐状，稀钟状，花冠筒极短；副花冠裂片5，着生于合蕊冠基部；每室2花粉块，每个着粉腺有4花粉块；柱头伸出于花冠之外，顶端2裂或全缘。蓇葖果双生，通常被茸毛。种子具种毛。

约40种，分布于亚洲热带、非洲、太平洋各岛。我国有10种，分布于华南和西南等地；浙江有1种。

毛弓果藤
Toxocarpus villosus (Blume) Decne.

藤状灌木，幼嫩部分被锈色茸毛。叶对生；叶片厚纸质，卵形至椭圆状长圆形，长4.5～12cm，宽2～7cm，叶面除中脉外无毛，叶背被锈色长柔毛，侧脉6～8对。聚伞花序腋生，不规则二歧；花序梗长3～10cm，被锈色茸毛；花黄色，长1.5cm；花蕾近喙状；花冠辐状，花冠筒短，裂片披针状长圆形，长8～10mm，宽约2mm，基部被长柔毛；副花冠裂片的顶端钻状，比花药短；每室2花粉块，直立；花柱长圆柱状，柱头高出花药，被柔毛。蓇葖果近圆柱状，长8～18cm，直径0.5～1cm。种子多数，条形，有边缘，长约10mm，宽约2mm；种毛长约2cm。花期4—5月，果期6—12月。

产于泰顺（垟溪）。生于海拔约190m的溪边林下。分布于福建、湖北、广西、四川、云南等地。越南和印度尼西亚也有。

③ 鹅绒藤属　Cynanchum L.

　　多年生草本或灌木。茎缠绕、攀缘或直立。叶对生，稀轮生；叶片全缘。聚伞花序多呈伞形；花萼5深裂；花冠近辐状或钟状；副花冠膜质或肉质，5裂，单轮或双轮；每室1花粉块，常为长圆形，下垂；柱头基部膨大成五角状，顶端全缘或2裂。蓇葖果双生或1个不发育，长圆形或披针形，通常平滑，稀具狭翅或刚毛。种子顶端具种毛。

　　约200种，分布于热带、亚热带和温带地区。我国有57种，分布于全国各地，主产于西南地区；浙江有12种。

分种检索表

1. 直立植物，有时近顶端缠绕。
　2. 叶阔卵形 ·································· **5.竹灵消　C. inamoenum**
　2. 叶线形至披针形或狭椭圆形。
　　3. 花序梗长2.5～4cm，长于顶端叶片；叶片侧脉约8对；副花冠裂片侧面压扁··········
　　·························· **6.徐长卿　C. paniculatum**
　　3. 花序梗长不超过2cm，短于顶端叶片；叶片侧脉不明显或最多6对；副花冠裂片背腹压扁。
　　　4. 叶革质，光滑无毛·················· **7.白前　C. glaucescens**
　　　4. 叶膜质至薄纸质，常有毛·············· **4.柳叶白前　C. stauntonii**
1. 缠绕藤本。
　5. 副花冠内面无附属物，有时具纵向的褶皱或翼。
　　6. 茎被毛，有时密，基部通常直立不缠绕。
　　　7. 茎下部直立，仅顶端部分缠绕。
　　　　8. 叶基圆形或近心形；几无花序梗 ··········· **8. 变色白前　C. versicolor**
　　　　8. 叶基楔形；花序梗长2～4.5cm ········· **10. 太行白前　C. taihangense**
　　　7. 茎全部缠绕 ····················· **11. 毛白前　C. mooreanum**
　　6. 茎光滑，或仅具1～2列短柔毛。
　　　9. 茎基部直立；叶片宽椭圆形至卵形，宽4～15cm，基部楔形 ····· **9. 蔓剪草　C. chekiangense**
　　　9. 茎常自基部缠绕；叶片长圆形或卵状长圆形，宽1.5～5cm，基部浅心形至圆形··········
　　　··························· **12. 山白前　C. fordii**
　5. 副花冠内面有附属物，顶端游离。
　　10. 副花冠5深裂，裂片肉质，筒部远短于合蕊柱或缺，裂片直立或上伸。
　　　11. 花序伞房状，花序梗比花梗长5～7倍，长达14cm·········· **2. 折冠牛皮消　C. boudieri**
　　　11. 花序伞形，花序梗比花梗长3～5倍或与之等长，长达5cm········· **3. 朱砂藤　C. officinale**
　　10. 副花冠杯状或圆柱状，常膜质，筒部稍长于合蕊柱或等长，或远长于边缘裂片··········
　　　························· **1. 鹅绒藤　C. chinense**

1. 鹅绒藤 （图7-2）

Cynanchum chinense R. Br.

缠绕草质藤本，全株被短柔毛。主根圆柱状，干后灰黄色。茎被微毛。叶对生；叶片宽三角状心形，长3～7cm，宽2.8～5cm，先端渐尖或长渐尖，基部心形，下面苍白色，两面均被短柔毛，侧脉约10对，在下面略隆起；叶柄长2～3cm。伞形聚伞花序腋生，二歧，具10～20花；花序梗长1.3～3cm；花梗长4～8mm；花萼裂片三角状卵形或披针形，被柔毛；花冠白色，长5～6mm，裂片长圆状披针形，先端钝圆；副花冠杯状，上端裂成10个丝状体，分2轮，外轮与花冠近等长，顶端弯曲，内轮略短；每室1花粉块，下垂；柱头略突起，顶端2裂。蓇葖果双生，或仅1个发育，狭披针状圆柱形，长9～11cm，直径1～1.5cm。种子卵状长圆形，长约6mm，宽3～4mm；种毛白色，长约2cm。花期7—8月，果期8—10月。

产于北仑、慈溪、象山、定海（册子岛）、普陀（朱家尖）、莲都和鹿城等地。生于海拔500m以下的向阳山坡灌丛中或路旁、堤岸、海滩盐碱湿地。分布于辽宁、河北、山西、山东、江苏、河南、陕西、甘肃、宁夏等地。

图7-2　鹅绒藤

2. 折冠牛皮消 （图7-3）

Cynanchum boudieri H. Lév. et Vaniot

缠绕亚灌木状草本。块根肥厚。茎被微柔毛。叶对生；叶片膜质，宽卵形或卵状长圆形，长4～18 cm，宽4～12 cm，先端短渐尖或渐尖，基部深心形，两侧常具耳状下延或内弯；叶柄长1.3～10.5 cm。聚伞花序伞房状，花可达30朵；花序梗长5～7.5（14）cm；花梗长1～1.5 cm，均被微毛；花萼裂片卵状长圆形，具缘毛；花冠白色，辐状，长6～10 mm，裂片卵状长圆形，先端圆钝，内面具柔毛，开花后强烈反折；副花冠浅杯状，5深裂，裂片椭圆形或长圆形，肉质；花粉块长圆形，下垂；柱头圆锥状。蓇葖果双生，披针状圆柱形，长8～10.5 cm，直径可达1 cm。种子卵状椭圆形，长约7 mm，基部宽，具波状齿；种毛白色，长约2.5 cm。花期6—8月，果期9—11月。

图7-3　折冠牛皮消

　　产于全省山区。生于山坡路边灌丛中或林缘，海拔可达1000m。分布于华东、华南、西南及河北、山东、河南、陕西、甘肃等地。

　　块根可药用，有小毒，有健胃、平喘、止痛、解毒等功效。

　　经查阅 *Flora of China*，本省不产牛皮消 *C. auriculatum* Royle ex Wight，《浙江植物志》记载的牛皮消是本种的误定。

3. 朱砂藤 （图7-4）
Cynanchum officinale (Hemsl.) Tsiang et H.T. Zhang

图7-4　朱砂藤

缠绕亚灌状草本。主根圆柱状，单生或自顶部起二分叉，干后暗褐色。嫩茎具单列毛。叶对生；叶片薄纸质，无毛或背面具微毛，卵形或卵状长圆形，长5～12cm，基部宽3～7.5cm，向端部渐尖，基部耳形；叶柄长2～6cm。聚伞花序腋生，伞形，长3～8cm，约具10花；花萼裂片外面具微毛，花萼内面基部具5个腺体；花冠淡绿色或白色；副花冠肉质，5深裂，裂片卵形；每室1花粉块，长圆形，下垂；子房无毛，柱头略微隆起。蓇葖果通常仅1个发育，向端部渐尖，基部狭楔形，长达11cm，直径约1cm。种子长圆状卵形，顶端略呈截形；种毛白色绢质，长2cm。花期5—8月，果期7—10月。

产于龙泉（凤阳山）、庆元（百山祖）和景宁（草鱼塘）。生于海拔1500m左右林下沟谷边。分布于安徽、江西、湖北、湖南、广西、四川、贵州、云南、陕西、甘肃等地。

根可药用，民间用于补虚、镇痛。

4. 柳叶白前　水杨柳　（图7-5）
Cynanchum stauntonii (Decne.) Schltr. ex H. Lév.

直立亚灌木，全株无毛。须根纤细，节上簇生。茎高达1m。叶对生；叶片纸质，狭披针形至线形，长6～13cm，宽0.3～0.9（1.7）cm，先端渐尖，基部楔形，中脉在下面显著，侧脉约6对；叶柄长约5mm。伞形聚伞花序腋生，纤细，具3～8花；花序梗长可达1.7cm，中部以上小苞片多数；花梗长3～9mm；花萼5深裂，裂片披针形，长约1.5mm；花冠紫红色，辐状，花冠筒长约1.5mm，裂片线状披针形，长3～5mm，先端稍钝，内面基部具长柔毛；

图7-5　柳叶白前

副花冠裂片盾状，隆肿，比花药短；每室1花粉块，长圆形，下垂；柱头微凹，包在花药的薄膜内。蓇葖果单生，披针状长圆柱形，长9～12cm，直径0.3～0.6cm，平滑无毛。种子顶端有白色种毛。花期6—8月，果期9—10月。

产于全省各地。生于低海拔溪边、沟边、溪滩石砾中及林缘阴湿处。分布于华东、华中、华南、西南等地。

干燥根及根茎称为"白前"，干燥全草称为"草白前"，单独干燥根茎称为"鹅管白前"，有泻肺降气、化痰止咳的功效。

5. 竹灵消 （图7-6）
Cynanchum inamoenum (Maxim.) Loes.

多年生直立草本。根须状。茎圆柱形，中空，被单列柔毛，基部多分枝。叶对生；叶片宽卵形，长3～7cm，宽1.5～5cm，先端急尖或渐尖，基部圆形至近心形，无毛或两面仅脉上被微毛，边缘有睫毛，侧脉4～6对。伞形聚伞花序近梢部腋生，具（3）8～10花；花序梗长4～25mm；花梗长3～8mm，有毛；花萼5深裂，萼片披针形，长2～2.5mm，宽0.7～0.9mm；花冠黄色，花冠筒长1～1.3mm，裂片长圆形，长2.5～4mm；副花冠裂片较厚，三角形，锐尖，较合蕊柱长；花药顶端有1圆形膜片，每室1花粉块，下垂，花粉块柄短，近平行；柱头扁平，基部五角状。蓇葖果双生，稀单生，狭披针状圆柱形，长4～6cm，直径0.4～0.6cm。种子卵形，有长约2cm的白色种毛。花期5—7月，果期7—10月。

产于安吉、临安和乐清等地。生于山谷林下岩隙中及路边林下，海拔可达1650m。分布于华北、华中、西南及辽宁、安徽、陕西、甘肃等地。日本和朝鲜半岛也有。

根可药用，有除躁清热、散毒通疝气等功效。

图7-6　竹灵消

6. 徐长卿　竹叶细辛　（图7-7）

Cynanchum paniculatum (Bunge) Kitag. ex H. Hara

多年生直立草本。根须状，密集，肉质。茎纤细，高可达1m，通常不分枝。叶稀疏对生；叶片纸质，狭披针形或线形，长5～13cm，宽0.5～1.5cm，先端渐尖，基部楔形，边缘略翻卷，有缘毛，侧脉多对，不明显；叶柄长约3mm。圆锥状聚伞花序生于茎中上部叶腋内，长约7cm，果时可达20cm；花序梗长2.5～4cm；花梗长5～10mm；花萼5深裂，裂片卵状披针形，长1～1.5mm，内面基部有腺体或无；花冠黄绿色，近辐状，长约5mm，裂片三角状卵形，长约4mm，宽约3mm，副花冠裂片5，基部增厚，顶端钝；每室1花粉块，下垂；子房椭圆形，柱头五角形，略突起。蓇葖果单生，披针状圆柱形，长4～8cm，直径0.3～0.8cm，长渐尖。种子长圆形，长约3mm，有长1.5～3cm的种毛。花期7—9月，果期9—11月。

图7-7　徐长卿

产于淳安、衢州市区、永康、缙云等地。生于向阳山坡路旁或草丛中。分布于我国各地。日本和朝鲜半岛也有。

全草可药用，有祛风、止痛、解毒、消肿等功效。

7. 白前　芫花叶白前　（图7-8）

Cynanchum glaucescens (Decne.) Hand.-Mazz.

直立矮灌木。茎高达60cm，具2列柔毛。叶对生；叶片长圆形、长圆状披针形或倒披针形，长2.5～7cm，宽0.7～1.2cm，先端急尖或稍钝，基部宽楔形或圆形，近无柄，两面无毛，侧脉不明显，3～5对。伞形聚伞花序腋内或腋间生，比叶短，花可达10朵；花序梗长4～14mm，有毛；花梗长3～7mm；花萼长约2mm，5深裂，裂片卵形或狭卵形，内面基部有5个极小腺体；花冠白黄色，辐状，花冠筒长约2mm，裂片卵圆形，长约3mm，副花冠浅杯状，裂片5，肉质，卵形，龙骨状内向；花粉块近卵圆形，下垂；柱头扁平。蓇葖果单生，纺锤形，长4.5～6cm，直径0.6～1cm，渐尖。种子扁平，卵形，长约7mm，宽约5mm；种毛白色，长约2cm。花期6—8月，果期8—10月。

产于杭州市区、桐庐、金华市区、兰溪、青田和泰顺等地。生于江滨、河岸边及路旁。分布于江苏、江西、福建、湖南、广东、广西和四川等地。

图 7-8　白前

根及根状茎为中药"白前"正品之一，功效与柳叶白前相同，有祛痰镇咳、清肺热、降肺气等功效。

8. 变色白前
Cynanchum versicolor Bunge

亚灌木，全株被茸毛。须根簇生。茎高达2m，上部缠绕，下部直立。叶对生；叶片纸质，下部叶较大，卵形，上部叶渐趋狭小，长卵形，长7～10cm，宽3～6cm，先端渐尖，基部圆形或近心形，具缘毛，侧脉6～8对；叶柄长1～7mm。伞形聚伞花序腋生，花可达12朵；花序梗极短；

花萼5深裂，裂片线状披针形，长约3mm，内面基部有5个极小腺体；花冠初呈黄白色，渐变为紫黑色，干时呈暗褐色，钟状辐形，花冠筒长约0.5mm，裂片卵形，长约2mm，内面常被短柔毛，副花冠短于合蕊柱，5浅裂，裂片三角形，肉质；花药近菱形，每室1花粉块，下垂；柱头略突起。蓇葖果单生，宽披针状圆柱形，长约5cm，直径约1cm。种子暗褐色，宽卵形，有长约2cm的种毛。花期5—7月，果期7—9月。

　　产于岱山（岱东）。生于海拔约50m的山坡灌木丛中。分布于吉林、辽宁、河北、山东、江苏、安徽、河南和四川等地。

　　根及根状茎可药用，能解热利尿，并可提炼芳香油。

9. 蔓剪草　蔓白薇　（图7-9）
Cynanchum chekiangense M. Cheng

　　多年生蔓性草本，全株近无毛。根状茎短，具须根。茎单一，下部直立，上部蔓生，缠绕状。叶对生或中间2对很靠近，似4叶轮生状；叶片薄纸质，宽椭圆形至卵形，稀宽倒卵形，长10～24cm，宽4～15cm，先端急尖

图7-9　蔓剪草

或渐尖，基部宽楔形，沿脉及叶缘略被微毛；叶柄长1.5～2.5cm。伞形聚伞花序腋生；花序梗长3～5mm；花梗长8～11mm；苞片线形，长约2mm，均被微毛；花萼长约3mm，裂片披针形，具缘毛；花冠紫色或紫红色，辐状，长约5mm，直径约11mm，副花冠较合蕊柱短或等长，裂片三角状卵形，顶端钝；每室1花粉块，椭圆形，下垂。蓇葖果常单生，纺锤形，长5～10cm，直径1～1.3cm，向端部长渐尖，无毛。种子狭卵形，长约1cm，宽约5mm，顶端截形，基部圆形；种毛长2.5～3.5cm。花期5—6月，果期7—9月。

产于安吉、临安、鄞州、余姚、奉化、磐安、天台、临海、庆元、景宁、文成（石垟）、苍南和泰顺（乌岩岭）等地。生于海拔800～1500m的山坡路旁杂草丛中、溪边及密林中湿地。分布于河南、湖南及广东等地。

根煎水服，可治跌打损伤；外敷可治疥疮。

10. 太行白前 （图7-10）

Cynanchum taihangense Tsiang et H.T. Zhang

蔓性草本。须根簇生。茎单一，下部直立，顶部略缠绕，被微毛，干时中空。叶对生；叶片纸质，椭圆形至狭长圆形，中部叶最大，长可达18cm，宽达9cm，先端短渐尖，基部楔形，两面

图7-10　太行白前

沿中脉被柔毛，下面稍密，并有缘毛，侧脉6～8对；叶柄长1～3.5cm。聚伞花序比叶稍短，常分歧；花序梗长2～4.5cm；花梗长3～10mm；花直径7～8mm；花萼5深裂，裂片披针形，长约2mm，先端渐狭，外面被微毛，有缘毛，内面无毛，在弯缺处有小腺体；花冠黄绿色，长约5mm，裂片长圆形，长约4mm，先端圆形，无毛，副花冠5裂，比合蕊柱短，裂片三角状半圆形；花药近方形，附属物三角形，膜质，花粉块长圆形，下垂；柱头圆形，顶端扁平。花期6—8月，果期9—11月。

产于临安（昌化清凉峰）、淳安（秋源）。生于海拔约1600m的山顶草丛中。分布于河北、山西和安徽等地。

11. 毛白前 （图7-11）

Cynanchum mooreanum Hemsl.

多年生柔弱缠绕藤本。茎、叶、叶柄、花序梗、花梗及花萼外面均密被黄色短柔毛。茎长达2m，下部常带紫色。叶对生；叶片卵形至卵状长圆形，长2～8cm，宽1.5～3cm，先端锐尖，基部心形或近截形，侧脉4～5对；叶柄长1～2cm。伞形聚伞花序腋生，具3～9花；花序梗长0～1.5（4）cm；花梗长0.5～1.3cm；花萼小，长约2.5mm，裂片披针形；花冠紫红色或黄色，花冠筒长1～2mm，裂片线状披针形或披针形，长7～10mm，宽2～2.5mm；副花冠杯状，裂片卵圆形，短于合蕊柱，先端钝；花药附属物宽卵形，花粉块长圆形，下垂；子房无毛，柱头基部五角形，顶端扁平。蓇葖果单生，披针状圆柱形，长7～9cm，直径约1cm。种子暗褐色，不规则长圆形，长约7mm，宽约3mm；种毛白色，长约3cm。花期6—7月，果期8—10月。

产于全省山区及半山区。生于山坡林中、灌丛中及溪

图7-11　毛白前

边，海拔可达700m。分布于华东、华中及广东等地。模式标本采自宁波。

干燥根被称为"毛白薇"，有清虚热、调肠胃的功效。

12. 山白前 （图7-12）

Cynanchum fordii Hemsl.

缠绕性藤本。茎被2列柔毛。叶对生；叶片长圆形或卵状长圆形，长3.5～4.5（10）cm，宽1.5～2（5）cm，顶端短渐尖，基部截形、稀微心形或圆形，两面均被散生柔毛，脉上较密，侧脉4～6对；叶柄长0.5～2cm，上端有丛生腺体。伞房状聚伞花序腋生，长约4cm，具5～15花，花直径约7mm；花萼裂片卵状三角形，外面被微柔毛，边缘有毛，花萼内面基部有5个腺体；花冠黄色，无毛，裂片长圆形，长约9mm，宽约3mm；每室1花粉块，卵状长圆形，下垂；柱头略突起。蓇葖果单生，无毛，披针形，长5～5.5cm，直径约1cm，向端部长渐尖。种子扁卵形；种毛白色绢质，长约2.5cm。花期5—8月，果期8—12月。

产于德清、鄞州、余姚、奉化、象山、玉环、乐清（雁荡山）、苍南等地。生于海拔100～300m的山地林缘或山谷疏林下向阳处。分布于福建、湖南、广东和云南等地。

图7-12　山白前

④ 马利筋属 Asclepias L.

多年生直立草本，具乳汁。叶对生或轮生，有时互生；叶片具羽状脉；叶柄短。聚伞花序伞形；花萼5深裂，反折；副花冠裂片5，直立，凹兜状，内有舌状附片；花药顶端有膜片，每室1花粉块，长圆形，下垂；心皮2，离生，柱头五角状或5裂。蓇葖果披针状圆柱形，具喙，光滑无毛。种子顶端具白色绢毛。

约120种，分布于亚洲、欧洲南部、非洲及美洲的热带和亚热带地区。我国有栽培或归化1种；浙江也有。

马利筋　莲生桂子花　（图7-13）
Asclepias curassavica L.

多年生灌木状直立草本，具乳汁。茎高达1.5m，淡灰绿色，无毛或有微毛。叶对生；叶片披针形或长圆状披针形，长 6~14cm，宽 1~3cm，先端渐尖或急尖，基部楔形下延至柄，两面无毛或脉上有微毛，侧脉细，常有10对以上；叶柄长0.5~1.5 cm。聚伞花序近顶生或腋生，具10~20花；花序梗长 4~6cm；花梗长1.2~2cm，均具柔毛；花萼5深裂，裂片披针形，长2~2.5mm，被毛，花时反折；花冠橘红色，裂片长圆形，长6~7mm，向下反折；副花冠生于合蕊柱上，5裂，橘黄色，匙形，有柄长3.5~4.5mm，内有舌状片；合蕊柱长2.5~3mm，花粉块长圆形，下垂。蓇葖果披针状圆柱形，长5~8cm，直径0.7~1.2cm，平滑无毛。种子卵圆形，长5~6mm，褐色，边缘有薄

图7-13　马利筋

翅，顶端有长约2cm的白色种毛。花期5—8月，果期9—10月。

原产于拉丁美洲的西印度群岛，现广植于全球热带和亚热带地区。我国长江流域以南各地有栽培，华南、西南地区有归化。全省各地庭园偶有栽培。

全株有毒，尤以乳汁毒性更强；含强心苷，可药用，有除虚热、利尿、活血调经、止痛退热、消炎散肿、驱虫等功效。

栽培品种黄冠马利筋'Flaviflora'，花冠黄色，即图7-13中的右下图，杭州市区、临安（浙江农林大学）等地有栽培。

⑤ 秦岭藤属　Biondia Schltr.

多年生草质藤本。茎缠绕。叶对生；叶片线形至披针形。聚伞花序伞形，腋生，着花数朵；花萼5深裂，基部常具5个腺体；花冠坛状或近钟状，副花冠缺或膜质而微小，着生于合蕊柱基部，端部5浅裂，稀齿状；花药近四方形，顶端具薄膜片，花丝合生成1个短管，花药附属物弯曲，每室1花粉块，长圆形，下垂；柱头盘状。蓇葖果常单生，狭披针形。种子线形，顶端具白色绢质种毛。

约13种，我国特产，分布于西南部和东部；浙江有2种。

1. 祛风藤　浙江乳突果　（图7-14）
Biondia microcentra (Tsiang) P.T. Li—*Adelostemma microcentrum* Tsiang

缠绕藤本，长达2m。茎、侧枝、叶柄和花序梗常被1列下曲细毛。叶片纸质或近纸质，除中脉被短毛外，两面均无毛，狭椭圆形至长圆状披针形，长2～7cm，宽0.5～1.4（2.3）cm，先端渐尖，基部微圆形或楔形，侧脉4～7对，不明显；叶柄长5～10mm。聚伞花序短于叶片，常

图7-14　祛风藤

单一，具4～9花；花序梗长（1.5）4～13（23）mm；花梗长（1.7）3～4（12）mm；花萼裂片披针形，长1.6～3mm，宽0.8～1mm，先端锐尖，外被短柔毛，基部有5个腺体；花冠黄白色，有玫瑰红色点，近坛状，花冠筒长3.5～6mm，裂片长圆状披针形，长约2mm，内被细毛，副花冠小，环形；花药附属物圆形，膜质，花粉块圆柱形，下垂；子房无毛。蓇葖果单生，披针状长圆形，长8～12cm，直径0.5～0.7cm。种子长圆形，扁平，长约6mm，宽约2mm；白色种毛长约3cm。花期4—7月，果期8—10月。

产于宁波及安吉、临安、淳安、建德、诸暨、衢州市区、江山、天台、遂昌、永嘉、文成等地。生于山坡竹林下、灌木丛中及岩石边阴处。分布于江苏、安徽、四川、云南等地。模式标本采自临安西天目山。

全株可药用，煎煮汤剂有解热作用，可治风湿与内热。

2. 青龙藤 （图7-15）

Biondia henryi (Warburg ex Schltr. et Diels) Tsiang et P. T. Li

藤本，长达2m。茎柔弱，无毛或幼时有微毛。叶片薄纸质，窄披针形，长3～5.2cm，宽0.5～1.2(2)cm，无毛，中脉在叶背突起，侧脉不明显，幼叶底部2脉可见；叶柄长约3mm。聚伞花序常单一，腋生；花序梗纤弱，长0.5～1.5(3)cm，无毛；花梗长2～5mm；花萼裂片披针形，长约1.2mm，宽约0.6mm，外面被短柔毛，内面基部有5个腺体；花冠紫红色，近钟状，外面无毛，内面被疏微毛，花冠筒碗状，长约1.2mm，裂片卵状三角形，长约1.7mm，宽约2mm，明显长于花

图7-15　青龙藤

冠筒，副花冠环形，5齿裂，裂片三角状，顶端锐尖；花药附属物圆形，膜质，花粉块长圆形，下垂，花粉块柄弯曲上升；子房无毛。蓇葖果狭披针形，长5～6cm，直径0.3～0.4cm。种子顶端白色绢质种毛长约2cm。花期4—7月，果期7—10月。

产于开化（钱江源）、庆元（左溪）。生于山坡疏林中。分布于安徽、江西、四川等地。

《浙江植物志》中指出本种为浙江乳突果的误定，认为青龙藤在浙江不分布。经过调查，发现开化和庆元有产。

本种与祛风藤的区别在于茎、侧枝、叶柄和花序梗常不被细毛；叶薄纸质，窄披针形；花冠紫红色，近钟状；花冠裂片明显长于花冠筒；蓇葖果狭披针形。

6 萝藦属 Metaplexis R. Br.

多年生草质藤本，具乳汁。叶对生。总状聚伞花序腋生；花萼5深裂；花冠近辐状，裂片5，花冠筒短，副花冠环状，着生于合蕊柱上，5浅裂；雄蕊5，着生于花冠筒基部，每室1花粉块，下垂；心皮2，离生，花柱短，柱头延伸成长喙。蓇葖果双生，叉开，纺锤形或长圆状圆柱形。种子顶端具白色绢质种毛。

约6种，分布于亚洲东部。我国有2种，分布于东南、西南、西北和东北地区；浙江有1种。

萝藦 （图7-16）
Metaplexis japonica (Thunb.) Makino

多年生缠绕草本，具乳汁。根细长，绳索状。茎圆柱形，中空，幼时密被短柔毛。叶对生；叶片卵状心形或长卵形，长4～12cm，宽2.5～10.5cm，先端短渐尖，基部心形，两侧具圆耳，下面粉绿色，侧脉10～12对；叶柄长1.5～5.5cm，顶端有丛生腺体。总状聚伞花序腋生，具10～15花；花序梗长3.5～4cm；花梗长3～5mm；花萼裂片披针形，长约4mm，有微毛；花冠白色，有紫红色或淡紫色斑纹，近辐状，花冠筒短，长约1mm，裂片披针形，长6～7mm，先端反卷，内面密被茸毛，副花冠裂片兜状；雄蕊合生成圆锥状，花粉块长圆形，下垂；柱头延伸成长喙。蓇葖果双生，纺锤形，长7～9.5cm，直径1.5～2.5cm，常有瘤状突起。种子褐色，扁平，卵圆形，长6～7mm，有膜质边缘；种毛长2～3cm。花期7—8月，果期9—11月。

产于全省各地，以浙东地区较多。常生于低海拔山坡林缘灌丛中或田野、路旁。分布于除华南以外的我国各地。日本、朝鲜半岛和俄罗斯东部地区也有。

根、茎、叶、果实及种子均可入药；根可治跌打损伤等，茎可治肾亏及乳汁不足，叶可消肿解毒，果可治咳嗽、气喘、百日咳等，种毛可外敷止血。

图 7-16　萝藦

⑦ 匙羹藤属 Gymnema R. Br.

木质藤本或藤本状灌木，具乳汁。叶对生。聚伞花序常呈伞形，腋生；花萼5裂；花冠近辐状、钟状或坛状，裂片5，副花冠着生于花冠筒的弯缺处或筒壁上而成为5硬条带或2列纵毛；雄蕊5，着生于花冠筒基部，每室1花粉块，卵状长圆形，直立；心皮2，离生，柱头大，近球状或短圆锥状。蓇葖果双生，披针状圆柱形，基部膨大，端部渐尖。种子顶端有白色种毛。

约25种，分布于亚洲热带和亚热带地区、非洲南部、大洋洲。我国有7种，分布于西南部和南部；浙江有1种。

匙羹藤 （图7-17）
Gymnema sylvestre (Retz.) Schult.

木质藤本。茎灰褐色，具皮孔。叶对生；叶片倒卵形或卵状长圆形，长2～6cm，宽1～3cm，先端急尖或短渐尖，基部楔形或宽楔形，全缘，两面仅中脉上有毛，侧脉3～5对；叶柄长3～5（8）mm，有短柔毛，顶端有丛生腺体。聚伞花序伞形，腋生，较叶

图7-17　匙羹藤

短，长约1cm；花序梗长2～5mm；花梗纤细，长2～3mm，均被短柔毛；花小，直径约2mm；花萼5深裂，裂片卵形，长1.5mm，钝头，有缘毛；花冠黄绿色，钟状，长2～3mm，裂片卵形，副花冠生于花冠裂片弯缺下，厚而成硬条带，长圆形；雄蕊5，花粉块长圆形，直立；柱头宽，呈短圆锥形。蓇葖果双生，长5～6cm，基部宽1.2～1.5cm，顶端渐尖。种子卵圆形，长约8mm，薄而凹陷，顶端截形或钝；种毛白色，长约3.5cm。花期6—8月，果期9—10月。

产于温州及玉环等地。生于山坡灌木丛中。分布于华南及福建、云南等地。越南、印度尼西亚、印度、热带非洲及大洋洲也有。

全株可药用，民间用于治风湿痹痛、脉管炎及毒蛇咬伤等，也可杀虱。有小毒，孕妇慎用。

⑧ 牛奶菜属　Marsdenia R. Br.

木质藤本，稀直立灌木或亚灌木。叶对生。聚伞花序伞形，顶生或腋生；花萼5深裂；花冠钟状、坛状或高脚碟状，顶端5裂，副花冠粘生在花药背面，裂片5，肉质，向上渐狭成钻形；合蕊柱较短，每室1花粉块，直立，长圆形或卵圆形，具花粉块柄；心皮2，离生；柱头扁平、突起或长喙状。蓇葖果圆柱状披针形或纺锤形，光滑。种子顶端具种毛。

约100种，分布于亚洲、美洲及热带非洲。我国有25种，分布于华东、华南及西南各地；浙江有3种。

分种检索表

1. 合蕊柱长仅及花冠筒一半；叶片斜卵形或卵状长圆形，长5～6.8cm，宽2.3～3.2cm ·················
·· 1. 团花牛奶菜　M. glomerata
1. 合蕊柱与花冠筒等长；叶片卵心形、卵状椭圆形或长圆形，长8～14cm，宽3.5～9.5cm。
　　2. 副花冠与雄蕊等长；花粉块长圆形；叶片长圆形或椭圆形 ·············· 2. 海枫藤　M. officinalis
　　2. 副花冠短，长仅及雄蕊一半；花粉块肾形；叶片卵状椭圆形或卵心形 ········· 3. 牛奶菜　M. sinensis

1. 团花牛奶菜
Marsdenia glomerata Tsiang

柔弱木质藤本。小枝圆柱形，灰褐色，有微毛，在节上较密。叶疏生，节间长达11cm；叶片斜卵形至卵状长圆形，长5～6.8cm，宽2.3～3.2cm，先端渐尖，基部圆形，侧脉3～5对，有缘毛；叶柄长约2cm，有柔毛，上面有沟槽，顶端具丛生腺体。聚伞花序团伞状，腋生，比叶短，直径约4cm；花序梗长2.5cm；花梗长1cm；花萼被柔毛，裂片长圆形，长约2mm，宽约1mm，先端钝，内面基部有5个腺体；花冠紫红色，近钟状，花冠筒长约3mm，直径约2.5mm，喉部密被柔毛，裂片长圆形，长约5mm，宽约2mm，副花冠裂片钻状；合蕊柱长仅及花冠筒的一半，花药顶端具圆形膜片，比副花冠裂片短，花粉块椭圆形，直立；柱头加厚，球形，包在花药内。

产于云和、永嘉。生于山地林中。模式标本采自浙江。

2. 海枫藤　海枫屯　（图7–18）

Marsdenia officinalis Tsiang et P.T. Li

木质藤本，全株均被黄色茸毛。叶片长圆形或椭圆形，长8.5～14cm，宽 3.5～6.5cm，先端渐尖，基部圆形或截形，上面疏具短柔毛，下面密被黄色茸毛，侧脉6～8对；叶柄长2～4cm，被茸毛。聚伞花序伞形，腋生于侧枝近端处，长约4cm，具10余花；花序梗长1～1.5cm，与花萼均被黄色茸毛；花萼5裂，内面基部有10个腺体；花冠近钟状，花冠筒比裂片短，裂片长圆状披针形，副花冠裂片与雄蕊近等长；花粉块长圆形，直立，花粉块柄横生，着粉腺长仅及花粉块的一半；柱头细长，基部膨大。蓇葖果近纺锤形，长10～12cm，直径约 3cm，外面无毛，干时呈暗褐色。种子卵形；种毛白色，长约4cm。花期7—8月，果期9—11月。

产于龙泉、景宁、乐清、永嘉、泰顺等地。生于海拔500～1000m的山谷路边，攀缘于树上。分布于湖北、四川、云南等地。

全株可药用，有舒筋活络、散寒、祛湿、止痛等功效。

图7-18　海枫藤

3. 牛奶菜 （图7-19）

Marsdenia sinensis Hemsl.

　　粗壮木质藤本，全株密被黄色茸毛。叶片卵心形或卵状椭圆形，长8～13.5cm，宽5～9.5cm，先端渐尖，基部心形，稀圆形，上面被细毛，下面密被黄色茸毛，侧脉5～6对；叶柄长2～3.5cm，被黄色茸毛。聚伞花序伞形，腋生，长1.5～9cm，花可达20余朵；花序梗长2～5.5cm；花梗长约3.5mm，与花萼均被黄色茸毛；花萼长3～4mm，5深裂，裂片卵圆形，内有10余个腺体；花冠外面紫红色，里面白色或淡黄色，长约6mm，裂片卵圆形，长约3mm，内面被茸毛，副花冠短，5裂，长仅及雄蕊的一半，紫红色；花药顶端具卵形膜片，花粉块肾形，直立；柱头基部圆锥状。蓇葖果纺锤形，长10～13cm，直径2～3cm，外被黄色茸毛。种子卵圆形，扁平，长5～13mm，顶端有长2.5～4cm的种毛。花期8—10月，果期11月至次年2月。

　　产于杭州市区、临安、衢州市区、开化、常山、临海、仙居、遂昌、松阳、龙泉、庆元、景宁、永嘉、瑞安、文成、泰顺等地。生于山坡岩石旁、山谷树上及疏林中。分布于江西、福建、湖北、湖南、广东、广西及四川等地。

　　全株可药用，民间用于强筋骨、健胃及治跌打损伤等。

图7-19　牛奶菜

⑨ 黑鳗藤属 Jasminanthes Blume

木质藤本，具乳汁。叶对生。聚伞花序伞形，腋生，花大；花萼5深裂；花冠高脚碟状或近漏斗状，裂片5，副花冠5裂，着生于雄蕊背面，裂片扁平直立，比花药短或无副花冠；雄蕊5，与雌蕊贴生，每室1花粉块，直立；心皮2，离生，花柱短，柱头圆锥状或头状。蓇葖果粗厚，钝头或渐尖。种子顶端具白色绢质种毛。

约5种，分布于我国和泰国。我国有4种，分布于华南及福建、湖南、云南等地；浙江有1种。

黑鳗藤 （图7-20）

Jasminanthes mucronata (Blanco) W.D. Stevens et P.T. Li — *Stephanotis mucronata* (Blanco) Merr.

木质藤本，具乳汁。茎被2列黄褐色短毛。小枝密被短柔毛。叶片纸质，卵状长圆形，长5.8~13cm，宽3~7.5cm，先端尾尖，基部心形，侧脉6~8对；叶柄长1.5~3.5cm，有短柔毛，顶端具丛生腺体。聚伞花序伞形，腋

图7-20 黑鳗藤

生或腋外生，具2～5花；花萼裂片披针形；花冠白色，破裂时常有紫黑色汁液流出，花冠筒长1.2～1.5cm，内面基部具5行2列柔毛，顶端5裂，裂片镰刀形，副花冠5裂，比花药短，生于雄蕊背面；合蕊柱比花冠筒短，花药顶端膜片长卵形，花粉块卵圆形，直立，花粉块柄横生；子房卵圆形，无毛，花柱短，柱头膨大。蓇葖果长披针状圆柱形，长约12cm，直径约1cm，无毛。种子长圆形，长约1cm，种毛白色，长约2.5cm。花期5—6月，果期9—12月。

产于温州、宁波及仙居、莲都、龙泉、云和等地。生于海拔500m以下的山坡杂木林中，常攀缘于大树上。分布于华南及福建、湖南、四川、贵州等地。

可栽培作观赏用。

⑩ 球兰属 Hoya R. Br.

攀缘灌木或亚灌木，附生或卧生。叶对生；叶片肉质。聚伞花序伞形，腋生或腋外生；花萼短，5深裂；花冠肉质，辐状，5裂，开放后扁平或反折，副花冠5裂，肉质；每室1花粉块，直立，长圆形，边缘有透明的薄膜；柱头顶端钝或具细尖头。蓇葖果细长。种子顶端具白色绢质种毛。

约100种，分布于亚洲东南部至大洋洲各岛。我国有32种，分布于我国南部；浙江有1种。

球兰 玉蝶梅 （图7-21）
Hoya carnosa (L. f.) R. Br.

攀缘灌木。茎粗壮，肉质，淡灰色，光滑，节上常生不定根。叶对生；叶片肉质，卵形或卵状椭圆形，长3.5～10cm，宽2～4cm，先端钝，稀急尖，基部圆形，侧脉约4对；叶柄厚，肉质，长

图7-21 球兰

0.4～1cm。聚伞花序伞形，腋生，具30花；花萼5深裂，裂片长圆形，被毛；花冠白色，辐状，直径约1.5cm，花冠筒短，裂片近三角形，外面无毛，内面具乳头状突起，副花冠五角星状，外角急尖，中脊隆起，边缘反折而成1孔隙，内角直立，紧靠在花药上；花粉块伸长，直立，侧边透明。蓇葖果狭披针状圆柱形，长7.5～10cm，直径约5mm，光滑。种子长约5mm，顶端具白色绢毛。花期4—6月，果期7—8月。

产于乐清、瓯海、平阳、苍南、泰顺等地。生于山坡阴湿处或附生于岩石上。分布于华南及福建、云南等地。

叶及全草可入药，有清热化痰、祛风祛湿、消痛解毒等功效。

⑪ 娃儿藤属 Tylophora R. Br.

缠绕或攀缘木质藤本，稀多年生草本或直立小灌木。叶对生；叶片革质或纸质。聚伞花序伞形或短总状，腋生；花序梗常曲折；花萼5裂；花冠5深裂，辐状或辐状钟形，副花冠5裂，裂片肉质，膨胀；雄蕊5，生于花冠筒基部，每室1花粉块，常成圆球状，开展或稍斜伸，稀直立；心皮2，离生，花柱短。蓇葖果双生，稀单生，纤弱，常平滑。种子顶端具白色绢毛。

约60种，分布于亚洲、非洲及大洋洲的热带和亚热带地区。我国有35种，分布于黄河以南各地；浙江有3种。

分种检索表

1. 叶基三出脉 ·· 1. 贵州娃儿藤 T. silvestris
1. 叶羽状脉。
　2. 叶大小不等；花序轴不分枝；花直径4～6mm ······················· 2. 通天连 T. koi
　2. 叶大小均匀；花序轴多歧曲折；花直径2mm ··················· 3. 七层楼 T. floribunda

1. 贵州娃儿藤 （图7-22）

Tylophora silvestris Tsiang — *Biondia henryi* (Ward. ex Schltr. et Diels) var. *longipedunculata* M. Cheng et Z.J. Feng

木质藤本。茎常有2列毛。叶对生；叶片近革质，椭圆形或长圆状披针形，长2.5～6cm，宽0.5～2.3cm，先端急尖，基部圆形或截形，基出脉3条，侧脉1～2对，边缘外卷；叶柄长3～7mm，有微毛。聚伞花序伞形，腋生，较叶短，不规则单歧或二歧，具10余花；花序梗长1.3～2.2cm；花梗长3～8mm；花萼5深裂，裂片狭卵形，长约1.5mm，内面基部有5个腺体；花冠紫红色或淡紫色，辐状，长约4mm，花冠筒长约1mm，裂片卵形，长约3mm，副花冠裂片卵形，肉质肿胀；药隔顶端有1圆形白色膜片，花粉块圆球状，平展，花粉块柄上伸，着粉腺紫红色，近菱形；子房无毛，柱头盘状五角形。蓇葖果披针状圆柱形，长6~7cm，直径4~5mm。种子具白色绢毛。花期3—5月，果期5—8月。

产于宁波及德清（莫干山）、杭州市区（西湖）、临安、淳安、开化、天台、遂昌、龙泉、景宁、永嘉、文成和泰顺等地。生于山坡林中及旷野。分布于西南及江苏、安徽、江西、湖南、广东等地。

根部可入药，所含的娃儿藤碱、异娃儿藤碱、娃儿藤宁碱等均有抗肿瘤的功效。

图7-22　贵州娃儿藤

2. 通天连 （图7-23）
Tylophora koi Merr.

攀缘灌木，全株无毛。叶片薄纸质，长圆形或长圆状披针形，大小不一，小叶片长2～5cm，宽约1cm，大叶片长8～11cm，宽2～5cm，小叶片基部圆形或截形，大叶片基部心形或浅心形，侧脉4～5对；叶柄长8～15mm，扁平。聚伞花序近伞房状，腋生或腋外生；花序梗长4～11cm，曲折；花梗纤细；花黄绿色，直径4～6mm；花萼5深裂，内面基部有5个腺体，裂片长圆形，边缘透明；花冠近辐状，花冠筒短，裂片长圆形，具不明显的4～5脉纹，副花冠裂片卵形，贴生于合蕊柱基部，肉质隆肿，高达花药一半；花粉块近球状，平展；子房无毛，柱头略突起。蓇葖果通常单生，线状披针形，长4～9cm，直径约5mm，无毛。种子卵圆形，顶部具白色绢质种毛；种毛长约1.5cm。花期6—9月，果期7—12月。

产于文成、平阳、苍南、泰顺等地。生于海拔1000m以下山谷潮湿密林中或灌木丛中，常攀缘于树上。分布于华南及福建、湖南、云南、西藏等地。越南和泰国也有。

全株可药用，广东和广西等地人们用来解蛇毒，治跌打损伤、疮疥、手指疮等。

图7-23　通天连

3. 七层楼 （图7-24）
Tylophora floribunda Miq.

多年生缠绕草质藤本，具乳汁。根须状，黄白色。茎纤细，分枝多。叶对生；叶片卵状披针形或长圆状披针形，长2～6cm，宽1～3cm，先端渐尖或急尖，基部浅心形或截形，下面密被小乳头状突起，侧脉3～5对，下面明显突起；叶柄纤细，长0.5～1.7cm。聚伞花序广展而多歧，比叶长，腋生或腋外生；花序梗曲折；花小，直径约2mm；花萼裂片卵状三角形；花冠暗紫红色，辐状，裂片卵形，副花冠贴生于合蕊冠基部，裂片卵形；花粉块近球状，平展；子房无毛，柱头盘状五角形，顶端小突起。蓇葖果双生，近水平开展，狭披针状圆柱形，长4～6cm，直径0.3～0.4cm，无毛。种子近卵形，棕褐色，顶端具长约2cm的白色绢毛。花期7—9月，果期10—11月。

产于全省山区及半山区。生于山坡路边、山脚草丛中或林缘。分布于我国长江以南各地。日本和朝鲜半岛也有。

根可药用，治小儿惊风、白喉、跌打损伤、关节肿痛和蛇咬伤等。

图7-24　七层楼

一四一 茄科 Solanaceae

草本或灌木，稀小乔木。直立、匍匐或攀缘状，有时具皮刺，稀具棘刺。单叶、裂叶或复叶，通常互生，无托叶。花单生，簇生或组成各式的聚伞花序，稀为总状花序，顶生、侧生、腋生或与叶互生；两性或稀杂性，辐射对称，通常5基数；花萼常5裂，宿存，花后增大或不增大；花冠辐状、钟状或漏斗状，通常5裂；雄蕊与花冠裂片同数而互生，常着生于花冠筒上，花药分离或黏合，纵裂或孔裂；子房上位，2室，稀1室或不完全3～5室，胚珠多数，中轴胎座，花柱线形，柱头头状，不裂或2浅裂。浆果或蒴果，盖裂或瓣裂。种子多数，圆盘状或肾形，扁平。

约95属，2300多种，广泛分布于温带至热带地区。我国有21属，102种；浙江有15属，35种，其中栽培的有10属，16种。

分属检索表

1. 浆果多汁液或少汁液，不开裂。
 2. 花萼在花后显著增大，完全或不完全包围浆果。
  3. 花萼5深裂至近基部，裂片基部深心形且具2尖锐的耳片，果时增大成五棱状；花单生；子房3～5室 ·· 1.假酸浆属 Nicandra
  3. 花萼5浅裂或5中裂，果时增大成卵状或近球状；花单生或2至数花簇生；子房2室。
   4. 果萼有时呈膀胱状，完全或不完全包围浆果，而贴近浆果，无纵肋或肋不显著突起，也不成5或10棱脊；1～3花腋生 ························· 5.散血丹属 Physaliastrum
   4. 果萼膀胱状，完全包围但不贴近浆果，有10显著棱脊；单花腋生 ·········· 6.酸浆属 Physalis
 2. 花萼在花后不增大或稍增大，不包围果实，而仅宿存于果实的基部。
  5. 花单生或近簇生。
   6. 多棘刺灌木，刺上生有叶或无叶；花冠漏斗状 ···················· 2.枸杞属 Lycium
   6. 草本或亚灌木，常无棘刺；花冠钟状或辐状。
    7. 花萼短，皿状，近截形而全缘；花冠宽钟形 ············· 8.龙珠属 Tubocapsicum
    7. 花萼稍长，有萼齿或裂片。
     8. 花萼具5裂片，果实大型，形状各异。
      9. 花萼杯状，具5狭齿；花冠辐状，白色；浆果少汁液 ········· 7.辣椒属 Capsicum
      9. 花萼钟状或宽钟状，5裂；花冠管状钟形；浆果多汁液 ·········· 3.颠茄属 Atropa
     8. 花萼具10等长细齿或5长5短相间的齿；果实小型，球状 ······· 10.红丝线属 Lycianthes
  5. 花集生成聚伞花序，顶生、腋生或腋外生，极稀单生。
   10. 草本，花冠辐状；浆果有多数种子。
    11. 花药不向顶端渐狭而成1长渐尖头，在顶端先行孔裂而后向下纵缝开裂；花萼及花冠裂片5·
     ·· 9.茄属 Solanum

11.花药向顶端渐狭而成1长渐尖头，自基部向上纵缝开裂；花萼及花冠裂片5～7 ······················· 11.番茄属 Lycopersicon

10.通常为常绿灌木；花冠狭管状或漏斗状，具长筒；浆果仅有1至少数种子··························· 13.夜香树属 Cestrum

1.蒴果，盖裂或瓣裂。

12.花集生成顶生聚伞花序、圆锥花序或有叶的总状花序。

13.花冠长管状漏斗形；蒴果2瓣裂 ······················ 14.烟草属 Nicotiana

13.花冠漏斗状；蒴果盖裂 ······················ 4.天仙子属 Hyoscyamus

12.花单生或1～3花簇生。

14.雄蕊5，全部发育；蒴果4瓣裂；果通常有刺或乳头状突起 ············ 12.曼陀罗属 Datura

14.雄蕊5，其中两两成对，第5枚极小或退化；蒴果2瓣裂；果无刺和乳头状突起 ·········· 15.碧冬茄属 Petunia

1 假酸浆属 Nicandra Adans.

一年生直立草本，多分枝。叶互生，具叶柄，叶片边缘具粗齿或浅裂。花单独腋生；花萼球状，5深裂，裂片基部心状箭形，具2尖锐耳片，果时极度增大，干膜质，具网脉；花冠钟状，5浅裂；雄蕊5，不伸出于花冠，花丝丝状；子房3～5室，具极多数胚珠，花柱略粗，丝状，柱头近头状，3～5浅裂。浆果球状。种子扁压，肾脏状圆盘形，具多数小凹穴。

1种，原产于南美洲。我国有栽培或逸为野生。

假酸浆 （图7-25）
Nicandra physalodes (L.) Gaertn.

一年生草本，株高0.4～1.5m。茎直立，具棱，无毛，上部交互不等的二歧分枝。叶片草质，卵形或椭圆形，长4～12cm，宽2～8cm，顶端急尖或短渐尖，基部楔形，边缘有具圆缺的粗齿或浅裂，两面具稀疏柔毛；叶柄长为叶片长的1/4～1/3。花单生于枝腋而与叶对生，通常具较叶柄长的花梗，俯垂；花萼5深裂，裂片顶端尖锐，基部心状箭形，有2尖锐的耳片，果时包围果实，直径2.5～4cm；花冠钟状，浅蓝色，直径达4cm，檐部有折襞，5浅裂。浆果球状，直径1.5～2cm，黄色。种子淡褐色，直径约1mm。花果期6—11月。

原产于南美洲。我国南北各地均有引种栽培，河北、四川、贵州、云南、西藏、甘肃等地常有逸生。宁波、温州及长兴、临安、普陀、义乌、台州市区、天台、玉环等地有归化。生于田边、荒地或住宅区绿化地。

全草可药用，有镇静、祛痰、清热解毒等功效。

图 7-25　假酸浆

② 枸杞属 Lycium L.

灌木，通常有棘刺，稀无刺。单叶，互生或簇生于短枝上；叶片全缘，有柄或近无柄。花具梗，单生于叶腋或簇生于极度缩短的侧枝上；花萼钟状，3～5裂，果时不甚增大；花冠漏斗状，5裂，稀4裂；雄蕊5，着生于花冠筒的中部，花丝基部常有1圈白色毛环，花药长椭圆形，纵裂；子房2室，胚珠多数，花柱线状，柱头2浅裂。浆果长圆形或卵形，通常呈红色。种子多数或由于不发育仅有少数，扁平，肾形。

约80种，主要分布在南美洲和非洲南部，少数分布于欧亚大陆温带地区。我国有7种，主产于北部和西北部；浙江有2种（其中1种栽培）。

1.枸杞 （图7-26）

Lycium chinense Mill.

落叶灌木。茎高0.5～2m，多分枝；枝条柔弱，常弓曲下垂，幼枝有棱角，外皮灰褐色，有棘刺生于叶腋或小枝顶端。叶纸质，单叶互生或2～4叶簇生于短枝上；叶片卵形至卵状披针形，顶端急尖，基部楔形，长2.5～5cm，宽1～2cm，全缘；叶柄长2～6mm。花常单生或2至数花簇生；花梗长1～1.4cm；花萼钟状，长3～4mm，通常3中裂或4～5齿裂；花冠漏斗状，长约1cm，淡紫色，5深裂，裂片长卵形，具缘毛；雄蕊5，花丝基部密生椭圆状毛丛，花药长椭圆形；子房上位，2室，花柱长约9mm，稍长于雄蕊，柱头头状。浆果卵形或长椭圆状卵形，长0.5～1.5cm，直径5～7mm，鲜红色。种子扁肾形，直径1～1.5mm，黄色，表面多有点状网纹。花期6—9月，果期9—11月。

产于全省各地。生于旷野、路旁、池塘边、石坎上及宅旁墙脚下、山坡灌丛中。全国南北各地均有分布，除普遍野生外，各地也有作药材、蔬菜或绿化栽培。朝鲜半岛、日本、欧洲也有。

果实（中药名"枸杞子"）性味甘平，有滋肝补肾、益精明目的功效；根皮（中药名"地骨皮"）有解热止咳的功效；嫩叶可作蔬菜；种子油可制润滑油或食用油。由于它耐干旱，可生长在沙地，因此可作为水土保持的灌木。

图 7-26 枸杞

2. 宁夏枸杞
Lycium barbarum L.

落叶大灌木。茎高2～4m，分枝细密，顶端常略下垂，外皮灰白色，短枝棘刺状。叶片披针形或长椭圆状披针形，长2～6cm，宽0.5～2cm，先端渐尖，全缘，被蜡质，侧脉不明显；叶柄短或无。花在长枝上1～2朵腋生，在短枝上2～6朵簇生；花梗长1～2cm；花萼钟状，长4～5mm，通常2中裂，裂片有小尖头或顶端有2～3齿裂，裂片顶端具纤毛；花冠漏斗状，紫红色，长约5mm，5裂，裂片卵形，稍短于花冠筒，向后翻卷；雄蕊5，花丝基部有一小段白色柔毛，但不形成毛丛，花药长圆形；子房上位，2室，花柱略短于雄蕊，柱头头状。浆果倒卵形或椭圆形，长8～20mm，直径5～10mm，橘红色，味甜。种子多数，略成肾形，扁压，棕黄色，长约2mm。花期5—10月，果期8—11月。

原产于我国西北。地中海地区及其他欧洲国家普遍栽培，并有逸生。海盐、海宁、慈溪、温岭等地有引种。常栽培于海涂、沙滩和低山缓坡地。

叶、果及根皮用途与枸杞相同，但商品枸杞子以宁夏枸杞的果实为主。

与枸杞的主要区别在于叶片披针形或长椭圆状披针形；花萼常2中裂，花冠筒稍长于裂片，裂片边缘无缘毛。

③ 颠茄属 Atropa L.

一年生或多年生草本。茎上部二叉分枝。叶互生，全缘。花单独腋生；花萼宽钟状，5深裂，果时稍增大；花冠管状钟形，檐部狭窄；雄蕊5，等长，较花冠略短，上部丝状，弓曲；花盘明显；子房2室，花柱常伸出于花冠，柱头扩大，2浅裂，胚珠多数。浆果球状，多汁液。种子多数，扁平，有多数网状凹穴。

约4种，分布于欧洲至亚洲中部。我国引种1种，南北各地均有栽培；浙江也有。

颠茄
Atropa belladonna L.

多年生草本，株高0.5～2m。根粗壮，圆柱形。茎下部呈紫色，上部叉状分枝；嫩枝绿色，具腺毛，老时脱落。叶互生或假双生；叶柄长达4cm，幼时生腺毛；叶片卵形至椭圆形，长7～25cm，宽3～12cm，顶端渐尖或急尖，基部楔形并下延到叶柄，叶脉被柔毛。花俯垂；花梗长2～3cm，密生腺毛；花萼长为花冠的一半，裂片三角形，长1～1.5cm，被腺毛，花后稍增大，果时呈星芒状；花冠管状钟形，下部呈黄绿色，上部呈淡紫色，长2.5～3cm，直径约1.5cm，花冠筒中部稍膨大，5浅裂，花开放时裂片向外反折；花药椭圆形，黄色；花盘绕生于子房基部；花柱长约2cm，柱头绿色。浆果球状，直径1.5～2cm，成熟后紫黑色。种子多数，扁平，肾形，黄褐色，表面具细网纹。花期5—7月，果期6—8月。

　　原产于亚洲西部、欧洲（中、南部），印度也有。北京、山东、上海、四川、云南等地有引种。杭州市区、富阳、乐清、瑞安等地有栽培。

　　根和叶有镇痉、镇痛、抑制腺体分泌及扩大瞳孔的作用，可作为提取阿托品的原料。

④ 天仙子属 Hyoscyamus L.

　　一年生至多年生直立草本。单叶互生；叶柄极短或无柄；叶片有波状齿或缺刻，稀全缘。花在茎下部单生于叶腋，但在茎上端渐密集成聚伞花序或穗状花序；有叶状苞片；花萼管状钟形、坛状或倒圆锥状，5浅裂，花后增大，果时包围并超过蒴果，有明显纵肋，先端具硬针刺；花冠钟状或漏斗状，淡黄色或绿紫色，5浅裂，裂片大小不等；雄蕊5，着生于花冠筒中部，常伸出于花冠外，花药纵裂；子房2室，胚珠多数，花柱丝状，柱头头状，2浅裂。蒴果干燥后盖裂。种子肾形或圆盘形，扁平，有网状凹穴。

　　约20种，分布于东南亚至地中海地区。我国2种，产于西南部和北部，华东地区有栽培；浙江栽培1种。

天仙子 （图7-27）
Hyoscyamus niger L.

　　二年生草本，全株被短腺毛和长柔毛。根粗壮，肉质，纺锤形。茎直立或斜上，高30～70cm。基生叶大，呈莲座状，茎生叶互生；叶片卵圆形或长卵形，长6～9cm，宽2.5～6.5cm，先端尖锐，基部心形，边缘具3～5浅裂；上部叶无柄半抱茎，下部叶具长达5cm

图7-27　天仙子

的叶柄。花单生于叶腋或组成顶生的穗状花序，通常偏向一侧；花萼管状钟形，被细腺毛和长柔毛，长1～1.5cm，5浅裂，裂片三角形，具10纵肋，先端具针刺；花冠钟状，黄绿色，基部具紫堇色脉纹；雄蕊5，不等长而稍伸出花冠外，花药长椭圆形，深紫色；花柱长约2.5cm，柱头头状，略伸出花冠外。蒴果直立，卵球形，长约1.5cm，直径约1.2cm，包藏于宿萼内，成熟时盖裂。种子近圆盘状，直径约1mm，表面具细网纹。花期5—7月，果期6—8月。

原产于欧洲南部及亚洲西部，现印度、蒙古、俄罗斯及欧洲其他地区广泛分布。我国北方和西南各地的高寒地区有逸生，南方各地多为零星种植。杭州等地有零星栽培或逸为野生。

全株有毒；根、叶、花及种子均可入药，含莨菪碱及东莨菪碱，有镇痉、镇痛之效，可作镇咳药及麻醉剂。

⑤ 散血丹属　Physaliastrum Makino

多年生草本，具根状茎。茎直立，常稀疏二歧分枝。叶互生或2叶聚生而不等大；叶片全缘或波状，具柄。花数朵簇生或单生，具长梗，俯垂；花萼钟形，5裂，果时明显增大，有时成膀胱状但紧贴浆果，常有刺状毛；花冠阔钟状，5浅裂，裂片在蕾中成内向镊合状，花冠筒基部有5簇髯毛，并在每簇髯毛上方各具或不具蜜腺；雄蕊5，着生于花冠筒近基部处，花丝有毛或无毛，花药直立，药室近平行，纵裂；子房2室，胚珠多数，花柱丝状，柱头不明显2浅裂。浆果球状或椭圆状，下垂，外有肉质宿萼包围，外面具不规则三角形突起。种子多数，扁平，肾形。

共9种，分布于亚洲。我国7种，分布于东北、华北、华东、华中、华南及西南地区；浙江有2种。

1. 广西地海椒 （图7-28）
Physaliastrum chamaesarachoides (Makino) Makino

直立灌木或草本，幼嫩部分有疏柔毛，不久变成无毛。茎稀疏二歧分枝；枝条略粗壮，多曲折，带黄褐色。叶片纸质，阔椭圆形或卵形，长3～7cm，宽2～4cm，顶端短渐尖，基部歪斜、圆形或阔楔形，边缘有少数牙齿，稀全缘而波状，两面近无毛，侧脉5～6对。花萼宽钟状，裂片三角形，背面具刺，果时膨大为膀胱状，向下弯曲俯垂，球状卵形，长1.8cm，直径1.5cm；花冠白色，裂片卵形，具缘毛；雄蕊着生于花冠筒近基部，与花冠等长或稍外露。浆果单生或2个近簇生，球状，远较果萼为小；果梗细瘦，弧状弯曲，长1.5～1.8cm。种子浅黄色。花期6—9月，果期8—11月。

图7-28　广西地海椒

产于桐庐、建德、淳安、诸暨、衢州市区、开化、江山、浦江、莲都、遂昌和景宁等地。常生于海拔200～700m的林下和山坡路旁。分布于安徽、江西、福建、台湾、广西、贵州等地。

2. 江南散血丹 （图7-29）

Physaliastrum heterophyllum (Hemsl.) Migo

多年生草本，株高30～60cm。根多条簇生，近肉质。茎直立，节部略膨大，具棱，幼嫩时具细疏毛。叶片纸质，阔椭圆形、卵形或椭圆状披针形，长7～19cm，宽3～9cm，顶端短渐尖或急尖，基部歪斜，全缘而略呈波状，两面被稀疏细毛，侧脉5～7对；叶柄2～4cm。1～2花生于叶腋或枝腋；花梗细瘦，有稀柔毛，长1～1.5cm，果时3～5cm，变无毛；花萼短钟状，5中裂，裂

图 7-29　江南散血丹

片长短略不相等，具柔毛，果后增大成球状，紧密包被并贴近浆果，超出浆果的顶端，稍缢缩，顶端有不规则三角形突起；花冠阔钟状，乳黄色，长 1.5～2 cm，5浅裂，外面密生细柔毛，内部近基部有5簇髯毛，上方无蜜腺；雄蕊5，花丝有稀疏柔毛，花药椭圆形，纵裂；子房圆锥形。浆果球形，直径约1.5 cm，被宿萼所包围。种子近圆盘形。花果期5—9月。

　　产于安吉、德清、临安、桐庐、建德、淳安、金华市区、磐安、武义、天台、缙云、遂昌、龙泉、永嘉、瑞安、文成、泰顺等地。生于海拔450～1030 m的山坡路旁或山谷林下潮湿地。分布于江苏、安徽、江西、河南、湖北、湖南及陕西等地。

存疑种

日本散血丹
Physaliastrum echinatum (Yatabe) Makino

　　本种与江南散血丹的主要区别是花萼裂片扁三角形，花冠筒内面基部有蜜腺，果顶端稍露出。*Flora of China* 记载浙江有分布，但未见标本。野外调查发现花冠筒内面基部有蜜腺，果萼却紧密包被并明显超出浆果，果顶并未稍露出，同时叶片大部分为长椭圆形，而非显著菱形，与江南散血丹难以区分。因此，两者的分类地位和分布有待进一步研究。

⑥ 酸浆属 Physalis L.

一年生至多年生草本，茎直立或铺散，无毛或被柔毛。单叶互生，或2叶聚生；叶片全缘、深波状或具不规则短齿。花单生于叶腋或枝腋；花萼钟状，5浅裂或5中裂，果时增大成膀胱状，完全包围浆果，有10纵肋，5棱或10棱形，膜质或革质，顶端闭合，基部常凹陷；花冠白色或黄色，辐状或钟状，5浅裂；雄蕊5，较花冠短，着生于花冠筒基部，花丝丝状，基部扩大，花药椭圆形，纵裂；子房2室，花柱丝状，柱头不显著2浅裂。浆果球状，多汁。种子多数，扁平，盘形或肾形，具网纹状凹穴。

约75种，主要分布于美洲的热带及温带地区，亚洲和欧洲也有分布。我国6种，南北各地均产；浙江有3种。

分种检索表

1. 多年生草本；花冠白色，辐状；花药黄色；宿萼橙红色，近革质··
···1. 挂金灯 **P. alkekengi** var. **franchetii**
1. 一年生草本；花冠淡黄色，辐状钟形；花药紫色；宿萼草绿色，薄纸质。
  2. 叶片基部歪斜，楔形或宽楔形；花较小，花冠长4～5mm，直径6～8mm；植株全体近无毛或仅生稀疏毛····································· 2. 苦蘵 **P. angulata**
  2. 叶片基部歪斜心形；花较大，花冠长8～15mm，直径1～1.5cm；茎、叶密被短柔毛··············
··· 3. 毛酸浆 **P. philadelphica**

1. 挂金灯（变种）
Physalis alkekengi L. var. **franchetii** (Mast.) Makino

多年生草本，具横走的根状茎。茎高30～60cm，基部略带木质，分枝稀疏或不分枝，有纵棱，茎节稍膨大，疏被柔毛，幼嫩部分更甚。叶片宽卵形至菱状卵形，长5～6cm，宽2.5～6cm，顶端渐尖，基部不对称狭楔形，下延至叶柄，全缘略呈波状或具少数不规则缺刻状粗齿，两面无毛，仅边缘密具短毛；叶柄长1.5～3.5cm。花单生于叶腋；花梗长约1cm，近无毛；花萼钟状，长约6mm，5裂，裂片狭三角形，具短柔毛；花冠辐状，白色，直径15～20mm，5裂，外面有短柔毛，边缘有缘毛；雄蕊5，与花柱均较花冠为短，花药黄色；宿萼卵状如灯笼，长3～4cm，直径2.5～3.5cm，薄革质，网脉显著，有10纵肋，基部内凹，成熟时呈橙红色，无毛。浆果球状，橙红色，直径10～15mm，柔软多汁。种子多数，肾形，淡黄色，长约2mm。花期7—10月，果期10—11月。

产于安吉、富阳、临安、开化等地。生于林下、溪边、山坡路旁和屋旁。除西藏以外，我国各地均有分布。朝鲜半岛和日本也有。

果可食用；根及全草可药用，有清热、利咽、化痰和利尿等功效；宿萼有清热解毒的功效。

与模式变种酸浆的区别在于后者茎基部常匍匐生根，茎节不膨大；叶片两面有柔毛；花梗密生柔毛而果时不脱落；果萼有柔毛。

2. 苦蘵 （图7-30）

Physalis angulata L.

一年生草本，被疏短柔毛或近无毛，株高30～50cm。茎多分枝，分枝纤细。叶片卵形至卵状椭圆形，顶端渐尖或急尖，基部宽楔形或楔形，全缘或有不等大的牙齿，两面近无毛，长

图 7-30　苦蘵

2～5cm，宽1～2.5cm；叶柄长1～2cm。花单生于叶腋；花梗长5～12mm，有短柔毛；花萼钟状，密生短柔毛，5中裂，裂片披针形；花冠淡黄色，喉部常有紫色斑纹，钟状，直径5～7mm，5浅裂；雄蕊5，花药紫色，长约2mm。果萼卵球状，具细柔毛，直径1.5～2cm，薄纸质，成熟时呈草绿色或淡黄绿色；浆果球形，直径约1.0cm。种子圆盘状，淡黄色，直径约1.5mm。花期7—9月，果期9—11月。

产于全省各地。生于林缘旷地、溪边及宅地旁。长江以南各地均有分布。日本、印度、大洋洲和美洲也有。

全草可入药，有清热解毒、化痰、利尿等功效。

2a. 毛苦蘵（变种）（图7-31）
var. **villosa** Bonati

与苦蘵的区别在于全体密生长柔毛，果时不脱落。

产于杭州、永嘉等地。生于草丛中。分布于江西、湖北、云南。越南也有。

Flora of China 将其作为小酸浆 *P. minima* L.的异名处理，但本变种的叶柄和果柄均较长（分别为1～5cm和5～12mm），同时浆果的直径也较大（达1.2cm），明显区别于小酸浆，赞同《温州植物志》编者的观点，维持其变种地位。

图7-31　毛苦蘵

3. 毛酸浆 （图7-32）
Physalis philadelphica Lam.

一年生草本。茎生柔毛，常多分枝，分枝毛较密。叶宽卵形，长3～8cm，宽2～6cm，顶端急尖，基部歪斜心形，边缘通常有不等大的尖牙齿，两面疏生柔毛但脉上较密；叶柄长3～8cm，密生短柔毛。花单独腋生；花梗长3～8mm，密生短柔毛；花萼钟状，密被柔毛，5中裂，裂片披针形，急尖，边缘有缘毛；花冠淡黄色，喉部具紫色斑纹，直径6～10mm；雄蕊短于花冠，花药淡紫色，长1～2mm。果萼卵状，长2～3cm，直径2～2.5cm，具5棱角和10纵肋，顶端萼齿闭合，基部稍凹陷；浆果球状，直径约1.2cm，黄色或有时带紫色。种子近圆盘状，直径约2mm。花果期5—11月。

原产于美洲。吉林、黑龙江有栽培或逸为野生。杭州市区、龙泉、温州市区等地有归化。常生于草地或田边路旁。

果可食用。

图 7-32　毛酸浆

⑦ 辣椒属　Capsicum L.

一年生或多年生草本或半灌木。茎直立，多分枝。单叶互生，全缘或浅波状。花单生或数朵簇生于枝腋或叶腋；花梗直立或俯垂；花萼小，钟状或杯状，全缘或具5（7）小齿，果时稍增大，宿存；花冠辐状，5深裂；雄蕊5，花丝丝状，花药分离，纵裂；子房2（3）室。果实俯垂或直立，浆果少汁，果皮肉质或近革质。种子多数，扁圆盘状。

约25种，主要分布于中美洲和南美洲。我国有栽培和野生2种；浙江栽培1种。

辣椒 （图7-33）
Capsicum annuum L.

一年生草本，株高0.4～1m。茎近无毛或被微毛，分枝稍呈"之"字形折曲。叶互生，枝顶末节不伸长而成双生或近簇生；叶片长圆状卵形、卵形或卵状披针形，长2～5cm，宽1～2cm，全缘，顶端短渐尖或急尖，基部狭楔形；叶柄长1～2.5cm。花单生于叶腋或枝腋，俯垂；花梗长1～1.5cm；花萼杯状，长约3.5mm，不显著5齿，疏生柔毛；花冠白色，辐状，长约1.2cm，裂片卵形；花丝基部贴生于花冠筒上，不伸出花冠筒外，花药紫色；花柱纤细，柱头头状，略高出雄蕊。果梗较粗壮，俯垂；果实长指状，顶端渐尖且常弯曲，未成熟时为绿色，成熟后呈红色、橙色或紫红色，味辣。种子扁肾形，长约2mm，淡黄色。花果期5—11月。

原产于墨西哥和南美。世界各国均有栽培。全国各地普遍栽培，全省各地均有栽培。

辣椒在我国已有数百年栽培历史。果实为重要的蔬菜和调味品；种子油可食用；果也有驱虫和发汗的功效。

辣椒的栽培变种甚多，常以果实形状、大小、位置、辣度等作为分类依据。本省常见的栽培变种有朝天椒、簇生椒和菜椒等。

图7-33　辣椒

⑧ 龙珠属　Tubocapsicum Makino

多年生草本。茎直立，分枝稀疏而展开。叶互生或在枝上端大小不等2叶双生，全缘或浅波状。2至数花簇生于叶腋或枝腋；花梗细长，俯垂；花萼皿状，顶端平截而近全缘；花冠黄色，宽钟状，5裂；雄蕊5，着生于花冠中部，花丝钻状，花药卵形，花药纵裂；子房2室，花柱细长，柱头头状。浆果，球形，红色。种子多数，近扁圆形。

1种，分布于我国、日本、朝鲜半岛、泰国、印度尼西亚和菲律宾。浙江也有。

龙珠 （图7-34）

Tubocapsicum anomalum (Franch. et Sav.) Makino

图 7-34 龙珠

多年生草本，全体近无毛，株高可达1.5m。茎直立，二歧分枝，枝稍"之"字形折曲，具细纵棱。叶片薄纸质，卵形、椭圆形或卵状披针形，长4～18cm，宽2～8cm，先端渐尖，基部歪斜楔形，常下延至叶柄，全缘或略呈波状。花单生或2～6花簇生于叶腋；花梗细弱，俯垂，长5～10mm；花萼直径约5mm，顶端不裂，果时稍增大而宿存；花冠淡黄色，直径6～8mm，5浅裂，裂片卵状三角形，先端尖锐，常向外反曲，有短缘毛；雄蕊5；子房直径约2mm，花柱与雄蕊近等长。浆果球形，直径7～10mm，成熟后呈鲜红色，具光泽，宿萼稍增大。种子淡黄色，扁圆形，直径约1.5mm，具网纹。花期7—9月，果期9—11月。

产于杭州、宁波、舟山、衢州、金华、台州、丽水、温州等地。生于海拔890m以下的山坡林缘、山谷溪边及灌草丛中。分布于我国长江以南各地。朝鲜半岛和日本也有。

茎、叶及果实可入药，有清热解毒、除烦热的功效；植株可供观赏。

⑨ 茄属 Solanum L.

草本、灌木或藤本，稀小乔木。茎具刺或无刺，常有星状柔毛或腺毛。叶互生或近对生，叶片全缘、波状或分裂，稀为复叶。花排列成聚伞花序、伞形花序或圆锥花序，稀单生，顶生、腋生或腋外生；花萼通常5裂，稀4裂，果时明显增大或稍增大；花冠白色、蓝色、紫色或黄色，辐状或浅钟状，通常5裂；雄蕊5，稀4或6，花丝短，着生于花冠筒喉部，花药黏合，围绕花柱成圆锥体，顶端或近顶端孔裂；子房2室，胚珠多数，花柱圆柱形，柱头钝圆。浆果多为球形或椭圆形，有时为其他形状。种子多数，卵形至肾形，扁平，具网纹状凹穴。

1200余种，分布于全球热带及亚热带地区，少数分布于温带地区，主产于南美洲热带地区。我国有41种，各地均产；浙江有12种，偶见栽培的有乳茄 *S. mammosum* L.、红茄 *S. aethiopicum* L.。

分种检索表

1.植株有刺；花药长并在顶端延长，顶孔细小，向外或向上。
　2.毛被为丝状或纤毛状；茎上的皮刺直而尖锐；聚伞花序短而少花。
　　3.茎、枝无毛，具细而直的皮刺；叶上面及边缘多纤毛，下面无毛或在近边缘处被少数分散的纤毛；果实较大，扁球形，成熟后呈橙红色 ················· 1.牛茄子 S. capsicoides
　　3.茎枝上多混生具节长硬毛、短硬毛、腺毛或全部为柔毛状腺毛及基部宽扁的皮刺或钻状皮刺；果实较小，圆球形，成熟后呈淡黄色 ················ 2.喀西茄 S. aculeatissimum
　2.毛被为星状茸毛；茎上无或具皮刺；聚伞花序通常具多花。
　　4.茎、枝具基部宽扁的钩刺；果序蝎尾状或聚伞状；果圆形，较小，直径不超过2.5cm，成熟后呈黄色；花冠白色。
　　　5.直立半灌木；植株高1～2.5m ····················· 3.水茄 S. torvum
　　　5.多年生草本；植株高10～50cm ················· 4.北美刺龙葵 S. carolinense
　　4.茎、枝不具基部宽扁的钩刺；果单生，长圆形或圆形，较大，直径在3cm以上，成熟后呈白色、红色或紫色；花冠白色或紫色 ····················· 5.茄 S. melongena
1.植物体无刺；花药较短而厚，顶孔向内或向上。
　6.地下枝形成块茎；叶为奇数羽状复叶，小叶片具柄，大小相间；伞房花序初时近顶生，而后侧生 ·············
　　·· 6.马铃薯 S. tuberosum
　6.无地下块茎；叶不分裂或羽状深裂，裂片近于相等；花序顶生、假腋生、腋外生或对叶生。
　　7.草本或亚灌木，直立或攀缘状；浆果小，直径不超过1cm。
　　　8.一年生直立草本；伞形或短蝎尾状花序。

9.植株粗壮；短的蝎尾状花序，通常具4～10花；果及种子均较大 ··············· 7.龙葵 S. nigrum

9.植株纤细；花序近伞形，通常具1～6花；果及种子均较小 ············· 8.少花龙葵 S. americanum

8.蔓生草本或藤状亚灌木至小灌木；聚伞花序顶生或腋外生，极少为聚伞状圆锥花序。

10.蔓生草本；叶至少有少数在基部（2）3～5裂。

11.植株无毛或被较稀疏的短柔毛；叶片三角状披针形，有时3浅裂 ····· 9.野海茄 S. japonense

11.茎叶均被多节的长柔毛；叶片琴形或卵状披针形，基部常3～5深裂······ 10.白英 S. lyratum

10.藤状小灌木；叶片决不分裂，披针形至卵状披针形；全株光滑无毛 ··

·· 11.海桐叶白英 S. pittosporifolium

7.直立灌木；浆果较大，直径1.2～2.5cm ··············· 12.珊瑚樱 S. pseudocapsicum

1.牛茄子 （图7-35）

Solanum capsicoides All.—*S. surattense* auct. non Burm. f.

直立草本至亚灌木，高0.3～1m，全株疏生柔毛和淡黄色细直刺。叶片宽卵形，长5～10.5cm，宽4～12cm，先端急尖至渐尖，基部宽楔形、平截或心形，5～7浅裂或深裂，裂片三角形或卵形，叶脉上有直刺；叶柄粗壮，长2～5cm，微具纤毛及较长大的直刺。聚伞花序腋外生，具1～4花，常下垂；花梗纤细，被直刺及纤毛，长不超过2cm；花萼杯状，外面具细直刺及纤毛，先端5裂，裂片卵形；花冠白色，顶端5深裂，裂片披针形；花丝长约1.5mm，花药顶端延长，顶孔向上；子房球形，柱头头状。浆果扁球状，直径约3.2cm，初时为绿白色，成熟后呈橙红色；果柄长约1.5cm，具细直刺。种子黄色，圆形，直径约4mm，干后扁而薄，边缘翅状。花期6—9月，果期8—11月。

图7-35 牛茄子

产于余姚、象山、宁海、定海、黄岩、松阳、龙泉、景宁、洞头、乐清、文成、平阳、泰顺等地，杭州市区、临安、诸暨等地有栽培。生于海拔30～540m的路旁荒地草丛中或村庄附近空旷地上。分布于我国长江以南各地，辽宁、河南、台湾、陕西等地有栽培。广泛分布于热带地区。

根、叶可入药，有散热止痛、镇咳平喘等功效；果实有毒，不可食用，但色彩鲜艳，可供观赏。

2. 喀西茄 （图7-36）

Solanum aculeatissimum Jacq.

直立草本至亚灌木，高1～2m，茎、枝、叶及花柄多混生黄白色具节的长硬毛、短硬毛、腺毛及淡黄色基部宽扁的直刺，刺长2～15mm，宽1～5mm，基部暗黄色。叶阔卵形，长6～12cm，宽约与长相等，先端渐尖，基部戟形，5～7深裂，裂片边缘不规则齿裂及浅裂，脉上散生基部宽扁的直刺。总状花序腋外生，短而少花，单生或具2～4花；花梗长约1cm；花萼钟状，绿色，5裂，裂片长圆状披针形，外面具细小的直刺及纤毛；花冠筒淡黄色，冠檐白色，5裂，裂片披针形，具脉纹，开放时先端反折；花丝长约1.5mm，花药在顶端延长，顶孔向上；子房球形，花柱纤细，柱头截形。浆果球状，直径2～2.5cm，初时为绿白色，具绿色花纹，成熟时呈淡黄色，宿萼上具纤毛及细直刺，后脱落。种子淡黄色，近倒卵形，扁平，直径约2.5mm。花期5—10月，果期9—11月。

图7-36 喀西茄

原产于巴西，现亚洲和非洲热带地区广泛分布。云南、广西也有分布。莲都、缙云、庆元、永嘉、瑞安、平阳、苍南、泰顺等地有归化，喜生于沟边、路边灌丛、荒地、草坡或疏林中。

果实含有索拉索丁（Solasodine），是合成激素的原料，烧成烟可以熏牙止痛。

3.水茄 （图7-37）

Solanum torvum Sw.

直立半灌木，高1～2m。小枝、叶下面、叶柄及花序柄均被分枝的星状毛。小枝疏生基部宽扁的皮刺，皮刺淡黄色，尖端略弯曲。叶单生或双生；叶片卵形至椭圆形，长6～12cm，宽4～9cm，先端尖，基部心形或楔形，两边不相等，边缘半裂或呈波状，裂片通常5～7；叶柄长2～4cm，具1～2皮刺或不具。伞房花序腋外生，2～3歧，被毛厚；花序梗长1～1.5cm，具1细直刺或无；花梗长5～10mm，被腺毛及星状毛；花萼杯状，外面被星状毛及腺毛，5裂，裂片卵状长圆形；花冠白色，辐形，5裂，裂片卵状披针形；花丝长约1mm，花药顶孔向上；子房卵形，光滑，柱头截形。浆果黄色，光滑无毛，圆球形，直径1～1.5cm，宿萼外面被稀疏的星状毛。种子盘状，直径1.5～2mm。花期5—8月，果期9—11月。

原产于美洲加勒比地区，现美洲和亚洲热带地区均有分布。广东、广西、台湾、云南等地均有分布。瑞安、苍南等地有归化，生于海拔200～650m的村庄路旁、荒地、沟谷及灌木丛中。

果实可明目，叶可治疮毒，嫩果煮熟可作蔬菜食用。

图 7-37 水茄

4. 北美刺龙葵　北美水茄　（图7-38）

Solanum carolinense L.—*S. chrysotrichum* auct. non Schltdl.

多年生草本，株高10～50cm。茎绿色偏紫，被短、硬且披散的毛；小枝、叶下面、叶柄及花序梗均被星状毛；小枝疏生基部宽扁的皮刺，皮刺淡黄色或淡红色，长2.5～10mm。叶片长6～9cm，宽4～11cm。聚伞状圆锥花序腋外生，被腺毛及星状毛；花萼裂片卵状长圆形，表面常有小刺；花冠辐状，白色至浅紫色，星形5裂，外面被星状毛；花丝长约1mm，花药长7mm，顶孔向上。浆果球形，黄色，多汁，直径1～1.5cm，无毛；果梗长约1.5cm，上部膨大。种子盘状，直径1.5～2mm。花期6—8月，果期8—11月。

原产于美洲加勒比地区，现热带地区广泛分布。象山、椒江（大陈岛）、玉环（披山岛）、平阳（南麂列岛）、泰顺有归化，生于荒地、路旁。

图7-38　北美刺龙葵

5.茄 （图7-39）

Solanum melongena L.

一年生草本，多分枝，高可达1m。小枝、叶柄、花梗、花萼及花冠均被星状毛，基部稍木质化。叶互生；叶片卵形至长圆状卵形，长5～14cm，宽3～6cm，先端钝，基部偏斜，边缘浅波状或深波状圆裂；叶柄长1～4cm。花通常为单生，为长柱花，能结实；有些品种则可数花成短蝎尾状花序，具长花柱和短花柱两种花，短花柱花常易脱落，不能结实；花萼钟状，直径约2cm，外被星状茸毛及小皮刺，裂片披针形，长约9mm；花冠紫色或白色，直径约3cm，裂片三角形；雄蕊5，着生于花冠筒喉部，花丝长约2.5mm，花药长约7.5mm；子房圆形，花柱长约7mm，柱头浅裂。浆果的形状、大小和颜色，因品种不同变异极大，有光泽，基部有宿萼。花果期5—9月。

原产于亚洲热带。亚洲、非洲、欧洲和美洲许多地区广泛栽培。全国各地普遍栽培。本省各地常见栽培。

本种因经长期栽培而变异极大，花的颜色、花的各部数目及果实的形状因品种差异而变化较大，花有白花、紫花，花各部5～7数。果有长形或圆形，颜色有白色、红色、紫色等，在浙江栽培的多为圆柱形，深紫色或白绿色。

果可作蔬菜食用；根、茎、叶可入药，有麻醉、利尿和收敛等功效；种子为消肿剂和刺激剂，但易引起胃弱和便秘。

图7-39　茄

6.马铃薯　洋芋　土豆 （图7-40）

Solanum tuberosum L.

多年生草本，株高30～90cm，无毛或被疏生柔毛。地下茎块状，扁圆形或长圆形，直径3～10cm，外皮白色、淡红色或紫色。叶为奇数羽状复叶，长10～20cm，叶柄长2.5～5cm；小叶6～9对，常大小相间，卵形至长圆形，最大者长可达7cm，宽达5.5cm，最小者长、宽均不及

1cm，先端尖，基部稍不相等，全缘，两面均被白色疏柔毛。聚伞花序顶生、后侧生；花萼辐状，直径约1cm，外面被疏柔毛，5浅裂，裂片披针形，先端长渐尖；花冠辐状，白色或蓝紫色，直径1.2～1.7cm，5浅裂，裂片三角形，长约6mm；雄蕊5，花丝极短，仅为花药的1/4；子房卵圆形，无毛，花柱长约8mm，柱头头状。浆果圆球状，光滑，直径约1.5cm。种子扁平，黄色。花果期9—10月。

原产于南美洲，现广泛种植于全球温带地区。全国各地均有栽培。全省各地也普遍种植。

块茎富含淀粉，可食用，也可作工业淀粉原料。刚抽出的芽条及果实中有丰富的龙葵碱，为提取龙葵碱的原料。

图7-40　马铃薯

7.龙葵 （图7-41）

Solanum nigrum L.

一年生草本，株高0.3～1m，多分枝，有纵棱。叶片卵形，长4～9cm，宽2～5cm，先端急尖或渐尖，基部楔形至宽楔形而下延至叶柄，全缘或具波状浅齿；叶柄长1～2.5cm。蝎尾状花序腋外生，由4～10花组成；花序梗长1～2.5cm，具短柔毛；花梗长5～10mm，下垂，稀具短柔毛；花萼小，浅杯状，长约2mm，花后不增大，5裂，裂片卵状三角形；花冠白色，辐状，5深裂，裂片椭圆形；雄蕊5，不伸出花冠外，花丝极短，花药长圆形，黄色，孔裂，顶孔向内；子房卵形，无毛，柱头小，头状，与雄蕊等长。浆果球形，直径4～6mm，成熟时呈紫黑色，有光泽。种子多数，近卵形，直径约1.5mm，黄色，两侧压扁，具细网纹。花期5—9月，果期7—11月。

产于全省各地。生于海拔800m以下的山坡林缘、溪畔灌草丛中和村庄附近、田边及路旁。全国各地均有分布。亚洲、欧洲、美洲的温带至热带地区也有。

全株可入药，有清热解毒、平喘、止痒等功效。

图7-41　龙葵

8.少花龙葵 （图7-42）
Solanum americanum Mill.

　　一年生纤弱草本，高20～80cm。茎无毛或近无毛。叶片薄，卵形至卵状长圆形，长4～8cm，宽2～4cm，先端渐尖，基部楔形下延至叶柄而成翅，全缘、波状或具粗齿；叶柄纤

图7-42　少花龙葵

细，长1～2cm。花序近伞形，腋外生，纤细，具微柔毛，具1～6花；花序梗长1～2cm；花梗长5～8mm；花小，直径约7mm；花萼绿色，5裂达中部，裂片卵形；花冠白色，5裂，裂片卵状披针形；花丝极短，花药黄色，长圆形，长1.5mm，顶孔向内；子房近圆形，花柱纤细，长约2mm，柱头小，头状。浆果球状，直径约5mm，幼时为绿色，成熟后呈黑色，果期花萼强烈反折。种子近卵形，两侧压扁，直径1～1.5mm。花期5—9月，果期7—11月。

产于瑞安、苍南、平阳、洞头等地。生于溪边、密林阴湿处或林边荒地。分布于江西、湖南、台湾、广东、广西、云南等地。马来群岛也有。

叶可作蔬菜食用，有清凉散热的功效，并可治喉痛。

9. 野海茄 （图7-43）
Solanum japonense Nakai

多年生草质藤本。茎细长，无毛或小枝被疏柔毛。叶片三角状宽披针形或卵状披针形，长3～9cm，宽1.5～5cm，基部圆形或楔形，边缘波状，有时3浅裂；叶柄长0.5～1.2cm。聚伞花序顶生或腋外生，疏毛；花序梗长1～2cm，近无毛，花梗长6～10mm，无毛，顶膨大；花萼浅杯状，直径约2.5mm，5裂，萼齿三角形，长不及1mm；花冠紫色，直径5～8mm，5深裂，裂片披针形，长4～5mm，疏被柔毛；花丝长约2mm，花药长圆形，长3mm，顶孔上向；子房卵形，直径不及1mm，花柱纤细，长约5mm，柱头头状。浆果圆球形，直径约8mm，成熟后呈红色。种子肾形，直径约2.5mm。花期6—7月，果期8—10月。

产于杭州市区、临安、淳安、嵊州、北仑、鄞州、象山、宁海、普陀、开化、浦江、磐安、永嘉、文成等地。生于海拔720m以下荒坡、山谷、水边、路旁及疏林中。分布于东北及江苏、安徽、河南、湖南、广东、广西、云南、陕西等地。日本和朝鲜半岛也有。

图7-43　野海茄

10. 白英 （图 7-44）

Solanum lyratum Thunb.—*S. cathayanum* C.Y. Wu et S.C. Huang—*S. dulcamara* L. var. *chinense* Dunal

多年生草质藤本，长 0.5～1m，茎及小枝均密被具节长柔毛。叶互生；叶片琴形或卵状披针形，长 2.5～8cm，宽 1.5～6cm，基部常 3～5 深裂，裂片全缘，两面均被白色发亮的长柔毛；叶柄长 0.5～3cm，被具节长柔毛。聚伞花序顶生或腋外生，疏花；花序梗长 1～2.5cm，被具节的长柔毛；花梗长 0.5～1cm，无毛，顶端稍膨大，基部具关节；花萼杯状，长约 2mm，无毛，5 浅裂，裂片先端钝圆；花冠蓝紫色或白色，长 5～8mm，顶端 5 深裂，裂片椭圆状披针形，自基部向下反折；雄蕊 5，花丝极短，花药长圆形，长约 3mm，顶孔向上；子房卵形，花柱丝状，长约 7mm，柱头小，头状。浆果球形，直径 7～8mm，具小宿萼，成熟时呈红色。种子近盘状，扁平，直径约 1.5mm。花期 7—8 月，果期 10—11 月。

产于全省各地。生于海拔 650m 以下的山坡林下、溪边草丛或田边、路旁、村旁。分布于长江以南各地及山东、河南、陕西、甘肃等地。日本、朝鲜半岛和中南半岛也有。

全草含生物碱，有清热解毒的功效。

图 7-44　白英

11. 海桐叶白英 （图7-45）
Solanum pittosporifolium Hemsl.

蔓性小灌木。茎无刺，长达1m，光滑无毛。小枝纤细，具棱角。叶互生；叶片披针形至卵圆状披针形，长3~9cm，宽1~3cm，先端渐尖，基部楔形或圆钝，有时稍偏斜，全缘，两面均无毛，侧脉每边6~7，在两面均较明显；叶柄长1~2cm。聚伞花序腋外生，疏散分叉；花序梗长1~2.5cm；花梗长5~10mm；花萼杯状，直径约3mm，5浅裂，萼齿钝圆；花冠白色，稀淡紫色，直径7~9mm，花冠筒隐于花萼内，长约1mm，冠檐5深裂，裂片长圆状披针形，长4~5mm，具缘毛，开放时向外反折；花丝长约1mm，无毛，花药长约3mm，顶孔向内；子房卵形，花柱丝状，长约6mm，柱头头状。浆果球形，成熟后呈红色，直径约6mm。种子多数，扁平，直径约1.5mm。花期6—8月，果期9—11月。

产于杭州市区、临安、淳安、诸暨、余姚、奉化、衢州市区、开化、龙游、武义、缙云、龙泉、庆元、永嘉、泰顺等地。生于海拔400~1100m的山坡林下、沟谷及路旁。分布于河北、安徽、江西、湖南、广东、广西、四川、贵州、云南等地。

图7-45　海桐叶白英

12. 珊瑚樱 （图7-46）

Solanum pseudocapsicum L.

直立小灌木，株高30～60cm，全株光滑无毛，多分枝。叶互生；叶片狭长圆形至披针形，长4.5～6cm，宽1～1.5cm，先端尖或钝，基部狭楔形下延成叶柄，全缘或波状，两面均无毛，中脉在下面突出，侧脉6～7对，在下面更明显；叶柄长5～10mm。花多单生，很少成无总梗的蝎尾状花序，腋外生或对叶生；花梗长约5mm；花小，直径0.8～1cm；花萼绿色，5深裂，裂片长2.5～3mm；花冠辐状，白色，花冠筒隐于花萼内，长小于1mm，5深裂，裂片卵形，长约5mm；花丝长不及1mm，花药黄色，长圆形，长约2mm；子房近圆形，直径约1mm，花柱短，长约2mm，柱头截形。浆果橙红色，直径约1.5cm，有宿萼；果梗长约1cm，顶端膨大。种子扁圆形，直径约3mm。花期7—9月，果期10月至次年2月。

原产于南美洲。安徽、江西、福建、广东、广西、四川及上海等地均有栽培。全省各地常见栽培并时有逸生。

果色鲜艳，常作盆景及观赏用。全株有毒，不可食用。

图 7-46　珊瑚樱

12a.珊瑚豆　冬珊瑚（变种）（图7-47）
var. diflorum (Vell.) Bitter

本变种与珊瑚樱的主要区别为幼枝、叶片两面、叶柄和果梗疏生柔毛和星状柔毛；叶在枝上端近双生，大小不相等。

原产于南美洲。江苏、安徽、江西、广东、广西、四川、云南、陕西等地均有栽培。全省各地也有栽培，有时归化。

果色鲜艳，可供观赏及作盆景用。

图7-47　珊瑚豆

⑩ 红丝线属 Lycianthes (Dunal) Hassl.

直立灌木或亚灌木，稀草本或为匍匐草本，小枝常被多节毛或分枝的毛。单叶，互生，上部叶假双生，大小不相等，叶片全缘。1～7花簇生于叶腋；花萼杯状，常具10齿裂，有时具5齿裂或平截；花冠辐状或星状，白色或紫蓝色，5深裂；雄蕊5，着生于花冠筒喉部，花丝短，花药椭圆形，顶孔开裂；子房近卵形，2室，花柱单一，柱头钝圆。浆果小，球状，红色或红紫色。种子小，多数，三角形至三角状肾形，表面具网纹。

约180种，多数分布于中南美洲，少数分布于东南亚地区及美洲其他地区。我国有10种；浙江有2种。

1.红丝线 （图7-48）
Lycianthes biflora (Lour.) Bitter

亚灌木，高0.3～1.5m。小枝、叶下面、叶柄、花梗及花萼的外面密被淡黄色的单毛及1～2分枝的茸毛。上部叶假双生，大小不相等；叶片膜质，全缘，两面均密被多节柔毛，上面绿色，下面灰绿色。具2～3（5）花，着生于叶腋内；花萼杯状，萼齿10，钻状线形；花冠淡紫色或白色，星形，直径约5mm，顶端5深裂，裂片披针形，有短而尖的多节毛，花冠筒隐于花萼内；花丝长约1mm，光滑，花药近椭圆形，长约2mm，顶孔向内，偏斜；子房卵形，长约2mm，花柱纤细，长约6mm，光滑，柱头头状。浆果球形，直径8～10mm，成熟时呈绯红色，宿萼盘形。种子多数，淡黄色，近卵形至近三角形，水平压扁，长约2mm，外面具突起的网纹。花期5—8月，果期7—12月。

产于乐清、平阳、苍南、泰顺等地。生于宅旁或低海拔山坡阴处岩石边。分布于江西、福建、湖南、台湾、广东、广西、四川、贵州、云南等地。印度和马来西亚也有。

图7-48　红丝线

2. 单花红丝线　紫单花红丝线　（图7-49）

Lycianthes lysimachioides (Wall.) Bitter—*L. lysimachioides* var. *purpuriflora* C.Y. Wu et S.C. Huang

多年生草本。茎纤细而伸长，顶端带蔓性，被密或分散的白色柔毛，基部常匍匐，节上生不定根。叶假双生，大小常不相等；叶片膜质，两面均被白色具节的单毛，卵形至椭圆状卵形，先端渐尖，基部楔形下延到叶柄而形成窄翅，大叶片长3～7cm，宽2.5～7.5cm，叶柄长8～30mm，小叶片长2～4.5cm，宽1.2～2.8cm，叶柄长2～3mm。花单生于叶腋内；花梗长0.8～1cm，被白色透明分散的单毛；花萼杯状钟形，萼齿10，钻状线形，稍不相等；花冠白色、粉色至浅紫色，星形，5深裂，裂片披针形，尖端稍反卷，被缘毛，花冠筒长约1.5mm，隐于花萼内；雄蕊5，花丝长约1mm，无毛，花药长椭圆形，基部心形，顶孔向内，偏斜；子房近球形，光滑，花柱纤细，长于雄蕊，柱头头状。浆果球形，成熟时呈红色，直径约8mm。种子多数，近扁平圆形，直径1.5～2mm。花果期为夏秋间。

产于衢州市区、开化、江山、遂昌、泰顺等地。生于海拔650m的路边林下、山谷或水边阴湿地。分布于江西、福建、湖北、湖南、台湾、广东、广西、四川、贵州、云南等地。印度和印度尼西亚也有。

图 7-49　单花红丝线

2a. 中华红丝线（变种）（图 7-50）

var. sinensis Bitter

叶较单花红丝线稍大，长大于 7 cm；茎、叶、花柄及花萼外面具有较单花红丝线明显而分散的毛；叶背面近光滑。

产于淳安、衢江、开化、武义、遂昌、庆元等地。生于海拔 430～650 m 林下、溪边潮湿地区。分布于江西、湖北、湖南、广东、四川、云南等地。

图 7-50　中华红丝线

⑪ 番茄属 Lycopersicon Mill.

一年生或多年生草本、稀亚灌木，全株常具腺毛。茎直立或平卧。羽状复叶或裂叶，互生；小叶极不等大，有锯齿或分裂。聚伞花序腋外生；花萼辐状，5～7裂，果时不增大或稍增大，开展；花冠辐状，5～7裂；雄蕊5～7，花丝极短，花药伸长靠合成长圆锥体，药室平行，纵裂；子房2室或多室，花柱单一，柱头细小。浆果多汁，扁球状或近球状。种子多数，扁平圆形。

约9种，分布于南美洲和北美洲，有1种在世界各地广泛栽培。我国普遍栽培1种。

番茄 （图7-51）
Lycopersicon esculentum Mill.—*L. lycopersicum* (L.) H. Karst.

一年生草本，全株生黏质腺毛，有强烈气味。茎直立，高1～1.5m，基部木质化，易倒伏。叶为羽状复叶或羽状深裂，长10～40cm；小叶极不规则，大小不等，常5～9枚，卵形或长圆形，长5～7cm，边缘有不规则锯齿或裂片。聚伞花序腋外生，花序总梗长2～5cm，具5～10花；花梗长1～1.5cm，下垂；花萼辐状，5～7深裂，裂片披针形，长约1.2cm，果时宿存；花冠辐状，直径1～2cm，黄色，裂片5～7；雄蕊5～7，花药黏合成圆锥状；子房2～6室。浆果扁球状或近球状，肉质而多汁，大小、形状及色泽因品种而不同，常为橘黄色、粉红色或鲜红色，光滑。种子黄色，多数。花期4—9月，果期5—10月。

原产于南美洲。我国南北各地广泛栽培；全省各地均有栽培。

浆果含多种维生素，营养丰富，可作盛夏的蔬菜和水果；茎、叶含有番茄素，能杀虫，可作农药用。

图 7-51　番茄

⑫ 曼陀罗属 Datura L.

　　草本、半灌木、灌木或小乔木。茎直立，二歧分枝。单叶互生，有叶柄。花大型，常单生于枝分叉间或叶腋，直立、斜伸或俯垂；花萼长管状，具5棱或无棱，顶端5浅裂，花后宿存或者脱落；花冠长漏斗状或高脚碟状，5浅裂；雄蕊5，不伸出或稍伸出于花冠筒，花药纵裂；子房2室或假4室，花柱丝状，柱头膨大，2浅裂。蒴果，规则或不规则4瓣裂，表面生硬针刺或无。种子多数，扁肾形或近圆形，黑色或褐色。

　　约11种，多数分布于热带和亚热带地区，少数分布于温带地区。我国有3种，南北各地均有分布；浙江有3种。

　　本属植物是提取莨菪碱和东莨菪碱的资源植物，可作中药麻醉剂；但全株有毒，宜慎用。

分种检索表

1.果实直立生，规则4瓣裂；花萼筒呈5棱角；花冠长6～10cm ·················· 1.曼陀罗 D. stramonium
1.果实横向或俯垂生，不规则4瓣裂；花萼筒圆筒状，不具5棱角；花冠长14～20cm。
　　2.全体密被细腺毛及短柔毛；蒴果俯垂生，表面密生细针刺，针刺有韧曲性，全果密被灰白色柔毛······
　　·· 2.毛曼陀罗 D. innoxia
　　2.全体无毛或仅幼嫩部分有稀疏短柔毛；蒴果斜生至横向生，表面针刺短而粗壮·····················
　　·· 3.洋金花 D. metel

1.曼陀罗 （图7-52）

Datura stramonium L.

　　直立草本或半灌木，全株无毛或幼嫩部分被短柔毛。茎粗壮，圆柱形，基部木质化，高0.5～1.5m。叶片宽卵形，长6.5～15cm，宽4.5～10cm，顶端渐尖，基部不对称楔形，边缘波状浅裂；叶柄长3～5cm。花单生于枝杈间或叶腋，直立，有短梗；花萼管状，长2.5～3.5cm，呈5棱角，顶端5浅裂，裂片三角形，花后宿存部分随果实增大向外反折；花冠漏斗状，长6～10cm，

图7-52　曼陀罗

下半部带绿色，上部白色或淡紫色，5浅裂，裂片先端具短尾尖；雄蕊5，不伸出花冠，花丝长约2.5cm，花药长约4mm；子房卵形，2室或不完全4室，花柱长约5cm。蒴果直立生，卵球形，长3～4.5cm，直径2～4cm，表面有坚硬不等长针刺或有时近平滑，成熟后呈淡黄色，从顶端规则4瓣裂。种子卵圆形，稍扁，长约3mm，黑色。花期6—10月，果期7—11月。

产于全省各地，零星生于宅旁、草丛中或路旁，也有栽培作药用或观赏。全国各地均有分布。广泛分布于全球温带至热带地区。

全株有毒，含莨菪碱，可药用，有镇痉、镇静、镇痛、麻醉等功效；种子油可制肥皂和掺和油漆用。

2. 毛曼陀罗 （图7-53）
Datura innoxia Mill.

直立草本或半灌木，全体密被白色细腺毛和短柔毛。茎粗壮，高1～2m，下部灰白色，分枝灰绿色或微带紫色。叶片宽卵形，长8～9cm，宽5～5.5cm，顶端急尖，基部不对称近圆形，全缘或具疏齿。花单生于枝杈间或叶腋，直立或斜伸；花梗长5～10mm，初直立，花后向下弓曲；花萼圆筒状而不具棱角，长8～10cm，直径2～3cm，顶端5裂，裂片狭三角形，花后宿存部分随果实增大成五角形，果时向外反折；花冠长漏斗状，长15～17cm，上部白色，下部淡绿色，花开放后呈喇叭状，边缘有10尖头；雄蕊5，花丝长约5cm，花药长1～1.5cm；子房密被白色柔针毛，花柱长13～17cm。蒴果俯垂，卵球形，直径3～4cm，密生等长细针刺及白色柔毛，成熟后呈淡褐色，由近顶端不规则开裂。种子扁肾

图7-53　毛曼陀罗

形，黄褐色，长约4mm，宽2mm。花果期6—11月。

原产于美洲。河北、山东、江苏、河南、湖北、新疆等地有归化。杭州、定海、景宁等地庭园有栽培。

花及叶可入药，功效同曼陀罗。

3. 洋金花　白花曼陀罗　（图7-54）
Datura metel L.

直立草本或半灌木状，高0.5～1m，全体近无毛，茎基部稍木质化。叶片卵形或宽卵形，先端渐尖，基部不对称圆形、截形或楔形，长10～13cm，宽6.5～9.5cm，全缘而波状或具短齿或浅裂；叶柄长2～5cm。花单生于枝杈间或叶腋，花梗长约1cm；花萼筒状，长4～8cm，直径2cm，裂片狭三角形或披针形，果时宿存部分增大成浅盘状；花冠白色、紫色或浅黄色，漏斗状，长14～17cm，直径6～8cm，5裂，但在栽培中常重瓣；雄蕊5，在重瓣类型中常变成15左右，花药长约1cm；子房卵形，疏生短刺毛，2室。蒴果近球状或扁球状，斜生至横向生，直径约2cm，表面疏生粗短刺，不规则4瓣裂。种子淡褐色，长约3mm。花期7—10月，果期9—11月。

原产于印度。福建、台湾、广东、广西、四川、贵州、云南等地有归化，常生于向阳的山坡草地或住宅旁。江南其他省和北方城市有栽培；全省各地有零星栽培。

叶和花含莨菪碱和东莨菪碱；花为中药"洋金花"，可作麻醉剂；全株有毒，而以种子最毒，应慎用。

图7-54　洋金花

⑬ 夜香树属 Cestrum L.

常绿灌木或乔木。单叶互生，全缘。伞房状或圆锥状聚伞花序顶生或腋生，有时簇生于叶腋；花萼钟状或近筒状，具5齿或5浅裂；花冠长管状或管状漏斗形，5浅裂，裂片镊合状；雄蕊5，贴生在花冠筒中部，花丝基部常有长柔毛或附属物，花药纵裂；子房常具短的子房柄，2室，花柱丝状，柱头头状，或不显著2浅裂，胚珠少数。浆果少汁液，球状、卵状或长圆状。种子少数或因败育而仅1枚。

约175种，主要分布于南美洲和北美洲。我国有栽培3种；浙江有栽培2种。

1.夜香树 洋素馨 （图7-55）

Cestrum nocturnum L.

常绿灌木，全株具稀疏短柔毛。茎直立或攀缘状，高2～3m，枝条细长而下垂。叶有短柄，柄长0.5～1.5cm；叶片长圆状卵形或长圆状披针形，长3.5～9cm，宽1.5～2.5cm，全缘，顶端渐尖，基部近圆形或宽楔形，两面秃净而发亮，有6～7对侧脉。伞房状聚伞花序，腋生或顶生，疏散，长7～10cm，有极多花；花萼钟状，长约3mm，5浅裂；花冠狭长管状，绿白色或黄绿色，长约2cm，花冠筒伸长，下部极细，向上渐扩大，喉部稍缢缩，裂片5，直立或稍开张，卵形，急尖，长约为花冠筒的1/4；雄蕊5，伸达花冠喉部，花丝基部有1齿状附属物，花药较短，褐色；子房有短的子房柄，卵状，长约1.5mm，花柱伸达花冠喉部，柱头不明显2浅裂。浆果白色（在本省普遍不能结实）。花果期9—12月。

原产于南美洲，现广泛栽培于全球热带地区。福建、广东、广西和云南等地均有栽培。杭州、金华和温州也有栽培，除温州市区外大多不能自然过冬。

花夜间极香，可作园林绿化树种及盆栽。

图7-55 夜香树

2.黄花夜香树　黄花洋素馨　（图7-56）
Cestrum aurantiacum Lindl.

灌木，全体近无毛或在嫩枝上有短柔毛。叶有柄，柄长1～1.4cm；叶片卵形或椭圆形，长4～7cm，宽2～4cm，上面呈深绿色，下面呈淡绿色，顶端急尖，基部近圆形或阔楔形，全缘，有侧脉5～6对。总状聚伞花序，顶生或腋生；苞片叶状，早落；花近无梗；花萼钟状，有5纵肋，长约6mm，萼齿5，长不及1mm；花冠管状漏斗形，金黄色，花冠筒在基部紧缩，向檐部渐渐扩大成棒状，长约2cm，裂片卵状三角形，开展或向外反折，长约3.5mm；雄蕊及花柱伸达花冠喉部，花丝基部有分离的附属物。浆果未见。花期9—12月。

原产于南美洲，现广泛栽培于全球热带地区。福建、广东、广西和云南等地均有栽培。杭州、金华和温州也有栽培，但普遍不能自然过冬。

可作园林绿化树种及盆栽。

本种与夜香树的主要区别在于后者的叶片长圆状卵形或长圆状披针形；花为绿白色或黄绿色，花冠裂片直立或稍张开，绝不反折。

图7-56　黄花夜香树

⑭ 烟草属　Nicotiana L.

一年生至多年生草本、亚灌木或灌木，常具腺毛，有强烈气味。单叶互生；有叶柄或无柄；叶片全缘或浅波状。花序顶生，圆锥状或总状聚伞花序，或单生；花有苞片或无苞片；花萼管状钟形，5裂，果时稍增大，不完全或完全包围果实；花冠管状或狭漏斗状，5裂；雄蕊5，贴生于花冠筒中部以下，不伸出或伸出花冠，不等长或近等长，花丝丝状，花药纵裂；子房2室，花柱单生，柱头2浅裂。蒴果2瓣裂。种子多数，形小，扁压状。

约95种，分布于非洲、美洲和大洋洲，全球各地均有栽培。我国栽培有3种；浙江栽培有2种。

1.烟草 （图7-57）
Nicotiana tabacum L.

一年生或有限多年生草本，全体被腺毛。根粗壮。茎高1~2m，基部稍木质化。叶互生；叶片大，长卵形至长椭圆形，先端渐尖，基部渐狭至茎成耳状而半抱茎，长10~30（70）cm，宽8~15（30）cm；叶柄不明显或成翅状柄。圆锥花序顶生，多花；花梗长短不一；花萼管状或管

图 7-57　烟草

状钟形，长20～25mm，裂片三角状披针形，长短不等；花冠漏斗状，淡红色，筒部色更淡，稍弓曲，长3.5～5cm，檐部宽1～1.5cm，裂片急尖；雄蕊5，其中1枚显著较短，不伸出花冠喉部，花丝基部有毛。蒴果卵球形，直径1～1.7cm，成熟时2瓣裂。种子圆形或宽长圆形，直径约0.5mm，褐色。花期5—10月，果期6—11月。

原产于南美洲。全国各地广泛栽培；本省也有栽培。

叶可作卷烟原料；全株可作农药杀虫剂，也可药用，有麻醉、发汗、镇静和催吐等功效。

2. 花烟草　（图7-58）

Nicotiana alata Link et Otto

多年生草本，高0.6～1.5m，全体被黏毛。茎下部叶片宽椭圆形，基部稍抱茎或具翅状柄，茎上部叶片卵形或卵状长圆形，近无柄或基部具耳，接近花序即呈披针形。总状聚伞花序顶生，疏散开展；花梗长5～10mm；花萼杯状或钟状，长15～25mm，裂片钻形，不等长；花冠淡绿色、白色、粉红色或深红色，高脚碟状，花冠筒细长，长6～7cm，直径4～5mm，5裂，裂片卵形，稍不等长，长约2cm；雄蕊5，不等长，其中1枚较短，花丝丝状。蒴果卵球状，长10～17mm。种子椭圆形，长约0.6mm，灰褐色。花果期于夏秋间。

原产于阿根廷和巴西。哈尔滨、北京、南京、上海有引种栽培，供观赏。全省各地庭园常见栽培。

本种与烟草的主要区别为总状聚伞花序，花疏散；花冠因品种差异呈淡绿色、白色、粉红色或深红色，长超过花萼的4～5倍。

图7-58　花烟草

15 碧冬茄属 Petunia Juss.

草本，常有腺毛，多分枝。叶全缘，互生。花单生；花萼5深裂或近全裂，裂片长圆形或线形；花冠漏斗状或高脚碟状，上部5浅裂，对称或偏斜而稍呈二唇形，裂片短而阔，覆瓦状排列；雄蕊5，着生于花冠筒中部或下部，不伸出花冠，其中4枚较强，两两相对，1枚较短，花药纵裂；子房2室，柱头不明显2裂，胚珠多数。蒴果2瓣裂。种子近球形，具网纹状凹穴。

约3种，主要分布于南美洲。我国普遍栽培1种。

碧冬茄　矮牵牛 （图7-59）
Petunia hybrida Vilm.

一年生草本，高30～60cm，全体被腺毛。叶有短柄或近无柄，叶片卵形，先端急尖，基部阔楔形或楔形，全缘，长3～4cm，宽1～1.5cm，侧脉不显著，每边5～7条。花单生于叶腋；花梗长3～5cm；花萼5深裂，裂片线形，长1～1.5cm，宽约3.5mm，顶端钝，果时宿存；花冠紫堇色、红色、蓝色或白色，有各式条纹，漏斗状，长5～7cm，花冠筒向上渐扩大，檐部开展，有折襞，5浅裂；雄蕊4长1短；花柱稍超过雄蕊。蒴果狭卵形，长1～1.5cm，直径约1cm，2瓣裂，各裂瓣顶端又2浅裂。种子极小，近球形，直径约0.5mm，褐色。花期6—8月。

原产于阿根廷，世界各国普遍栽培。我国南北各地广泛引种栽培。全省各地常见栽培。

花朵绚丽多彩，栽培品种丰富，可用于庭园、公园栽培供观赏，也可用于花坛或花境配植。

图7-59　碧冬茄

一四二　旋花科 Convolvulaceae

　　草本或灌木，极稀为乔木。常有乳汁。茎缠绕、攀缘、匍匐或平卧，稀直立。单叶，互生；叶片全缘或分裂，无托叶。花通常大而美丽，单生或少花至多花组成聚伞花序，有时总状、圆锥状或头状花序；花两性，辐射对称，5数；萼片分离或仅基部联合；花冠漏斗状、钟状、高脚碟状或坛状；雄蕊与花冠裂片同数互生；子房上位。果实通常为蒴果，瓣裂、周裂或不规则开裂，稀为浆果。种子和胚珠同数，或因不育而减少，通常呈三棱形。

　　约57属，1480种，广泛分布于热带、亚热带和温带地区。我国有19属，118种，主产于西南和华南地区；浙江有10属，26种。

　　本科有些种类可供食用，如番薯、蕹菜等；有些种类可供药用；还有些种类作观赏用。

分属检索表

1. 子房2深裂，花柱2，基生于离生心皮间；匍匐小草本，具心形、肾形或圆形的小型叶片 ………………
………………………………………………………………………… 1. 马蹄金属 Dichondra
1. 子房不分裂，花柱1或2，顶生。
　2. 花柱2，每个再分裂为2，柱头线状或棒状；直立或平卧草本………………… 2. 土丁桂属 Evolvulus
　2. 花柱1，不分裂或2浅裂。
　　3. 萼片在果期显著增大成翅状，开展并具网状脉，与果一起脱落；蒴果小，有时不开裂 ……………
　　………………………………………………………………… 3. 飞蛾藤属 Dinetus
　　3. 萼片在果期不增大或稍增大，不成翅状；果开裂后宿存于果梗。
　　　4. 花萼常被包藏在2大苞片内 ………………………………… 5. 打碗花属 Calystegia
　　　4. 花萼不为苞片所包被。
　　　　5. 柱头2，丝状、线形、长圆形或棒状。
　　　　　6. 聚伞花序组成伞形花序，花多或少；柱头裂片下弯；种子背部边缘具狭翅…………………
　　　　　……………………………………………………… 4. 小牵牛属 Jacquemontia
　　　　　6. 1至数花组成聚伞花序；柱头裂片直立不下弯；种子无狭翅……… 6. 旋花属 Convolvulus
　　　　5. 柱头1，头状或2裂。
　　　　　7. 花粉粒无刺；花冠通常黄色 ………………………………… 7. 鱼黄草属 Merremia
　　　　　7. 花粉粒有刺；花冠极少黄色。
　　　　　　8. 花冠坛状；花丝着生于花冠内面基部的贴生鳞片的背面 …………………………………
　　　　　　…………………………………………………… 10. 鳞蕊藤属 Lepistemon
　　　　　　8. 花冠漏斗状、钟状或高脚碟状，内面无鳞片；花丝直接着生于花冠上。
　　　　　　　9. 花冠漏斗状或钟状；雄蕊和花柱内藏………………………… 8. 番薯属 Ipomoea
　　　　　　　9. 花冠高脚碟状；雄蕊和花柱多少伸出………………………… 9. 茑萝属 Quamoclit

① 马蹄金属　Dichondra J.R. Forst. et G. Forst.

多年生匍匐小草本。叶小，肾形至圆心形。花小，通常单生于叶腋；苞片小；萼片5，近等大，通常匙形；花冠宽钟形，5深裂；雄蕊5，较花冠短，花丝丝状，花药小，花粉粒无刺；子房2深裂，2室，每室2胚珠，花柱2，基生，柱头头状。蒴果分离成2果瓣或不分离，不裂或不整齐2裂，各具1~2种子。

约14种，主产于美洲。我国有1种；浙江也有。

马蹄金　黄疸草　荷包草　（图7-60）
Dichondra micrantha Urb.—*D. repens* auct. non J.R. Forst. et G. Forst.

多年生匍匐小草本。茎细长，长30~40cm，被细柔毛，节上生根。叶片肾形至近圆心形，直径0.4~2.2cm，先端钝圆或微凹，基部深心形，全缘，上面近无毛，下面疏被毛；叶柄长2~5cm，被细柔毛。花单生于叶腋；花梗较叶柄短；萼片5，倒卵状长椭圆形至匙形，长约2mm，外面及边缘被柔毛；花冠淡黄白色，宽钟状，较短至稍长于花萼，裂片5，长圆状椭圆形，无毛；雄蕊

图7-60　马蹄金

着生于花冠裂片之间；子房被疏柔毛，花柱2，柱头头状。蒴果近球形，直径约1.5mm，分果状，果皮薄壳质，疏被毛。种子1~2，扁球形，深褐色。花期4—5月，果期7—8月。

产于全省各地。生于山坡路边石缝间或草地阴湿处。长江以南各地及台湾地区均有分布。全球热带、亚热带地区广泛分布。

全草可药用，有清热利湿、行气止痛、消炎解毒等功效。

② 土丁桂属 Evolvulus L.

一年生或多年生草本、亚灌木或灌木。茎平卧或上伸。叶小，互生；叶片有柄或无柄。单花或多花腋生成聚伞花序或顶生成穗状、头状花序；萼片5；花冠辐状、漏斗状或高脚碟状；雄蕊5，常着生于花冠筒中部，花粉粒无刺；子房2室，每室2胚珠，花柱2，顶生，各2裂，柱头细长，线状或稍棒状。蒴果球形或卵形，2~4瓣裂。种子1~4，光滑或具小瘤状突起，无毛。

约100种，主产于美洲。我国有2种；浙江有1种。

土丁桂 （图7-61）
Evolvulus alsinoides (L.) L.

多年生草本，全株被毛。茎纤细，基部多分枝，直立披散，被灰白色柔毛。叶片长圆形、椭圆形或狭卵形，长8~16mm，宽2~5mm，先端钝，具小短尖，基部圆形或渐狭成楔形，两面被贴生的柔毛，下面尤密，中脉在下面稍明显，侧脉两面均

图7-61　土丁桂

不明显；叶柄短，上部叶近无柄。花单生或2~3花组成聚伞花序；花序梗纤细，比叶片长，长1~2cm，被贴生的柔毛；花梗长3~5mm；萼片披针形，长2.5~4mm，先端锐尖，被柔毛；花冠淡蓝色，辐状，直径7~10mm，5浅裂；雄蕊内藏；子房卵圆形，花柱2，近基部稍合生，每花柱自下面1/5处再2深裂，柱头棍棒形。蒴果球形，直径约3mm，4瓣裂。种子4或较少，黑色。花果期6—9月。

产于杭州市区、开化、金华市区、永康、龙泉、乐清、苍南、泰顺等地。生于旷野山坡、路旁或灌丛。分布于长江以南各地及台湾。菲律宾、马来西亚、中南半岛、印度以及马达加斯加和非洲东部地区也有。

全草可药用，有健脾利湿、益肾固精等功效。

③ 飞蛾藤属　Dinetus Buch.-Ham. et Sweet

缠绕或攀缘藤本。叶基常心形。花腋生或顶生，总状或圆锥状花序；萼片5，果期显著增大成翅状，与果同落；花白色或淡蓝紫色；花冠钟形或漏斗形；雄蕊5，内藏或稍外伸，花粉粒无刺；子房1~2室，胚珠2~4，花柱1，柱头单一或2浅裂，头状或棒状。蒴果近球形或长圆形，2瓣裂或不裂。种子通常1，无毛。

约8种，主要分布于亚洲的热带和亚热带地区。我国有6种，主要分布于西南至华南；浙江有1种。

飞蛾藤　翼萼藤 （图7-62）
Dinetus racemosus (Roxb.) Sweet—*Porana racemosa* Roxb.

多年生缠绕草质藤本。茎长达数米，被疏柔毛。叶片卵形或宽卵形，长3~11cm，宽3~8cm，先端渐尖或尾状尖，基部心形。花序总状或圆锥状，腋生，少花至多花；苞片叶状，被疏柔毛，小苞片微细，钻形；花梗长1~3mm，被疏柔毛；萼片线状披针形，长1.5~2.5mm，被柔毛，果期全部增大，长12~15mm，宽3~5mm，长圆状匙形，如翅状，常带紫褐色，宿存，具网脉和3条明显的纵脉，被疏柔毛；花冠淡红色或白色，漏斗形，长0.8~1cm，无毛，5裂至近中部，裂片椭圆形；花丝短，内藏，2长3短，花药长圆形；子房1室，2胚珠，花柱线形，稍长于子房，柱头棒状，2裂至中部。蒴果卵形，长6~8mm，光滑。种子1，卵形，长4~5mm，深褐色，无毛。花期8—9月，果期9—10月。

产于宁波及安吉、临安、桐庐、建德、淳安、诸暨、开化、浦江、天台、缙云、文成、泰顺等地。生于山坡灌丛间。分布于长江以南各地及湖北、陕西、甘肃等地。越南、泰国、缅甸、印度尼西亚、尼泊尔及印度西北部也有。

全草可药用，有解表、消食积等功效。

图 7-62　飞蛾藤

④ 小牵牛属 Jacquemontia Choisy

缠绕或平卧草本或木质藤本。叶大小和形状多变。花小，腋生，稀单生，伞形或头状聚伞花序；萼片5；花冠漏斗状或钟状，蓝色、淡紫色或粉红色，稀白色；雄蕊5，花药长椭圆形，花粉粒无刺；子房2室，每室2胚珠，柱头裂片大多椭圆形，下弯。蒴果球形，4或8瓣裂。种子4或较少，背部边缘常具1干膜质的狭翅。

约120种，主产于美洲热带及亚热带地区，少数分布于东半球热带及亚热带地区。我国有2种，分布于台湾、广东、广西、云南等地；浙江有1种。

苞叶小牵牛　头花小牵牛
Jacquemontia tamnifolia (L.) Griseb.

一年生草本植物，通常攀缘或匍匐，有时直立。叶互生，无托叶；叶片心形、长圆形或卵形，长约9cm，宽约6cm，先端锐尖至突渐尖，全缘，具纤毛；叶柄长达5cm，密被毛。聚伞花序密集，花直径约2.5cm；苞片叶状，线形；花梗长可达12cm；花冠蓝色或近白色，漏斗状，长约1cm；雄蕊5；子房上位，无毛，2～3室，花柱丝状，长约7mm，柱头2裂。蒴果球形，淡黄色，直径约3.5mm，无毛，4或6瓣裂。种子4～6，棕色，卵形，长约3mm。花果期8—12月。

原产于北美洲和美洲热带地区。台湾、海南、广东（湛江）等近海地区有归化。普陀也有，生于海滨。

⑤ 打碗花属　Calystegia R. Br.

多年生缠绕或平卧草本。花单生叶腋，稀为少花的聚伞花序；苞片2，较大，叶状，常包藏花萼，宿存；萼片5，宿存；花冠钟状或漏斗状，外具5明显的瓣中带；雄蕊5，贴生于花冠筒，内藏，花粉粒无刺；子房1室或不完全2室，胚珠4，柱头2裂，长圆形或椭圆形，扁平。蒴果卵形、卵球形或球形，4瓣裂。种子4，黑褐色。

约25种，分布于温带至热带地区。我国有6种；浙江有4种。

分种检索表

1. 叶片肾形；苞片短于萼片或等长；多生于海滨沙地 ······························· 4. 肾叶打碗花　C. soldanella
1. 叶片非肾形；苞片长于萼片；非生于海滨沙地。
　2. 花小，直径2～3.5cm；苞片较小，长0.8～1.6cm；宿萼及苞片与果近等长或比果稍短 ·················
　　 ·· 1. 打碗花　C. hederacea
　2. 花大，直径4～7cm；苞片较大，长1.5～3cm；宿萼及苞片增大，包藏果实。
　　3. 缠绕生长；叶片三角状卵形或宽卵形，全缘或明显3裂，裂片宽约叶片中裂片的1/3～1/2；花冠白色或粉色 ··· 2. 旋花　C. silvatica subsp. orientalis
　　3. 蔓生或近直立至缠绕；叶片狭三角形至卵形，基部明显3裂，裂片宽不超过叶片中裂片的1/3；花冠粉色，极少白色 ··· 3. 柔毛打碗花　C. pubescens

1. 打碗花　小旋花 （图7-63）
Calystegia hederacea Wall. ex Roxb.

多年生草本，全株近无毛，具细圆柱形白色根茎。茎缠绕或平卧，具细棱，常自基部分枝。茎基部的叶片卵状长圆形，长2～5cm，宽1.5～2.5cm，先端钝圆或急尖至渐尖，基部戟形；上部的叶片三角状戟形，3裂，中裂片披针形或卵状三角形，侧裂片开展，通常再2浅裂，基部箭形或戟形；叶柄长1～5cm。花单生叶腋；花梗长1.5～7cm，通常比叶柄长，具棱；苞片宽卵形，长

0.8～1.6cm，宿存；萼片长圆形，长0.6～1.2cm，宿存；花冠淡红色，漏斗状，直径2～3.5cm，冠檐5浅裂；雄蕊5，基部膨大，有细鳞毛；子房2室，柱头2裂。蒴果卵球形，长约1cm。种子黑褐色，表面具小疣状突起。花期5—8月，果期8—10月。

　　产于全省各地。生于田间、路旁、荒地上。广泛分布于全国各地。亚洲东南部和非洲也有。

　　根状茎可药用，有健脾、利尿、调经、止痛等功效。

图7-63　打碗花

2. 旋花　鼓子花（亚种）（图7-64）

Calystegia silvatica (Kit.) Griseb. subsp. **orientalis** Brummitt—*C. sepium* auct. non (L.) R. Br.

　　多年生草本，全株无毛。茎缠绕，有细棱。叶形多变，三角状卵形或宽卵形，长4～10cm，宽2～6cm，先端渐尖或锐尖，基部戟形或心形，全缘或基部伸展为2～3大齿缺的裂片；叶柄常短于叶片或两者近等长。花单生于叶腋；花梗有细棱或有时具狭翅；苞片宽卵形，长1.5～3.0cm，彼此重叠，囊状，顶端锐尖或钝；萼片卵形，长1.2～1.6cm，顶端渐尖或有时锐尖；花冠白色或极少粉色，漏斗状，长4.3～6cm，冠檐微裂；雄蕊长2.3～3.3cm，花药长3～5mm；子房无毛，柱头2裂，裂片扁平卵形。蒴果卵球形，长约1cm，为增大宿存的苞片和萼片所包被。种子黑褐色，卵状三棱形，长约4mm，表面有小疣状突起。花期5—8月，果期8—10月。

产于全省各地。生于路旁、溪边草丛、农田边或山坡林缘。分布于江苏、安徽、江西、湖北、湖南、广西、四川、贵州、云南等地。北亚、东亚、东南亚地区及欧洲、大洋洲、北美洲等地也有。

根可药用。

原亚种产于欧洲，与其区别在于本亚种具有更加尖锐和较少重叠的苞片，花冠、雄蕊、花药较短。

图7-64　旋花

3. 柔毛打碗花　长裂旋花　（图7-65）

Calystegia pubescens Lindl.—*C. sepium* (L.) R. Br. var. *japonica* (Choisy) Makino—*C. japonica* Choisy

多年生蔓生或攀缘草本。茎长达数米，光滑或有稀疏短柔毛。叶互生；叶片狭三角形至卵形，无毛或疏生短柔毛，基部明显3裂，裂片宽不超过中裂片的1/3；叶柄长1~6cm。花单生于叶腋；花梗短于叶，无毛或基部有短柔毛；苞片长1.5~2.1cm，宽0.8~1.4cm，通常无毛，先端钝；花冠粉色或极少白色，漏斗状，直径4.2~6.7cm；雄蕊长2.4~3.2cm，花药长4.5~6mm；子房2室，柱头2裂。蒴果卵球形，长约1cm，为果期增大和宿存的苞片与萼片所包被。种子黑褐色，卵状三棱形，长约4mm，密被小疣状突起。花期5—8月，果期8—10月。

产于临安天目山。生于荒地。分布于东北、华北、华东等地。日本和韩国也有，欧洲和北美洲有引种重瓣花类型。

《浙江植物志》记载的缠枝牡丹 *C. dahurica*（Herb.）Choisy form. *anestia*（Fernald）H. Hara 为本种重瓣花类型。

图 7-65　柔毛打碗花

4. 肾叶打碗花　滨旋花　肾叶天剑 （图 7-66）
Calystegia soldanella (L.) R. Br.

图 7-66　肾叶打碗花

多年生草本，全株近无毛，具横走根茎。茎细长而平卧，具棱或狭翅。叶肾形至肾心形，长0.9～4cm，宽1～5.5cm，先端微凹或圆钝，具小短尖，全缘或浅波状；叶柄比叶片长。花单生于叶腋；花梗长2.5～7cm；苞片2，宽卵形，与萼片等长或稍短，先端具小短尖；花萼5裂，外萼片长圆形，内萼片卵形，具小尖头；花冠淡红色，偶白色，钟状，长3.5～5cm，冠檐5浅裂；雄蕊花丝基部扩大，无毛；子房1室，柱头2裂，裂片扁长圆形。蒴果卵球形，长约1.6cm。种子黑褐色，平滑。花期5—6月，果期7—9月。

产于海盐至苍南的沿海地带。生于海滨沙地或海岸岩石缝中。分布于辽宁、河北、山东、江苏、福建、台湾等地。亚洲、欧洲温带地区及大洋洲海滨广泛分布。

⑥ 旋花属　Convolvulus L.

一年生或多年生，平卧、直立或缠绕草本、亚灌木或有刺灌木。叶心形、箭形、戟形或长圆形至线形。聚伞花序；萼片5；花冠钟状或漏斗状，白色、粉红色、蓝色或黄色；雄蕊5，花药长圆形，花粉粒无刺；子房2室，4胚珠，柱头2，线形或近棒状。蒴果球形，4瓣裂或不规则开裂。种子1～4，常具小瘤突，黑色或褐色。

约250种，广泛分布于全球温带和亚热带地区，极少数分布在热带地区。我国有8种，主要分布于东北、华北和西北等地；浙江有1种。

田旋花 （图7-67）
Convolvulus arvensis L.

多年生平卧或缠绕草本，根状茎横走。茎有条纹及棱角。叶卵状长圆形至披针形，长1.5～5cm，宽1～3cm，先端钝或具小

图7-67　田旋花

短尖头，基部戟形、箭形或心形，全缘或3裂，叶脉羽状，基部掌状；叶柄较叶片短，长1~2cm。花序腋生；花序梗长3~8cm，具1至多花，花梗比花萼长得多；苞片2，线形，长约3mm；萼片有毛，长3.5~5mm，两外萼片长圆状椭圆形，先端圆钝，具短缘毛，内萼片近圆形，具小短尖头，边缘膜质；花冠宽漏斗形，长15~26mm，白色或粉红色，或白色具粉红色或红色的瓣中带，或粉红色具红色或白色的瓣中带，5浅裂；雄蕊5；雌蕊较雄蕊稍长，子房有毛，2室，每室2胚珠，柱头2，线形。蒴果卵状球形或圆锥形，无毛，长5~8mm。种子4，卵圆形，无毛，长3~4mm，暗褐色或黑色。花期5—8月，果期7—9月。

产于岱山（岱山岛、高亭）。生于山坡路边草丛。分布于东北、华东、西北及河北、四川、西藏等地。全球温带地区广泛分布。

全草可入药，有调经活血、滋阴补虚等功效。

⑦ 鱼黄草属 Merremia Dennst.

草本或灌木。茎缠绕，有时平卧。叶互生；叶片全缘或分裂。花腋生，排列成各式聚伞花序；苞片2，小型；萼片5；花冠通常黄色或淡红色，钟状或漏斗状，通常具5瓣中带；雄蕊5，内藏，不等长，花药常旋扭，花粉粒无刺；子房2或4室，4胚珠，花柱1，柱头2，头状。蒴果4瓣裂。种子4或较少，无毛或被柔毛。

约80种，分布于温带至热带地区。我国约19种，主产于台湾、广东、广西、云南等地；浙江有2种。

1. 篱栏网 鱼黄草 （图7-68）
Merremia hederacea (Burm. f.) Hallier f.

一年生缠绕或匍匐草本，茎、叶柄及花梗上均疏生瘤状小刺。叶片心状卵形，长1.5~7.5cm，宽1~5cm，先端钝、渐尖或长渐尖，具小短尖头，基部心形或深凹，边缘有时具浅裂或波浪状；叶柄长1~5cm，具小疣状突起。聚伞花序腋生，具3~5花或偶单生；花序梗较叶柄粗，长0.8~5cm；花梗长2~5mm，与花序梗均具小疣状突起；小苞片早落；萼片宽倒卵状匙形，外方2萼片长3.5mm，内方3萼片长5mm，顶端截形，明显具外倾的突尖；花冠黄色，钟状，长0.8cm，内面近基部及花丝下部具长柔毛；雄蕊与花冠近等长；子房球形，花柱与花冠近等长，柱头球形。蒴果扁球形或宽圆锥形，4瓣裂，果瓣有皱纹。种子4，三棱状球形，长3.5mm，表面被锈色短柔毛，种脐处毛簇生。花期9—10月，果期11月。

产于德清（下渚湖）、杭州市区、洞头等地。生于海拔35~760m的溪边灌丛或路旁草丛。分布于华南及江西、云南等地。亚洲热带地区、非洲、马斯克林群岛、加罗林群岛至澳大利亚的昆士兰及太平洋中部的圣诞岛也有。

全草及种子有消炎的功效。

图 7-68　篱栏网

2. 北鱼黄草　西伯利亚鱼黄草 （图 7-69）
Merremia sibirica (L.) Hallier f.

一年生草本，无毛。茎缠绕，圆柱形，具细棱，多分枝。叶卵状心形，长 2.5～8 cm，宽 1～5.5 cm，先端长渐尖至尾状渐尖，基部心形，边缘微波状弯曲；叶柄长 1～8 cm，基部常具小耳状物。花腋生，单花或数花排列成聚伞花序；花序梗长 1～5 cm，具狭翅；花梗长 0.3～1（1.5）cm；苞片细小，线形；萼片近等大，椭圆形，长约 5 mm，先端具小尖头；花冠淡红色，钟状，长 1.4～1.8 cm，檐部 5 裂，裂片浅三角形；花丝基部具细小鳞片，花药不扭曲；子房 2 室，每室 2 胚珠，柱头 2 裂，裂片头状。蒴果近球形，直径约6mm，4瓣裂。种子4或较少，卵圆形，黑褐色，无毛。花期7—8月，果期9—10月。

产于安吉、临安、淳安、建德、诸暨、金东、文成等地。生于海拔600m以上的山坡灌丛中或路旁草丛中。分布于华东、西南、西北及吉林、河北等地。蒙古、印度、俄罗斯的亚洲部分也有。

可药用，有清热解毒的功效。

与篱栏网的区别在于本种花较大，花冠淡红色，长1.4～1.8cm。

图7-69　北鱼黄草

⑧ 番薯属 Ipomoea L.

匍匐草本，稀直立或呈灌木状，有时具乳汁。花腋生，单一或数朵至多朵花组成聚伞花序；苞片各式；花通常大而美丽；萼片5，宿存，果期常稍增大；花冠漏斗状或钟状，瓣中带明显；雄蕊5，花粉粒具刺；子房2室或4室，4胚珠，柱头头状或2裂，花盘环状。蒴果球形或卵圆形，4瓣裂或不规则开裂。种子4或较少，无毛或被毛。

约500种，广泛分布于热带至温带地区。我国约29种，南北各地均有，主产于华南和西南地区；浙江有11种。

本属有的种类可作粮食和蔬菜食用，如番薯、蕹菜等；还有许多种类是观赏植物。

分种检索表

1. 花冠高脚碟状；萼片顶端具明显芒尖；雄蕊和雌蕊伸出 ·························· 11.月光花 I. alba
1. 花冠漏斗状、钟状，少高脚碟状；萼片顶端无明显芒尖；雄蕊和雌蕊内藏。
　　2. 萼片背面多毛，或具缘毛。
　　　　3. 花冠长通常小于1.5 cm ························· 1.毛牵牛 I. biflora
　　　　3. 花冠长通常大于1.5 cm。
　　　　　　4. 萼片草质，先端通常长渐尖，或长线状至长锐尖；花冠通常蓝色渐变粉红色 ······ 7.牵牛 I. nil

4. 萼片草质、膜质或革质，先端锐尖、骤尖或钝，非长渐尖；花冠红色、紫色、淡紫色、粉色或白色。

  5. 外萼片长5～12mm，具突尖，光滑或背面有柔毛，具缘毛；花冠长1.5～4.5cm。

    6. 地下部分有块根；茎平卧或上升，茎节易生不定根，粗壮 ·················· 3. 番薯 **I. batatas**

    6. 地下无块根；茎通常缠绕，纤细。

      7. 花较小，花冠长1.5～2cm。

        8. 花梗上疏被瘤，花序梗上具3～8花 ·············· 4. 三裂叶薯 **I. triloba**

        8. 花梗上密被瘤，花序梗上具2～3花 ·············· 5. 瘤梗甘薯 **I. lacunosa**

      7. 花大，花冠长约3cm ·················· 6. 毛果甘薯 **I. cordatotriloba**

  5. 外萼片长10～16mm，无突尖，背面有略带紫色的硬刚毛或粗毛，不具缘毛；花冠长5～7cm ·········· 8. 圆叶牵牛 **I. purpurea**

2. 萼片无毛，有时脉上具刺或齿。

  9. 外萼片具3锯齿状突起 ·················· 2. 齿萼薯 **I. fimbriosepala**

  9. 外萼片无锯齿或突起。

    10. 叶片先端微凹或2裂 ·················· 10. 厚藤 **I. pescaprae**

    10. 叶片完全不分裂 ·················· 9. 蕹菜 **I. aquatica**

1. 毛牵牛　心萼薯 （图7-70）

Ipomoea biflora (L.) Persoon — *Aniseia biflora* (L.) Choisy

图7-70　毛牵牛

攀缘或缠绕草本。茎细长，有细棱，被灰白色倒向硬毛。叶心形或心状三角形，长4~9.5cm，宽3~7cm，顶端渐尖，基部心形，两面被长硬毛，侧脉6~7对；叶柄长1.5~8cm，被毛同茎。花序腋生，短于叶柄；花序梗长3~15mm，被毛同叶柄，通常具2花；苞片小，线状披针形，疏被长硬毛；花梗纤细，长8~15mm，被毛同叶柄；萼片5，外萼片三角状披针形，基部耳形，外面疏被长灰白色硬毛，具缘毛，内侧2萼片线状披针形，果时萼片稍增大；花冠白色，漏斗状，长1.2~1.5cm；雄蕊5，内藏，花药卵状三角形，基部箭形；子房圆锥状，花柱棒状，长约3mm，柱头头状，2浅裂。蒴果近球形，直径约9mm，果瓣内面光亮。种子4，卵状三棱形，长约4mm，被毛。

产于长兴、玉环、洞头、瑞安、平阳、苍南、泰顺等地。生于山坡、山谷、路旁或林下。分布于华南及江西、福建、湖南、贵州、云南等地。越南也有。

民间用茎、叶治小儿疳积，用种子治跌打损伤、蛇咬伤。

2. 齿萼薯

Ipomoea fimbriosepala Choisy—*Aniseia stenantha* (Dunn) Ling ex R.C. Fang et S.H. Huang—*A. stenantha* var. *macrostephana* Y.H. Zhang

缠绕草本。茎细长，直径1~1.5mm，有不明显的细棱，近节处疏被微硬毛。叶三角状卵形，长5~8cm，宽3~5cm，顶端渐尖，先端微凹，有小短尖头，基部箭形，两面无毛，侧脉5~6对；叶柄长2~5cm。1~2花生于叶腋；花梗长1.5~3.5cm，疏被开展的微硬毛，在中部或中部以上有1对卵形的苞片，长8~11mm，顶端芒尖；萼片卵状披针形，长2~2.2cm，外萼片边缘具3锯齿状突起，内萼片较短，顶端渐尖成芒状，有3脉，在外面隆起成狭翅，至萼片基部翅略变宽，边缘具流苏状的齿；花冠红色，漏斗状，长约2.5cm，冠檐裂片三角形；雄蕊内藏，着生于花冠筒基部；子房圆锥状，2室，4胚珠，花柱内藏，长约5mm，柱头头状，2浅裂。蒴果圆锥状，长1~1.3cm。种子黑褐色，卵状球形，长约5mm，表面密被短茸毛。

产于庆元。生于路旁草地。分布于福建、广东。新几内亚岛、非洲、北美洲（墨西哥）、太平洋岛屿、南美洲也有。

3. 番薯　甘薯 （图7-71）

Ipomoea batatas (L.) Lam.

具乳汁蔓生草本。地下具圆球形、椭圆形或纺锤形肉质块根，块根形状、皮色和肉色因品种而异。茎平卧或上伸，多分枝，节上易生不定根。叶形多变，通常宽卵形，长5~13cm，宽2.5~10cm，全缘或3~5(7)掌裂，裂片先端渐尖，基部心形至截形，两面被疏柔毛或无毛；叶柄长6~30cm，被疏柔毛或无毛。聚伞花序腋生，具数花，有时单生；花序梗长4.5~7cm，近无毛；苞片小，钻形，长约2mm，早落；萼片长圆形，不等长，外萼片长7~9mm，内萼片长8~11mm，先端为小芒尖状，近无毛；花冠白色至紫红色，钟状漏斗形，长3.5~4.5cm；雄蕊内藏，花丝基部被毛；子房2～4室，被毛或有时无毛，花柱长，内藏，柱头头状，2裂。蒴果卵形或扁圆形。种子1～4，无毛。花期7—9月，果期10—11月。

原产于美洲中部热带地区，现热带、亚热带地区广泛栽培。我国南北各地普遍栽培；全省各地均有栽培。

块根除食用外，还可酿酒；茎、叶可作饲料，也可药用，有补中、生津、止血、排脓等功效。

图7-71　番薯

4. 三裂叶薯　小花假番薯 （图7-72）
Ipomoea triloba L.

缠绕或平卧草本。叶宽卵形至心形，长2.5～7cm，宽2～6cm，基部心形，边缘有时3浅裂；叶柄长2.5～6cm。聚伞花序伞形，腋生，具3～8花；花序梗长2.5～5.5cm，较叶柄粗壮，明显有棱角，顶端具小疣；花梗多少具棱，有小瘤突，长5～7mm；苞片小，披针状长圆形；萼片长5～8mm，外萼片长圆形，边缘明显有缘毛，内萼片椭圆状长圆形，锐尖；花冠漏斗状，长约1.5cm，淡红色或淡紫红色，冠檐裂片短而钝，有小短尖头；雄蕊内藏，花丝基部有毛；子房有毛。蒴果近球形，直径5～6mm，具花柱基形成的细尖，被细刚毛，4瓣裂。种子4或较少，长3.5mm，无毛。花期8—10月，果期10—11月。

原产于美洲热带地区，现成为热带和亚热带地区的杂草。安徽、台湾、广东、陕西等地有归化；全省各地也有归化。生于丘陵路旁、荒草地或田边。

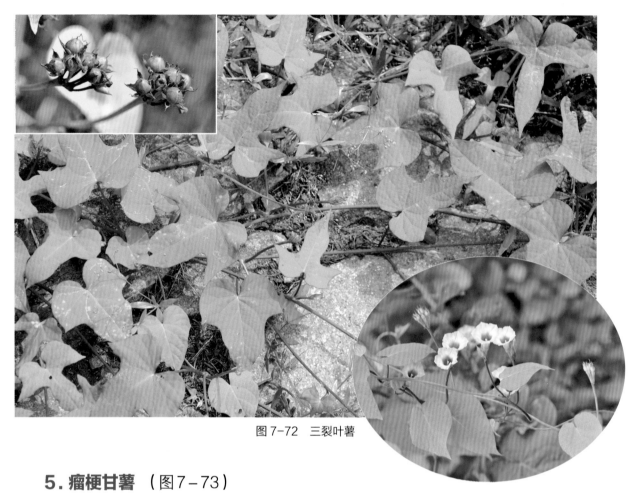

图 7-72　三裂叶薯

5. 瘤梗甘薯 （图 7-73）

Ipomoea lacunosa L.—*I. lacunosa* form. *purpurata* Fem.

一年生缠绕草本，多分枝。茎被稀疏的疣基毛。叶互生；叶片卵形至心形，长 2～6 cm，宽 2～5 cm，全缘，有时 3 浅裂，基部心形，先端具尾状尖，上面粗糙，下面光滑；叶柄无毛或有时具小疣。花序腋生，具 2～3 花；花序梗无毛但具明显棱，具瘤状突起；花冠漏斗状，无毛，通常白色，有时淡红色或淡紫红色；雄蕊内藏，花丝基部有毛；子房近卵球形，被毛。蒴果近球形，中部以上被毛，具花柱形成的细尖头，4 瓣裂。种子无毛。花期 5—10 月。

图 7-73　瘤梗甘薯

原产于美洲热带地区，日本有归化。湖南、台湾、广东、海南等地有归化；全省各地有归化。生于路旁、田边或荒草地。

外来入侵植物，适应性强，缠绕危害其他植物。

6.毛果甘薯 （图7-74）
Ipomoea cordatotriloba Dennst.

一年生缠绕草本。茎具细棱，无毛或疏被开展柔毛。叶互生；叶片宽卵形或心形，长4~12cm，宽3~10cm，通常3中裂，稀浅裂或不裂，基部深心形，中裂片长圆形或卵形，先端急尖，侧裂片较短，卵状三角形，两面近无毛；叶柄长2~5cm。聚伞花序具3~7花；花序梗长3~12cm，被毛；花梗长5~15mm；萼片5深裂，裂片不等长，卵形至长卵形，先端尾状渐尖至长渐尖，长0.8~1.2cm，外疏被开展白色长柔毛；花冠漏斗状，淡紫色，喉部深紫色，长约3cm；雄蕊内藏，不等长，贴生于花冠筒内；子房2室，每室2胚珠，具白色长柔毛，花柱细长，长约1.8cm，柱头2裂。蒴果近球形，被毛，直径约0.8cm。种子4，卵状三棱形，长约4mm，黑色，光滑无毛。花期9月，果期10—11月。

原产于美洲热带地区。象山、普陀、嵊泗、玉环有归化。生于海拔约50m的路边灌丛中。

本种可能系人无意带入，在美洲已被列为有害植物，需引起注意。

图7-74　毛果甘薯

7.牵牛　裂叶牵牛　喇叭花 （图7-75）
Ipomoea nil (L.) Roth—*Pharbitis nil* (L.) Choisy

一年生缠绕草本。茎略具棱，被倒向短柔毛及长硬毛。叶互生；叶片宽卵形或近心形，长5~16cm，宽5~18cm，通常3中裂，基部深心形，中裂片长圆形或卵圆形，渐尖或骤尾尖，侧裂片较短，卵状三角形，两面被微硬的柔毛；叶柄长2~11cm。聚伞花序具1~3花；花序梗长1.5~8cm，被毛；苞片线形，被毛；花梗长2~10mm；萼片5深裂，草质裂片线状披针形，长1.8~2.5cm，外被长硬毛，尤以下部为多；花冠白色、淡蓝色、蓝紫色至紫红色，漏斗状，长5~8cm，冠檐全缘或5浅裂；雄蕊内藏，花丝基部被白色柔毛；子房3室，每室2胚珠，柱头头状。蒴果近球形，直径0.9～1.3cm，3瓣裂或每瓣再分裂为2。种子卵状三棱形，长约6mm，黑褐色或淡黄褐色，被灰白色短茸毛。花期7—8月，果期9—11月。

　　原产于美洲热带地区，现广泛分布于热带和亚热带地区。全省各地有栽培或归化。生于路边、田边、墙脚下及灌丛中，也常栽培于篱笆或墙边。

　　花可供观赏；种子为中药"牵牛子"，有泻下逐水、消痰驱蛔等功效，分黑丑、白丑两类，黑丑通泄力迅速，白丑作用较缓慢。

图7-75　牵牛

8. 圆叶牵牛　紫牵牛　喇叭花 （图7-76）

Ipomoea purpurea (L.) Roth—*Pharbitis purpurea* (L.) Voigt

　　一年生缠绕草本。茎被倒向短柔毛和长硬毛。叶互生；叶片圆心形或宽卵状心形，长3～10cm，宽2～9cm，先端渐尖或骤渐尖，基部心形，全缘，两面被刚伏毛或下面仅脉上具毛；叶柄长1～10cm，被倒向柔毛与长硬毛。花序具1～3（5）花；花序梗长 1～3cm，被毛同茎；苞片线形，被长硬毛；花梗长0.5～1.4cm，被倒向短柔毛；萼片近等长，外方3萼片卵状椭圆形，内方2萼片线状披针形，长1～1.6cm，均具开展的长硬毛，基部较密；花冠白色、淡红色、蓝色或紫红色，漏斗状，长5～7cm；雄蕊内藏，不等长，花丝基部被柔毛；子房无毛，3室，每室2胚珠，柱头头状。蒴果近球形，直径6～10mm，3瓣裂。种子卵状三棱形，长约5mm，黑褐色，被极细小的糠秕状毛。花果期7—11月。

原产于美洲热带地区，现广泛分布于全球各地。全省各地有栽培，金华市区、温州各地有归化。生于荒地或村旁。

图7-76　圆叶牵牛

9. 蕹菜　空心菜 （图7-77）
Ipomoea aquatica Forssk.

一年生蔓性草本，旱生或水生，全株无毛。茎匍匐，中空，节上可生不定根。叶互生；叶片椭圆状卵形、长三角状卵形或长卵状披针形，长6～10cm，宽4.5～8.5cm，全缘或波状，先端渐尖或钝，具小尖头，基部心形、戟形或箭形；叶柄长3.5～12cm。聚伞花序腋生，具数花；花序梗

图7-77　蕹菜

长2.5～7cm；苞片小，鳞片状；花梗长1.5～4cm；萼片近等长，卵圆形，长6～8mm，先端钝；花冠白色或淡紫红色，漏斗状，长4.5～5cm；雄蕊不等长，花丝基部扩大，稍被毛；子房2室，柱头头状2裂。蒴果卵球形，直径约1cm。种子2～4，卵圆形，密被短柔毛。花果期8—11月。

原产于我国，现为长江以南各地广泛栽培的蔬菜。全省各地广泛栽培，也有逸生。

为常见蔬菜；全草可入药，有清热、凉血、解毒等功效。

10. 厚藤　二叶红薯　（图7-78）
Ipomoea pes-caprae (L.) R. Br.

多年生匍匐草本，全株无毛，有乳汁。茎略带紫红色，基部木质化，节上生不定根。叶互生；叶片厚纸质、宽椭圆形、近圆形或肾形，长3～7cm，宽2～6cm，先端微凹或2裂，裂片圆，基部宽楔形、截形至浅心形，下面中脉近基部两侧各有1个腺体，侧脉8～10对；叶柄长2～10cm。多歧聚伞花序腋生，具数花，有时仅1朵发育；花序梗粗壮，长3.5～8cm；花梗长1.5～3cm；苞片小，宽卵形，早落；萼片厚纸质，卵形，外萼片长7～9mm，内萼片长8～10mm，先端圆钝，具小尖头；花冠白色或紫红色，漏斗状，长4.5～5cm；雄蕊不等长，内藏；子房4室。蒴果卵形，直径1.5～2cm，4瓣裂。种子长约7mm，密被褐色茸毛。花果期5—10月。

产于普陀、平阳、苍南等地。生于沿海沙地及路旁向阳处。分布于华南及福建沿海地区。广泛分布于热带沿海地区。

全草民间药用，有祛风祛湿、解毒消肿等功效。

图7-78　厚藤

11. 月光花 （图7-79）

Ipomoea alba L.—*Calonyction aculeatum* (L.) House

一年生缠绕草本，有乳汁。茎圆柱形，高可达10m，常有稀疏瘤状刺突。叶互生；叶片卵状心形，长6～15cm，宽3～11.5cm，先端长渐尖，基部心形，全缘或稍有钝角或分裂，近无毛或具极疏长伏毛；叶柄长5～15cm。聚伞花序腋生，具1～5（7）花；花梗长约1.5cm；花大，于夜间开放，日出后凋萎；萼片卵形，长1.7～2cm，3外萼片有角状尖头，内萼片先端钝，有长1.3～1.5mm的小芒尖；花冠白色，瓣中带淡绿色，高脚碟状，花冠筒长8～10cm，宽5mm，冠檐5浅圆裂，扩展，直径7～12cm；雄蕊和花柱稍伸出花冠筒外；花柱线形，柱头头状，2裂。蒴果卵形，长约3cm，具锐尖头，基部被增大的宿萼包住；果梗粗。种子椭圆形，长0.8～1cm，黑褐色，无毛。花果期8—10月。

原产于美洲热带地区，现广泛分布于热带地区。江苏、江西、广东、广西、四川、云南、陕西等地均有栽培，亦有归化。杭州市区有栽培。

花色美丽，可供观赏；也可嫁接番薯；花和嫩叶还可食用。

图 7-79　月光花

⑨ 茑萝属 Quamoclit Mill.

一年生缠绕草本。茎柔弱，通常无毛。叶互生；叶片全缘，具钝角或掌状3～5裂或羽状分裂。花腋生，通常组成二歧聚伞花序，稀单生；萼片5；花冠红色、白色或黄色，高脚碟状，花冠筒细长，冠檐平展，5裂；雄蕊5，与花柱伸出花冠筒外，花丝不等长，花粉粒具刺；子房无毛，4室，4胚珠，柱头头状，2裂。蒴果4室，4瓣裂。种子4，无毛，稀被毛。

约10种，原产于美洲热带地区。我国栽培有3种，供观赏；浙江均有栽培。

分种检索表

1. 橙红茑萝　圆叶茑萝 （图7-80）

Quamoclit coccinea (L.) Moench

一年生缠绕草本，无毛。茎细长，多分枝。叶片卵状心形，长3～5cm，宽2～3.5cm，全缘或近基部有齿或具少数钝角，先端骤尖，基部心形；叶柄细，与叶片近等长。聚伞花序腋生，具1～5花；花序梗长1～5cm；苞片与小苞片小，钻形，长约2mm；花梗长6～9mm；萼片5，卵状长圆形，长3～4mm，先端具芒尖；花冠橙红色或红色，喉部带黄色，高脚碟状，长1.7～2.5cm，

花冠筒细长，冠檐5裂，裂片三角形；雄蕊外伸，稍不等长，花丝丝状，基部稍扩大，有小鳞毛；子房4室，4胚珠，花柱丝状，柱头头状，2裂。蒴果圆球形，直径5～8mm。种子卵圆形或卵状三棱形，灰黑色，具灰白色微柔毛。花期7—9月，果期8—10月。

原产于南美洲。全国各地均有栽培。杭州市区（西湖）、临安、淳安、婺城、临海、苍南等多地庭园有栽培。

可供城市垂直绿化用。

图7-80　橙红茑萝

2. 茑萝 （图7-81）

Quamoclit pennata (Desr.) Boj.

一年生草本。茎柔弱缠绕。叶片卵形或长圆形，长4～7cm，宽约5.5cm，羽状深裂至近中脉处，裂片线形，10～15对，最下面1对裂片成2～3分叉状；叶柄长8～35mm，基部具纤细的叶状假托叶。1～3花组成聚伞花序；花序梗长1.5～9cm；苞片细小，钻形；花梗长8～25mm，果期中上部增粗；萼片长圆形至倒卵状长圆形，不等长，长3～5mm，先端钝，具小短尖头；花冠深红色，高脚碟状，长3～3.5cm，花冠筒细，上部稍膨大，冠檐开展，5裂，裂片三角状卵形，长

约6mm；雄蕊5，与花柱均外伸，花丝基部稍扩大，具小鳞毛；子房4室，4胚珠，柱头头状。蒴果卵圆形，长约7mm，4室，4瓣裂。种子4，长圆状卵形，长3～5mm，黑褐色，具淡褐色糠秕状毛。花期7—9月，果期8—10月。

　　原产于南美洲。全国各地庭园常有栽培。全省各地均有栽培。

　　可供城市垂直绿化用。

图7-81　茑萝

3. 葵叶茑萝 （图7-82）

Quamoclit sloteri House

　　一年生草本，近无毛。茎缠绕，多分枝。叶互生；叶片宽卵形或近肾形，长2.5～5cm，宽2.5～5.5cm，掌状深裂，裂片狭披针形；叶柄较叶片短；假托叶与叶同形，长约1cm。聚伞花序腋生，具1～3花；花序梗粗壮，长约8cm；苞片2，小，钻形；花梗长6～30mm；小苞片小，钻形，长约1.5mm；萼片5，不等长，卵圆形或近圆形，先端具芒；花冠红色，高脚碟状，长3～4cm，花冠筒基部稍狭，上部渐扩大，冠檐5裂；雄蕊5，稍不等长，与花柱均外伸，花丝基部稍扩大，具小鳞毛；子房4室，胚珠4，柱头头状，2裂。蒴果圆锥形或球形。

图7-82　葵叶茑萝

种子1～4，有微柔毛。花期7—9月，果期9—10月。

本种是 *Q. coccinea*（L.）Moench.× *Q. pennata*（Desr.）Boj. 杂交起源的园艺种。山东、江苏、江西、台湾、广西、云南等地有栽培。杭州市区、临安、嵊州等地园林和庭院有栽培。

可供城市垂直绿化用。

⑩ 鳞蕊藤属　Lepistemon Blume

缠绕草本或木质藤本，通常被毛。叶片卵形至圆形，基部通常心形。聚伞花序腋生；苞片小，早落；萼片5，近等大；花冠白色或淡黄色，坛状；雄蕊5，内藏，花丝着生于花冠内面基部的贴生鳞片之背面，花药长椭圆形至线形，花粉粒具细刺；花盘环状或杯状；子房2室，每室具2胚珠，花柱1，短，柱头头状，2裂。蒴果球形，4瓣裂。种子4或较少，无毛或具微柔毛。

约10种，分布于亚洲、大洋洲和热带非洲。我国有2种，分布于华东及广东、广西；浙江有1种。

裂叶鳞蕊藤　（图7-83）
Lepistemon lobatum Pilg.

缠绕草本。茎密被倒向褐色硬质长柔毛。叶片宽卵形，长3～10cm，宽2.5～8cm，先端长渐尖或尾状渐尖，基部深心形，边缘5～7或多角形浅裂，裂片近三角形，两面密被淡黄色硬质长柔毛或有时疏被长柔毛；叶柄长5～10cm，被毛同茎。花数朵至10余朵组成聚伞花序；花序梗与花梗被毛同叶；萼片卵形或卵状披针形，长5～7mm，宽2～3mm，宿存；花冠白色或淡黄色，坛状，长1.5～2.2cm；雄蕊内藏，花丝着生于花冠基部大而成卵状凹形的鳞片背面，鳞片背面被微细的乳突状毛，花药长圆形，长约2mm；子房为环状花盘包围，花盘高约1mm，花柱与子房近等长，约2mm，柱头头状，具乳突，稍2裂。蒴果卵圆形，无毛，4瓣裂。种子4，近卵形，黑褐色，被淡黄褐色长柔毛。花果期9—10月。

产于临海（牛头山水库）、龙泉。生于山谷疏林下或水沟旁。分布于福建、广东、海南、广西等地。模式标本采自龙泉。为浙江省重点保护野生植物。

图7-83　裂叶鳞蕊藤

一四三　菟丝子科 Cuscutaceae

寄生草本，全体无毛。茎细长，缠绕，黄色或微红色，以吸器固着于寄主。无叶或叶退化成小鳞片状。花小，白色或淡红色，无梗或具短梗，成穗状、总状或簇生成头状花序；苞片小或无；萼片5，基部多少联合；花冠管状、壶状或钟状，在花冠基部雄蕊之下具边缘分裂成流苏状的鳞片；雄蕊5，与花冠裂片互生，着生于花冠喉部或花冠裂片之间，花丝短，花粉粒无刺；子房2室，每室2胚珠，花柱2，分离或连合。蒴果球形或卵圆形，周裂或不规则破裂。种子1～4。

1属，约170种，广泛分布于全球温暖地带，主产于美洲。我国有11种，南北各地均有；浙江有4种。

菟丝子属　Cuscuta L.

属特征与分布同科。

分种检索表

1. 茎较粗壮；通常寄生于木本植物上；花柱单一；穗状花序··························· 4. 金灯藤　C. japonica
1. 茎纤细；常寄生于草本植物；花柱2，显著伸长；花通常簇生成小伞形或小团伞花序。
  2. 蒴果全被宿存花冠所包围，成熟时整齐周裂·························· 3. 菟丝子　C. chinensis
  2. 蒴果仅下半部被宿存花冠包围，成熟时不规则开裂。
    3. 花冠裂片卵圆形，通常直立；鳞片长不及花冠筒的1/2，2深裂······· 1. 南方菟丝子　C. australis
    3. 花冠裂片宽三角形，常反折；鳞片与花冠筒近等长，至喉部边缘呈长流苏状···························· 2. 原野菟丝子　C. campestris

1. 南方菟丝子 （图7-84）
Cuscuta australis R. Br.

一年生寄生草本。茎缠绕，金黄色，纤细，直径约1mm，无叶。花于茎侧簇生成小伞形或小团伞花序；花序梗近无；花梗稍粗壮；花萼杯状或碗状，裂片5，卵状三角形；花冠白色或淡黄色，杯状，长约2mm，裂片卵圆形，直立，宿存；雄蕊着生于花冠裂片弯曲处，花丝约比花药长2倍，花药近心形；鳞片小，2裂，长不及花冠筒的1/2，边缘短流苏状；子房稍扁球形，花柱2，等长或稍不等长，柱头头状。蒴果球形，直径3～4mm，下半部被宿存花冠所包围，成熟时不规则开裂。种子4，卵形。花果期8—10月。

产于全省各地。生于田边或路旁，寄生于草本或小灌木上。分布于全国各地。亚洲中部、东部至南部，向南经马来西亚、印度尼西亚至大洋洲也有。

图 7-84　南方菟丝子

2. 原野菟丝子　田野菟丝子　（图 7-85）

Cuscuta campestris Yunck.

一年生寄生草本，无叶。茎丝状，平滑无毛，缠绕于寄主，初为黄绿色，后转为黄色至橙色，直径 0.3～0.8mm，表面密生小瘤状突起；吸器棒状。花序侧生，4～25 花聚集成球状的团伞花

图 7-85　原野菟丝子

序；花序梗无；花梗粗，长约1mm；花萼杯状，裂片5，近圆形，宽大于长；花冠钟状，白色，裂片5，长约2.5mm，宽三角形，顶端稍钝，有时向外反折；雄蕊5，着生于花冠裂片弯口的下方，较花冠裂片稍短；鳞片大，长圆形，伸展至花冠中部稍上方，边缘呈不规则长流苏状；子房扁球形，柱头2，稀3，头状。蒴果扁球形，基部包于宿存花冠内。种子褐色或红褐色，卵圆形，长1~1.5mm，表面粗糙。花果期较长，9月至次年1月可陆续开花结果。

产于瓯海（茶山）。生于荒地，寄生于苍耳等植物上。分布于内蒙古、福建、台湾、新疆等地。亚洲、欧洲、非洲、澳大利亚、太平洋诸岛、北美洲和南美洲也有。

3. 菟丝子 （图7-86）
Cuscuta chinensis Lam.

一年生寄生草本。茎纤细如丝状，缠绕，黄色，无叶。花于茎侧簇生成球状；总花序梗较粗壮；花梗短或无；苞片及小苞片鳞片状；花萼杯状或碗状，5裂至中部，裂片三角形，先端钝；花冠白色，壶形，长约3mm，裂片三角状卵形，向外翻曲；雄蕊着生于花冠裂片之间稍下处，花丝短，花药卵圆形；鳞片长圆形，边缘流苏状；子房近球形，花柱2，柱头头状。蒴果球形，直径约3mm，几乎全部被宿存花冠所包围，成熟时整齐周裂。种子2~4，卵形，长约1mm，淡褐色。花果期7—10月。

产于全省各地。生于田间、开放山坡、草丛和沙地等，通常寄生于豆科、茄科、菊科和蓼科的草本植物上。分布于全国各地。日本、朝鲜半岛、斯里兰卡、阿富汗、伊朗、马达加斯加和澳大利亚也有。

种子可药用，有补肾壮阳、养血安胎等功效。

图7-86　菟丝子

4.金灯藤　日本菟丝子 （图7-87）

Cuscuta japonica Choisy

一年生寄生草本。茎缠绕，肉质，较粗壮，直径1~2mm，黄色，常带紫红色瘤状斑点，多分枝，无叶。花序穗状；花无梗或近无梗；苞片及小苞片鳞片状，卵圆形，长约1.5mm；花萼碗状，长约2mm，5深裂，裂片卵圆形，背面常具红紫色小瘤状斑点；花冠白色，钟形，长(3) 4~5mm，顶端5浅裂，裂片卵状三角形；雄蕊着生于花冠喉部裂片间，花药卵圆形；鳞片5，长圆形，边缘流苏状，着生于花冠筒基部；子房球形，平滑，2室，花柱合生，柱头2裂。蒴果卵圆形，长5~7mm，于近基部周裂，花柱宿存。种子1，卵圆形，长2~2.5mm，褐色。花果期8—10月。

产于全省各地。寄生于草本或灌木上。广泛分布于全国各地。日本、朝鲜半岛、越南和俄罗斯也有。

全草及种子可药用，与菟丝子同效。

图7-87　金灯藤

一四四 睡菜科 Menyanthaceae

多年生水生或沼生草本，具根状茎。叶互生，稀对生，单叶或三出复叶。花瓣5，稀4，花冠裂片在花蕾期内向镊合状排列；雄蕊5，与花瓣互生，花粉粒两侧压扁，多少呈三棱形，每棱具1萌发孔；子房上位，1室。蒴果。种子光滑或具翅等附属物。

5属，约60种，广泛分布于温带和热带地区。我国有2属，7种；浙江有2属，4种。

1 睡菜属 Menyanthes L.

多年生沼生草本，具匍匐状根状茎。叶基生；三出复叶，挺出水面，具鞘状长柄。花葶自根状茎抽出，总状花序；萼片5深裂；花冠白色或淡紫色，5深裂，裂片具流苏状毛；雄蕊着生于花冠筒中部；花柱线形，伸出花冠，柱头2裂。蒴果卵圆形。种子平滑无毛。

单种属，分布于北温带地区。东北、华北、华东、西南地区有分布；浙江也有。

睡菜 （图7-88）
Menyanthes trifoliata L.

多年生沼生草本。根状茎粗壮，节密生，节上有膜质的叶鞘残余物。叶基生；三出复叶，小叶片椭圆形，先端钝圆或渐尖，具小尖头，基部楔形，叶缘微波状，无柄；叶柄基部扩大成鞘。花葶自根状茎顶部抽出，总状花序；花多

图 7-88 睡菜

数；苞片披针形，全缘；花萼5深裂，裂片披针形，先端钝；花冠白色，管状，5深裂，裂片边缘有长流苏状伏毛，内生有白色柔毛；雄蕊5，着生于花冠筒中部，短于花冠；子房椭圆状，花柱线形，柱头2裂，伸出花冠外。蒴果卵球形，直径约6mm。种子扁圆形，表面平滑。花果期4—7月。

产于临安（龙塘山），全省各地公园偶见栽培。生于沼泽地或浅水中。分布于东北、华北、西南地区。广泛分布于北半球温带地区。

全草可药用。为浙江省重点保护野生植物。

② 荇菜属　Nymphoides Seg.

多年生水生草本。茎伸长，节上生根。叶基生或茎生，互生，稀对生，或单生于茎端；叶片圆形，漂浮于水面，基部心形，全缘或微波状。花簇生于节上，伞形花序；花两性；花萼4~5深裂至基部；花冠4~5裂，裂片在花蕾期镊合状排列；雄蕊5，着生于花冠筒基部；胚珠多数；蜜腺5，着生于子房基部。蒴果卵形或长圆形。种子多数，种皮光滑或具毛等附属物。

与睡菜属的主要区别在于本属植物为单叶，漂浮于水面；花常簇生，稀单生于叶腋；蒴果常不开裂。

约40种，广泛分布于温带和热带地区。我国有6种；浙江有3种。

分种检索表

1. 花冠大，直径约2.5cm；花冠金黄色，裂片具透明膜质边缘；种子长约5mm，边缘密生睫毛………………………………………………………………………………………………3.荇菜　N. peltata
1. 花冠小，直径不超过1.5cm；花冠白色，基部黄色，裂片不具膜质；种子长约1.5mm。
　　2. 花冠4或5裂，裂片边缘、腹面隆起的脊呈撕裂状；种子扁椭圆形 …………1.小荇菜　N. coreana
　　2. 花冠5裂，裂片边缘、腹面及花冠筒内具长柔毛；种子近球形…………2.金银莲花　N. indica

1. 小荇菜　小莕菜 （图7–89）
Nymphoides coreana (H. Lév.) H. Hara

多年生水生草本。茎不分枝，节上生根。叶片圆心形，直径2~6cm，基部深心形，全缘，叶背有腺点；叶柄具关节，基部向茎下延。花簇生于节上；花萼裂片宽披针形；花冠白色，基部黄色，直径0.8~1cm，4或5裂，裂片膜质，边缘和腹面隆起的脊呈撕裂状。蒴果椭圆形，长约5mm，稍长于花萼。种子有光泽，扁椭圆形，直径约1mm，表面平滑或边缘疏生细齿。花果期8—11月。

产于鄞州（龙观）、松阳（古市）。生于沼泽和水库边缘浅水区。分布于辽宁、湖南、台湾。亚洲北部和东部也有。

图 7-89　小荇菜

2. 金银莲花 （图 7-90）

Nymphoides indica (L.) Kuntze

多年生水生草本。茎不分枝，顶生1单叶。叶片心状卵形或椭圆形，大小不一，长可达25cm，先端圆形，基部深心形，全缘，叶背有腺点；叶柄圆柱形，基部呈耳状扩大。花多数，簇生于节上；常有不定根和花梗混生；花萼5深裂，裂片狭披针形；花冠白色，基部带黄色，直径0.8～1.2cm，5深裂，裂片卵状披针形，边缘和腹面具白色长柔毛，花冠筒内具柔毛。蒴果近球形，直径约4mm。种子近球形，直径约0.8mm，光滑。花果期8—10月。

产于杭州市区，全省各地公园常见栽培。生于池塘或湖泊。分布于我国南北各地。广泛分布于全球。

可供观赏，全草又可作绿肥及饲料。

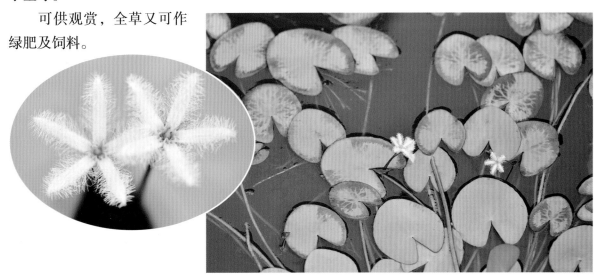

图 7-90　金银莲花

3. 荇菜　莕菜 （图7-91）

Nymphoides peltata (S.G. Gmel.) Kuntze

多年生水生草本。茎多分枝，密生褐色斑点，节上生不定根。叶互生，上部的近对生；叶片心状卵形或近圆形，先端圆形，基部心形，边缘微波状，下面常带紫红色，具腺点；叶柄基部扩大成鞘。花簇生于叶腋；花梗粗壮；花冠金黄色，长约2.5cm，喉部具毛，5深裂，裂片卵圆形，先端钝圆，边缘宽膜质，近透明，具流苏状裂齿；花萼5深裂，裂片长圆状披针形；雄蕊5，花药狭箭形；子房卵圆形，基部具5个黄色蜜腺，花柱长，柱头2裂。蒴果长圆形，长约2.5cm，表面有褐色小斑点。种子多数，褐色，狭卵形，长约5mm，边缘密生睫毛。花果期5—10月。

全省各地均有分布，丽水、温州少见。生于池塘、河流及农田水沟中。除海南、青海、西藏外，全国各地均有分布。亚洲东部、北部、中部、西南部及欧洲也有。

全草可药用。

图7-91　荇菜

一四五　花葱科 Polemoniaceae

草本，稀灌木。叶通常互生，有时对生；叶片全缘、分裂或羽状复叶；无托叶。二歧聚伞花序或排列成圆锥状；花两性，辐射对称，稀两侧对称；花萼钟状或管状，5裂，裂片覆瓦状或镊合状排列，宿存；花冠高脚碟状、漏斗状、钟状或近辐状，顶端5裂；雄蕊5，常以不同高度生于花冠筒上，花丝基部常扩大并具毛；花盘环状5裂；子房上位，通常3室，稀2或5室，每室有1至多数胚珠，中轴胎座，柱头常3裂。蒴果常室背开裂。种子具棱、锐角或有翅。

约19属，320～350种，分布于亚洲、欧洲和美洲，主产于北美洲和南美洲。我国包含引种栽培共3属，7种；浙江有栽培1属，2种。

天蓝绣球属　Phlox L.

一年生或多年生草本，有时基部木质化。叶对生或有时上部互生。花两性，辐射对称，蓝色、紫色、淡红色或白色，排列成聚伞花序或圆锥状；花萼5裂，裂片狭窄；花冠高脚碟状，5裂，裂片常凹头或分裂；雄蕊5，花丝极短，在花冠筒上着生位置高低不齐；子房上位，3室，花柱细长，柱头3裂。蒴果卵球形或长圆球形，3瓣裂。

约66种，主产于北美洲。我国引种栽培有4种；浙江有2种。

1. 小天蓝绣球　福禄考　（图7-92）
Phlox drummondii Hook.

一年生草本，全株密被白色多节柔毛。茎直立，多分枝，高25～50cm。叶互生，但基部叶为对生；叶片卵形、长圆形或披针形，长3～9cm，宽1～2.5cm，全缘，有缘毛，先端急尖，基部渐狭近无柄或稍抱茎，两面疏生多节柔毛。聚伞花序顶生；苞片和小苞片线形，长5～10mm；花萼管状，5裂，裂片线形，长3～4mm，与萼筒等长；花冠玫瑰红色，有时为粉红色、紫红色、浅黄色或白色，高脚碟状，直径1.5～2cm，花冠筒长1～1.2cm，5裂，裂片近圆形，长0.8～0.9cm；雄蕊5，花丝短，不伸出花冠外。蒴果椭球形，长约5mm，3瓣裂。种子多数，长圆形，长约2mm，棕色。花期4月，果期5月。

原产于墨西哥。现世界各地广泛栽培，我国各地也普遍栽培。全省各地园林和庭院有引种栽培。

作观赏花卉用。

图 7-92　小天蓝绣球

2. 针叶天蓝绣球　针叶福禄考 （图 7-93）
Phlox subulata L.

多年生矮小草本。茎基部匍匐或长匍匐，分枝丛生，高 10~15cm，幼时被多节柔毛，老时脱落。叶对生，在基部密集，上部疏生；叶片披针状线形或线形，长 6~12mm，宽 1~3mm，两面疏生脱落性柔毛，边缘具缘毛，先端具针刺，基部宽楔形或圆形，近无柄。通常 3 花成顶生聚伞花序；无花序梗；下有 2 片叶状苞片；花梗长 4~13mm；花萼长约 7mm，5 裂，裂片线形，长约 4mm，具针刺及毛；花冠淡紫色，有时为粉红色或白色，高脚碟状，花冠筒长 8~14mm，5 裂，裂片倒卵形，长 7~10mm，先端凹入；雄蕊 5，不伸出花冠外，花丝长 1~2mm，着生在花冠筒上，花药线形；花柱长 9mm，柱头 3 裂。蒴果 3 瓣裂，有多数种子。花期 4 月，果期 5 月。

原产于美国东部。现世界各地广泛栽培，在我国也较常见。富阳、临安、天台、临海、鹿城等地园林和庭院偶见栽培。

作观赏花卉用。其因具匍匐性，可作为地被及花坛覆盖花卉。

本种与小天蓝绣球的区别在于植株矮小，茎基部匍匐，叶片狭窄，宽不超过 3mm。

图 7-93　针叶天蓝绣球

一四六　紫草科 Boraginaceae

草本或亚灌木，稀灌木或乔木，全株通常有糙毛或刺毛。单叶，互生，稀对生或轮生。花两性，辐射对称；聚伞花序成单歧蝎尾状或二歧伞房状或圆锥状；花萼宿存，与花冠常5裂；花冠蓝色或白色，辐状、漏斗状或钟状，喉部常有5附属物；雄蕊5，着生于花冠筒上或喉部；花盘常存在；子房上位，2室，每室2胚珠，常深裂成4室，花柱1，稀2，顶生或基生，柱头头状或2裂。果为4小坚果或成核果状。

约156属，2500种，分布于温带和热带地区。我国有47属，294种；浙江有12属，21种。园林中栽培较多的还有勿忘草属的勿忘草 *Myosotis alpestris* F.W. Schmidt、蓝蓟属的车前叶蓝蓟 *Echium plantagineum* L.、琉璃苣属的琉璃苣 *Borago officinalis* L.。

本科植物可作药用、观赏用，还可作染料及饲料用。木材坚硬，可作建筑材料。

分属检索表

1. 子房不分裂，花柱自子房顶端生出。
  2. 花柱通常2裂，稀不裂；柱头2，头状或延长；灌木或乔木。
    3. 花柱2裂至中部以下；内果皮不分裂，卵球形；叶上面密生白色斑点 …… **2.基及树属 Carmona**
    3. 花柱2裂不达中部；内果皮分裂为2个具2种子或4个具1种子的分核；叶上面无白色斑点 ………………………………………………………………………………… **1.厚壳树属 Ehretia**
  2. 花柱不分裂或不存在；柱头1，圆锥形；草本。
    4. 果实干燥，成熟时无明显分化的中果皮，内果皮骨质 ………… **3.天芥菜属 Heliotropium**
    4. 果实成熟时有明显的肉质中果皮和栓质化内果皮 …………… **4.紫丹属 Tournefortia**
1. 子房4（2）裂，花柱自子房裂片间的基部生出。
  5. 小坚果着生面内凹并有脐状组织，周围有环状突起 …………… **6.聚合草属 Symphytum**
  5. 小坚果着生面不内凹，无脐状组织和环状突起。
    6. 花药先端有小尖头；小坚果桃形，平滑而带乳白色（仅田紫草例外）… **5.紫草属 Lithospermum**
    6. 花药先端无小尖头；小坚果非桃形。
      7. 小坚果有锚状刺 …………………………………………………… **11.琉璃草属 Cynoglossum**
      7. 小坚果无锚状刺。
        8. 小坚果四面体形或双凸镜状。
          9. 小坚果背面有膜质的杯状突起。
            10. 叶心形；花萼果期强烈增大，包围果实 …………… **8.车前紫草属 Sinojohnstonia**
            10. 叶椭圆状卵形；花萼果期稍微增大，裂片平展，不包围果实 …………………………………………………………………………… **9.皿果草属 Omphalotrigonotis**
          9. 小坚果背面无膜质的杯状突起 ………………………………… **7.附地菜属 Trigonotis**
        8. 小坚果卵形或肾形。
          11. 小坚果的碗状突起2层，外层突起的边缘有齿 ………… **12.盾果草属 Thyrocarpus**
          11. 小坚果的突起1层，或为2层而外层全缘 ………… **10.斑种草属 Bothriospermum**

① 厚壳树属 Ehretia P. Browne

灌木或乔木。聚伞花序多少二歧分枝成腋生或顶生的伞房状或圆锥状花序；花小，白色；花萼5浅裂；花冠管状或钟状，5裂，裂片开展或外弯；雄蕊5；子房球形，2室，每室有2胚珠，花柱顶生，柱头2深裂，头状或棒状。核果球形，在果期分裂为2核，各具2种子或4个具1种子的分核。种子直立，具薄种皮和少量胚乳。

约50种，主产于亚洲南部地区和热带非洲。我国有14种，分布于长江以南各地；浙江有2种。

1. 厚壳树 （图7-94）

Ehretia acuminata R. Br.—*E. thysiflora* (Siebold et Zucc.) Nakai

落叶乔木，高3~15m。树皮灰黑色，不规则纵裂；小枝有短糙毛或近无毛。叶互生；叶片纸质，倒卵形、倒卵状椭圆形、长椭圆状倒卵形或长圆状椭圆形，长7~20cm，宽3~10.5cm，先端短渐尖或急尖，基部楔形或圆形，边缘有细锯齿，上面疏生短糙伏毛，下面仅脉腋有簇毛，侧脉5~7对；叶柄长0.7~3cm。花小，密集成

较大的圆锥花序，顶生或腋生，有香气；花序梗及花梗疏生短毛；花萼长1.5~2mm，5浅裂，裂片圆钝，边缘有细缘毛；花冠白色，花冠筒长约1mm，裂片5，长圆形，长2~3mm；雄蕊5，着生在花冠筒上，花丝长约3mm；雌蕊稍短于雄蕊，花柱2裂。核果橘红色，近球形，直径3~4mm。花期6月，果期7—8月。

图7-94　厚壳树

产于本省山区和半山区。生于丘陵山坡或山地林中。分布于华东、华中、华南、西南地区。日本、菲律宾、马来西亚、越南、印度及大洋洲北部也有。

木材质地坚硬，可作建筑用材；树皮可作染料。

2. 粗糠树　毛叶厚壳树　（图7-95）

Ehretia dicksonii Hance—*E. macrophylla* Wall.

落叶乔木，高4~10m。枝开展，和小枝有明显短糙伏毛。叶片纸质，宽椭圆形或倒卵形，长5~12cm，宽2.5~6.5cm，先端急尖或短渐尖，基部圆形或楔形，稀浅心形，边缘有小齿，上面粗糙，有短糙伏毛，下面幼时密被短柔毛，后仅在脉上有糙伏毛；叶柄长1~2.5cm。顶生圆锥花序伞房状，有短毛；花萼长3~4mm，5中裂，裂片长椭圆形，外面有短毛；花冠白色，长0.8~1cm，5裂，裂片长3~4mm，短于花冠筒；雄蕊5，伸出花冠外；花柱上部2深裂，有伏毛。核果近球形，直径约1cm，黄色，成熟时呈黑色，有2个分核。花期4—5月，果期7—8月。

产于洞头、瑞安（北麂下岙岛），建德林场有栽培。生于山坡疏林及土质肥沃的山脚阴湿处。分布于华东及湖北、湖南、台湾、广东、四川、贵州、陕西、甘肃南部等地。日本、越南、尼泊尔也有。

可用作沿海岛屿的绿化树种，木材可作建筑用材。

与厚壳树的区别在于叶片下面幼时密生短柔毛；花冠裂片短于花冠筒；核果黄色，成熟时呈黑色，直径约1cm。

图 7-95　粗糠树

② 基及树属　Carmona Cav.

灌木或小乔木。叶小，上面多有白色小斑点，通常于当年生枝条上互生，在短枝上簇生。花腋生，通常2～6花聚集成疏松团伞花序；花萼5裂；花冠白色，喉部无附属物；雄蕊5，花药伸出；花柱顶生，2裂几达基部，柱头2，近头状。核果红色或黄色，先端有宿存的喙状花柱，内果皮骨质，近球形，成熟时完整，不分裂。具4种子。

仅1种，分布于亚洲南部、东南部和大洋洲的巴布亚新几内亚、所罗门群岛。我国有野生；浙江有栽培。

基及树　福建茶　（图7-96）
Carmona microphylla (Lam.) G. Don

常绿灌木，高1～3m，树皮褐色。茎多细弱分枝，节间长1～2cm，幼时被稀疏短硬毛，腋芽圆球形，被淡褐色茸毛。叶革质，倒卵形或匙形，长1.5～3.5cm，宽1～2cm，先端圆形或截形，具粗圆齿，基部渐狭为短柄，上面有短硬毛或斑点，下面近无毛。团伞花序开展，宽5～15mm；花序梗细弱，长1～1.5cm，被毛；花梗极短，长1～1.5mm，或近无梗；花萼长4～6mm，裂至近基部，裂片线形或线状倒披针形，宽0.5～0.8mm，中部以下渐狭，被开展的短硬毛，内面有稠密的伏毛；花冠钟状，白色或稍带红色，长4～6mm，裂片长圆形，伸展，较花冠筒长；花丝长

图7-96　基及树

3～4mm，着生于花冠筒近基部，花药长圆形，长1.5～1.8mm，伸出；花柱长4～6mm，无毛。核果直径3～4mm，内果皮圆球形，具网纹，直径2～3mm，先端有短喙。花果期5—12月。

原产于我国台湾、广东西南部、海南和印度尼西亚、澳大利亚。福建和华南各地广泛栽培。长兴、海宁、温州市区有栽培。

萌芽力强，耐修剪。适宜园林绿地中种植观赏，也适于作绿篱或制作盆景。

⑧ 天芥菜属　Heliotropium L.

一年生或多年生草本，稀亚灌木。顶生镰状聚伞花序；花萼5裂，裂片线形或披针形；花冠圆筒形或漏斗形，白色或淡蓝紫色，稀黄色，外被糙伏毛；雄蕊5，花药卵状长圆形或线状披针形；子房4裂，具4胚珠；花柱顶生，柱头圆锥状或环状。核果，内果皮骨质，开裂为4个含单种子或2个含双种子的分核。种子直或弯。

约250种，广泛分布于全球热带至温带地区。我国有10种，分布于福建、台湾、广东、广西、云南、新疆等地；浙江栽培1种。

南美天芥菜　香水草　（图7-97）
Heliotropium arborescens L.

多年生草本。茎直立或斜伸，密生黄色短伏毛及开展的稀疏硬毛。茎下部叶具长柄，中部及上部叶具短柄；叶片卵形或长圆状披针形，长4～8cm，宽1.5～4cm，先端渐尖，基部宽楔形，上面被硬毛及伏毛，下面密生柔毛，侧脉8～9对，两面均明显；叶柄长0.5～1.5cm，密生硬毛及伏毛。镰状聚伞花序顶生，集为伞房状，花期密集，直径4～6cm，花后开展，直径约10cm；花萼长2～2.5mm，裂至中部或中部以下，裂片披针形，大小不等；花冠紫罗兰色或紫色，稀白色，芳香，长3～6mm，基部直径约1mm，檐部直径5～7mm，裂片短宽，极平展；花药卵状长圆形，花丝极短；子房圆球形，柱头较花柱稍长，上方不育部分锥形，下方能育部分盘状。核果圆球形，无毛，成熟时分裂为4个具单种子的分核。花期2—6月，果期6—7月。

原产于南美洲秘鲁。我国北京植物园和江苏有栽培。杭州市区、海宁等地也有引种栽培。

栽培供观赏。

图7-97　南美天芥菜

④ 紫丹属 Tournefortia L.

灌木、乔木或草本。聚伞花序顶生或腋生；花萼5或4裂；花冠白色或淡绿色，常钟状；雄蕊5，花药卵形或长圆形；子房4室，每室1悬垂胚珠；花柱顶生，柱头单一或稍2裂，基部肉质，环状膨大。核果具胶质或木栓质中果皮，内果皮成熟时分裂为2个具2种子或4个具1种子的分核。种子下垂或偏斜。

约150种，分布于热带和亚热带地区。我国有4种；浙江有1种。

砂引草 （图7-98）
Tournefortia sibirica L.—*Messerschmidia sibirica* (L.) L.

多年生草本，有细长的根状茎，全株有毛。茎高10～20cm，有白色长柔毛，通常分枝。叶互生；叶片狭长圆形至线形，长1～3.5cm，宽0.2～1cm，先端圆钝，基部楔形，无柄或近无柄，两面密被白色紧贴的长硬毛，侧脉不明显。聚伞花序伞房状，直径1.5～3cm，常为二叉状分枝，小花密集；花萼长3～5mm，密生白色硬毛，5裂达基部，裂片狭披针形；花冠白色，花冠筒细长，长5～6mm，外面密生细毛，裂片5，长约4mm，喉部无鳞片；雄蕊5，花丝短，着生于花冠筒中部以下，内藏；子房4深裂，柱头2浅裂，下部环状膨大。小坚果宽椭圆形，长约8mm，有毛，顶端内凹。花果期5～8月。

产于北仑（穿山）、定海（大猫山）和岱山（本岛）。生于海滨沙滩、堤岸草丛中。分布于东北及江苏、安徽、山东、河北、内蒙古等地。蒙古、朝鲜半岛、日本、俄罗斯西伯利亚地区也有。

《浙江植物志》记载的"砂引草"为其亚种细叶砂引草 *Messerschmidia sibirica* L. subsp. *angustior* (DC.) Kitag.，但经检视标本，实为本种的误定。

图7-98　砂引草

⑤ 紫草属 Lithospermum L.

一年生或多年生草本或亚灌木，有糙伏毛或硬毛。单叶，互生。聚伞花序腋生或顶生；花萼5裂，裂片线形；花白色、黄色或蓝紫色，管状或高脚碟状；雄蕊5，内藏，花丝短，花药椭圆形，顶端钝或有小尖头；子房4裂，胚珠4。小坚果4，直立，卵圆形，平滑或具疣状突起，着生面居于果的基部。

约50种，分布于美洲、非洲、欧洲和亚洲。我国有5种，南北各地均有分布；浙江有3种。

分种检索表

1. 多年生草本；茎直立或匍匐；小坚果无瘤状突起。
  2. 茎直立，高40~80cm；根粗壮，干时呈紫色；花白色，长6~8mm，花冠喉部有半圆形微凹的5鳞片·····························1. 紫草 L. erythrorhizon
  2. 茎匍匐，高不超过20cm；根不同上述情况；花紫蓝色，很少白色，长1.5~1.8cm，花冠筒内面上部有5条具短毛的纵褶·····························3. 梓木草 L. zollingeri
1. 二年生草本；茎直立；小坚果有瘤状突起·····························2. 田紫草 L. arvense

1. 紫草 （图7-99）

Lithospermum erythrorhizon Siebold et Zucc.

多年生草本。根圆柱形，肥厚，直径约1cm，含紫色物质。茎直立，圆柱形，高40~80cm，单一或上部有分枝，密被糙伏毛及开展的糙毛。叶互生；叶片披针形或狭卵形，长3~5cm，宽0.7~1.8cm，先端急尖，基部楔形，两面均有糙伏毛，侧脉2~3对，近弧状；近无柄。聚伞花序果时延伸达12cm，有糙伏毛；苞片叶状，长达2cm；花萼长3.5~4mm，5裂至近基部，裂片线形；花冠白色，长6~8mm，花

图7-99 紫草

冠筒长约4mm，檐部直径约4.5mm，喉部有5半圆形鳞片，顶端微凹；雄蕊5，长约2mm，内藏；子房4深裂，花柱基生，长约2mm，柱头2浅裂。小坚果4，卵形，长3~4mm，平滑无毛，灰白色带褐色，有光泽。花期5—6月，果期7—8月。

产于新昌、武义、仙居、缙云、遂昌、云和、文成等地。生于海拔800m以下的山坡路旁及林缘草丛中。分布于东北、华北、华东、华中、西南、西北地区。日本、朝鲜半岛也有。

根可入药，有清热凉血、解毒透疹等功效；浸制软膏外用，治烧伤；也可作染料用。

2. 田紫草　麦家公 （图7-100）
Lithospermum arvense L.

二年生草本，全株有糙伏毛。茎直立，高20～40cm，自基部或上部分枝。叶互生；叶片倒披针形、线状倒披针形或线状披针形，长1.5～4cm，宽0.2～0.7cm，先端急尖或钝，基部狭楔形；无柄或近无柄。聚伞花序长达12cm；苞片线状披针形，长达1.5cm；花有短梗；花萼长约4mm，5深裂至近基部，裂片披针状线形，果时增长；花冠白色，花冠筒长4～5mm，檐部直径约3mm，5裂；雄蕊5，生于花冠筒中部之下，内藏，花药顶端具短尖头；子房4深裂，柱头近球形，顶端不明显2裂。小坚果4，卵形或圆锥形，长约3mm，顶端骤狭窄，表面灰白色，有小瘤状突起。花果期4—6月。

产于临安、宁波市区、象山、定海、普陀等地。生于山坡路边、荒地上及海滩上。分布于东北及河北、山西、山东、江苏、安徽、河南、湖北、四川、云南、陕西、甘肃等地。亚洲温带地区和欧洲也有。

图7-100　田紫草

可作地被植物点缀观赏用。

3. 梓木草 （图7-101）
Lithospermum zollingeri A. DC.

多年生匍匐草本。匍匐茎长15～30cm，有伸展的糙毛；茎直立，高5～25cm。基生叶片倒披针形或匙形，长2.5～9cm，宽0.7～2cm，先端急尖，基部渐狭窄成短柄，全缘，两面均有短硬毛；茎生叶片与基生叶片相似，但较小，常近无柄。花序长约5cm；苞片披针形，长1.2～2cm，有白色短硬毛；花萼长4～6mm，5裂至近基部，裂片披针状线形；花冠蓝色或蓝紫色，长1.5～1.8cm，花冠筒长 0.8～1.1 cm，内面上部有 5 条具短毛的纵褶，外面被白色短硬毛，檐部直径约 1 cm，5 裂，裂片卵圆形或扁圆形，长 4～6 mm；雄蕊 5，生于花冠筒中部之下，内藏，花药顶端有短尖；子房 4 深裂，柱头 2 浅裂。小坚果 4，椭圆形，长 2.5～3 mm，白色，光滑。花期 4—6 月，果期 7—8 月。

产于长兴、杭州市区、淳安、临安、北仑、慈溪、余姚、奉化、象山、岱山、普陀、婺城、兰溪、莲都等地。生于山坡路边、岩石上及林下草丛中。分布于江苏、安徽、河南、湖北、四川、陕西和甘肃南部等地。日本和朝鲜半岛也有。

可作为岩石上点缀的观赏植物；全草可入药，有温中健胃、消肿、止痛、止血等功效。

图 7-101　梓木草

6 聚合草属　Symphytum L.

多年生直立草本，全株被粗糙毛。有时具块根。茎通常分枝。基生叶多数；茎生叶互生，上部偶成对生；叶片卵形、长圆状卵形、椭圆形至披针形，基部常狭窄下延。蝎尾状聚伞花序，常二歧分枝；花萼 5 裂，裂片线形；花冠宽管状或钟状；雄蕊 5，内藏；子房 4 深裂。小坚果 4，斜卵形，直立，表面粗糙，基部有膨大环状物。

约 20 种，分布于亚洲西部、非洲北部和欧洲。我国有引种栽培 1 种；浙江也有。

聚合草 （图 7-102）
Symphytum officinale L.

多年生草本，有坚硬的块根。茎直立，高达 80 cm，有粗糙刺毛，通常有分枝。基生叶多数，叶片长圆状卵形，长 8～30 cm，宽 3～11 cm，先端渐尖，基部下延成柄，两面生糙伏毛，下面脉上尤密，全缘；茎生叶互生，下部与基部叶片相似，上部叶片长圆状披针形。花白色、淡紫色或紫红色，组成下垂的蝎尾状花序；花序梗长1～2cm，与花梗、花萼均被糙毛；花萼5深裂，裂片披针形，长3～4mm；花冠宽管状，长1.4cm，裂片宽卵形，先端翻卷，花冠筒中部有5附属物，披针形，边缘有透明三角形细齿；雄蕊5，内藏，花丝短，生于花冠筒中部；子房4深裂，柱头细长，稍伸出花冠外。小坚果4，直立，斜卵形，表面粗糙，着生面内凹，基部周围有膨大的环状突起。花果期4—5月。

原产于俄罗斯欧洲部分及高加索，亚洲和欧洲均有引种栽培。我国于1963年引进，现广泛栽培。杭州市区、海宁、临安、乐清、洞头等地有栽培。

块根可药用，全草亦可作饲料。

图7-102　聚合草

⑦ 附地菜属　Trigonotis Steven

一年生或多年生纤弱或披散草本。茎直立或斜伸，多少被短糙伏毛。叶互生；叶片卵形、椭圆形或披针形。单歧聚伞花序顶生，果时伸展近似总状花序；花萼5深裂，裂片在果时稍增长；花冠蓝色或白色，5中裂，喉部有5鳞片；雄蕊5，内藏；子房4深裂，花柱线形，柱头头状。小坚果4，三角状四面体形，具锐棱，着生面位于基部以上。

约58种，分布于亚洲至东欧。我国约39种，分布于华南至东北；浙江有2种。

1. 台湾附地菜 （图7-103）
Trigonotis formosana Hayata

多年生草本，具较长的匍匐茎，匍匐茎上常生有花序。茎高10～20cm，不分枝，除下部及叶柄被开展或斜上的糙毛外，全株通常被伏毛。基生叶长椭圆形至披针形，长2～5cm，先端圆，具短尖，基部狭楔形且下延于叶柄，叶柄稍长；茎生叶及匍匐枝上的叶似基生叶，但较短而宽，

图 7-103　台湾附地菜

具短柄。花序生于枝顶端，长 5～15 cm，密生多花；无苞片；花梗直立，长 1～3 mm；花萼裂片卵状三角形，长 0.5～1.5 mm，先端稍尖；花冠筒长约 1 mm，檐部直径 2～3 mm，裂片宽椭圆形，长 1～1.5 mm；雄蕊着生于花冠筒中部，花药长 0.3 mm。小坚果 4，倒三棱锥状四面体形，长约 1 mm，成熟后呈黑色，有光泽，背面三角形，平坦而光滑，有时靠近内角生 1～3 刺毛，腹面 3 个面近等大，无柄。

产于景宁、文成、泰顺等地。生于海拔 400～1000 m 的林下阴湿处。分布于我国台湾地区。

2. 附地菜 （图 7-104）

Trigonotis peduncularis (Trevir.) Steven ex Palib.

一年生草本。茎细弱，单一或基部常分枝成丛生状，直立或上伸，高 10～35 cm，有短糙伏毛。基生叶密集，有长柄，叶片椭圆状卵形、椭圆形或匙形，长 0.8～3 cm，宽 0.5～1.5 cm，先端钝圆有小尖头，基部近圆形，两面有短糙伏毛；在下部的茎生叶同基生叶相似，中部以上的叶近无柄。聚伞花序顶生似总状，在果时可长达 25 cm；仅在基部有 2～3 苞片；花梗长 2～3 mm；花萼长 1.5～2 mm，5 深裂，裂片长圆形或披针形；花冠淡蓝色，长约 2 mm，5 裂，裂片卵圆形，与花冠筒近等长，喉部黄色，有 5 附属物；雄蕊 5，内藏；子房 4 深裂。小坚果 4，三角状四面体形，长约 1 mm，具锐棱，有疏短毛或无毛。花果期 3—6 月。

产于全省各地。生于平原田边、地边、沟边、湿地上及山坡荒地杂草丛中，海拔可达 1400 m。分布于全国各地。亚洲温带和欧洲东部地区也有。

本种以不具匍匐茎，基生叶基部不下延于叶柄，花萼裂片长圆形或披针形，花冠裂片卵圆形，与花冠筒近等长，小坚果有疏短毛或无毛等特征与台湾附地菜相区别。

图 7-104　附地菜

⑧ 车前紫草属　Sinojohnstonia H.H. Hu

多年生草本，具根状茎。基生叶具长柄，叶片心状卵形；茎生叶少而小。镰状聚伞花序顶生；花萼钟状，5 裂至近基部，裂片线状披针形，果时增大；花冠白色，近辐状或钟状管形；雄蕊 5，花药椭圆形；子房 4 深裂，柱头扁球形。小坚果 4，四面体或五面体形，背面有碗状突起，口部常斜伸，边缘延伸成狭翅，着生面位于小坚果腹面基部之上。

有 3 种，特产于我国长江中下游地区，北达山西西北部；浙江有 2 种。

1. 短蕊车前紫草 （图7-105）

Sinojohnstonia moupinensis (Franch.) W.T. Wang—*Omphalotrigonotis vaginata* Y.Y. Fang

图7-105　短蕊车前紫草

多年生草本。须根，无根状茎。茎数条，细弱，平卧或斜伸，长8～35cm，有疏短伏毛。基生叶数片，叶片卵状心形，长4～10cm，宽2.5～6cm，两面有糙伏毛和短伏毛，先端短渐尖；叶柄长4～7cm；茎生叶等距排列，较小，长1～2cm，排列稀疏。花序短，长1～1.5cm，具少数花，密生短伏毛；花萼5裂至基部，长2.5～3mm，裂片披针形，背面有密短伏毛，腹面稍有毛；花冠白色或带紫色，花冠筒比花萼短（长约1.6mm），冠檐比花冠筒长1倍，裂片倒卵形；雄蕊5，着生于花冠筒中部稍上，内藏，花丝很短，花药长圆形，长约0.6mm，喉部附属物半圆形，乳头状；子房4裂，花柱长约1.5mm，柱头微小，头状。小坚果长约2.5mm，腹面有短毛，黑褐色，碗状突起的边缘淡红褐色，口部收缩，高约1.5mm。花果期4—7月。

产于安吉（龙王山）、临安、淳安、诸暨、宁海、泰顺等地。生于林下或阴湿岩石旁。分布于湖北、湖南、四川、云南、陕西、宁夏、甘肃等地。

2. 浙赣车前紫草 （图7-106）

Sinojohnstonia chekiangensis (Migo) W.T. Wang

多年生草本。根状茎短，直径5～6mm。茎高10～15cm，与叶柄均被倒向糙伏毛。基生叶数片，有长柄，叶柄长10～18cm；叶片心状卵形，长3～12cm，宽1.5～9cm，先端渐尖，基部心形，两面密生糙伏毛；茎生叶少数，叶片较小。花序长2～3cm；花梗长3～4mm；花萼5深裂，裂片披针状线形，长3～7mm，果期常增大，具毛；花冠白色或淡红色，钟状管形，直径约1cm，裂片卵形，长3～4mm，喉部有5梯形鳞片；雄蕊5，花丝长约2mm，稍伸出花冠外；子房4深裂，花柱基生，长3～6mm，柱头2浅裂。小坚果4，五面体形，长约3mm，背面有碗状突起，口部偏斜，边缘延伸成狭翅，长约2mm。花果期4—5月。

　　产于安吉、临安、淳安、宁海、衢江、江山、磐安等地。生于海拔500～1250m的山坡路旁草丛中、山谷溪边。分布于山西、江西、湖南、陕西等地。模式标本采自临安西天目山。

　　本种以具根状茎，茎与叶柄均被倒向糙伏毛，叶柄、花序较长，雄蕊稍伸出花冠外，花冠筒长于檐部或等长，小坚果光滑或疏生短毛等特征与短蕊车前紫草相区别。

图7-106　　浙赣车前紫草

⑨ 皿果草属　Omphalotrigonotis W.T. Wang

　　多年生草本，有短伏毛。叶片椭圆形或卵形，基部常圆形。镰状聚伞花序顶生，果期伸长；花萼近钟状，5裂达基部，果时微增大；花冠蓝色，近辐状；雄蕊5，着生于花冠筒中部，内藏；子房4深裂，花柱短，长不达花冠喉部，柱头头状。小坚果4，四面体形，腹面以内角沿生于扁平的雌蕊基上，背面具碗状突起。种子同形。

　　2种，分布于我国东南部，为我国特有；浙江均产。

1. 皿果草 （图7-107）

Omphalotrigonotis cupulifera (I.M. Johnst.) W.T. Wang

　　多年生草木。茎基部稍匍匐，生不定根，上部上伸，长40～45cm，疏生短伏毛，有少数分枝。无基生叶；下部叶有长叶柄，长达4.5cm，上部叶叶柄较短；叶片椭圆状卵形或狭椭圆形，长2～5.5cm，宽1～2.5cm，先端钝或稍圆，有小尖头，基部圆形，两面有短伏毛。聚伞花序顶

生，顶端弯曲，果期伸长可达18cm，有短伏毛；花萼钟状，长1.5~2mm，果期达3mm，5裂至近基部，裂片狭椭圆形，有短伏毛；花冠蓝色，花冠筒长约1.5mm，5中裂，喉部有5半月形附属物；雄蕊5，着生于花冠筒中部，花丝极短；子房4深裂，花柱短，长约1mm，柱头头状。小坚果4，四面体形，长约1mm，光滑无毛，褐色，背面有碗状突起，直径约1.5mm。花期4—5月，果期6月。

产于杭州市区、临安、富阳、松阳等地。生于平原或丘陵林缘、草丛中或水田边。分布于安徽南部、江西、湖南和广西北部。

图7-107 皿果草

2. 泰顺皿果草（新种，待发表）（图7-108）

Omphalotrigonotis taishunensis S.Z. Yang, W.W. Pan et J.P. Zhong, sp. nov. ined.

多年生草本。茎基部平卧，上部上伸，高35~45cm，密被开展的硬糙毛，分枝少数。基生叶匙状椭圆形，长6.5~10.5cm，宽1.4~2.5cm，两面密被糙伏毛，无柄；茎生叶无柄，下部的叶片倒卵状椭圆形，上部的卵状椭圆形，长2.5~7cm，宽1.2~2.3cm，先端圆钝或急尖，有小尖头，具缘毛，两面密被糙伏毛。镰状聚伞花序顶生，顶端卷曲，果期伸长达22cm；无苞片；花序轴与花梗密被开展的硬糙毛；花梗果时下弯；花萼钟状，长1.5~2.2mm，果期达4mm，裂片卵

状椭圆形，两面具短伏毛；花冠白色或淡蓝色，花冠筒长约1.5mm，裂片宽倒卵形或近圆形，喉部有5半月形附属物；子房4深裂，花柱长约1mm，柱头头状。小坚果4，四面体形，长约1mm，褐色，平滑，有光泽，背面具碗状突起，直径约2mm。花期4—5月，果期5—6月。

图7-108　泰顺皿果草

　　产于泰顺（司前镇楣垟村）。生于海拔840m的林间路边草丛中。模式标本采自泰顺司前镇楣垟村龙井隧道旁。

　　本种与皿果草的区别在于植株具基生叶，叶无柄或近无柄，茎、花序轴和花梗均密被开展的硬糙毛，小坚果背面碗状突起较大。

⑩ 斑种草属　Bothriospermum Bunge

　　一年生或二年生小草本，具糙伏毛。茎直立或伏卧。聚伞花序腋生或顶生；花常有叶状苞片；花萼5深裂，裂片果时不增大；花冠蓝紫色或白色，花冠筒短，喉部有5鳞片；雄蕊5，内藏；子房4深裂，花柱短，基生，柱头头状。小坚果4，肾形，直立，背部密生小疣状突起，腹面中部凹陷，基部着生于平坦的花托上。

　　约5种，广泛分布于亚洲热带及温带地区。我国5种均产；浙江有2种。

1. 多苞斑种草 （图7-109）

Bothriospermum secundum Maxim.

一年生或二年生草本，高25~40cm。茎单一或数条丛生，由基部分枝，被向上开展的硬毛或伏毛。基生叶倒卵状长圆形，长2~5cm，先端钝，基部渐狭为叶柄；茎生叶长圆形或卵状披针形，长2~4cm，宽0.5~1cm，无柄，两面被基部具基盘的硬毛。花序顶生或腋生，长10~20cm，花与苞片依次排列，各偏于一侧；苞片长圆形或卵状披针形，被硬毛或短伏毛；花梗长2~3mm，

下垂，果期不增大；花萼长2.5~3mm，外面密生硬毛，裂片披针形，裂至基部；花冠蓝色至淡蓝色，长3~4mm，檐部直径约5mm，裂片圆形，喉部附属物梯形，先端微凹；花药长圆形，长与附属物略相等，花丝极短，着生于花冠筒基部以上1mm处；花柱长约为花萼的1/3，柱头头状。小坚果卵状椭圆形，长约2mm，腹面有纵椭圆形的环状凹陷。花期5—7月，果期6—8月。

产于岱山（岱东镇）、嵊泗（泗礁岛）。生于海边山坡、路旁。分布于东北及河北、山西、山东、江苏、云南、陕西、甘肃等地。

图7-109　多苞斑种草

2. 柔弱斑种草　细叠子草 （图7-110）

Bothriospermum zeylanicum (J. Jacq.) Druce—*B. tenellum* (Hornem.) Fisch. et C.A. Mey.

一年生草本。茎细弱，丛生，直立或斜伸，高15~30cm，多分枝，被贴伏的短糙毛。叶互生；叶片长圆状椭圆形至狭椭圆形，长1~3.5cm，宽0.5~1.5cm，先端急尖，基部楔形，两面疏生紧贴的短糙毛；上部叶无柄，下部叶有柄。聚伞花序狭长，可达12cm；下部苞片数枚，椭圆形或狭卵形，长1.5~5mm，向上渐小；花小，淡蓝色；有短花梗，果期不增长或稍增长；花萼5深裂几达基部，裂片线状披针形，长约1.5mm，被糙伏毛；花冠长1.5~1.8mm，檐部直径2.5~3mm，裂片卵圆形，喉部有5不明显半圆形的鳞片；雄蕊5，生于花冠筒中部以下；子房4深裂，花柱内藏。小坚果4，肾形，长约1mm，腹面呈纵椭圆形凹陷。花期4—5月，果期6—7月。

产于全省各地。生于山坡路边、田间草丛、山坡草地及溪边阴湿处。分布于东北、华东、华南、西南及河南、陕西等地。东北亚、东南亚、南亚、中亚也有。

本种与多苞斑种草的主要区别在于茎被贴伏的短糙毛；苞片叶状，向上逐渐缩小；苞片与花不交替排列且各偏于一侧；小坚果肾形，长约1mm，腹面呈纵椭圆形凹陷。

图 7-110　柔弱斑种草

⑪ 琉璃草属　Cynoglossum L.

二年生或多年生，稀一年生草本，全株被灰白色短柔毛或硬毛。基生叶具长柄；茎生叶无柄。花生于聚伞花序一侧；花萼5深裂，果时稍膨大；花冠蓝紫色或白色，漏斗状或高脚碟状；雄蕊5，着生于花冠筒中部或中上部，内藏，花药卵形或长圆形；子房4深裂，花柱肉质或丝状，柱头头状。小坚果4，密生锚状刺，着生面在果的顶部。

约75种，分布于温带和亚热带地区。我国有12种，广泛分布于全国各地；浙江有2种。

1. 琉璃草 （图7-111）

Cynoglossum furcatum Wall.——*C. zeylanicum* quct. non (Vahl) Brand

二年生草本，全株密被粗糙毛。茎粗壮直立，高40～80cm，圆柱形，中空，基部直径达7mm，通常分枝。基生叶和下部叶有柄，叶柄长可达15cm，叶片椭圆形，长3～17cm，宽0.8～7cm；中部以上叶无柄，叶片长圆状披针形或披针形，长3～9cm，宽0.8～3cm，先端急尖，基部圆形。花序分枝常成钝角稀锐角叉状分开；无苞片；花梗长1～2mm，果时几乎不增长；花萼长约3mm，裂片卵形，长约2mm；花冠淡蓝色，长约4mm，檐部直径4～6mm，裂片卵圆形，长约2.5mm，比花冠筒略长，喉部有5梯形或近方形附属物；雄蕊5，贴生在花冠筒中部以上，内藏；子房4深裂，花柱粗短，下部略膨大，宿存。小坚果4，卵形，长2～3mm，密生锚状刺。花期5—6月，果期7—8月。

　　产于全省各地。生于海拔300～1500m的林间草地、向阳山坡及路边。分布于华东、华中、华南、西南和西北等地。日本、菲律宾、印度和阿富汗也有。

　　根、叶可入药，有清热解毒、活血散瘀、消肿止痛、提脓生肌等功效。

图7-111　琉璃草

2. 小花琉璃草 （图7-112）

Cynoglossum lanceolatum Forssk.

二年生草本，全株密生短硬毛。茎直立，高30～70cm，自下部或中部分枝。基生叶和下部叶有柄，叶片长圆状披针形，长10cm，宽2.8cm；茎中部以上叶近无柄，叶片披针形，长6.5cm，宽1.2cm，先端急尖，基部楔形。花序分枝成锐角叉状分开；无苞片；花梗长1.5～2mm，果时3～3.5mm；花萼裂片宽卵形，长1～2mm；花冠淡蓝白色，长2～3mm，裂片与花冠筒近等长，喉部有5横半月形附属物；雄蕊5，内藏；子房4深裂，柱头极短而粗。小坚果4，卵形，长约2mm，密生锚状刺。花果期6—8月。

产于临安（西天目山）、普陀、遂昌、龙泉、庆元、景宁、鹿城、文成、泰顺等地。生于海拔300～1200 m的山坡草地、路边及沙滩林下。分布于华东、华中、华南、西南及陕西、甘肃南部。亚洲南部和非洲也有。

全草入药时名"玉灵芝"，有清热解毒、利尿消肿、活血等功效。

本种以基生叶叶柄较短，花较小，花冠喉部有5横半月形附属物等特征与琉璃草相区别。

图7-112　小花琉璃草

⑫ 盾果草属　Thyrocarpus Hance

一年生或多年生草本。茎直立或斜伸，有分枝，常有开展粗糙毛。基生叶大，具柄；茎生叶较小，近无柄。聚伞花序总状；花萼5深裂，裂片几相等，果时略增大；花冠紫色或白色，漏斗状，5裂达中部，裂片宽卵形；雄蕊5，着生于花冠筒中部，内藏；子房4深裂，花柱短，柱头2裂，头状。小坚果4，卵形，基部圆形，密生瘤状突起，上部外面有2层碗状突起，外层有齿，内层全缘，着生面在果腹面顶部。种子直立。

约3种，我国有2种；浙江2种均产。

1. 盾果草 （图7-113）

Thyrocarpus sampsonii Hance

　　一年生草本，全株有开展糙毛。茎直立或斜伸，高15～40cm，单一或基部分枝成丛生状，上部也有分枝。基生叶多数，叶片匙形，长3.5～15cm，宽1～5cm，先端急尖，基部渐狭窄成多少带翼的叶柄，两面有细毛及粗糙毛；茎生叶渐小，叶片狭长圆形或倒披针形，近无柄。花序狭长，长7～20cm；有狭卵形或披针形的叶状苞片；花梗长约2mm，果时略增长；花萼长2.5～3mm，5深裂，裂片狭卵形；花冠紫色或蓝色，5裂，裂片倒卵圆形，长1～1.5mm，花冠筒较裂片稍长，喉部有5附属物；雄蕊5，内藏，花药卵球形，长约0.5mm；花柱短于雄蕊，柱头头状。小坚果4，卵圆形，长1.5～2mm，基部膨大，密生瘤状突起，上部有2层直立的碗状突起，外层有齿，顶端不膨大，与全缘的内层紧贴。花果期4—8月。

　　产于全省各地。生于山坡林下、路边或岩石边灌丛中。分布于华中、华南、西南及江苏、安徽、陕西等地。越南也有。

图 7-113　盾果草

2. 弯齿盾果草 （图7-114）

Thyrocarpus glochidiatus Maxim.

茎1至数条，细弱，斜伸或外倾，高10～30cm，常自下部分枝，有伸展的长硬毛和短糙毛。基生叶有短柄，匙形或狭倒披针形，长1.5～6.5cm，宽3～14mm，两面均被具基盘的硬毛；茎生叶小，无柄，卵形至狭椭圆形。花序长达15cm，苞片卵形至披针形，花生于苞腋或腋外；花梗长1.5～4mm；花萼长约3mm，裂片狭椭圆形至卵状披针形，先端钝，两面均被毛；花冠淡蓝色或白色，与花萼近等长，筒部比檐部短1.5倍，裂片倒卵形至近圆形，喉部附属物线形，长约1mm，先端截形或微凹；雄蕊5，着生于花冠筒中部，内藏，花丝很短，花药宽卵形，长约0.4mm。小坚果4，长约2.5mm，黑褐色，外层突起色较淡，齿长约与碗状突起高相等，齿的先端明显膨大并向内弯曲，内层碗状突起显著向里收缩。花果期4—6月。

图7-114　弯齿盾果草

产于安吉、临安、缙云、泰顺等地。生于山坡草地、田埂、路旁等处。分布于江苏、安徽、江西、河南、广东、四川、陕西和甘肃等地。为我国特有种。

本种与盾果草的区别在于茎生叶卵形至狭椭圆形，花冠与花萼近等长，小坚果外层突起边缘的牙齿先端明显膨大并向内弯曲，内层突起显著向里收缩。

一四七 马鞭草科 Verbenaceae

灌木或乔木，或为藤本、草本。叶对生；单叶或掌状复叶，无托叶。聚伞花序、穗状花序、总状花序，或由聚伞花序再组成伞房状或圆锥状；常有苞片；花两性，两侧对称或近辐射对称；花萼宿存，杯状、钟状或管状，顶端常具4或5齿；花冠二唇形或为略不相等的4或5裂；雄蕊大多为4，着生于花冠筒上，内向纵裂或裂缝上宽下窄呈孔裂状；子房上位，心皮通常为2，全缘、微凹或4裂，2室或因有假隔膜成4～10室，每室2或1胚珠，花柱顶生，稀下陷于子房裂片中。核果、浆果状核果、蒴果或瘦果。种子通常无胚乳，胚直立。

91属，约2000种，主要分布于热带和亚热带地区，少数延至温带地区。我国有20属，182种，主产于长江以南各地；浙江有11属，43种。

分属检索表

1. 花无梗，组成穗状花序，或短缩成伞房状或头状花序。
  2. 无刺草本；花序穗状。
    3. 直立草本，节上不生根；穗状花序细长如鞭或短缩成伞房状。
      4. 茎节间下方常膨大；叶片边缘具钝圆锯齿；瘦果下垂·················1. 透骨草属 Phryma
      4. 茎节间不膨大；叶片边缘具缺刻状锯齿至羽状分裂；蒴果不下垂·········2. 马鞭草属 Verbena
    3. 匍匐草本，节上生根；穗状花序紧缩呈圆柱形或卵球形·················3. 过江藤属 Phyla
  2. 有刺或无刺灌木；花序头状或总状。
    5. 有刺灌木；花序头状 ··········4. 马缨丹属 Lantana
    5. 有刺或无刺灌木；花序总状 ·········5. 假连翘属 Duranta
1. 花有梗，组成聚伞花序或由聚伞花序再组成各式花序，稀单花腋生。
  6. 蒴果，4瓣裂；亚灌木或多年生草本而茎基部木质化·········6. 莸属 Caryopteris
  6. 核果或浆果状核果；灌木或小乔木。
    7. 花序全部腋生；花近辐射对称；雄蕊近等长·········7. 紫珠属 Callicarpa
    7. 花序顶生或有时顶生兼腋生；花冠二唇形或不等5裂；雄蕊多少二强。
      8. 花冠5裂，裂片稍不等长，但不呈二唇形；花萼果时明显增大······8. 大青属 Clerodendrum
      8. 花冠4或5裂，二唇形；花萼果时仅稍增大。
        9. 单叶；花冠4或5裂，裂片大小不悬殊。
          10. 花较小，长小于1.5cm，花冠4裂；叶片基部无腺体·············9. 豆腐柴属 Premna
          10. 花较大，长大于2.5cm，花冠5裂；叶片基部有腺体·········10. 石梓属 Gmelina
        9. 掌状复叶，稀单叶；花冠5裂，下唇中央1裂片明显较大·················11. 牡荆属 Vitex

① 透骨草属 Phryma L.

多年生草本。茎直立，四棱形，节间下部膨大。叶对生，具锯齿，具柄。穗状花序生于茎顶和上部叶腋，纤细；具苞片和小苞片；花小，淡紫色，两性，左右对称，单生于小苞片腋内，开花时直立，花后下垂；花萼管状，具5棱，二唇形，上唇3齿裂芒状，下唇2齿裂较短；花冠管形，檐部二唇形，上唇直立，2浅裂，下唇较大，3浅裂；雄蕊4，二强；子房上位，1室，1胚珠，花柱2裂。果为瘦果，狭椭圆形，包藏于花萼内。种子1，无胚乳。

单种属，产于东亚至北美洲。我国有1种；浙江也有。

透骨草（亚种）（图7-115）

Phryma leptostachya L. subsp. **asiatica** (H. Hara) Kitamura—*P. leptostachya* var. *asiatica* H. Hara—*P. leptostachya* var. *oblongifolia* (Koidz.) Honda

多年生草本。茎直立，高30~80cm，四棱形，节间于节上方常膨大，有倒生短柔毛。单叶对生；叶片卵形或卵状长圆形，长5~10cm，宽4~7cm，基部渐狭成翅，边缘具钝圆锯齿，两面脉上有短毛；具叶柄。总状花序顶生或腋生，细长；苞片和小苞片钻形；花疏生，具短柄，花蕾时直立，开放时平伸，果时下垂贴于花序轴上；花萼管状，显著5肋，上唇3齿，钻形、细长，顶端具钩，下唇2齿宿存，无芒；花冠管状，淡红色或白色，长约5mm，檐部二唇形，上唇直立，2浅裂，下唇较大，3浅裂；雄蕊4，二强；花柱顶生，先端2浅裂。瘦果包于萼内，棒状。种子基生，种皮膜质，松弛，紧贴于果皮上。

产于全省山区、半山区。生于沟谷阴湿林下或山坡林缘。遍布全国各地。亚洲东北部、东南部至西南部也有。

全草可入药，有清热解毒的功效。

图7-115　透骨草

② 马鞭草属　Verbena L.

草本或亚灌木。茎常四方形。叶对生；叶片边缘有齿，或羽状深裂。穗状花序延伸或短缩，顶生或腋生，花生于狭窄的苞片腋内，蓝色或淡红色；花萼管状，有5短齿；花冠筒直或稍弯曲，顶端有开展的5裂片，略二唇形；雄蕊4，着生于花冠筒中部，2上2下，花丝短；子房4室，每室1胚珠，花柱短。蒴果包藏于宿萼内，成熟后4瓣裂。

约250种，主产于美洲热带地区。我国有野生1种，栽培数种；浙江有5种，偶见栽培的还有加拿大美女樱 *V. canadensis* (L.) Britton。

分种检索表

1. 穗状花序细长，长大于10cm；花小，花冠长4~8mm ····················· 1. 马鞭草　**V. officinalis**
1. 穗状花序短缩，长1.5~3.5cm；花大，花冠长1~2.5cm。
　2. 叶片长圆形或三角状披针形，边缘有缺刻状圆锯齿或二至三回羽状分裂。
　　3. 叶片长圆形，边缘有缺刻状锯齿；花冠长2~2.5cm ···················· 2. 美女樱　**V. hybrida**
　　3. 叶片二至三回羽状分裂，裂片线形；花冠长约1.2cm ················· 3. 细叶美女樱　**V. tenera**
　2. 叶片狭长，条形或条状披针形，边缘有不规则齿裂。
　　4. 茎生叶较宽，倒披针形至长椭圆形 ····························· 4. 狭叶马鞭草　**V. brasiliensis**
　　4. 茎生叶条状披针形 ··· 5. 柳叶马鞭草　**V. bonariensis**

1. 马鞭草 （图7-116）
Verbena officinalis L.

多年生草本，高30~120cm。茎四方形，近基部可为圆形，节和棱上有硬毛。叶片卵圆形至长圆状披针形，长2~8cm，宽1~5cm；基生叶叶片边缘有粗锯齿和缺刻；茎生叶叶片3深裂或羽状深裂，裂片边缘有不整齐的锯齿，两面被硬毛，基部楔形下延于叶柄上。穗状花序顶生或生于茎上部叶腋，开花时伸长，长10~25cm；花小，初密集，果时疏离；苞片狭三角状披针形，稍短于花萼，与穗轴均具硬毛；花萼长约2mm，具硬毛，顶端有5

图 7-116　马鞭草

齿；花冠淡紫红色至蓝色，长4～8mm，裂片5。果实长圆形，长约2mm。花果期4—10月。

全省各地均产。生于自低海拔到高海拔的山脚地边、路旁或村边荒地。我国除东北地区及内蒙古外，各地普遍分布。全球温带至热带地区均有。

地上部分可入药，可治疟疾、丝虫病、痢疾等。

本种尚有变型白花马鞭草form. **albiflora** S.H. Jin et D.D. Ma，花白色，产于普陀山。模式标本采自普陀。

2. 美女樱 （图7-117）
Verbena hybrida Groenl. et Rumpler

直立草本，高20～40cm，全株被灰白色长毛。茎四方形。叶片长圆形或三角状披针形，长3～7cm，宽1.5～3cm，先端急尖，基部楔形下延于叶柄，边缘有缺刻状圆锯齿，两面被灰白色糙伏毛；叶柄短。穗状花序短缩，生于枝顶，长2～3.5cm；苞片狭披针形，长约5mm，有长硬毛；花萼长圆筒形，长1～1.5cm，外面有灰白色长毛；花冠紫色、红色或白色，长2～2.5cm，顶端5裂，花冠筒长约1.8cm；雄蕊内藏。果实圆柱形，长约为花萼的1/2，有明显的网纹。花果期5—10月。

原产于南美洲，现全球各地广泛栽培。我国各地也均有引种。全省各地园林常见栽培。

花有白色、红色、蓝色、雪青色、粉红色等，可用作花坛、花境材料，也可作盆栽观赏。

图7-117　美女樱

3. 细叶美女樱 （图7-118）
Verbena tenera Spreng.

株高20～30cm。枝条细长四棱，微生毛。叶对生；叶片二回羽状深裂，裂片线形，两面疏生短硬毛，端尖，全缘；叶有短柄。穗状花序顶生，开花呈碎状花序顶生短缩成伞房状，多数小花密集排列其上；花冠管状，花色丰富，有白色、粉红色、玫瑰红色、大红色、紫色、蓝色等。本种与美女樱区别在于叶片为二至三回羽状分裂，裂片线形，被毛较稀；花较小，花萼长约7mm，花冠长约1.2cm。花果期6—10月。

图 7-118　细叶美女樱

原产于南美洲热带地区。华东和华南地区有栽培。全省各地公园常栽培，供观赏。

适合植于花坛、花径、房前、路边作观花地被。

4. 狭叶马鞭草 （图7-119）
Verbena brasiliensis Vell.

多年生草本，具根状茎，高1～2m。茎具4棱，粗糙，被毛。叶倒披针形至长椭圆形，先端锐尖或渐尖，

图 7-119　狭叶马鞭草

稀钝，基部楔形或窄楔形，边缘有大小不一的锯齿；叶柄不明显。苞片、花萼与花冠筒均被柔毛；苞片稍短于花萼；花萼先端5裂，裂片披针形；花冠筒长为花萼的 1.5～2 倍，花冠淡紫色；雌蕊、雄蕊均较短，藏于花冠筒内。果穗在果期伸长成圆柱形，长1～5cm；果实长椭圆形，长2mm，褐色，部分具白色粉，表面具网状隆起的线。花期6—8月。

原产于南美洲。日本和我国台湾地区有归化。全省各地栽培作花海材料，或街头花坛栽培供观赏，台州路桥有归化。

5.柳叶马鞭草 （图7-120）

Verbena bonariensis L.

多年生草本，株高1～1.5m，全株被毛。茎直立，四棱形。叶对生，长4～10cm；基生叶椭圆形，茎生叶条状披针形，有锯齿。聚伞花序顶生，近头状，宽大于高；花小，紫红色或淡紫色；花冠筒细，长6～8mm，上部5裂，裂片先端平截或微凹。花期5—9月。

原产于巴西、阿根廷。全省各地栽培作花海材料，观赏效果好于狭叶马鞭草。

图7-120　柳叶马鞭草

③ 过江藤属 **Phyla** Lour.

多年生草本。茎四方形，基部常木质化，匍匐或斜伸，节上生根。单叶对生。花序头状或穗状，在结果时伸长；花小，生于苞腋内；花萼小，膜质，近二唇形；花冠常呈二唇形，下唇略大于上唇；雄蕊4，着生于花冠筒的中部，2上2下；子房2室，每室1胚珠，花柱短，柱头头状。蒴果成熟时2瓣裂。

约10种，分布于亚洲、非洲、美洲。我国有1种；浙江也有。

过江藤 （图7-121）
Phyla nodiflora (L.) Greene

多年生平卧草本，全体被紧贴"丁"字形短毛。有木质宿根，分枝对生。叶片匙形或倒披针形，长0.8～2cm，宽 0.3～1cm，先端钝圆，基部狭楔形，中部以上的边缘有锐锯齿；叶近无柄。穗状花序腋生，卵形或圆柱形，长0.5～2cm，直径约0.6cm；花序梗长0.6～3cm；苞片宽卵形，宽约3mm；花萼长约2mm，2深裂，被短毛，宿存；花冠淡红色或白色，无毛；雄蕊短小，藏于花冠筒内；子房无毛。果实淡黄色，长约1.5mm。花果期6—10月。

产于永嘉（岩口）、龙湾（灵昆）、苍南（沿浦）等地。生于海滨和河边草丛中。分布于江苏、江西、福建、台湾、广东、四川、贵州、云南和西藏等地。全球热带和亚热带地区均有分布。

全草可入药，能破瘀生新，通利小便；治咳嗽、吐血、痢疾、牙痛及跌打损伤等。

图 7-121　过江藤

④ 马缨丹属 Lantana L.

　　直立或蔓性灌木。茎四方形，有皮刺或无。单叶，对生；叶片边缘有圆齿或钝齿，上面多皱缩。头状花序顶生或腋生；具苞片和小苞片；花萼小，膜质；花冠4或5浅裂，裂片近相等而平展或略不相等，具细长的花冠筒；雄蕊4，着生于花冠筒中部，2上2下，内藏；子房2室，每室有1胚珠；花柱短，不外露，柱头盾形头状。果实成熟后2瓣裂。

　　约150种，分布于美洲热带和亚热带地区。我国常见栽培有2种；浙江常见栽培有1种，偶见栽培供观赏的有蔓马缨丹 *L. montevidensis* (Spreng.) Briq.。

马缨丹　五色梅 （图7-122）
Lantana camara L.

　　直立或蔓性灌木，高1～2m，有时藤状，长达4m。小枝有柔毛和短钩状皮刺。叶片卵形至卵状长圆形，长3～9cm，宽2～6cm，先端急尖，基部宽楔形至平截而略楔状下延，边缘有钝齿，两面有小刚毛，侧脉5～7对；叶柄长1～3cm。花序腋生或顶生，直径约2cm；花序梗远长于叶柄；苞片披针形，外面有粗毛；花萼管状，膜质，约1.5mm，短于苞片；花冠黄色或橙黄色，后变为深红色，花冠筒长约1cm，直径4～6mm，上粗下细，顶端5浅裂，裂片平展；子房无毛。果实球形，直径约4mm，成熟时呈紫黑色。花期5—10月，果期9—10月。

　　原产于美洲热带地区。我国各地公园常有栽培，台湾、福建、广东、广西等地可见逸生。本省各城镇园林也有栽培。

　　根及枝叶可入药；花色多变，可供观赏。

图7-122　马缨丹

⑤ 假连翘属 Duranta L.

有刺或无刺灌木。单叶对生或轮生，全缘或有锯齿。花序总状、穗状或圆锥状，顶生或腋生；苞片细小；花冠圆柱形，顶部5裂；雄蕊4，2长2短，内藏；子房8室，每室有1下垂胚珠，花柱短，不外露。核果几乎完全包藏在增大宿萼内，中果皮肉质，内果皮硬，有4核，每核2室，每室有1种子。

约36种，分布于美洲热带地区。我国引进1种，栽培或归化；浙江有栽培1种。

假连翘 （图7-123）
Duranta erecta L.

灌木，高1.5～3 m。枝条有皮刺，幼枝有柔毛。叶对生，少有轮生；叶片卵状椭圆形或卵状披针形，长2～6.5cm，宽1.5～3.5cm，顶端短尖或钝，基部楔形，全缘或中部以上有锯齿，有柔毛；叶柄长约1cm，有柔毛。总状花序顶生或腋生，常排成圆锥状；花萼管状，有毛，长约5mm，5裂，有5棱；花冠通常蓝紫色，长约8mm，稍不整齐，5裂，裂片平展，内外有微毛；花柱短于花冠筒，子房无毛。核果球形，无毛，有光泽，直径约5mm，成熟时呈红黄色。花果期5—10月。

原产于美洲。我国长江以南有栽培。杭州、温州等地也有栽培。本省普遍栽培的还有园艺品种花叶假连翘'Variegata'。

图7-123　假连翘

⑥ 莸属 Caryopteris Bunge

　　直立或披散灌木、亚灌木，少有多年生草本而茎基部木质化。枝圆柱形或四方形。单叶，对生；叶片全缘或具齿，常具黄色腺点。聚伞花序腋生或顶生，稀单花腋生；具苞片或缺；花萼宿存，果时增大，钟状，通常5裂，裂片三角形或披针形；花冠常5裂，二唇形，下唇中间裂片较大，全缘或流苏状；雄蕊4，2长2短，或近等长，伸出花冠外，花丝着生于花冠筒喉部；子房不完全4室，每室1胚珠，花柱线形，伸出花冠筒外，柱头2裂。蒴果近球形，成熟后分裂成4个果瓣。

　　约16种，分布于亚洲中部和东部。我国有14种；浙江有2种，园林中偶见栽培的还有金叶莸 C. clandonensis Hort. 'Worcester Gold'。

1. 兰香草 （图7-124）

Caryopteris incana (Thunb. ex Houtt.) Miq.— *C. mastacanthus* Schauer

　　直立亚灌木，高20～80cm。枝圆柱形，略带紫色，被向上弯曲的灰白色短柔毛。叶片厚纸质，卵状披针形或长圆形，长1.5～9cm，宽0.8～4cm，先端钝圆或急尖，基部宽楔形或近圆形至截形，边缘有粗齿，两面密被稍弯曲的短柔毛，下面中脉稍隆起；叶柄长0.5～1.7cm，被灰白色短柔毛。聚伞花序紧密，腋生和顶生；无苞片和小苞片；花萼杯状，长约2mm，果时增大，宿存，长达5mm，外面密被短柔毛；花冠淡紫色或紫蓝色，二唇形，外面具短柔毛，花冠筒长约3.5mm，喉部有毛环，裂片长约1.5mm，下唇中裂片较大，边缘流苏状；雄蕊与花柱均伸出花冠筒外；子房顶端被短毛，柱头2裂。果实倒卵状球形，上半部被粗毛，直径约2.5mm。花果期8—11月。

　　产于全省各地。生于海拔1600m以下的较干燥的草坡、林缘及路旁。分布于江苏、安徽、江西、福建、湖北、湖南、广东及广西。日本和朝鲜半岛也有。

　　根及全草可药用。全草含黄酮类，对金黄色葡萄球菌、白喉杆菌有抑制作用，有祛痰止咳、散瘀止痛等功效。

图7-124　兰香草

1a. 狭叶兰香草（变种）（图7-125）

var. angustifolia S.L. Chen et R.L. Guo

与兰香草的主要区别为叶片狭披针形，长3～5.5cm，宽0.4～0.8cm，先端锐尖，两面疏被短柔毛；叶柄较短，长3～7mm。

产于文成（石垟）、泰顺（三魁、垟溪、东溪）等地。生于海拔200m的山坡岩石缝中。分布于江西。

本种尚有变型白花兰香草form. **albiflora** S.H. Jin et D.D. Ma，花白色，产于普陀等地。模式标本采自普陀。

图7-125　狭叶兰香草

2. 单花莸 （图7-126）

Caryopteris nepetifolia (Benth.) Maxim.—*Teucrium nepetaefolium* Benth.

多年生蔓性草本。茎基部木质化，高10～60cm；枝四方形，被向下弯曲的柔毛。叶片纸质，宽卵形至近圆形，长1.5～5cm，宽1～4cm，先端钝，基部宽楔形至圆形，边缘具4～6对钝齿，两面均被柔毛和腺点；叶柄长3～10mm，被向上的柔毛。花单生于叶腋；花梗纤细，长1～3cm，近中部有2枚锥形细小的苞片；花萼杯状，长约6mm，果时增大可达1cm，两面均被柔毛和腺点，5中裂；花冠蓝白色，有紫色条纹和斑点，疏生柔毛，花冠筒长6～9mm，喉部通常被柔毛，下唇中裂片较大，全缘；雄蕊与花柱均伸出花冠筒外；子房密生茸毛。蒴果4瓣裂，果瓣倒卵形，无翅，长约4mm，被粗毛。花果期4—8月。

产于杭州、宁波及长兴、诸暨、金华市区、武义、永康、磐安、天台及龙泉等地。生于海拔1000m以下的阴湿山坡、林缘及沟边。分布于江苏、安徽、福建。模式标本采自宁波。

全草或鲜叶可入药，有祛暑解表、利尿解毒等功效。

与兰香草的主要区别在于茎蔓生，四棱形；花单生于叶腋；花冠下唇中裂片全缘。

图 7-126　单花莸

⑦ 紫珠属 Callicarpa L.

落叶灌木，稀攀缘灌木或乔木。小枝圆柱形或四棱形，通常被毛，稀无毛。单叶，对生；叶片有锯齿或小齿，稀全缘，通常被毛和腺点，稀无毛。聚伞花序腋生；苞片细小；花小，辐射对称；花萼杯状或钟状，稀管状，顶端4裂或几平截，宿存；花冠4裂；雄蕊4，着生于花冠基部，花丝长于花冠或与花冠近等长，花药卵形至长圆形，药室纵裂或顶端裂缝扩大成孔状；子房上位，4室，每室1胚珠，花柱常比雄蕊长。果实为核果或浆果状核果，成熟时通常呈紫色或红色，内果皮骨质，形成4个分核。

约140种，主要分布于亚洲热带和亚热带地区，少数分布于美洲和非洲热带，极少数分布于亚洲和北美洲温带地区。我国有49种，主产于长江以南地区，少数延至长江以北地区；浙江有16种。

本属许多种类可药用；多数种类秋季果实紫色，可供观赏。

分种检索表

1. 叶片下面和花各部均有暗红色腺点。
　2. 小枝、叶片下面、花序及花萼均密被星状毛；花丝长为花冠的2倍，药室纵裂 ……………………………………………………………………………………………… 1. 紫珠　C. bodinieri
　2. 植株除嫩枝和花序梗略有星状毛外无毛；花丝与花冠近等长或比花冠略长，药室孔裂 …………………………………………………………………………………… 2. 华紫珠　C. cathayana
1. 叶片下面和花各部有明显或不明显的黄色腺点。
　3. 小枝、叶柄、叶片下面和花序均密被黄褐色分枝茸毛；花萼管状，裂齿长大于2mm；果实白色，下半部被果萼包围 ……………………………………………………… 3. 枇杷叶紫珠　C. kochiana

3. 植物体无毛或被单毛、星状毛或星状茸毛；花萼杯状或钟状，裂齿长不到2mm；果实紫色，大部裸露于花萼之外。

  4. 花序梗远长于叶柄，长大于1.5cm；叶片基部宽楔形、圆形或心形。

    5. 叶柄长通常大于8mm，叶片基部宽楔形或钝圆。

      6. 攀缘灌木；叶片全缘；花序宽大，宽大于5cm······**4. 全缘叶紫珠　C. integerrima**

      6. 直立灌木；叶缘有细锯齿；花序宽小于5cm······**5. 杜虹花　C. formosana**

    5. 叶柄极短，长小于7mm；叶片基部心形。

      7. 萼齿钝三角形，长不超过0.4mm；花药长0.8～1mm。

        8. 枝和叶片被星状毛；叶片基部心形，两侧成耳状；叶柄长不及4mm；花序梗长2～3cm······**6. 红紫珠　C. rubella**

        8. 全株无毛或近无毛；叶片基部浅心形；叶柄5～6mm；花序梗长1.5～3cm······**7. 秃红紫珠　C. subglabra**

      7. 萼齿尖锐，长约1mm；花药长约1.2mm······**8. 长柄紫珠　C. longipes**

  4. 花序梗短于或长于叶柄，但最长不到1.5cm；叶片基部楔形，稀钝圆或心形。

    9. 花丝长为花冠的2倍，花药椭圆形，长0.8～1.2mm，药室纵裂。

      10. 叶片较小，长3～6cm，边缘仅上半部有疏锯齿，下面及花萼均无毛；小枝略呈四棱形······**9. 白棠子树　C. dichotoma**

      10. 叶片较大，长大于6cm，边缘近基部开始即有锯齿或细齿，下面及花萼多少被星状毛；小枝圆柱形······**10. 老鸦糊　C. giraldii**

    9. 花丝短于花冠或略长于花冠，但不到花冠的2倍，花药长圆形，长1.5～2mm，药室孔裂。

      11. 植株全体近无毛；叶片基部楔形至宽楔形；花萼长约1.5mm。

        12. 叶片纸质或薄纸质，下面腺点不明显；小枝光滑；花序细弱，花序梗长小于8mm。

          13. 叶片倒卵形、卵形或椭圆形；叶柄长5～8mm；花序2～4次分歧······**11. 日本紫珠　C. japonica**

          13. 叶片披针形或长圆状披针形；叶柄长2～5mm；花序2次分歧······**12. 膜叶紫珠　C. membranacea**

        12. 叶片厚纸质，下面具明显的黄色腺点；小枝有明显皮孔；花序粗壮，花序梗长1.2～1.4cm。

          14. 小乔木；叶片较大，长大于10cm；叶柄长大于1.5cm；花序梗短于叶柄······**13. 南方紫珠　C. australis**

          14. 灌木；叶片较小，长小于10cm；叶柄长小于1.2cm；花序梗长于叶柄······**14. 上狮紫珠　C. siongsaiensis**

      11. 小枝、叶片下面沿中脉及叶柄或有时花萼被星状毛；叶片基部钝圆或微心形；花萼长2～3mm。

        15. 小枝、叶片下面沿中脉及叶柄被星状毛；叶片基部钝圆或楔形；花萼无毛······**15. 短柄紫珠　C. brevipes**

        15. 小枝及叶片下面通常无毛；叶片基部微心形或圆形；花萼具星状毛······**16. 光叶紫珠　C. lingii**

1. 紫珠　珍珠枫 （图7-127）

Callicarpa bodinieri H. Lév.

灌木，高1～3m。小枝、叶柄和花序均被星状毛。叶片卵状或倒卵状长椭圆形，长7～18cm，宽4～8cm，先端渐尖，基部楔形，边缘有细钝锯齿，上面干后暗棕褐色，有短柔毛，下面密被星状毛，两面都有暗红色细粒状腺点；叶柄长0.5～1cm。聚伞花序4或5次分歧；花序梗长约1cm；花萼有星状毛和红色腺点，萼齿锐三角形；花冠紫红色，长约3mm，疏生星状毛和红色腺点；花丝长约是花冠的2倍，花药椭圆形，长约1mm，药室纵裂，药隔有红色腺点；子房有毛。果实球形，成熟时呈紫色，直径约2mm。花期6—7月，果期9—11月。

产于宁波、丽水及安吉、富阳、临安、建德、淳安、诸暨、衢州市区、开化、金华市区、磐安、临海、天台、永嘉、瑞安、泰顺等地。生于海拔1000m以下的林中、林缘和灌木丛中。分布于华东、华中、华南及贵州、云南等地。越南也有。

叶可入药，有清热凉血、止血等功效；花果艳丽，可供观赏。

图7-127　紫珠

2. 华紫珠 （图7-128）

Callicarpa cathayana H.T. Chang

灌木，高1～3m。小枝纤细，幼嫩稍有星状毛，老后脱落。叶片薄纸质，卵状椭圆形至卵状披针形，长4～10cm，宽1.5～4cm，先端长渐尖，基部楔形下延，两面近无毛，而有红色或红褐色细粒状腺点，边缘密生细钝锯齿；叶柄长4～8mm。聚伞花序纤细，3或4次分歧，略有星状毛；花序梗与叶柄近等长；花萼有星状毛和红色腺点，萼齿不明显；花冠淡紫红色，长约3mm，有腺点；花丝与花冠近等长或比花冠略长，花药长圆形，长约1.3mm，药室孔裂，药隔有红色腺点；子房无毛。果实球形，紫色，直径约2mm。花期6—8月初，果期9—11月。

产于全省丘陵和山地。生于海拔1000m以下的山沟和山坡灌丛中。分布于华东、华中、华南地区。

图7-128　华紫珠

叶、根、果可入药，功效与紫珠基本相同；花果艳丽，可供观赏。

3. 枇杷叶紫珠　野枇杷 （图7-129）

Callicarpa kochiana Makino—*C. loureiri* Hook. et Arn.

灌木，高1～4m。小枝、叶柄和花序密生黄褐色分枝茸毛。叶片厚纸质，长椭圆形、卵状椭圆形或长椭圆状披针形，长12～22cm，宽4～9cm，先端渐尖或短渐尖，基部楔形，边缘有细锯齿，上面无毛或疏生短毛，下面密生黄褐色星状毛与分枝茸毛，两面被不明显的浅黄色腺点，侧脉10～18对，在叶片下面隆起；叶柄长1～3cm。聚伞花序宽3～6cm，3～5次分歧；花序梗长1～2cm；花近无柄，密集于分枝的顶端；花萼管状，被茸毛，4深裂，萼齿线形或三角状披针形，长2～2.5mm；花冠淡红色或淡紫红色，长约3mm，裂片密被茸毛；雄蕊伸出花冠外，花药细小，长近1mm，药室纵裂。果实球形，直径约1.5mm，白色，下半部被果萼包围。花期7—8月，果期10—12月。

产于丽水、温州及北仑、宁海、象山、仙居等地。生于海拔200～700m的山坡、沟谷林中或灌丛中。分布于江西、福建、台湾、湖南、广东等地。日本和越南也有。

叶和根可入药；叶可提取芳香油。

图 7-129　枇杷叶紫珠

4. 全缘叶紫珠 （图7-130）

Callicarpa integerrima Champ.

攀缘灌木。小枝粗壮，嫩枝、叶柄和花序密生黄褐色星状分枝茸毛。叶片革质，宽卵形、卵圆形或椭圆形，先端急尖或短渐尖，基部宽楔形至浑圆，稀平截或浅心形，全缘，上面浅绿色近无毛，下面密被灰黄色星状厚茸毛；叶柄长1.5～2.5cm。聚伞花序宽6～11cm，7～9次分歧；花序梗长2.5～4.5cm；花梗与花萼筒均密被星状毛，萼齿不明显；花冠紫色，长约2mm；雄蕊长超过花冠的2倍，药室纵裂；子房有星状毛。果实近球形，紫色，直径约2.5mm。花期7月，果期9—11月。

产于建德、宁波市区、鄞州、奉化、宁海、象山、仙居、天台、临海、莲都、缙云、遂昌、龙泉、庆元、云和、乐清、瑞安、文成、苍南、泰顺等地。生于海拔100～700m的低山沟谷或山坡林中。分布于江西、福建、广东、广西等地。

叶可入药，功效与紫珠相同。

图 7-130　全缘叶紫珠

4a. 藤紫珠　裴氏紫珠（变种）（图 7-131）

var. **chinensis** (Pei) S.L. Chen—*C. peii* H.T. Chang

本变种因叶片下面毛被较薄，腺点明显可见，花梗、花萼和子房均无毛而与全缘叶紫珠有明显区别。

产于建德、宁波市区、衢州市区、开化、永康、龙泉、庆元、永嘉、文成、泰顺等地。生于海拔 200～500m 的谷地、溪边及山坡林中。分布于江西、湖北、广东、广西和四川等地。

图 7-131　藤紫珠

5. 杜虹花 （图7-132）

Callicarpa formosana Rolfe——*C. ningpoensis* Matsuda

灌木，高1~3m。小枝、叶柄和花序均密被灰黄色星状毛和分枝毛。叶片纸质，卵状椭圆形或椭圆形，稀宽卵形，长6~15cm，宽3~8cm，先端渐尖，基部钝或圆形，边缘有细锯齿或仅有小尖头，上面被短硬毛，下面被灰黄色星状毛和黄色腺点；叶柄粗壮，长1~2.5cm。聚伞花序4或5次分歧；花序梗长1.5~3cm；花萼被灰黄色星状毛及腺点，萼齿钝三角形；花冠淡紫色，长2mm；花丝长约是花冠的2倍，花药细小，长0.6~0.8mm，药室纵裂；子房无毛。果实近球形，紫色，直径2~2.5mm。花期6—7月，果期9—11月。

图7-132 杜虹花

产于舟山、宁波、温州及温岭、天台、临海、龙泉、庆元、云和、景宁、青田等地。生于海拔600m以下的山坡、沟谷灌丛中。分布于江西、福建、台湾、广东、广西、云南等地。菲律宾也有。

叶可供药用；花果艳丽，可供观赏。

6. 红紫珠 （图7-133）

Callicarpa rubella Lindl.——*C. rubella* var. *hemslevana* Diels

灌木，稀小乔木，高2~3（6）m。小枝被黄褐色星状毛和多节腺毛。叶片薄纸质，倒卵形或倒卵状椭圆形，长10~18（22）cm，宽4~8（10）cm，先端尾尖或渐尖，基部心形，两侧耳垂状，边缘具锯齿或不整齐的粗齿，上面被短毛，下面密被灰白色星状毛，有细小颗粒状黄色腺点，侧脉6~10对；叶柄短，长不超过4mm。聚伞花序宽2~5cm，被毛与小枝同；花序梗长1.5~3cm；花萼小，长约1mm，密被星状毛和腺毛，萼齿钝三角形或不明显；花冠淡紫红色、淡黄绿色或白色，长约3mm，外面被细毛；花药长约1mm，药室纵裂，花丝长约5mm；子房有疏毛。果实球形，直径约2mm，紫红色。花期7月至8月初，果期10—11月。

　　产于宁波、衢州、丽水及临安、淳安、诸暨、金华市区、武义、磐安、天台、临海、仙居、平阳、泰顺等地。生于海拔250～700（1500）m的山坡、沟谷林中和灌丛中。分布于安徽、江西、湖南、广东、广西、四川、贵州和云南等地。东南亚地区和印度也有。

　　叶及根可入药，功效与紫珠基本相同。

图7-133　红紫珠

6a. 钝齿红紫珠（变种）（图7-134）

var. **crenata** (Pei) L.X. Ye et B.Y. Ding——*C. rubella* Lindl. form. *crenata* Pei

　　与红紫珠的区别在于叶片较狭，倒卵状披针形至倒披针形，中部以下渐狭，基部略扩展，长8～14cm，宽2～4cm，边缘有细钝锯齿，并有小尖头；小枝、叶片和花序均被多节单毛和腺毛，花梗和花各部疏被毛。花期7—8月，果期10—11月。

　　产于临安、开化、江山、磐安、遂昌、龙泉、庆元、景宁、青田、乐清、文成、苍南、泰顺等地。生于海拔400～1200m的山坡、谷地、溪边林中及林缘灌丛中。分布于江西、福建、湖南、广东、广西、贵州、云南等地。越南也有。

图7-134　钝齿红紫珠

7. 秃红紫珠 （图7-135）

Callicarpa subglabra (Pei) L.X. Ye et B.Y. Ding—*C. rubella* Lindl. var. *hemsleyana* Diels form. *subglabra* Pei—*C. rubella* var. *subglabra* (Pei) H.T. Chang

　　落叶灌木。全体无毛，枝稍带紫褐色。叶片纸质，叶形大小变化较大，长8～14cm，宽3～6cm，基部浅心形至圆形，不呈耳垂状，边缘具锯齿；叶柄明显，长达6mm。花序梗长1.5～4cm。花期6—7月，果期9—11月。

　　产于宁波、丽水及安吉、德清、杭州市区、临安、建德、诸暨、婺城、兰溪、武义、磐安、仙居、天台、永嘉、文成、泰顺等地。生于海拔300～800（1200）m的山坡、沟谷林中和灌丛中。分布于江西、湖南、广东、广西、贵州等地。模式标本采自仙居。

图7-135　秃红紫珠

8. 长柄紫珠

Callicarpa longipes Dunn

　　灌木，高2～3m。小枝、叶及花序均密被多节长柔毛和腺毛。小枝棕褐色，圆柱形。叶片纸质，倒卵状椭圆形或倒卵状长椭圆形，长6～13cm，宽2～7cm，先端急尖至短尾尖，中部以下略狭窄，基部心形，边缘具细齿或三角状锯齿，下面有细小金黄色腺点；叶柄长5～8mm。聚伞花序宽3～4cm，3或4次分歧，与花梗、花萼均密被多节长柔毛和腺毛；花序梗长1.5～3.5cm；花萼钟状，长约2mm，萼齿狭三角形，长近1mm，两面及边缘均密被毛；花冠红色，被微毛和腺点，长约4mm；花丝长约5mm，花药长圆形，长约1.2mm，药室纵裂；子房无毛。果实球形，紫红色，直径约2mm。花期6—7月，果期9—10月。

　　产于龙泉、庆元、景宁等地。生于山坡灌丛或疏林中。分布于安徽（黄山）、江西、福建和广东。

　　本种与钝齿红紫珠*C. rubella* var. *crenata*近似，但后者花萼长约1mm，萼齿钝三角形，长约0.3mm，花药较小，长不达1mm。《温州植物志》记载的本种其实是钝齿红紫珠。与广东的本种标本比较，本省标本叶片较宽大，萼齿略短，其余特征基本相同。

9. 白棠子树 （图7-136）

Callicarpa dichotoma (Lour.) K. Koch

灌木，高1～3m。小枝细长，略呈四棱形，淡紫红色，嫩梢略有星状毛。叶片纸质，倒卵形，长3～6cm，宽1～2.5cm，先端急尖至渐尖，基部楔形，边缘上半部疏生锯齿，两面近无毛，下面密生下凹的黄色腺点；叶柄长2～5mm。聚伞花序着生于叶腋上方，2或3次分歧；花序梗纤细，长1～1.5cm，略有星状毛；花萼无毛而有腺点，顶端有不明显的裂齿；花冠淡紫红色，长约2mm，无毛；花丝长约是花冠的2倍，花药卵形，长约1.1mm，药室纵裂；子房无毛而有腺点。果实球形，紫色，直径约2mm。花期6—7月，果期9—11月。

产于宁波、丽水及杭州市区、临安、淳安、建德、诸暨、新昌、开化、金华市区、东阳、武义、天台、临海、乐清、永嘉、瑞安、泰顺等地。生于海拔700m以下的溪沟边或山脚灌丛中。分布于华东、华中、华南及河北、山东、贵州等地。日本和越南也有。

叶、根、果可药用，有清热、凉血、止血等功效；叶也可提取芳香油。此外，花淡紫红色，入秋后果紫红鲜亮，可供观赏。

图 7-136　白棠子树

10. 老鸦糊 （图7-137）

Callicarpa giraldii Hesse ex Rehder—*C. bodinieri* H. Lév. var. *giraldii* (Hesse ex Rehder) Rehder

灌木，高1～5m。小枝灰黄色，被星状毛。叶片纸质，宽椭圆形至披针状长圆形，长6～15（19）cm，宽2～7cm，先端渐尖，基部楔形、宽楔形或下延成狭楔形，边缘有锯齿或小齿，上面近无毛，下面疏生星状毛，密被黄色腺点；叶柄长1～2cm。聚伞花序4或5次分歧，被星状毛；花序梗长5～10mm；花萼钟形，长约1.3mm，疏生星状毛和黄色腺点，萼齿钝三角形；花冠紫红色，稍被星状毛，长约3mm；雄蕊长5～6mm，花药卵圆形，长0.8～1.2mm，药隔被黄色腺点，药室纵裂；子房疏生星状毛，后常脱落。果实球形，成熟时呈紫色，无毛，直径2～3mm。花期5月中至

6月底，果期10—11月。

　　全省各地山区、半山区均产。生于海拔1000m以下的疏林或灌丛中。黄河流域以南各地都有分布。

　　叶、根和果可入药，有收敛止血、祛风祛湿、散瘀解毒等功效；花呈淡紫红色，入秋后果实紫红鲜亮，可供观赏。

图7-137　老鸦糊

10a. 毛叶老鸦糊（变种）（图7-138）

var. **subcanescens** Rehder——*C. giraldii* var. *lyi* (H. Lév.) C.Y. Wu —— *C. bodinieri* H. Lév. var. *lyi* (H. Lév.) Rehder

　　本变种以小枝、叶片下面及花各部分均密被灰色星状毛而与老鸦糊不同，但存在一些过渡类型，有时两者不易区别。

　　产地基本与老鸦糊相同，但在浙南较浙北为常见。分布于河南及长江以南各地。

图7-138　毛叶老鸦糊

11. 日本紫珠 （图7-139）
Callicarpa japonica Thunb.

灌木，高达3m。除嫩枝和幼叶略有星状毛外全体无毛。小枝圆柱形。叶片纸质或薄纸质，倒卵状椭圆形或椭圆形，长7~12cm，宽3~6cm，先端急尖至尾尖，基部楔形，稀宽楔形，边缘上半部有锯齿，下面无腺点或有不明显的黄色腺点；叶柄长5~8mm。聚伞花序2或3次分歧，稀4次分歧；花序梗与叶柄等长或稍比叶柄短；花萼杯状，长约1.5mm，萼齿钝三角形；花冠淡红色，长3~4mm；花丝与花冠近等长，花药长约1.8mm，药室孔裂。果实球形，直径约4mm，成熟时呈浆果状，易压扁，紫红色。花期6—7月，果期10—11月。

产于安吉、临安、淳安、桐庐、绍兴市区、宁波市区、余姚、宁海、开化、金华市区、磐安、永康、天台、临海、莲都、遂昌、龙泉、景宁、泰顺等地。生于海拔500~1300m的沟边林中或山坡灌丛中。分布于华东、华中及辽宁、河北、山东、四川、贵州等地。日本和朝鲜半岛也有。

图7-139　日本紫珠

叶可入药，功效与紫珠基本相同；果较大，成熟时呈紫红色，可供观赏。

12. 膜叶紫珠　窄叶紫珠 （图7-140）
Callicarpa membranacea H.T. Chang—*C. japonica* Thunb. var. *angustata* Rehder

灌木，高约2m。叶片纸质，绿色或略带紫色，披针形至长圆状披针形，长6~10cm，宽2~3（4）cm，两面常无毛，有不明显的腺点，边缘中部以上有锯齿，侧脉6~8对；叶柄长不超过5mm。聚伞花序宽约1.5cm；花序梗长约6mm；萼齿不明显；花冠长约3.5mm；花丝与花冠近等长，花药长圆形，药室孔裂。果实球形，直径约3mm。花期5—6月，果期7—10月。

产于丽水及临安、余姚、常山、江山、天台、临海、乐清、瑞安、文成、泰顺等地。生于海拔500~1600m的山坡、沟边林中或林缘灌丛。分布于江苏、安徽、江西、湖北、湖南、广东、广西、贵州、四川、河南、陕西等地。日本也有。

果较大，成熟时呈紫红色，可供观赏。

图7-140　膜叶紫珠

13. 南方紫珠 （图7-141）

Callicarpa australis Koidz.

落叶小乔木或灌木，高达6m，直径达13cm。小枝圆柱形，无毛，皮孔明显。叶片厚纸质，倒卵形、卵形或椭圆形，长12～18cm，宽6～8cm，先端急尖或骤尖，基部楔形至宽楔形，两面

图7-141　南方紫珠

无毛，下面有明显的黄色腺点，边缘有粗锯齿，侧脉7～10对；叶柄较粗壮，略呈三棱形，上面平或有浅槽，长1.5～2cm。聚伞花序生于叶腋稍上方，花序3～7次分歧，果时宽3.5～4cm；花序梗粗壮，短于或长于叶柄，长1.2～1.4cm；花冠红色、淡红色，裂片反卷；花丝直立，花药孔裂，黄色；柱头伸出，2裂。果实球形，直径3～4mm，成熟时呈紫红色；果萼杯状，长1～1.5mm，顶端近平截。花期6月，果期10—11月。

产于普陀、象山、临海等地。生于海岛滨海的山坡林缘、路边灌丛中。分布于我国台湾地区。日本和朝鲜半岛也有。

在以往的文献中多将本种作日本紫珠的变种处理，称朝鲜紫珠var. *luxurians* Rehder。但因本种为小乔木，叶片较大，两面无毛，边缘有粗锯齿，叶柄较长，聚伞花序宽大，3～5次分歧，花较小而与日本紫珠差异明显，赞同陈征海等人在《宁波滨海植物》中的观点，作种级处理。

14. 上狮紫珠 （图7-142）
Callicarpa siongsaiensis Metcalf

灌木，高约2m。嫩枝、叶柄和花序疏被星状毛；小枝灰褐色，圆柱形；老枝皮孔明显。叶片厚纸质，椭圆形至长圆形，长6.5～10cm，宽2.5～4cm，先端急尖，基部宽楔形，两面近无毛，下面有明显的黄色腺点，边缘有锯齿，上部的叶片锯齿渐变浅而钝，叶脉7～10对；叶柄较粗壮，略呈三棱形，上面平或有浅槽，长约1cm。聚伞花序着生于叶腋稍上方，花序4或5次分歧，果时宽3.5～4cm；花序梗粗壮，略长于叶柄，长1.2～1.4cm；花淡红色；果萼杯状，长1～1.5mm，顶端近平截。果实球形或倒卵状球形，直径3～4mm，成熟时呈紫红色，浆果状，易压扁。花期不明，果期10月。

产于瑞安（凤凰儿屿）和平阳（南麂岛）。生于海拔30m的山坡草丛中。分布于福建（上狮岛）。

根据观察，采自本省的标本除叶片略小，边缘锯齿较明显，叶柄、花序梗稍短与模式标本略有不同外，其他特征均符合。

图 7-142　上狮紫珠

15. 短柄紫珠 （图7-143）

Callicarpa brevipes (Benth.) Hance—*C. brevipes* form. *serrulata* Pei

灌木，高1~2.5m。小枝圆柱形，被黄褐色星状毛。叶片纸质，披针形、长椭圆状披针形或倒卵状披针形，长7~16cm，宽2~3.5cm，先端渐尖或短尾尖，基部楔形至圆钝，边缘中部以上有小齿或锯齿，上面仅中脉有短柔毛，下面有黄色腺点，中脉常被星状毛；叶柄长2~3mm，被星状毛。花序细小，通常2或3次分歧，宽约1.5cm，具3~10花；花序梗纤细，长约5mm，疏生星状毛；花梗及花各部均无毛；花萼杯状，长约2mm，萼齿钝三角形；花冠白色，长约3.5mm；花丝与花冠近等长，药室孔裂。果实倒卵状球形，直径约3mm，干时各分核间有浅沟。花期6月，果期9—10月。

产于磐安、庆元、景宁、瑞安、文成、平阳和泰顺等地。生于海拔650m左右的山坡林下。分布于广东和广西。越南也有。

果较大，成熟时呈紫红色，可供观赏。

图7-143　短柄紫珠

16. 光叶紫珠 （图7-144）

Callicarpa lingii Merr.

灌木，高1~2m，稀达3m。小枝紫褐色，略有星状毛，基部1~2节常短缩。叶片倒卵状长圆形至倒卵状披针形，长9~16cm，宽2.5~5cm，先端渐尖，中部以下常狭窄，基部浅心形，但小枝上部叶片先端常为圆钝，边缘具细锯齿或小齿，上面无毛或有微毛，中脉略带紫红色，下面无毛或幼时脉上疏生星状毛，密生黄色腺点；叶柄极短或近无柄。聚伞花序2～4次分歧，被黄褐色星状毛；花序梗纤细，长5～10mm；花萼杯状，口部略缩小，长近3mm，外面疏被星状毛，萼齿钝三角形，被毛较密；花冠白色至淡红色，长4mm；花丝略短于花冠，花药长圆形，长约1.8mm，药室孔裂；子房无毛。果实倒卵形或近球形，干时各分核之间有浅沟，直径约3mm，淡紫红色。花期6—8月，果期9—10月。

产于金华市区、临海、缙云、遂昌、龙泉、庆元、景宁、瑞安、文成、平阳、泰顺等地。生于海拔300～1600m的山坡林下或灌丛中。分布于安徽和江西。

果实较大，成熟时呈紫红色，可供观赏。

图7-144　光叶紫珠

⑧ 大青属　Clerodendrum L.

落叶灌木或小乔木，少攀缘灌木或草本。植物体常具腺点、盘状腺体、鳞片状腺体或毛。花序由聚伞花序组成伞房状、圆锥状或紧缩成头状；花萼钟状或杯状，顶端近平截或有5钝齿至5深裂，花后明显增大；花冠高脚碟状或漏斗状，顶端5裂，裂片略不等大；雄蕊4，花药纵裂；子房4室。果实为浆果状核果，内有4核。

约400种，主要分布于热带和亚热带地区，少数分布于温带地区，主产于东半球。我国有34种，以西南、华南地区为多；浙江有9种。

分种检索表

1. 攀缘状灌木；花序腋生，通常仅具3花；花萼顶端5浅裂，果时近平截 ⋯⋯⋯⋯⋯⋯ 1. 苦郎树　C. inerme

1. 直立灌木至小乔木；花序通常具多数花，顶生或兼生枝顶叶腋；花萼5浅裂至5深裂，果时不平截。

　　2. 叶片下面密被鳞片状腺体；花序及分枝鲜红色 ·················· 2. 赪桐 **C. japonicum**

　　2. 叶片下面无鳞片状腺体；花序及分枝绿色或灰黄色。

　　　　3. 聚伞花序紧缩成头状。

　　　　　　4. 植株密被开展的长柔毛；花萼裂片宽卵形，边缘重叠，外面无盘状腺 ··············

　　　　　　·· 3. 灰毛大青 **C. canescens**

　　　　　　4. 植株疏被柔毛；花萼裂片三角形至线状披针形，边缘不重叠，外面具数个盘状腺体。

　　　　　　　　5. 花萼裂片三角形或狭三角形，长1～3mm ············ 4. 臭牡丹 **C. bungei**

　　　　　　　　5. 花萼裂片披针形至线状披针形，长4～7mm ·········· 5. 尖齿臭茉莉 **C. lindleyi**

　　　　3. 聚伞花序疏展，不呈头状。

　　　　　　6. 花萼小，长3～6mm，裂片三角形至狭三角形。

　　　　　　　　7. 小枝髓部有淡黄色薄片状横隔；花序梗粗壮，4～6枚生于枝顶，无花序主轴 ··············

　　　　　　　　·· 6. 浙江大青 **C. kaichianum**

　　　　　　　　7. 小枝髓部无淡黄色薄片状横隔；花序梗不粗壮，有花序主轴。

　　　　　　　　　　8. 叶片两面近无毛；花序疏展而披散，略下垂；苞片线形；花萼长3～4mm ··············

　　　　　　　　　　·· 7. 大青 **C. cyrtophyllum**

　　　　　　　　　　8. 叶片两面被短柔毛；花序略紧密，直立或斜升；苞片叶状；花萼长6mm ··············

　　　　　　　　　　·· 8. 江西大青 **C. kiangsiense**

　　　　　　6. 花萼大，长11～15mm，裂片卵形或卵状椭圆形；小枝髓部有淡黄色薄片状横隔··············

　　　　　　·· 9. 海州常山 **C. trichotomum**

1. 苦郎树 （图7-145）
Clerodendrum inerme (L.) Gaertn.

攀缘状灌木，长可达2m。幼枝稍四棱形，干时呈灰黄色，被短柔毛，髓充实，灰褐色。叶片薄革质，卵圆形或椭圆形，长2.5～6cm，宽1.5～4cm，先端圆形或钝尖，基部宽楔形，全缘，边缘略反卷，两面无毛而散生腺点；叶柄长约0.5cm。聚伞花序生于枝端叶腋，常具3花；花序梗长1～3cm；苞片细小，线形；花萼钟状，长约6mm，果时略增大，外面被细毛和腺点，顶端5浅裂，果时近平截；花芳香；花冠白色，花冠筒长2～3cm，外面无毛

图 7-145　苦郎树

而有腺点，内面有毛，裂片长椭圆形；花丝紫红色，与花柱同伸出花冠外。核果倒卵形，黄灰色，直径7～10mm。花果期3—12月。

产于苍南（马站）。生于海边草丛中。分布于福建、台湾、广东、广西。东南亚、南亚和澳大利亚北部也有。

根可入药，有清热解毒、散瘀祛湿、舒筋活络等功效；也可作沿海防沙造林树种。

2. 赪桐 （图7-146）

Clerodendrum japonicum (Thunb.) Sweet

灌木，高1～4m。小枝四棱形，干后有沟槽，幼枝被短柔毛，节上有1圈长柔毛，髓充实，浅褐色。叶片纸质，圆心形，长10～35cm，宽10～26cm，先端急尖或短渐尖，基部心形，边缘有小齿，下面密生锈黄色鳞片状腺体，两面脉上有短柔毛；叶柄长4～16cm。二歧聚伞花序组成顶生大而开展的圆锥花序；花序分枝、花梗及花萼均鲜红色；小苞片线形；花萼长1～1.5cm，外面散生鳞片状腺体，5深裂，裂片卵形或卵状披针形；花冠红色，花冠筒长约2cm，裂片长圆形，长约1.2cm；子房无毛，花柱与雄蕊均伸出于花冠外。果实椭圆状球形，成熟时呈蓝黑色，直径7～10mm。花果期6—11月。

杭州、黄岩、乐清、瑞安、平阳、泰顺等地有栽培或逸生。生于村边或寺院旁。分布于江苏、江西、福建、台湾、湖南、广东、广西、四川、贵州和云南等地。中南半岛、东南亚、南亚及日本也有。

本种花序分枝、花梗、花萼与花冠均鲜红艳丽，可供观赏；全株可药用，有祛风利湿、消肿散瘀等功效。

图7-146　赪桐

3. 灰毛大青　毛赪桐（图7-147）

Clerodendrum canescens Wall.

灌木，高1～3m。枝圆柱形，全体密被灰褐色长柔毛，髓白色，充实。叶片宽卵形或卵形，长6～13cm，宽4～10cm，先端渐尖，少急尖，基部近截形至浅心形，边缘上半部有浅齿或牙齿状锯齿，两面都有柔毛，下面脉上较密；叶柄长2～8cm。聚伞花序密集成头状，通常有2～5次分歧，被毛与枝同；苞片叶状，卵形或椭圆形，长0.5～2cm，被柔毛；花萼钟形，被柔毛，长约1.3cm，5深裂，裂片卵形或宽卵形，边缘重叠；花冠白色或淡红色，外面有柔毛，花冠筒长约2cm，顶端5裂，裂片倒卵状长圆形，长5～6mm；雄蕊与花柱均伸出花冠外。核果近球形，直径约7mm，成熟时呈蓝黑色，藏于红色的宿萼内。花果期6—10月。

产于建德、鄞州、松阳和平阳等地。生于海拔300m以下的山谷坡地和溪沟边。分布于江西、福建、台湾、湖南、广东、广西、四川、贵州、云南。越南北部和印度也有。

图7-147　灰毛大青

4. 臭牡丹 （图7-148）

Clerodendrum bungei Steud.

灌木，高约1m。植株有臭味。幼枝有短柔毛，皮孔明显。叶片纸质，宽卵形或卵形，长8～16cm，宽6～12cm，先端急尖或渐尖，基部通常心形，边缘具粗锯齿或小齿，上面疏被短柔毛，下面脉上疏被柔毛，稀全面被毛或近无毛，基部脉腋有数个盘状腺体；叶柄长4～12cm，常有短柔毛和细小腺体。顶生聚伞花序密集成头状；苞片叶状，卵状披针形，早落或花时不落，小苞片披针形；花萼钟形，长4～6mm，疏生短柔毛和细小腺体，并有数个盘状腺体，裂片三角形或狭三角形，长1.5～3mm；花冠淡红色或紫红色，花冠筒长1.8～2.8cm，裂片倒卵形，长5～6mm；雄蕊和花柱均伸出花冠外。核果近球形，直径约8mm，成熟时呈蓝黑色。花期6—7月，果期9—11月。

产于临安、淳安、建德、宁波市区、鄞州、开化、兰溪、永康、临海、玉环、莲都、温州市区、乐清、文成、平阳、泰顺等地。生于海拔100～700（1300）m的山坡荒地、路边和屋舍旁。除东北外，几乎遍布全国。越南、马来西亚和印度北部也有。

根、叶或全草可入药，有清热利湿、祛风解毒、消肿止痛等功效；花朵优美，花期亦长，可于园林或民居栽培供观赏。

图 7-148　臭牡丹

5. 尖齿臭茉莉 （图 7-149）

Clerodendrum lindleyi Decne. ex Planch.

灌木，高约1m。幼枝有短柔毛。叶片纸质，宽卵形或卵形，长7～15cm，宽6～12cm，先端急尖，基部浅心形，边缘具不规则锯齿或小齿，两面有短柔毛，脉上较密，基部脉腋有数个盘状腺体；叶柄长4～10cm，被短柔毛。顶生聚伞花序密集成头状；苞片叶状，披针形，长2.5～4cm，常宿存；花萼钟形，被柔毛和少数盘状腺体，裂片披针形或线状披针形，长4～7cm；花冠紫红色或淡红色，花冠筒长2～3cm，裂片倒卵形，长5～7mm；雄蕊与花柱均伸出花冠外。核果近球形，直

图 7-149　尖齿臭茉莉

径约6mm，成熟时呈蓝黑色。花期6—7月，果期9—11月。

产于杭州市区、建德、淳安、奉化、江山、天台、临海、温岭、玉环、莲都、松阳、龙泉、云和、景宁、永嘉、瑞安、文成、平阳、苍南、泰顺等地。生于海拔200m以下的山坡路边或村落、房舍旁。分布于江苏、安徽、江西、湖南、广东、广西、贵州、云南等地。

叶和根可入药，功效与臭牡丹相同；花色鲜艳，常栽培供观赏。

6. 浙江大青　凯基大青　（图7-150）
Clerodendrum kaichianum P.S. Hsu

灌木或小乔木，高2~8m。嫩枝略呈四棱形，与叶柄、花序均密被黄褐色、褐色或红褐色短柔毛；老枝褐色，近无毛，髓白色，有淡黄色薄片状横隔。叶片厚纸质，椭圆状卵形、卵形或宽卵形，长8~20cm，宽5~12cm，先端渐尖，基部宽楔形或近截形，两侧稍不对称，全缘，两面疏生短糙毛，脉上稍密，下面基部脉腋有数个盘状腺体，侧脉5~6对；叶柄长3~7cm。伞房状聚伞花序4~6枚生于枝顶，无花序主轴；苞片线状披针形，早落；花萼钟形，长约3mm，外面有数个盘状腺体，顶端5裂，裂片三角形，长1mm；花冠乳白色，花冠筒长1~1.5cm，裂片卵圆形或椭圆形，长约6mm；雄蕊与花柱均伸出花冠外。核果倒卵状球形至球形，成熟时呈蓝绿色，直径0.8~1cm，有紫红色的宿萼。花果期6—11月。

产于临安、淳安、桐庐、北仑、奉化、建德、衢州市区、开化、江山、兰溪、浦江、武义、磐安、莲都、缙云、遂昌、龙泉、庆元、瑞安、泰顺等地。生于海拔500~1650m的山谷、山坡阔叶林中或溪沟边。分布于安徽、江西、福建等地。模式标本采自临安昌化龙塘山。

图7-150　浙江大青

7. 大青 野靛青 （图7–151）

Clerodendrum cyrtophyllum Turcz.— *Cordia venosa* Hemsl.

灌木或小乔木，高1～6m。枝黄褐色，被短柔毛，髓白色，充实。叶片纸质，有臭味，椭圆形、卵状椭圆形或长圆状披针形，长8～20cm，宽3～8cm，先端渐尖或急尖，基部圆形或宽楔形，全缘，但萌枝上的叶片常有锯齿，两面沿脉疏生短柔毛，侧脉6～10对；叶柄长2～6cm。伞房状聚伞花序，生于枝顶或近枝顶叶腋；花序梗纤细，常略呈披散状下垂；苞片线形，长3～5mm；花萼杯状，外面被黄褐色短柔毛，长3～4mm，顶端5裂；花冠白色，花冠筒长约1cm，裂片卵形，长约5mm；雄蕊和花柱均伸出花冠外；柱头2浅裂。果实球形至倒卵形，直径约8mm，成熟时呈蓝紫色。花果期7—12月。

全省各地常见。生于海拔1200m以下的平原、丘陵、山地林下或溪谷边。分布于长江以南各地。朝鲜半岛、越南和马来西亚也有。

叶和根可入药，有清热解毒、凉血等功效；嫩叶可作蔬菜。

图 7-151 大青

8. 江西大青 （图7-152）

Clerodendrum kiangsiense Merr. ex H.L. Li

灌木，高约2m。幼枝密被短柔毛。叶片纸质，椭圆状卵形或椭圆形，长5～14cm，宽2.5～6cm，先端渐尖，基部圆形，全缘，稀波状或有不明显的细齿，两面被短柔毛。伞房状聚伞花序直立或斜伸，长6cm，宽13cm，有长3cm的主轴，花序轴与分枝均密被短柔毛；苞片叶状，长圆状倒披针形，长约8mm，宽2.5mm，被短柔毛；花萼钟状，长5～6mm，外面密被短柔毛，裂片狭三角形，长2.5mm；花冠淡红色，花冠筒长7～10mm，裂片长圆形，长约6mm；雄蕊与花柱均伸出花冠外。果实近球形，为宿萼所托。花期6—7月，果期不明。

产于平阳。生于低海拔的林中。分布于江西。

图7-152　江西大青

9. 海州常山　臭梧桐 （图7-153）

Clerodendrum trichotomum Thunb.

灌木，稀小乔木，高1～6m。幼枝、叶柄及花序通常多少被柔毛，有时无毛或密被长柔毛，髓白色，有淡黄色薄片状横隔。叶片纸质，卵形、卵状椭圆形，稀宽卵形，长6～16cm，宽3～13cm，先端渐尖，基部宽楔形至截形，偶心形，全缘，有时边缘波状或有不规则齿，两面幼时疏生短柔毛，下面脉上较密，老时上面近无毛，稀全部

图7-153　海州常山

无毛；叶柄长2～8cm。伞房状聚伞花序生于枝顶及上部叶腋，疏展，长6～15cm；苞片叶状，狭椭圆形，早落；花芳香；花萼蕾时绿白色，果时紫红色，长约1.2cm，5深裂，裂片三角状披针形或长卵形，边缘重叠，疏生短柔毛；花冠白色，花冠筒长2cm，裂片长椭圆形，长约8mm，宽3～5mm；雄蕊与花柱均伸出花冠外。核果近球形，直径6～8mm，成熟时呈蓝黑色，被宿萼包围。花果期7—11月。

全省各地均产。生于海拔700m以下的山坡灌丛、路边和村旁。华北、华东、华中、华南、西南及东北南部、西北东部均有分布。朝鲜半岛、日本和菲律宾也有。

本种叶片的形状、大小、叶基形状，小枝、叶柄和花序梗的毛被情况常有变化。

叶、根或全草可供药用，有祛风湿的功效；花白色，果蓝黑色，果萼紫色，可用于景观绿化或观赏。

⑨ 豆腐柴属　Premna L.

乔木或灌木，稀攀缘灌木。小枝通常圆柱形。单叶，对生；叶片全缘或有锯齿。聚伞花序组成顶生的伞房状花序、塔状圆锥花序或穗形总状花序；常具苞片；花萼呈杯状或钟状，宿存，果时略增大，顶端2～5裂或近平截，裂片相等或二唇形；花冠顶端常4裂，多少呈二唇形，花冠筒短，其喉部常有1圈白色柔毛；雄蕊4，通常2长2短，内藏或外露；子房为完全或不完全4室，每室有1胚珠；花柱丝状，柱头2裂。果实为核果。种子长圆形。

约200种，主要分布在亚洲和非洲热带地区，少数分布于亚洲亚热带地区、大洋洲及太平洋中部岛屿。我国有46种；浙江仅有1种。

豆腐柴　腐婢　（图7-154）
Premna microphylla Turcz.—*P. microphylla* var. *glabra* Nakai

落叶灌木。幼枝有上向柔毛，老枝变无毛。叶片纸质，揉之成团有气味，卵状披针形、椭圆形或卵形，长4～11cm，宽1.5～5cm，先端急尖或渐尖，基部楔形下延，边缘有疏锯齿至全缘，两面无毛至有短柔毛；叶柄长0.2～1.5cm。聚伞花序组成顶生塔状圆锥花序，近无毛；花萼杯状，长1.5mm，果时略增大，5浅裂，裂片边缘有睫毛；花冠淡黄色，长5～8mm，外面有短柔毛和腺点，顶端4浅裂，略呈二唇形；雄蕊内藏。核果倒卵形至近球形，幼时呈绿色，成熟时呈紫黑色。花期5—6月，果期8—10月。

产于全省各地。生于1400m以下的山坡林下或林缘。分布于华东、华中、华南及四川、贵州等地。日本也有。模式标本采自宁波。

叶可制豆腐，供食用，也可提取果胶；嫩枝和叶可作饲料；根、叶可入药。

图 7-154　豆腐柴

⑩ 石梓属　Gmelina L.

乔木或灌木。单叶，对生；叶片全缘，稀浅裂，基部常有腺体。聚伞花序组成圆锥花序，偶单生；苞片脱落或宿存；花萼钟状，顶端平截或4～5裂；花冠略呈二唇形；雄蕊4，略呈二强，着生于花冠筒下部；子房通常4室，每室具1胚珠。果实为肉质核果，内果皮质硬，具1～4种子。

约35种，主产于亚洲和大洋洲热带地区，少数产于热带非洲。我国有7种，产于华南和西南；浙江南部有栽培1种。

苦梓 （图7-155）
Gmelina hainanensis Oliv.

落叶乔木，高可达15m。树皮灰褐色，呈片状脱落；幼枝被黄色茸毛，老枝无毛而有明显的叶痕和皮孔。叶片厚纸质，卵形或宽卵形，长5～16cm，宽4～8cm，先端渐尖或急尖，基部宽楔形或截形，全缘，稀具1～2粗齿，上面绿色，无毛，下面粉绿色，被微茸毛；叶柄长2～4cm，被茸毛。圆锥花序顶生，被茸毛；苞片叶状，卵形或卵状披针形；花萼钟状，宿存，长1.5～1.8cm，呈二唇形，外面被毛和腺点，顶端5裂；花冠漏斗状，黄色或淡紫红色，长3.5～4.5cm，二唇形，下唇3裂，上唇2裂；二强雄蕊，花丝扁，疏生腺点；子房上部具毛，花柱伸出花冠筒外。核果倒卵形，长约2cm。花期5—6月，果期8—9月。

温州市区、永嘉、瑞安、平阳和苍南等地有栽种。为浙南沿海营造防风林的优良树种。据说苍南桥墩有野生，但未见标本。分布于江西南部、广东和广西。

图 7-155　苦梓

⑪ 牡荆属　Vitex L.

　　常绿、落叶乔木或灌木。小枝四棱形。掌状复叶，稀单叶。圆锥状聚伞花序顶生或腋生；苞片小；花萼钟状，稀管状，顶端近平截或有小齿，有时略二唇形，宿存，果时稍增大；花冠白色至紫蓝色，略长于花萼，二唇形，下唇中间裂片较大；雄蕊4，2长2短或近等长；子房2～4室，每室有胚珠1或2；柱头2裂。核果干燥或浆果状，球形或倒卵形。成熟时通常呈蓝色或黑色。

　　约250种，主要分布于热带地区，少数分布在温带地区。我国有14种，主产于长江以南各地；浙江有5种。

分种检索表

1. 小乔木或直立灌木；掌状复叶，小叶3～5。
　　2. 常绿乔木；小叶片下面有明显的金黄色腺点 ·························· 1. 山牡荆　V. quinata
　　2. 落叶灌木；小叶片下面无腺点。
　　　　3. 花序梗、花柄和花萼外面通常无毛 ····················· 2. 广东牡荆　V. sampsonii
　　　　3. 花序梗、花柄和花萼外面密生细柔毛。
　　　　　　4. 小叶3～5，卵形、椭圆形以至披针形；花序疏展 ········· 3. 黄荆　V. negundo
　　　　　　4. 小叶4～7，狭披针形；花序紧密 ············· 4. 穗花牡荆　V. agnus-castus
1. 蔓性灌木；单叶，叶片全缘 ···························· 5. 单叶蔓荆　V. rotundifolia

1. 山牡荆 （图7-156）

Vitex quinata (Lour.) Williams

常绿乔木，高可达9m。树皮灰褐色；小枝四棱形，近无毛。掌状复叶，小叶3～5；中间1～3小叶片倒卵形至倒卵状椭圆形，长4～8cm，宽2～4cm，先端短渐尖，基部楔形至宽楔形，全缘，两面除中脉有疏柔毛外无毛，上面有灰白色小窝点，下面有金黄色腺点，两侧小叶片较小；小叶柄长0.5～2cm。聚伞花序组成顶生圆锥状花序，长约14cm，与花梗、花萼均密被棕黄色微柔毛；花萼钟状，长2～3mm，顶端5钝齿；花冠淡黄色，长6～8mm，顶端5裂，二唇形，下唇中间裂片较大，外面有柔毛；雄蕊伸出花冠外，花丝无毛；子房有腺点。核果球形或稍倒卵形，成熟时呈紫黑色；宿萼圆盘状，顶端近平截。花期5—7月，果期10—12月。

产于龙湾、乐清、永嘉、瑞安、文成、平阳、苍南、泰顺等地。生于低海拔山坡或沟边阔叶林中。分布于江西、福建、台湾、湖南、广东、广西。日本、菲律宾、马来西亚和印度也有。

图7-156　山牡荆

2. 广东牡荆 （图7-157）

Vitex sampsonii Hance

灌木，高1～2m。小枝四棱形，疏被柔毛或近无毛，叶芽密生淡黄褐色细毛。叶对生，叶柄长1～3cm，内侧有槽，下部有毛；小叶3～5，小叶片倒卵形或倒卵状披针形至椭圆状披针形，上部有锯齿，顶端钝，急尖或渐尖，基部狭楔形，近无柄或有短柄，两面绿色，近无毛；中间小叶片长1.5～4cm，宽1～2cm，两侧小叶片依次渐小。聚伞花序紧密排列成有间隔的顶生圆锥花序，长10～20cm；苞片全缘或有分裂；花萼钟状，长约3mm，果实成熟时长达5mm，近无毛或稍有毛，5裂，裂齿长三角形，顶端渐尖；花冠蓝紫色，长约1cm，外被细毛，二唇形，下唇中间裂片较大；雄蕊4，花丝基部着生处有柔毛；花柱无毛，柱头2裂。果实近球形。花果期5—9月。

产于余杭（仁和）。生于溪边灌丛中。分布于江西、湖南、广东、广西。

图 7-157　广东牡荆

3. 黄荆 （图 7-158）

Vitex negundo L.

落叶灌木，高1～3m。小枝四棱形，密被灰黄色短柔毛。掌状复叶，小叶3～5；小叶片长椭圆状披针形，中间小叶片长6～12cm，宽 1.5～3.5cm，两侧小叶片依次渐小，先端渐尖，基部楔形，全缘或每边有1～2对粗锯齿，上面绿色，疏生短柔毛，下面灰白色，密被细茸毛；叶柄密被短柔毛。圆锥状聚伞花序顶生，长约12cm，与花梗和花萼均密被灰白色茸毛；花萼钟状，长2～3mm，顶端5浅裂；花冠淡紫色，顶端5裂，二唇形，花冠筒略长于花萼；雄蕊与花柱均伸出花冠筒外；子房近无毛。核果干燥近球形，黑褐色，直径约2mm。花果期6—11月。

图 7-158　黄荆

产于吴兴、长兴、杭州市区、诸暨、镇海、慈溪、象山、常山、温岭、景宁等地。生于山坡灌丛中。分布于秦岭–淮河以南各地。亚洲东南部、非洲东部和南美洲也有。

3a. 牡荆（变种）（图7–159）
var. **cannabifolia** (Siebold et Zucc.) Hand.-Mazz.—*V. cannabifolia* Siebold et Zucc.

本变种中间小叶片长6～13cm，宽2～4cm，边缘常具较多粗锯齿，稀可见在枝条上部的叶片具少数锯齿乃至全缘，下面淡绿色，疏生短柔毛；圆锥状聚伞花序较宽大，长可超过20cm，其他特征基本与黄荆相同。但由于此变种及黄荆的小叶边缘的锯齿数均有变化而常可存在着交叉或过渡的情况，故两者的主要区别应为叶片下面的毛被状况及颜色特征。

全省各地均产。生于海拔800m以下的山坡、谷地灌丛或林中。国内分布与黄荆相同。日本有栽培。

本种的干燥果实名"黄荆子"，可入药；根、茎、叶亦可入药。

图7-159　牡荆

4. 穗花牡荆 （图7-160）

Vitex agnus-castus L.

落叶灌木，高2～3m。小枝四棱形，被灰白色茸毛。掌状复叶，对生，小叶4～7；小叶片狭披针形，有短柄或近无柄；中间的小叶片5～9cm，宽1～1.7cm，通常全缘，顶端渐尖，基部楔形，表面绿色，背面密被灰白色茸毛和腺点；两侧的小叶依次渐小；叶柄长2～7cm。聚伞花序排列成圆锥状，长8～18cm；花梗极短或近无；花萼钟状，长约3mm，顶端有5齿，齿三角状，近等大，外面有灰白色茸毛和腺点；花冠蓝紫色，长约1cm，外面有毛和腺点；雄蕊4～5，花丝基部有柔毛；花柱与花丝近等长或稍短，柱头2裂，子房顶端有腺点。果实圆球形。花期7—8月。

原产于欧洲。江苏、上海等地有引种。海宁、杭州市区、临安、宁波市区、温州市区等地也有栽培。

本种因其蓝紫色的大型花序而闻名，可作花境、庭院、道路两侧配置材料。

图7-160　穗花牡荆

5. 单叶蔓荆 （图7-161）

Vitex rotundifolia L. f.

落叶灌木。茎匍匐，长可达5m，节处常生不定根；小枝四棱形，密被细柔毛，老枝圆柱形。单叶，对生；叶片倒卵形至近圆形，长2～4.5cm，宽1.5～3.5cm，先端通常钝圆，少有短尖头，基部楔形至宽楔形，全缘，上面绿色，被微柔毛，下面密被灰白色短茸毛；叶柄长2～8mm，密被灰白色短茸毛。圆锥花序顶生，长2～8cm，与花梗均密被灰白色短茸毛；花萼钟形，长3mm，顶端5浅裂，外面密被灰白色短茸毛，果时略增大；花冠淡紫色或蓝紫色，长约1.6cm，两面有毛，外面较密，花冠筒长约7mm，顶端5裂，二唇形，下唇中裂片较大；雄蕊4，与柱头均伸出花冠筒外；子房无毛而密被腺点，花柱无毛，柱头2裂。核果近球形，直径约5mm，成熟时呈黑色。花果期7—11月。

舟山群岛和宁波、台州、温州沿海各地均产。生于海滨沙滩、岩石缝或草坡中。分布于辽宁、河北、江苏、安徽、江西、福建、台湾、广东、广西等地。日本、印度、东南亚地区和大洋洲也有。

根、叶、果实可入药；干燥果实入药时名"蔓荆子"；又可作海滨防沙造林树种。

Flora of China 记载浙江有蔓荆 *V. trifolia* L. 的分布，但未见标本。与单叶蔓荆的主要区别是直立灌木，叶为三出复叶。

图 7-161　单叶蔓荆

一四八　唇形科 Lamiaceae

一年生至多年生草本、亚灌木或灌木，通常含芳香油。茎和枝条常为四棱形。单叶或复叶，对生，少轮生；无托叶。花两性，两侧对称，通常在花序的节上由2个相对的聚伞花序构成轮伞花序，再组成穗状或总状花序；花萼宿存，5裂，稀4裂，二唇形，有时为辐射对称，具相等的萼齿；花冠合瓣，常二唇形，通常上唇2裂，稀3~4裂，下唇3裂，稀假单唇形；雄蕊4，2长2短，或上面2枚不育，花药2室，平行、叉开或被延长的药隔所分开，纵裂；花盘发达，通常2~4浅裂，稀全缘；子房上位，心皮2，浅裂或常4深裂为4室，花柱常着生于子房裂隙的基部，柱头2裂。果实常有4小坚果，各含1种子。

约220属，3500余种，全球广泛分布，主要分布于地中海及西南亚。我国有97属，810种，全国均产；浙江有46属，139种，其中仅见于栽培的有30种。

本科植物以富含多种芳香油而著称，其中有不少芳香油成分可供药用或作香料；许多种类花色美丽，可供观赏；还有少数种类可作蔬菜或用于制作消暑解渴饮品。

分属检索表

1. 花柱着生于子房中上部；小坚果联合面高于子房1/2；花冠单唇形或假单唇形（上唇不发达），稀二唇形（四棱草属）。
　　2. 花二型，开花授粉的花冠管状，檐部2/3式二唇形，闭花授粉的花冠壶状，裂片近相等；茎具4翅；叶少，通常早落 ·· 1. 四棱草属 Schnabelia
　　2. 花不为二型，花冠单唇或假单唇形；茎不具翅；通常多叶。
　　　　3. 花冠假单唇形，唇片4裂，上唇极短，全缘或先端微凹，下唇大，3裂 ········· 2. 筋骨草属 Ajuga
　　　　3. 化冠单唇形，唇片5裂 ····································· 3. 香科科属 Teucrium
1. 花柱着生于子房裂隙的基部；小坚果彼此分离，仅基部着生于花托上；花冠常为二唇形。
　　4. 小坚果核果状，外果皮肥厚肉质；花药具髯毛；聚伞花序腋生 ······· 4. 毛药花属 Bostrychanthera
　　4. 小坚果外果皮干燥，不呈核果状。
　　　　5. 小坚果及种子多少横生；萼筒背部有囊状盾片；子房有柄 ·········· 5. 黄芩属 Scutellaria
　　　　5. 小坚果及种子直立；萼筒无盾片；子房常无柄。
　　　　　　6. 花盘裂片与子房裂片对生，覆盖于子房裂片基部；小坚果具一基部至背部合生面··············
　　　　　　·································· 6. 薰衣草属 Lavandula
　　　　　　6. 花盘裂片与子房裂片互生；小坚果具一小的基部合生面。
　　　　　　　　7. 雄蕊上伸或平展而直伸向前。
　　　　　　　　　　8. 花冠筒藏于花萼内；雄蕊、花柱藏于花冠筒内 ················ 7. 夏至草属 Lagopsis
　　　　　　　　　　8. 花冠筒通常不藏于花萼内；两性花的雄蕊通常不藏于花冠筒内。
　　　　　　　　　　　　9. 花药卵形、长圆形或线形，药室平行或叉开，顶端不贯通，稀近于贯通，当花粉散出后，药室绝不扁平展开。
　　　　　　　　　　　　　　10. 花冠檐部明显二唇形，具不相似的唇片，上唇外突，弧状、镰状或盔状。

11. 雄蕊4，花药卵形或长圆形。

  12. 后对雄蕊长于前对雄蕊。

    13. 两对雄蕊不互相平行，后对雄蕊下倾，前对雄蕊上伸 ·················· 8. 藿香属 Agastache

    13. 两对雄蕊互相平行，皆向花冠上唇下面弧状上伸（荆芥属部分种两对雄蕊不互相平行，但后对雄蕊上伸）。

      14. 药室平叉开近180°；植物体无地上走茎；花萼口部平或斜，不呈3/2式二唇 ·············· 9. 荆芥属 Nepeta

      14. 药室平叉开成直角或平行；植物体有地上走茎；花萼呈3/2式二唇。

        15. 药室叉开成直角；花冠长不超过3cm ·············· 10. 活血丹属 Glechoma

        15. 药室平行；花冠长一般超过3cm ·············· 11. 龙头草属 Meehania

  12. 后对雄蕊短于前对雄蕊。

    16. 萼檐二唇形，萼齿极不相等，果期喉部由于下唇2齿向上斜伸而闭合 ·············· 12. 夏枯草属 Prunella

    16. 萼檐不呈或略呈二唇形，萼齿近相等，果期喉部张开。

      17. 聚伞花序腋生，具长1～1.5cm的花序梗；花后花萼明显增大，长1.5～2cm，有钝三角形的齿；花冠长3～4cm ·············· 13. 铃子香属 Chelonopsis

      17. 聚伞花序集成腋生的轮伞花序或顶生的穗状花序；花后花萼不明显增大，长不逾1.5cm，有披针形尖锐或锥状的齿；花冠长小于3cm（假龙头草例外）。

        18. 花冠上唇常外突或盔状，常有密毛，稀无毛。

          19. 花柱裂片常极不等长，后裂片较前裂片短。

            20. 花萼管状或管状钟形；花冠上唇直立，外突 ·········· 14. 绣球防风属 Leucas

            20. 花萼管状钟形；花冠上唇两侧压扁，盔状或极外突 ······· 15. 糙苏属 Phlomis

          19. 花柱裂片近等长或等长。

            21. 小坚果多少尖三棱形，顶端平截。

              22. 花冠具腹部膨大的喉部，筒部多半伸长；萼齿非针刺状。

                23. 花冠下唇侧裂片不发达，边缘有1小而锐的齿；花药具长柔毛 ·············· 16. 野芝麻属 Lamium

                23. 花冠下唇侧裂片较发达，边缘无尖齿；花药无毛。

                  24. 叶片卵形或卵状披针形，有明显的柄；茎、叶和花萼均被长柔毛 ·············· 17. 小野芝麻属 Galeobdolon

                  24. 叶片狭长圆形至条状披针形，无柄；茎、叶和花萼无毛或被短柔毛 ·············· 18. 假龙头花属 Physostegia

              22. 花冠喉部不甚膨大，筒部稍伸出或藏于花萼内；萼齿多少针状或刺状 ·············· 19. 益母草属 Leonurus

            21. 小坚果卵形，顶端圆钝。

              25. 花冠上唇长于下唇；轮伞花序腋生。

                26. 花药无髯毛；花丝顶端无附属物 ·············· 20. 假糙苏属 Paraphlomis

26.花药具髯毛；花丝顶端有附属物······················21.髯药草属 Sinopogonanthera
  25.花冠上唇短于下唇；轮伞花序顶生或腋生·················22.水苏属 Stachys
 18.花冠上唇常短而多少扁平，无毛；前对雄蕊药室平行，后对雄蕊药室退化

···23.广防风属 Anisomeles
11.雄蕊2，后对雄蕊极小或不存在；花药线形而有细长的药室。
  27.药隔延长成线形，横架于花丝顶端，以关节相连成"丁"字形··········24.鼠尾草属 Salvia
  27.药隔宽或极小，与花丝无关节相连。
    28.常绿灌木；叶片条形，全缘，边缘外卷；花萼3/2式二唇·····25.迷迭香属 Rosmarinus
    28.多年生草本；叶片非条形，边缘有齿，不外卷；花萼具相等5齿·············

···26.美国薄荷属 Monarda
10.花冠檐部辐射对称或近二唇形，裂片相似或略有分化，上唇如分化则扁平或外突。
  29.雄蕊沿花冠上唇上伸；花冠二唇形；小苞片狭条形或针状·········27.风轮菜属 Clinopodium
  29.雄蕊从基部直伸；花冠近整齐或二唇形；小苞片不存在，如存在则非狭条形或针状。
    30.能育雄蕊4。
     31.叶片全缘，偶有少数齿；雄蕊前对较长。
      32.花萼5齿近相等；苞片卵形或披针形；药室叉开或彼此分开 ···28.牛至属 Origanum
      32.花萼3/2式二唇；苞片微小；药室平行·············29.百里香属 Thymus
     31.叶片具锯齿；雄蕊近等长或前对稍长。
      33.轮伞花序组成头状或穗状花序；花萼具近相等5齿；花冠近辐射对称 ·········

···30.薄荷属 Mentha
      33.轮伞花序组成总状花序；花萼二唇形；花冠二唇形··············31.紫苏属 Perilla
    30.能育雄蕊2。
     34.前对雄蕊能育，后对雄蕊退化成棒状或消失；轮伞花序具多花·····32.地笋属 Lycopus
     34.后对雄蕊能育，前对雄蕊退化，药室常不显著；轮伞花序具2花·····33.石荠苧属 Mosla
9.花药球形或卵球形，药室平叉开，在顶端贯通为一室，花粉散出后则扁平展开。
 35.花冠二唇形或近二唇形，上唇略外突；花丝无毛，稀有毛。
  36.花萼5浅裂，萼齿短于萼筒；轮伞花序通常具多花，集成顶生或腋生的穗状花序。
   37.花萼5齿近相等；花盘前裂片呈指状膨大；小坚果具瘤状突起或光滑；植株不被星状毛·····

···34.香薷属 Elsholtzia
   37.花萼前2齿稍宽大；花盘裂片等大；小坚果具金黄色腺点；植株常被星状茸毛·········

···35.绵穗苏属 Comanthosphace
  36.花萼5深裂，萼齿长于萼筒；轮伞花序具2花，集成顶生及腋生总状花序··············

···36.香简草属 Keiskea
 35.花冠有近相等的4裂片，或前裂片多少向前伸；花丝多有毛。
  38.叶对生；叶片椭圆形或狭椭圆形，具柄；花冠裂片不相等 ·········37.刺蕊草属 Pogostemon
  38.3～10叶轮生；叶片条形，无柄；花冠裂片近相等·········38.水蜡烛属 Dysophylla

7.雄蕊下倾，平卧于花冠下唇上或包于其内。

  39.花萼5齿近相等，后齿稍大；花冠裂片近相等；雄蕊近等长，多少伸出·····**39.四轮香属 Hanceola**

  39.花萼多为4/1式，稀3/2式二唇，极稀5齿相等，如属后一情况，则花冠显著二唇。

    40.花冠下唇片袋形而短，急向外折，基部狭；花萼5齿相等 ··················**40.山香属 Hyptis**

    40.花冠下唇片舟形或扁平或微内凹；花萼5齿不相等或近相等。

      41.花冠下唇片内凹，匙形或舟形，长于其余裂片，不外折，基部狭；花萼变化大。

        42.花丝分离；植株具结节状木质根状茎 ·············**41.香茶菜属 Isodon**

        42.花丝中部以下连合成筒形的鞘；植株无结节状木质根状茎。

          43.花萼1/4式二唇；花药1室·············**42.马刺花属 Plectranthus**

          43.花萼3/2式二唇；花药2室·············**43.鞘蕊花属 Coleus**

      41.花冠下唇片扁平或稍内凹，基部不狭；花萼概为二唇。

        44.果萼下唇全缘，偶有微缺··············**44.凉粉草属 Mesona**

        44.果萼下唇非全缘，具2或4齿。

          45.花柱有相等而锥形的2裂片；雄蕊伸出不超过花冠的1倍·······**45.罗勒属 Ocimum**

          45.花柱不裂，或仅柱头微凹；雄蕊伸出超过花冠多倍····**46.肾茶属 Clerodendranthus**

① 四棱草属 Schnabelia Hand.-Mazz.

多年生草本，具膨大根茎。茎丛生，绿色，具翅。叶通常早落，具柄。聚伞花序退化为1花，有时2～3花，生于上部叶腋；花梗通常弯曲，花时成膝曲状；花二型，开花授粉的花较大，闭花授粉的花极小，早落；花萼钟状，萼齿4～5，近相等；花冠筒细长直立，檐部二唇形，上唇直立，2裂，下唇略长，3裂，中裂片较大；雄蕊4，伸出花冠外，花药肾形，药室顶端贯通；花盘环状，极不明显；花柱着生于子房中上部，顶端2浅裂。小坚果倒卵球形，具基部至背部着生面。

2种，1变种，仅产于我国南部和西南部；浙江有1种。

四棱草 （图7-162）
Schnabelia oligophylla Hand.-Mazz.

多年生草本，具短而粗壮的根状茎。茎高30～80cm，四棱形，具翅，节部收缩。叶对生，通常早落；叶片卵形或三角状卵形，稀掌状3裂，长1～3cm，宽0.8～1.7cm，先端急尖或短渐尖，基部近圆形或楔形，边缘具锯齿，两面疏生糙伏毛。聚伞花序退化为1花，生于上部叶腋；花序梗和花梗长1～1.3cm，疏被短柔毛；小苞片钻形；开花授粉的花萼钟形，长5～6mm，外面有微柔毛，10脉，网脉明显，萼齿5，具缘毛；花冠淡紫蓝色或紫红色，长1.4～1.5cm，外面有短柔毛，花冠筒细长；雄蕊4，前对较长；花柱细长，无毛；闭花授粉的花极小，花部形状与开花授粉的花相同，早落。小坚果长约5mm。花期5—6月，果期6—7月。

产于衢州市区、开化、遂昌等地。生于海拔200～500m的山坡林下或溪沟边草丛。分布于江西、福建、湖南、广东、海南、广西、四川、云南等地。

全草可药用。

图7-162　四棱草

② 筋骨草属 Ajuga L.

一年生或多年生草本，全株常有多节柔毛。基生叶簇生，茎生叶对生；叶片边缘具圆齿或呈波状。轮伞花序具2至多花，组成顶生的假穗状花序；萼齿5，近相等，常具10脉；花冠筒内面常有毛环，冠檐假单唇形，上唇极短而直立，下唇宽大，伸长，3裂，中裂片最大；雄蕊4，前对较长；子房4裂，花柱着生于子房中上部，顶端2浅裂。小坚果背部具网纹，侧腹面具宽大合生面。

40～50种，广泛分布于亚洲和欧洲，尤以欧洲东南部为多。我国野生的有18种，引种1种；浙江有3种。*Flora of China*和《浙江种子植物检索鉴定手册》记载浙江有筋骨草 *A. ciliata* Bunge分布，但未见标本，暂不收录。

分种检索表

1.花冠筒直立或微弯，不成囊状或屈膝状 ················· 1.匍匐筋骨草 A. reptans
1.花冠筒近基部略膨大，成浅囊状或屈膝状。
　2.植株具匍匐茎，除主茎直立外，分枝基部常平卧；植株花时常有基生叶 ·················
　　·················· 2.金疮小草 A. decumbens
　2.植株不具匍匐茎，主茎和分枝通常均直立；植株花时常不具基生叶 ···· 3.紫背金盘 A. nipponensis

1.匍匐筋骨草 （图7-163）

Ajuga reptans L.

一年生或二年生草本，高10～30cm，全株被白色长柔毛。

图 7-163　匍匐筋骨草

茎方形，基部匍匐。叶对生；叶片匙形或倒卵状披针形，长3～11cm，宽0.8～3cm，边缘有不规则波状粗齿；叶柄具狭翅。轮伞花序具6～10花，排成间断的假穗状花序；苞片叶状；花萼钟形，5齿裂；花冠二唇形，淡蓝色、淡紫红色或白色，花冠筒直立，不膨大成囊状，上唇短，直立，顶端微凹，下唇3裂，中裂片倒心形。小坚果倒卵状三棱形，灰黄色，具网纹。花期3—7月，果期5—11月。

原产于美国，北半球温带和亚热带地区广泛栽培。华东、华中、华南和西南地区有引种。杭州、宁波等地有栽培。

用于园林绿化或花境配植。

2. 金疮小草 （图7-164）

Ajuga decumbens Thunb.

一年生或二年生草本，全株被白色长柔毛，具匍匐茎。叶基生和茎生，基生叶花期常存在，较茎生叶长而大，柄具狭翅；叶片薄纸质，匙形或倒卵状披针形，长3～7cm，宽1～3cm，先端钝或圆形，基部渐狭，下延，边缘具不整齐的波状圆齿或近全缘。轮伞花序多花，于茎中上部排列成长5～12cm的间断假穗状花序；花萼漏斗状，长约4.5mm，萼齿5，近相等；花冠白色，有时略带紫色，花冠筒基部略膨大成囊状，外面被疏柔毛，内面近基部有毛环，冠檐假单唇形，上唇短，直立，顶端微缺，下唇3裂；雄蕊4。小坚果倒卵状三棱形，背部具网状皱纹。花果期3—6月。

全省各地常见。生于丘陵、山地的沟谷，山坡湿润的疏林下或农地边，海拔可达900m，房前屋后常有栽培。分布于华东、华中、华南、西南及青海等地。朝鲜半岛和日本也有。

全草可入药，有止咳、化痰、清热、凉血、消肿、解毒等功效。

图7-164　金疮小草

3. 紫背金盘 （图7-165）

Ajuga nipponensis Makino —*A. nipponensis* var. *pallescens* (Maxim.) C.Y. Wu et C. Chen

　　一年生或二年生草本，高13～35cm。茎常从基部分枝，与分枝均直立。基生叶在花期枯萎；茎生叶数对，叶片宽椭圆形或卵状椭圆形，长2～7cm，宽1～5cm，先端钝，基部楔形，下延，边缘具不整齐的波状圆齿；叶柄长1～2cm。轮生花序多花，于茎中部以上渐密集成假穗状。花萼长4～5mm，萼齿5，近相等；花冠白色具深色条纹或淡紫色，长8～11mm，花冠筒基部微膨大略成囊状，外面被短柔毛；冠檐假单唇形，上唇短，直立，2裂或微缺，下唇伸长，3裂，中裂片扇形；雄蕊4。小坚果卵状三棱形，背部具网状皱纹。花果期4—7月。

　　全省各地均有分布，但不如金疮小草常见。生于丘陵、山地的沟谷草丛、山坡林缘及疏林下，海拔可达1000m。分布于华东、华中、华南、西南及河北等地。朝鲜半岛和日本也有。

　　全草可入药，其功效与金疮小草基本相同。

　　本种与金疮小草非常相似，花期是否具基生叶和叶片形状等都随花期而有较大变化，难以区分。

图7-165　紫背金盘

③ 香科科属 Teucrium L.

草本、亚灌木或灌木。单叶，对生。轮伞花序具2至多花，在茎及短分枝上排成假穗状花序；花萼具10脉，具相等的5萼齿，或呈3/2式二唇形；花冠单唇形，唇片具5裂片，集中于唇片前端，与花冠筒成直角，中裂片极发达，其他裂片小；雄蕊4，伸出花冠外，花药极叉开；花柱着生于子房近顶部，顶端2浅裂。小坚果光滑或具网纹。

约260种，全球广泛分布，地中海地区种类最多。我国野生的有18种，引种数种，分布于全国各地，以西南地区较为集中；浙江有8种。

采自庆元五岭坑的标本，植株和叶形等特征近似峨眉香科科 *T. omeiense* Sun ex S. Chow，不同之处在于茎、花序轴和花梗密被倒向短柔毛而非开展长柔毛；叶片上面被短糙毛，下面密布凹陷腺点，脉上被短糙毛，而非两面疏被长柔毛；花萼下面2齿先端渐尖而非尾状渐尖；花冠外面密被腺毛和柔毛，中裂片宽卵形，先端急尖而非外面被疏柔毛，中裂片卵圆形，先端圆形。是否另立新种有待进一步研究。

分种检索表

1.常绿灌木；全体被白色茸毛 ·· 1. 银石蚕　T. fruitcans
1.多年生草本或亚灌木；植株被褐色柔毛或腺毛。
　2.轮伞花序腋生或生于叶腋短枝上，兼顶生；植株斜生。
　　3.轮伞花序腋生；苞叶与茎生叶同形，但向上渐小；花冠粉红色·····2. 粉花香科科　T. chamaedrys
　　3.轮伞花序生叶腋短枝上，兼顶生；无苞叶而具苞片；花冠白色·····3. 庐山香科科　T. pernyi
　2.轮伞花序生茎顶或分枝顶端；植株直立。
　　4.花较小；花冠长小于1cm；茎上部被柔毛并混杂腺毛。
　　　5.植株瘦弱，被开展的长柔毛并混杂腺毛；苞片3裂。
　　　　6.叶片边缘有重锯齿；花冠紫红色·················· 4. 裂苞香科科　T. veronicoides
　　　　6.叶片边缘不规则浅裂或有少数粗大锯齿；花冠白色·········· 5. 浙江香科科　T. zhejiangense
　　　5.植株不瘦弱，被弯曲的短柔毛并混杂腺毛；苞片全缘或有浅齿 ········· 6. 血见愁　T. viscidum
　　4.花较大；花冠长于1.1cm；茎无毛或被毛，但不混杂腺毛。
　　　7.茎近无毛或被下曲短柔毛，或白色绵毛；花序无毛或被短柔毛 ··································
　　　·· 7. 穗花香科科　T. japonicum
　　　7.茎密被开展的长柔毛；花序有明显长柔毛·················· 8. 长毛香科科　T. pilosum

1. 银石蚕　水果蓝　银香科科 （图7-166）
Teucrium fruitcans L.

常绿小灌木，高可达1.5m。全株密被白色茸毛，以小枝和叶背面最多。小枝四棱形。叶片卵形或卵状椭圆形，长2～4cm，宽1.2～2cm，先端圆钝，基部圆形，全缘，上面灰绿色或绿色，下面白色，侧脉5～7对；叶柄长约3mm。轮伞花序具2花，在小枝顶端成短总状花序；苞片叶状，向上渐小；花萼阔钟形，长约1.5cm，5深裂，裂片卵状三角形；花冠淡紫色，长可达4cm，5裂，中裂片极发达；雄蕊远伸出花冠筒，花丝上部下弯；花柱与花丝近等长，上部下弯。花期4—5月。

　　原产于地中海地区及西班牙，欧洲、美洲广泛栽培。华北、华东、华中等地有引种。嘉兴、杭州、绍兴、宁波、台州、温州及长兴、开化等地园林也有栽培。

　　栽培供观赏，既适宜作深绿色植物的前景，也适合作草本花卉的背景，特别是在自然式园林中种植于林缘或花境最合适。

图7-166　银石蚕

2.粉花香科科 （图7-167）

Teucrium chamaedrys L.

　　常绿亚灌木，具匍匐根状茎，芳香。茎高30～50cm，斜伸，多分枝，密被柔毛。叶对生；叶片椭圆形或卵形，长约2cm，深绿色，有光泽，边缘有粗锯齿，两面被柔毛。轮伞花序具2～4花，腋生；苞叶与茎生叶同形，向上渐变小。花萼狭钟形，密被柔毛，具5近等长的齿；花冠粉红色或紫色，稀白色，花冠筒管状，喉部有长柔毛，檐部二唇形，下唇明显大；雄蕊4。花期在夏季。

原产于欧洲至高加索。我国东部城市有引种。杭州市区、临安、宁波市区、海宁、温州市区等地有栽培。

园林栽培供观赏，花色艳丽，主要用于花境配植；叶可供药用。

图7-167　粉花香科科

3.庐山香科科 （图7-168）

Teucrium pernyi Franch.—*T. ningpoense* Hemsl.

多年生草本，高30～80cm。茎密被短柔毛，斜伸。叶片卵状披针形，长2～8cm，宽1～3cm，分枝上叶小，边缘具粗锯齿，两面被微柔毛。轮伞花序常具2花，偶达6花，在茎及短分枝上排成假穗状花序；苞片卵圆形至披针形，有短柔毛；花萼钟形，长约5mm，下方基部一面膨大，外面有微柔毛，内面喉部具毛环，檐部二唇形，上唇3齿，中齿极发达，下唇2齿；花冠白色，长约1cm，外面疏被微柔毛，5裂，中裂片极发达；雄蕊超出花冠筒1倍以上，花药平叉开。小坚果长约1mm，具明显网纹。花期8—10月，果期10—11月。

产于杭州、宁波、衢州、丽水及安吉、德清、诸暨、嵊州、新昌、普陀、金华市区、浦江、磐安、武义、天台、临海、乐清、永嘉、文成、平阳、泰顺等地。生于海拔1000m以下的山坡疏林下、山谷林缘及路边灌草丛中。分布于华东、华中、华南等地。

图 7-168　庐山香科科

4. 裂苞香科科

Teucrium veronicoides Maxim.

多年生草本，具匍匐茎。茎高 10～30cm，被平展长柔毛，夹杂有短腺毛。茎中部叶片卵圆形至三角状卵圆形，长 1.5～4cm，宽 0.8～3cm；茎下部及分枝上的叶甚小，有时近肾形，先端钝或急尖，基部平截或近心形，边缘具重圆锯齿，上面被平贴的长柔毛，下面除脉上被长柔毛外，余部被短柔毛；叶柄长 1～2cm，被平展长柔毛。顶生假穗状花序长 5～10cm；苞片卵圆形，常3 裂，与花序轴及花梗均被长柔毛；花梗长 2.5～3.5mm；花萼钟形，长 3～4mm，中部略膨大，萼齿 5，正三角形，近等大，先端钝，除边缘具睫毛外几无毛；花冠紫红色，长 7～8mm，外面近无毛，唇片舌状伸出；雄蕊稍伸出。小坚果栗棕色，长圆状倒卵形，具网纹，合生面超过果长2/3。花果期 7—10 月。

产于临安（西天目山）、鄞州（天童）等地。生于石灰岩的峭壁上或山坡岩石旁草丛中，海拔可达 600m。分布于辽宁、湖南、四川、云南等地。日本和朝鲜半岛也有。

《浙江植物志》的编者认为浙江的标本茎上除平展长毛外还夹杂有短腺毛，小坚果具明显网纹而与《中国植物志》中的描述不同。裴宝林先生在宁波天童标本（杭植标 1086）的台纸上定名为新变种宁波香科科 var. *ningpoense* P.L. Chiu，但未发表。经查，本种的原始文献记载萼齿被腺柔毛，《日本植物志》（1965）也记载花萼上部有腺毛。因所见标本有限，暂保留原名称，其分类问题留待日后研究。

5.浙江香科科（新种，待发表）（图7-169）

Teucrium zhejiangense F.Y. Zhang, W.Y. Xie et G.H. Xia, sp. nov. ined.

多年生草本，具根状茎。茎直立，纤细，上部多分枝。叶片三角状卵形，长1.5～3.5cm，宽1.5～3cm，先端急尖，基部近平截，边缘不规则浅裂或具粗锯齿，两面被微柔毛，下面脉上密被白色短腺毛，侧脉通常3对；叶柄长1～3cm，密被腺毛和稀疏长柔毛。轮伞花序具2花，于茎及分枝顶端排列成假穗状花序；下部2～4对苞片与叶片同形，上部苞片渐小，3裂；花梗长2～3mm，密被腺毛和稀疏长柔毛；花萼钟形，长3.5～4.5mm，萼筒外面密被白色腺毛和稀疏长柔毛，萼齿近等长；花冠白色，有时稍带淡紫晕，长约7.5mm，花冠筒不伸出萼筒，外面被稀疏腺毛，唇片具5裂片，中裂片极发达，近圆形，与花冠筒成直角；子房圆柱形，花柱无毛，柱头近等长。

产于淳安、衢州市区（灰坪）等地。生于海拔340～380m的石灰岩洞穴岩壁上。模式标本采自衢江灰坪。

图 7-169　浙江香科科

6.血见愁 （图7-170）

Teucrium viscidum Blume

多年生直立草本，高30～70cm。茎下部近无毛，上部有腺毛及短柔毛。叶片卵圆形或卵圆状长圆形，长3～8cm，宽1～4cm，先端急尖或短渐尖，基部圆形、阔楔形至楔形，下延，边缘为带重齿的圆齿，两面疏被毛或近无毛；叶柄长1～3cm，近无毛。轮伞花序具2花，于茎及短枝

图 7-170 血见愁

顶端组成假穗状花序；花梗及花序轴密被腺毛；苞片全缘，或有浅齿；花萼小，外面密被具腺柔毛，上唇 3 齿，下唇 2 齿；花冠白色、淡红色或淡紫色，长约 7mm；雄蕊 4，伸出花冠外；花柱顶端 2 浅裂。小坚果扁球形，黄棕色，长约 1mm。花期 7—9 月，果期 9—11 月。

广泛分布于全省各地。生于海拔 1500m 以下的农地边、路边荒地草丛或山地林下潮湿处。分布于华东、华中、华南、西南及陕西等地。东亚、东南亚和南亚地区也有。

全草可入药。

6a. 微毛血见愁（变种）

var. nepetoides (H. Lév.) C.Y. Wu et S. Chow

与血见愁的区别在于花萼密被灰白色微柔毛，似覆有一层白霜；花较大，花萼长4mm，花冠长8～10mm，花冠筒长4～5mm。

产于临安、建德、松阳等地。生于疏林下或路边草丛。分布于安徽、江西、湖北、贵州、四川、陕西等地。

在查阅标本时发现与模式变种区别甚微，上述区别性状存在过渡和交叉，是否应该归并有待进一步研究。

7. 穗花香科科 （图7-171）

Teucrium japonicum Willd.

多年生草本，具匍匐茎。茎不分枝或分枝，高50～80cm，平滑无毛，稀于近节处疏被长柔毛。叶片卵状长圆形至卵状披针形，长5～10cm，宽1.5～4.5cm，先端急尖或短渐尖，基部心形或平截，边缘具重锯齿或圆齿，两面近无毛；叶柄长0.8～1.5cm，疏被短柔毛。假穗状花序生于主茎及上部分枝的顶端；花萼钟形，长4～4.5mm，萼筒下方稍一面臌，除齿缘稍具缘毛外，其他部分均无毛，10脉，萼齿5；花冠白色或淡红色，长1.2～1.4cm，花冠筒长为花冠的1/4，不伸出于花萼，唇片与花冠筒在一条直线上，中裂片极发达；雄蕊稍短于唇片；花柱与雄蕊等长。小坚果倒卵形，栗棕色，合生面超过果长的1/2。花果期6—8月。

产于临安（昌化）、宁波市区、鄞州、临海、永嘉等地。生于河边、山坡草丛或林缘。分布于江苏、江西、湖南、广东、贵州、四川等地。日本和朝鲜半岛也有。

图7-171　穗花香科科

7a. 崇明香科科（变种）

var. tsungmingense C.Y. Wu et S. Chow

与穗花香科科的主要区别在于植物体密被白色绵毛，叶柄和叶片下面也有绵毛，花序被短柔毛。

产于杭州市区、普陀、武义、松阳等地。生于河边或山沟边草丛、林下。分布于上海。

8. 长毛香科科 （图7-172）

Teucrium pilosum (Pamp.) C.Y. Wu et S. Chow—*T. japonicum* Willd. var. *pilosum* Pamp.

多年生草本，具匍匐茎。茎直立，高0.5～1m，被长达3mm密集而平展的白色长柔毛。叶片卵状披针形或长圆状披针形，长5～8cm，宽1.2～2.5cm，先端短渐尖或渐尖，基部平截或近心形，边缘具稍不整齐的重锯齿，两面中脉被长柔毛，其余为短柔毛；叶柄长0.4～1cm，被平展长柔毛。假穗状花序顶生于主茎及分枝上，被明显的长柔毛；花萼钟形，外被长柔毛，夹有浅黄色腺点，10脉，萼齿5，上3齿三角形，下2齿三角状钻形；花冠淡红色，长1.2～1.5cm，花冠筒不及花冠长的1/3，唇片与花冠筒几乎在一条直线上，中裂片极发达，倒卵状近圆形，侧裂片卵状长圆形；雄蕊稍伸出唇片；花柱与雄蕊等长。花期7—8月。

产于长兴、临安、余姚、磐安、临海、椒江、庆元、文成等地。生于海拔600m以下的沟边草丛或疏林下。分布于江苏、江西、湖北、湖南、广西、贵州、四川等地。

全草可药用。

图7-172　长毛香科科

④ 毛药花属 Bostrychanthera Benth.

多年生草本。茎直立或倾斜。叶近无柄，具锯齿。聚伞花序腋生，二歧式，蝎尾状，具花序梗，多花，花后下倾；花萼陀螺状钟形，具不明显的10脉，萼齿5，短小，后面的1齿较小；花冠显著长于花萼，中部以上扩展成喉部，冠檐近二唇形，上唇较短，直立，下唇较大，3裂，中裂片较大；雄蕊4，前对较长，花药近球形，2室，顶端贯通开裂，密被毛束；花柱丝状，先端2浅裂。每花仅1小坚果成熟，核果状，近球形，黑色。

2种，为我国所特有，分布于华东、华南、华中和西南地区；浙江有1种。

毛药花 （图7-173）
Bostrychanthera deflexa Benth.

多年生草本，直立或倾斜，高0.5～1.5m。茎四棱形，具深槽，密被倒向短硬毛。叶近无柄；叶片长披针形，纸质，干后通常变黑，长7～22cm，宽1～6cm，先端渐尖或尾状渐尖，基部楔形或近圆形，边缘为粗锯齿或浅齿状，齿端有硬尖，上面疏被短硬毛，下面网脉上被小疏柔毛。聚伞花序腋生，具5～11花，花后下倾；总梗与花梗均被倒向短硬毛；花萼长约4.5mm；花冠紫色或紫红色，长约3cm，外面被极疏的长硬毛，冠檐近二唇

图7-173　毛药花

形；雄蕊4，花药近球形，背部囊状，密被毛束。成熟小坚果1枚，核果状，黑色，近圆球形，直径5～7mm，外果皮肉质而厚，干时角质。花期7—9月，果期10—11月。

产于德清、临安、淳安、新昌、宁海、衢江、东阳、天台、松阳、龙泉、庆元、云和、景宁、永嘉、文成、泰顺等地。生于沟谷林下湿润处，海拔可达1000m。分布于福建、江西、湖北、台湾、广东、广西、贵州、四川等地。

⑤ 黄芩属 Scutellaria L.

草本或灌木状草本。叶片常具齿或羽状分裂，有时近全缘。轮伞花序具2花，排列成顶生或腋生的总状花序；花萼钟形，檐部二唇形，果时闭合，后开裂成不等大2裂片，上裂片脱落，下裂片宿存，上裂片背部常有1个半圆形盾片；花冠筒伸出，前方基部膝曲成囊，冠檐二唇形，上唇盔状，全缘或微凹，下唇3裂；雄蕊4，前对较长，花药退化成1室，后对花药2室，药室裂口均具髯毛；花柱先端不等2浅裂。小坚果横生，扁球形或卵球形，具瘤。

约350种，广泛分布于全球，但热带非洲少见。我国有98种，南北各地均有；浙江有13种。

《浙江种子植物检索鉴定手册》和 *Flora of China* 记载浙江尚有沙滩黄芩 *S. strigillosa* Hemsl. 的分布，但未见标本，暂不予收录。

分种检索表

1. 花组成总状花序，顶生或腋生；苞片小，与茎生叶不同，或下部与茎生叶同形，向上渐小。
 2. 花序顶生。
  3. 较高大直立草本，高大多超过30cm；叶片较大，大多长大于4cm；花冠长大于2.5cm。
   4. 花淡黄白色；花萼全面被短柔毛；茎被下曲短柔毛 ·················1. 安徽黄芩 S. anhweiensis
   4. 花蓝紫色；花萼散布金黄色腺点，沿脉疏被短柔毛；茎上部被上向短柔毛·····················
   ·· 2. 浙江黄芩 S. chekiangensis
  3. 矮小草本，高大多不超过30cm，直立或披散；叶片较小，长大多不超过4cm；花冠长小于2.2cm。
   5. 花较大，花冠长1.5～2.2cm。
    6. 叶片圆形、肾圆形或卵圆形，基部圆形至心形，边缘有整齐圆锯齿，下面无腺点。
     7. 叶片两面均被毛 ·· 3. 韩信草 S. indica
     7. 叶片上面无毛，下面除沿脉被极细短柔毛外无毛 ··········· 4. 光紫黄芩 S. laeteviolacea
    6. 叶片菱状卵形或卵形，基部楔形至近圆形，边缘有钝牙齿或锯齿，下面常有腺点。
     8. 叶片菱状卵形，基部常楔形，有光泽，边缘具钝牙齿·········5. 永泰黄芩 S. inghokensis
     8. 叶片卵形，基部常截形，无光泽，边缘具锯齿 ············· 6. 京黄芩 S. pekinensis
   5. 花较小，花冠长小于1cm。
    9. 茎、叶和苞片被多节长柔毛，花序、花梗和花萼密被短腺毛；叶片下面通常紫色 ·············
    ··· 7. 柔弱黄芩 S. tenera
    9. 茎、叶、苞片、花序、花梗和花萼均密被短腺毛；叶片下面黄绿色···8. 云亿黄芩 S. yunyiana

2.花序顶生兼腋生。

　　10.茎无毛；叶片菱形、狭卵形、卵状披针形，边缘具浅牙齿或浅裂。

　　　　11.花冠较短，长小于1.5cm；叶片基部楔形或近截形，边缘具浅牙齿……**9.半枝莲 S. barbata**

　　　　11.花冠较长，长大于1.5cm；叶片基部楔形下延，边缘离基部1/3以上具锐锯齿或浅裂…………

　　　　　…………………………………………………………………………**10.裂叶黄芩 S. incisa**

　　10.茎被上向短柔毛或微柔毛；叶片卵形、卵圆形或三角状卵圆形，边缘仅具少数粗齿。

　　　　12.茎实心；叶片基部具1～3对粗圆齿…………**11.大花腋花黄芩 S. axilliflora var. medullifera**

　　　　12.茎空心；叶片基部具3～4对大牙齿…………………………**12.岩藿香 S. franchetiana**

1.花腋生，不组成花序。

　　13.茎下部无毛，上部被疏柔毛；根状茎不生出具块茎的匍匐茎…………**13.连钱黄芩 S. guilielmi**

　　13.茎全部密被具节长柔毛；根状茎生出具块茎的匍匐茎………………**14.假活血草 S. tuberifera**

1. 安徽黄芩 （图7-174）

Scutellaria anhweiensis C.Y. Wu

多年生草本。茎高30～70cm，锐四棱形，沿棱及节上被下曲短柔毛。叶片坚纸质，卵圆形，长4.5～7cm，宽2.5～4cm，先端急尖，基部阔楔形，边缘具浅齿，两面疏被小柔毛，下面散布金黄色腺点，侧脉约4对；叶柄长0.5～2cm。花对生，排列成长达16cm的顶生总状花序，花序轴被下曲的短柔毛；苞片狭卵圆形，最下者较大，边缘有不明显的小齿，上部者变小，全缘；花萼长约3.5mm，外面被下曲短柔毛，盾片高约2mm；花冠淡黄色、黄白色，稀白色，长约2.7cm，外面被短柔毛，花冠筒前方基部膝曲状，中部以上渐宽大，冠檐二唇形，上唇盔状，先端微凹，下唇中裂片三角状卵圆形；

图7-174　安徽黄芩

雄蕊4，二强。花期5—6月，果期6—7月。

产于安吉（龙王山）、临安（昌化）、淳安（金紫尖）、诸暨（五泄）、鄞州（天童）、余姚、奉化、天台（华顶山）、临海（括苍山）等地。生于海拔200～1200m的沟谷湿地或阔叶林下。分布于安徽。

2. 浙江黄芩 （图7-175）
Scutellaria chekiangensis C. Y. Wu

多年生草本，高25～60cm。茎中部以上沿棱及节上略被上向短柔毛。叶片宽卵形、椭圆状卵形或狭卵形，长3.5～8cm，宽2～4cm，先端急尖、渐尖或稍钝，基部圆形或宽楔形，边缘具浅齿或圆齿状锯齿，上面无毛或疏生细毛，下面仅沿脉疏被细短柔毛，两面均密布淡黄色腺点。花对生，于茎或分枝顶上排列成长7～15cm的总状花序；花梗被短柔毛；花萼在花时长约4mm，果时增大，长可达7mm，密生淡黄色腺点，仅沿脉及边缘上疏被短柔毛，其余无毛；花冠紫蓝色，长2.5～2.7cm，外面密被腺毛及淡黄色腺点。小坚果褐色，卵状椭圆形，长约1.5mm，具小瘤。花期4—5月，果期6—7月。

产于临安、淳安、余姚、象山、东阳、磐安、天台、临海、仙居、缙云、永嘉等地。生于海拔500～1000m的沟谷林下阴湿地或山坡林缘。分布于四川。模式标本采自仙居。

图7-175　浙江黄芩

3. 韩信草　印度黄芩 （图7-176）
Scutellaria indica L.

多年生草本，高10～40cm，全株被白色柔毛。茎常带暗紫色。叶片卵圆形或肾圆形，长2～4.5cm，宽1.5～3.5cm，先端圆钝，基部圆形、浅心形至心形，边缘有整齐圆锯齿，两面被毛，下面常带紫红色；叶柄长0.5～2.5cm。花对生，排列成长3～8cm的顶生总状花序，常偏向一侧；花萼长约2.5mm，果时长可达4mm；花冠蓝紫色、淡紫红色或紫白色，长1.5～2cm，外面疏被微柔毛，花冠筒前方基部膝曲，上唇先端微凹，下唇中裂片具深紫色斑点。小坚果卵形，具小瘤状突起。花期4—5月，果期5—9月。

全省各地常见。生于山坡疏林下、山脊灌草丛或谷地草丛，海拔可达1500m。分布于华东、华中、华南、西南及陕西等地。日本、东南亚和南亚也有。

全草可入药，有清热解毒、活血止血、散瘀消肿等功效。

图7-176　韩信草

3a. 缩茎韩信草（变种）（图7-177）
var. **subacaulis** (Sun ex C.H. Hu) C.Y. Wu et C. Chen

与韩信草的区别在于植株矮小，高不超过10cm，茎节间短缩，叶密生于茎上。

图7-177　缩茎韩信草

产于全省各地。生于较干燥的山坡，或山顶疏林下、岩石边灌草丛中。分布于华东及河南、湖南、广东、云南等地。日本也有。

3b. 小叶韩信草（变种）
var. parvifolia (Makino) Makino

与韩信草的区别在于叶片较小，长0.8～1.5cm，宽0.8～1cm，花冠较小，长1～1.5cm。

产于杭州市区、普陀（东福山岛）、永康、景宁、洞头、乐清、泰顺等地。生于山坡疏林、灌草丛中。分布于安徽、湖南、台湾、广东、广西、云南等地。日本也有。

《中国植物志》记载本省尚有变种长毛韩信草 var. *elliptica* Sun ex C.H. Hu 的分布，区别在于茎、叶密被灰白色长柔毛，但据观察这一特征在韩信草和缩茎韩信草中都有，本志不予区分。

4. 光紫黄芩 （图7-178）
Scutellaria laeteviolacea Koidz.

多年生草本，高10～25cm。茎和叶柄均被上向弯曲的短柔毛。茎生叶3～4对，多少向茎顶聚集，茎中部叶片最大，圆形至宽卵圆形，长2～5cm，宽2～4cm，先端圆钝，基部圆形至浅心形，边缘具圆锯齿，上面无毛，下面常带紫色，仅沿脉上有细短毛；叶柄长0.5～3cm。花对生，排列成长4～6cm的顶生总状花序；花萼长约2.5mm，外面密被具腺微柔毛，果时增大可达5mm；花冠红紫色或紫色，长1.5～2cm，外面疏生微柔毛，花冠筒前方基部膝曲状，上唇先端微凹，下唇中裂片具紫色斑点。小坚果卵形，具小瘤状突起。花期4—5月，果期5—6月。

图7-178　光紫黄芩

产于安吉、临安等地。生于海拔800m以下的山地、草坡或林下。分布于江苏、安徽等地。日本也有。

《温州植物志》记载永嘉、瑞安、泰顺也有，应该是永泰黄芩的误定。

5.永泰黄芩 （图7-179）
Scutellaria inghokensis Metcalf

多年生草本。茎高10～30cm，钝四棱形，疏被上曲短柔毛。叶片菱状卵形或卵圆形，长1～3cm，宽0.7～2cm，先端锐尖至钝，基部楔形至近圆形，边缘在离基部1/3以上具钝牙齿，上面被稀疏的糙伏毛或近无毛，下面沿脉疏被短柔毛，余无毛但散布橙色腺点，侧脉约3对；叶柄长0.5～2cm，疏被上曲短柔毛。花对生，在茎及分枝顶上排列成长2～4cm的总状花序，被上曲短柔毛；花萼长约2mm，外被短柔毛；花冠白色至淡紫色，长约2.1cm，外面疏被微柔毛，内面无毛，花冠筒基部膝曲，中部以上渐增大，冠檐二唇形，上唇盔状，内凹，先端微缺，下唇中裂片三角形，基部收缩。小坚果肾状三棱形，具小瘤。花期4—5月，果期6—8月。

产于温州及庆元、景宁等地。生于海拔250～800m的溪沟岩石缝或溪沟边灌草丛中。分布于福建。

图7-179　永泰黄芩

6. 京黄芩 （图7-180）

Scutellaria pekinensis Maxim.

一年生草本，高20～40cm。茎绿色或基部带紫色，疏被上曲的白色微柔毛。叶片卵形或三角状卵形，长1.5～4.5cm，宽1～3.5cm，先端急尖至钝圆，基部截形至近圆形，边缘有锯齿，两面疏被贴伏微柔毛，下面通常有腺点；叶柄长0.5～2cm。花对生，排列成长3～8cm的顶生总状花序；花梗与花序轴密被上曲柔毛；花萼长约3mm，果时长4～5mm，密被短柔毛；花冠蓝紫色，长1.7～2cm，外面被具腺短柔毛，花冠筒前方基部略呈膝曲状，上唇先端微凹，下唇约比上唇长1倍，中裂片宽卵形。小坚果卵形，栗色或黑栗色，具小瘤状突起。花期4—6月，果期6—8月。

图7-180　京黄芩

产于湖州及杭州市区、临安、宁海、开化、江山、磐安、天台、缙云、庆元、景宁、永嘉、文成、苍南、泰顺等地。生于沟谷林下或山坡岩石旁，海拔可达1200m。分布于东北、华北、华东及湖北、四川、陕西等地。日本、朝鲜半岛和俄罗斯也有。

《中国植物志》记载本省尚有变种紫茎京黄芩 var. *purpureicaulis*（Migo）C.Y. Wu et H.W. Li，与京黄芩的区别是茎和叶柄紫色，叶两面疏被具节柔毛，但上述性状均存在过渡和交叉，本志不予划分。

6a. 短促京黄芩（变种）

var. transitra (Makino) H. Hara ex H.W. Li

与京黄芩的区别在于茎及叶柄近无毛或具上曲短柔毛，花萼与花序轴被具腺平展短柔毛。

产于临安、缙云、文成等地。生于海拔800～1100m的山坡林下或林缘草丛。分布于华东及湖南。日本和朝鲜半岛也有。

7. 柔弱黄芩 （图7-181）

Scutellaria tenera C.Y. Wu et H.W. Li

多年生草本，高12～25cm，具白色块根。茎柔弱上升，被白色具节长柔毛，中上部常混杂有短腺毛。叶片卵圆形、狭三角状卵圆形至卵状披针形，长1.3～3cm，宽0.8～2.2cm，先端急尖或圆钝，基部浅心形，边缘具波状圆齿，两面疏被具节长柔毛，下面通常紫色。花对生，于茎或分枝顶端排列成长3.5～8cm的总状花序；苞片椭圆形或卵形，被长柔毛；花梗长约2mm，与花序轴密被短腺毛；花萼长1.5～2mm，果时长2.5～3mm，被短腺毛；花冠紫色，长约8mm，外被短柔毛，下唇比上唇长，下唇中裂片卵圆形。小坚果长圆形，背面有微小的瘤状突起。花果期4—7月。

产于杭州及长兴、诸暨（五泄）、龙泉、泰顺等地。生于山坡岩石间、竹林下或山顶灌草丛中。分布于江西、福建、湖南等地。模式标本采自龙泉昴山。

图7-181　柔弱黄芩

8. 云亿黄芩 （图7-182）

Scutellaria yunyiana B.Y. Ding, Z.H. Chen et X.F. Jin

植株高10～30cm，具细长匍匐茎。茎、叶柄、叶片两面、花序轴、花萼外面均密被短腺毛。茎具3～5节，常具分枝，具叶2～4对。叶片宽卵形，略带黄绿色，长2～4cm，宽1.8～3.5cm，先端急尖，基部心形，边缘具钝锯齿，侧脉4～5对；叶柄长2～3cm，上部的较短，长仅5mm。花序长5～10cm，每节具2花；基部1对苞叶与叶同形，向上突然变小成苞片状，披针形至条形；花梗长2～3mm；花萼长约2mm，内面无毛；花冠长约6mm，紫色或淡紫色，下唇中脉两侧具紫红色斑，外面被短柔毛，内面疏被柔毛；雄蕊4，花丝中下部具柔毛，花药裂缝具短纤毛。小坚果肾圆形，红色，长约1mm，背部具瘤状突起。花期4月，果期5月。

产于富阳（胥口）。生于海拔约200m的山谷疏林下。模式标本采自富阳胥口富春桃源景区。

与柔弱黄芩在植株和大小上较相似，区别在于本种叶片宽卵形，略带黄绿色，茎、叶柄、叶片两面、花序轴、花萼外面均密被短腺毛而无多节长柔毛，花略小，长约6mm。

图7-182　云亿黄芩

9. 半枝莲 （图7-183）

Scutellaria barbata D. Don

多年生草本，高15～30cm。茎无毛。叶片狭卵形或卵状披针形，有时披针形，长1～3cm，宽

0.5～1.5cm，先端急尖或稍钝，基部宽楔形或近截形，边缘有浅牙齿，两面沿脉疏被紧贴的小毛或近无毛。花对生，偏向一侧，排列成长4～10cm的顶生或腋生总状花序；花梗长1～2mm，有微柔毛；花萼长约2mm，果时长可达4.5mm，外面沿脉有微柔毛；花冠蓝紫色，长1～1.4cm，外被短柔毛，花冠筒基部囊状增大。小坚果褐色，扁球形，直径约1mm，具小疣状突起。花期4—5月，果期6—8月。

图7-183　半枝莲

全省各地常见。生于水田边、溪边或湿润草地上，海拔可达1000m。分布于华北、华东、华中、华南、西南及陕西等地。东亚、南亚和东南亚也有。

全草可药用。

10.裂叶黄芩（图7-184）
Scutellaria incisa Sun ex C.H. Hu

直立草本，高5～25cm，全株光滑无毛。茎具多数分枝。叶片菱状宽披针形、卵状披针形或披针形，长1.5～3.5（5）cm，宽0.5～1.5cm，先端尾状渐尖，基部楔状下延，叶缘具尖锐牙齿，有时浅裂，两面无毛或上面被小刚毛。花单生于叶腋，在茎出及腋出分枝的上部逐渐过渡成总状花序；花梗紫红色，被细微柔毛至近无毛；花萼长约2mm，无毛，微具腺点；花冠淡紫色，长1.5～2cm，外面略被微柔毛，上唇盔状，内凹，先端微缺，下唇3裂，中裂片三角状卵圆形，全缘，侧裂片小。小坚果具瘤状突起，长不到1mm。花果期5—11月。

产于衢江、开化、江山、金华市区、磐安、武义、仙居、莲都、遂昌、龙泉、庆元、青田等地。生于海拔600m以下的溪沟边岩石缝中或沟谷林下。分布于江西。模式标本采自仙居隔风坑。

图7-184　裂叶黄芩

11. 大花腋花黄芩（变种）（图7-185）

Scutellaria axilliflora Hand.-Mazz. var. **medullifera** (Sun ex C.H. Hu) C.Y. Wu et H.W. Li — *S. medullifera* Sun ex C.H. Hu

多年生草本，高25～65cm。茎实心，被向上弯曲短柔毛，棱上尤密。叶片卵圆形或三角状卵圆形，长1～2.5cm，宽0.7～2.5cm，先端钝或近圆形，基部宽楔形、圆形或近截形，边缘每侧具1～3个粗圆齿；上部叶变小，成苞片状，全缘或具1～2个圆齿，两面疏生毛或近无毛，下面有黄色小腺点。花对生，排列成顶生或腋生总状花序，偏向一侧；花萼长2～3mm，果时长达

图7-185　大花腋花黄芩

4mm，疏被短柔毛及腺点；花冠紫色或淡紫蓝色，长2.4～3.5cm，外面被短柔毛，花冠筒基部呈膝曲状，上唇顶端圆形，下唇中裂片梯形，顶端及两侧微凹，两侧裂片卵形。小坚果卵球形，长约1mm，深褐色，具瘤状突起。花期4—6月，果期6—8月。

　　浙江特有，产于建德、宁海、武义、磐安、临海、松阳、龙泉、云和、景宁、永嘉、瑞安、文成、泰顺等地。生于海拔1100m以下的山坡灌丛中、溪边岩石旁及沟谷林下。模式标本采自龙泉。

　　与腋花黄芩 S. axilliflora 的区别在于后者花冠较小，长1.6～2cm，分布于福建。临海的标本记录花冠为淡黄色而有不同。

12. 岩藿香 （图7–186）
Scutellaria franchetiana H. Lév.

　　多年生草本，高0.3～1m。茎中空，被上曲微柔毛，棱上较密集，下部1/3处常无叶，常带紫色。叶片卵形至卵状披针形，长1.5～4cm，宽0.8～2.5cm，先端渐尖，基部宽楔形、近截形至心形，边缘每侧具3～4个大牙齿，上面疏被微柔毛，边缘较密，下面沿脉被微柔毛，余无毛。总状花序于茎中部以上腋生，长2～9cm，下部的最长，向上渐短，花序下部具不育叶；花梗与花序轴被上曲微柔毛，有时被具腺短柔毛；花萼长约2.5mm，果时长可达4mm，被微柔毛及散布腺点，或被具腺短柔毛；花冠紫色，长2～2.5cm，外被具腺短柔毛。小坚果黑色，卵球形，具瘤状突起。花期5—7月，果期7—8月。

　　产于建德、衢州市区、缙云、龙泉、庆元、云和、景宁、瑞安、泰顺等地。生于山坡、溪边林下或岩石旁。分布于湖北、贵州、四川、陕西等地。

　　全草可药用。

图7-186　岩藿香

13.连钱黄芩 （图7-187）

Scutellaria guilielmii A. Gray

一年生草本。茎直立或基部伏地而上升，高12～35cm，无毛或上部疏被柔毛。茎下部叶宽卵状圆形或近肾形，长0.7～1.5cm，宽0.8～2.3cm，先端钝或圆形，基部心形，边缘具4～6粗圆齿，顶生的圆齿较大，两面疏被紧贴的具节疏柔毛，侧脉2对，叶柄长1.2～3cm；茎中部及上部的叶渐小而狭，叶柄较短。花单生于茎中部以上及小枝的叶腋内；花萼长3～4mm，被疏柔毛或腺毛；花冠长约5mm，淡紫色，外疏被短柔毛，花冠筒直伸，基部前方微膨大，向上渐宽，冠檐二唇形，上唇短小，顶端微缺，下唇向上伸展，3裂；雄蕊4，前对较长，微露出；花柱细长，先端略厚，微裂。小坚果橙黄褐色，扁圆形。花期4—5月，果期5—7月。

产于临安（青山研里）、诸暨等地。生于海拔300m以下的山坡竹林、沟边湿地中或石灰岩疏林下。分布于湖南、陕西等地。日本也有。

图 7-187　连钱黄芩

14. 假活血草 （图 7-188）

Scutellaria tuberifera C.Y. Wu et C. Chen

一年生草本，具长而无叶的匍匐枝，在末端常具块茎，块茎球形或卵球形。茎高10～25cm，通常密被具节柔毛。叶草质，茎下部的叶片圆形、卵圆形或近肾形，长0.5～1cm，宽0.8～1.3cm，先端钝或圆形，基部心形，边缘具4～7对圆齿，茎中部及上部叶片略大，二面均被贴生具节疏柔毛；叶柄由茎基部向上部渐短。花单生于茎中部以上的叶腋内，初时直立，其后下垂；花萼长约3mm，被疏柔毛；花冠淡紫或蓝紫色，长约6mm，外疏被短柔毛，花冠筒直伸，基部前方稍膨大；雄蕊4，前对较长，微露出，后对内藏，药室裂口具髯毛。小坚果黄褐色，卵球形，背面具瘤状突起。花果期3—5月。

产于长兴、杭州市区、临安、桐庐、开化、永嘉、温州市区等地。生于海拔500m以下的路边草丛中或林缘。分布于江苏、安徽、云南等地。

图 7-188　假活血草

存疑种

四国黄芩

Scutellaria shikokiana Makino

多年生草本。茎直立，高5～15cm，上部多分枝，密被短柔毛。叶片卵状三角形或宽卵形，长2～3cm，宽1.5～2.5cm，先端急尖或钝尖，基部楔形至宽楔形，边缘具疏钝齿或锯齿，两面具短糙伏毛；叶柄长1.5～2.5cm。花对生，排列成长3～6cm的顶生总状花序，常偏向一侧，花序轴、花梗、花萼均被具腺微柔毛；花萼长约2mm，果时长可达4mm；花冠淡紫色或白带紫色，长7～8mm，外面疏生短柔毛。花果期6—8月。

分布于日本。本省见于临安（西天目山，清凉峰）、鄞州、奉化等地，从植物形状上看接近本种，但叶形、叶缘上有较大区别，因未见标本而作存疑处理。

⑥ 薰衣草属　Lavandula L.

亚灌木或小灌木，稀为草本。叶条形至披针形或羽状分裂。轮伞花序具2～10花，通常在枝顶聚集成顶生穗状花序；花蓝色或紫色，具短梗或近无梗；花萼卵状管形或管形，具13～15脉，5齿，二唇形，果期稍增大；花冠筒外伸，在喉部扩大，冠檐二唇形，上唇2裂，下唇3裂；雄蕊4，内藏，前对较长，花药会合成1室；花柱着生在子房基部，顶端2裂。小坚果光滑，有光泽。

约28种，分布于亚洲南部至西南部、非洲和欧洲。我国引种数种；浙江常见栽培2种，少量栽培的还有法国薰衣草 L. stoechas L.。

1. 薰衣草　（图7-189）
Lavandula angustifolia Mill.

常绿亚灌木或灌木，具有强烈的香味。茎具长的花枝和短的更新枝，被星状茸毛。叶片条形或条状披针形，花枝上的叶较大，长2～5cm，宽0.3～0.5cm，先端钝，更新枝上的叶片小，均基部楔形，全缘，边缘外卷，被灰白色星状茸毛，中脉在下面隆起，侧脉不明显。穗状花序长3～5cm，具长的花序梗，密被星状茸毛；花萼卵状管形或近管形，长4～5mm，13脉，二唇形，上唇1齿较宽而长，下唇4齿短；花冠粉紫色，

图7-189　薰衣草

长约为花萼的2倍，内面中部具毛环，冠檐二唇形，上唇直伸，2裂，裂片较大，彼此稍重叠，下唇开展，3裂；雄蕊4，着生在毛环上方，内藏，前对较长。小坚果光滑。花期6月，果期8—9月。

原产于地中海地区。欧洲和非洲有栽培。我国各地均有引种，尤以新疆种植面积最大。杭州市区、桐庐、淳安、宁波市区、奉化、宁海、平阳（南麂）等地也有栽培。

花含芳香油，是调制化妆品、皂用香精的重要原料；也是优美的观赏植物，可作为花海或花境的材料。

2. 羽叶薰衣草　（图7-190）

Lavandula pinnata Lundmark

常绿亚灌木或灌木，具有较淡的香味。叶片二回羽状深裂，上面灰绿色，覆盖粉状物。穗状花序长3～5cm，具长的花序梗，密被星状茸毛；花萼卵状管形或近管形，13脉，二唇形，上唇1齿较宽而长，下唇4齿短；花冠粉紫色，长超过花萼的2倍，内面中部具毛环，冠檐二唇形，上唇直伸，2裂，裂片较大，彼此稍重叠，下唇开展，3裂；雄蕊4，着生在毛环上方，内藏，前对较长。小坚果光滑。花期11月至次年5月。

原产于加那利群岛，现世界各地均有栽培。海宁、杭州市区、临安、诸暨、鄞州、慈溪、普陀、丽水市区、平阳（南麂）等地也有栽培。

花期长，适作切花、插花或园林配置，也可盆栽供观赏。

本种叶片二回羽状深裂而与薰衣草容易区别。

图7-190　羽叶薰衣草

⑦ 夏至草属 Lagopsis (Bunge ex Benth.) Bunge

多年生草本，披散或上升。叶片阔卵形、圆形、肾状圆形，掌状浅裂或深裂。轮伞花序腋生；小苞片针刺状；花小，白色、黄色至褐紫色；花萼管形或管状钟形，具5或10脉，萼齿5，不等大，其中2齿稍大；花冠筒内面无毛环，冠檐二唇形，上唇直伸，全缘或间有微缺，下唇3裂，中裂片宽大，心形；雄蕊4，前对较长，均内藏于花冠筒内，花药2室，叉开；花柱内藏，先端2浅裂。小坚果卵圆状三棱形。

4种，主产于亚洲北部。我国有3种；浙江有1种。

夏至草 （图7-191）

Lagopsis supina (Stephan) Ikonn.-Gal.

多年生草本，直立或披散。茎高15～35cm，四棱形，密被短柔毛，常在基部分枝。叶轮廓近圆形，长、宽1.5～3cm，先端圆形，基部心形，3深裂，裂片有圆齿或长圆形大齿，上面疏生微柔毛，下面沿脉上被长柔毛，余部具腺点；基生叶的叶柄长2～3cm，茎上部的较短。轮伞花序疏生花；花萼管状钟形，长约4mm，外密被微柔毛，萼齿5，不等大，先端刺尖，果时明显展开；花冠白色，长约7mm，外面密被白色绵状长柔毛，冠檐二唇形，上唇比下唇长；雄蕊着生于花冠筒中部稍下，不伸出，后对较短；花柱先端2浅裂。小坚果长卵形，长约1.5mm，有鳞秕。花期3—4月，果期5—6月。

图7-191　夏至草

　　产于杭州市区、临海、丽水市区等地。生于低海拔的路边荒地上或地边草丛中。分布于华北、东北、西北、华东和西南等地。东北亚也有。

⑧ 藿香属 **Agastache** Clayton ex Gronov.

　　多年生直立草本，植株具香气。叶片边缘有锯齿。轮伞花序具多花，组成顶生而密集的穗状花序；花萼管状倒圆锥形，具5齿；花冠二唇形，上唇直立，先端2裂，下唇开展，3裂，中裂片较大；雄蕊4，伸出花冠外，后对较长，花药卵形，2室，初平行，后多少叉开；花柱着生于子房底，顶端近2等裂。小坚果顶端被毛。

　　约9种，仅1种产于东亚，其他8种均产于北美洲。我国有1种；浙江也有。

藿香 （图7-192）
Agastache rugosa (Fisch. et C.A. Mey.) Kuntze

　　多年生直立草本，全株有强烈香味，高0.4～1.2m。茎被细短毛或近无毛。叶片心状卵形或长圆状披针形，长3～10cm，宽1.5～6cm，先端尾状渐尖，基部心形，边缘具粗齿，上面近无毛，下面脉上有柔毛，密生凹陷腺点；叶柄长0.7～2.5cm。轮伞花序具多花，密集成顶生的穗状花序，长3～8cm；花萼长约6mm，被黄色小腺点及具腺微柔毛，有明显15脉，萼齿三角状披针形；花冠淡紫红色或淡红色，偶白色，长约8mm，花冠筒稍伸出于花萼；雄蕊均伸出花冠外。小坚果卵状长圆形，长约2mm，顶端有毛。

图7-192　藿香

花期6—9月，果期9—11月。

产于全省各地，栽培或逸生。生于房前屋后或农地边，海拔可达1200m。分布于全国各地。东亚和北美地区也有栽培。

全草可入药，有芳香化浊、和中止呕、发表解暑等功效；还有杀菌功能，口含1叶可除口臭，预防传染病，并能用作防腐剂。

⑨ 荆芥属 Nepeta L.

多年生草本，稀为一年生草本或亚灌木。叶具齿，上部叶有时全缘。花组成轮伞花序或聚伞花序，分离或聚集成穗状、头状、总状或圆锥状花序；花多为两性，偶为雌花两性花同株或异株；花萼管状，倒锥形，萼齿5，等大或不等大；花冠小或中等大，花冠筒内无毛环，冠檐二唇形，上唇2深裂或浅裂，下唇大于上唇，3裂，中裂片最宽大；雄蕊4，后对较长，均能育，药室2；花柱丝状，伸出，先端近相等2裂。小坚果长圆状卵形。

约250种，分布于亚洲、欧洲温带地区和非洲南部，以地中海地区、中亚和西南亚种类最丰富。我国有42种，主要分布于四川、云南、西藏和新疆；浙江有3种。

分种检索表

1. 多年生草本；叶片具齿，但不分裂；两对雄蕊互相平行。
  2. 花冠下唇中裂片近圆形，先端凹陷；茎被短柔毛；叶片先端钝或锐尖 ············ 1. 荆芥 N. cataria
  2. 花冠下唇中裂片倒心形，先端圆形；茎被微柔毛；叶片先端尾状渐尖 ········· 2. 浙荆芥 N. everardi
1. 一年生草本；叶片指状3裂；两对雄蕊不互相平行 ·················· 3. 裂叶荆芥 N. tenuifolia

1. 荆芥 （图7-193）

Nepeta cataria L.

多年生草本。茎基部木质化，高0.4~1.5m，被白色短柔毛。叶片草质，卵状至三角状心形，长2.5~7.5cm，宽2.5~4.7cm，先端钝尖至锐尖，基部心形至截形，边缘具粗圆齿或牙齿，上面被极短硬毛，下面被短柔毛，侧脉3~4对；叶柄长0.7~3cm。花组成二歧聚伞花序，下部的腋生，上部的成连续或间断的圆锥花序；花萼管状，长约6mm，外被白色短柔毛，花后增大成瓮状，纵肋十分清晰；花冠白色，下唇有紫点，外被白色柔毛，内面在喉部被短柔毛，冠檐二唇形，上唇短，先端具浅凹，下唇3裂，中裂片近圆形；雄蕊内藏，花丝扁平，无毛；花柱线形，先端2等裂。小坚果卵形，灰褐色。花期7—9月，果期9—10月。

原产于欧洲和亚洲北部，北美洲和非洲南部有栽培或逸生。华北、西南、西北及江苏、福建、湖南、广东等地有栽培。湖州、杭州、丽水、温州等市区有零星栽培。

供观赏，适作花境布置。

图 7-193　荆芥

2. 浙荆芥 （图 7-194）

Nepeta everardi S. Moore

多年生直立草本。茎高 0.6～1 m，被微柔毛。叶片薄纸质，三角状心形，长 4～7.5 cm，宽 3～6 cm，生于侧枝上的较小，先端尾状渐尖，基部平截或心形，边缘具牙齿状圆齿，两面均被短细毛茸；叶柄扁平，边缘具狭翅，长 1.5～4.5 cm。聚伞花序组成顶生圆锥花序；花序基部的苞片叶状，长于聚伞花序，上部的苞片渐短，均为条形；花萼管状，长约 5 mm，纵肋显著，外密被小刚毛和短腺毛，萼檐呈二唇形；花冠紫色、淡紫色至近白色，长达 2 cm，花冠筒向上渐宽大，外被微柔毛，冠檐二唇形，上唇短，先端 2 圆裂，下唇 3 裂，中裂片大，倒心形；雄蕊 4，花丝扁平，无毛；花柱线形，伸出，先端 2 等裂。小坚果卵状三棱形，深褐色。花果期 5—9 月。

产于宁波市区、鄞州（天童）、余姚、宁海、仙居等地。生于海拔 500 m 以下的山脚田边或低山坡林下。分布于江苏、安徽、湖北等地。模式标本采自宁波。

图 7-194　浙荆芥

3. 裂叶荆芥 （图7-195）

Nepeta tenuifolia Benth.—*Schizonepeta tenuifolia* (Benth.) Briq.

一年生草本。茎高0.3～1m，四棱形，被灰白色短柔毛。叶片草质，通常为指状三裂，长1～3.5cm，宽1.5～2.5cm，先端锐尖，基部楔状下延至叶柄，裂片披针形，宽1.5～4mm，中间的较大，全缘，上面被微柔毛，下面被短柔毛，有腺点；叶柄长约2～10mm。轮伞花序组成间断的顶生穗状花序，长2～13cm；花萼管状钟形，长约3mm，被灰色疏柔毛，具15脉，萼齿5，后面的较前面的为长；花冠青紫色，长约4.5mm，外被疏柔毛，内面无毛，花冠筒向上扩展，冠檐二唇形，上唇2浅裂，下唇3裂；雄蕊4，后对较长，均内藏，花药蓝色；花柱先端近相等2裂。小坚果长圆状三棱形，褐色，有小点。花期7—9月，果期9—10月。

原产于朝鲜半岛和我国东北、华北、西北及四川、贵州。江苏、福建、云南等地有栽培。杭州市区、萧山、临安、桐庐、淳安、永康、天台、温岭等地有栽培。

全草及花穗可供药用。

图7-195　裂叶荆芥

⑩ 活血丹属 Glechoma L.

多年生直立或匍匐状草本。叶具长柄。轮伞花序具2～6花，腋生；花萼管状或钟状，具15脉，萼齿5，呈不明显的二唇形，上唇3齿，略长，下唇2齿，较短；花冠管状，上部膨大，冠檐二唇形，上唇直立，不成盔状，顶端微凹或2裂，下唇平展，3裂，中裂片较大；雄蕊4，药室长圆形，平行或略叉开；花柱先端近相等2裂。小坚果光滑或有小凹点。

约8种，广泛分布于欧亚大陆温带地区，南、北美洲有栽培。我国有5种；浙江有2种。

1. 活血丹 （图7-196）

Glechoma longituba (Nakai) Kupr.

多年生草本。茎匍匐，长达50cm，逐节生根，花枝上升，高10～20cm，幼嫩部分被疏长柔毛，后变无毛。叶片心形或近肾形，长1～3cm，宽1～4cm，两面有毛或近无毛。轮伞花序常具2花，稀具4～6花；花萼管状，长8～10mm，外面被长柔毛，萼齿5，先端芒状，边缘具缘毛；花冠淡蓝色、蓝色至紫色，花冠筒直立，先端膨大成钟形，有长筒和短筒两型，长的达2cm，短的

图7-196　活血丹

约 1.2 cm，冠檐二唇形，下唇具深色斑点；雄蕊 4，内藏，无毛，花药 2 室，略叉开。小坚果长圆状卵形，顶端圆，基部略呈三棱形。花期 3—5 月，果期 5—6 月。

全省各地常见。生于海拔 1200 m 以下的林缘、疏林下、草地中、田边等阴湿处。分布于除西北外的我国各地。俄罗斯和朝鲜半岛也有。

全草或茎、叶可入药，有清热解毒、排石通淋等功效。

2. 欧活血丹
Glechoma hederacea L.

多年生蔓生草本。茎匍匐，逐节生根，花枝上升，除节上被倒向糙伏毛外，其余近无毛。叶草质，茎基部的较小，叶片近圆形，有较长的叶柄；茎上部叶较大，叶片肾形或肾状圆形，长 0.8～1.3 cm，宽约 2 cm，先端圆形，基部心形，边缘具粗圆齿，两面无毛；叶柄长 0.8～1.8 cm，两侧被倒向钩状毛。轮伞花序具 2～4 花，腋生；花萼管状，上部微弯，长 5～7 mm，呈不甚明显的二唇形，上唇 3 齿，下唇 2 齿，齿短，卵形；花冠紫色，长约 1 cm，花冠筒挺直，向上渐宽大而呈漏斗状，冠檐二唇形，上唇直立，先端 2 裂，下唇斜展，3 裂，中裂片最大，扇形；雄蕊 4，内藏，花药 2 室，不叉开。花期 5 月。

原产于欧洲、俄罗斯和我国新疆。现世界各地常有栽培。杭州市区、宁波市区、温州市区等地常见栽培的是其园艺品种花叶欧活血丹 'Variegata'（图 7-197）。

常用作园林地被植物或花境配置。

本种与活血丹的区别在于花萼较小，长不超过 7 mm，萼齿短，卵形，叶无毛。

图 7-197　花叶欧活血丹

11 龙头草属 Meehania Britton

多年生草本，直立或具匍匐茎。叶片心状卵形至披针形，边缘具锯齿。轮伞花序少花，松散，组成顶生稀腋生的假总状花序；花大型；花萼具15脉，萼齿5，上唇具3齿，略高，下唇具2齿，略低；花冠筒管状，基部细，向上至喉部渐扩大，内面无毛环，冠檐二唇形，上唇较短，顶端微凹或2裂，下唇伸长，中裂片较大；雄蕊4，后对较长，花药2室，初时平行，成熟后叉开并贯通成1室；花柱先端相等2浅裂，伸出花冠外。小坚果长圆形或长圆状卵形，有毛。

约8种，7种分布于亚洲东部的温带至亚热带地区，1种分布于北美东部。我国有7种；浙江有3种。

分种检索表

1. 地上茎二型，分营养茎和生殖茎；植株直立，高25～80cm；叶片两面平滑 ·············
·· 1. 洪林龙头草 **M. hongliniana**
1. 地上茎一型，不分营养茎和生殖茎；植株较矮小，高不超过40cm；叶片两面不平滑。
　2. 茎先端延长成长匍枝；叶片较大，长5～11cm，背面绿色 ···················
·· 2. 走茎龙头草 **M. fargesii** var. **radicans**
　2. 茎基部平卧，先端不延长成长匍枝；叶片较小，长2.8～4.5cm，背面常紫色 ·········
·· 3. 高野山龙头草 **M. montis-koyae**

1. 洪林龙头草 （图7-198）
Meehania hongliniana B.Y. Ding et X.F. Jin

多年生直立草本。茎不分枝，分营养茎和生殖茎，营养茎高50～80cm，疏被短硬毛，叶片卵状披针形或狭卵状长圆形，长6～20cm，宽2～5cm，先端渐尖，基部圆形或浅心形，边缘具疏锯齿，侧脉4～5对；叶柄长1～3cm，上方两侧各具1列长硬毛；生殖茎高25～50cm，与叶柄均密被长硬毛，叶片卵形或卵状心形，两面被短硬毛。花成对或4～6朵生于花茎上部叶腋，组成长20～30cm的假总状花序；苞片叶状，与花茎叶同形，向上渐小；花萼管状，长1.7～1.9cm，萼檐二唇形，萼齿三角形，外面被短硬毛；花冠蓝紫色，偶粉红色，长4～4.5cm，花冠筒管状，中部以上逐渐扩大，檐部二唇形，上唇2裂，下唇3裂，中裂片较大，具紫红色斑点和长柔毛。小坚果长圆形，被微柔毛。花期3—4月，果期5—6月。

产于开化（南华山、白石尖、长虹、坝头）。生于海拔300～400m的沟谷林下。分布于安徽。模式标本采自开化杨林南华山。

本种与肉叶龙头草 M. faberi (Hemsl.) C.Y. Wu 较相似，但后者植株较矮小，高18～25cm，茎一型，花序长5～8cm，苞片卵状披针形或披针形，长2～3mm，全缘或近全缘，花萼长1.1～1.3cm，而与本种有明显区别。

图7-198　洪林龙头草

2. 走茎龙头草 (变种) (图7-199)

Meehania fargesii (H. Lév.) C.Y. Wu var. **radicans** (Vaniot) C.Y. Wu—*M. urticifolia* (Miq.) Makino var. *angustifolia* (Dunn) Hand.-Mazz.

　　多年生草本，高约30cm。茎柔弱，基部匍匐生根，先端常形成长匍枝，长可达80cm，幼时疏被多节长柔毛。叶片卵状心形至长圆状卵形，长5～11cm，宽2～5cm，先端短渐尖，基部心形，边缘具圆钝锯齿，两面疏生多节柔毛，脉上较密；叶柄在下部者较长，上部者渐短。花通常成对生于茎上部1～3节叶腋；花萼脉上疏生长柔毛，上唇3齿，下唇2齿；花冠淡红色至紫红色，长3～4.5cm，外面疏生柔毛，冠檐二唇形，上唇直立，2裂，下唇3裂，中裂片长圆形，顶端浅裂，两侧裂片长为中裂片之半；雄蕊4，略成二强，内藏。小坚果狭倒卵形，长约3mm。花果期4—6月。

产于安吉、临安、桐庐、淳安、余姚、开化、磐安、天台、临海、缙云、文成、泰顺等地。生于海拔500～1600m的山地沟谷疏林下或山坡混交林中。分布于江西、湖北、广东、四川、云南等地。

本变种与华西龙头草 M. fargesii 的区别在于后者植株矮小直立，先端不形成长匍枝，叶片较小，长2.8～6.5cm。在中国科学院植物研究所和江苏省中国科学院植物研究所标本馆中多份浙江标本被鉴定为梗花华西龙头草 M. fargesii var. pedunculata (Hemsl.) C.Y. Wu，但花序梗长短变化较大，有些茎先端有明显的匍枝，有些则无明显匍枝，说明两个性状间存在过渡和交叉，本志不予划分。

图 7-199　走茎龙头草

3.高野山龙头草 （图7-200）

Meehania montis-koyae Ohwi

多年生直立草本，高10～40cm。茎细弱，基部平卧，不具匍匐茎，幼嫩部分通常被短柔毛。叶片心形至卵状心形，长2.8～4.5cm，宽2～3.5cm，通常生于茎中部的叶较大，先端急尖至短渐尖，基部心形，边缘具圆齿，上面疏被糙伏毛，下面疏被柔毛，叶脉隆起，背面紫色，具下凹腺点。花通常成对着生于茎上部2～3（7）节叶腋；花萼外面被微柔毛，上唇3裂，下唇2裂；花冠淡红色至淡紫色，长约3.8cm，脉上具长柔毛，其余疏被短柔毛，冠檐二唇形，上唇直立，2浅裂，下唇增大，前伸，中裂片舌状，具紫红色斑块，顶端2浅裂，侧裂片较小，长圆形，长为中裂片的1/3。小坚果长椭圆形，黑色，具纵肋，长约3mm。花果期4—6月。

产于桐庐、淳安、衢江、开化、江山、武义、遂昌、松阳、龙泉、庆元、景宁、文成、泰顺等地。生于海拔400～1600m的沟谷、山坡竹林和阔叶林下。分布于安徽、福建。日本也有。

图7-200　高野山龙头草

⑫ 夏枯草属　Prunella L.

多年生草本。轮伞花序具6花，密集成顶生假穗状花序；苞片宽大，膜质，覆瓦状排列；萼檐二唇形，果期闭合，上唇扁平，先端宽截形，具短的3齿，下唇2半裂，裂片披针形；花冠筒常伸出于花萼，冠檐二唇形，上唇直立，盔状，下唇3裂，中裂片较大；雄蕊4，前对较长，花丝先端2裂，下裂片具花药，上裂片钻形或呈不明显瘤状，药室2，叉开；花柱先端相等2裂。小坚果光滑或具瘤。

约7种（有些学者认为约15种），广泛分布于欧亚大陆温带地区及热带山区，非洲西北部及北美洲也有。我国有4种，其中1种为引种栽培；浙江有2种。

1. 夏枯草 （图7-201）

Prunella vulgaris L.

多年生草木，高15～40cm。茎常带紫红色，被稀疏的糙毛或近无毛。叶片卵状长圆形或卵形，长1.5～5cm，宽1～2.5cm，先端钝，基部圆形、截形至宽楔形，下延至叶柄成狭翅，边缘具不明显的波状齿或近全缘，上面具短硬毛或近无毛，下面近无毛。轮伞花序密集成顶生长2～4.5cm的穗状花序，整体轮廓呈圆筒状，每一轮伞花序下承以苞片；苞片宽心形，先端锐尖或尾尖，背面和边缘有毛；花萼管状钟形，长8～10mm，檐部二唇形；花冠紫色、蓝紫色、红紫色，长13～18mm。小坚果长圆状卵形，黄褐色，长约1.8mm。花期5—6月，果期6—8月。

全省各地常见。生于荒坡、草地、溪边及路旁等湿润地上，海拔可达1500m。除东北外，我国各地均有分布。亚洲、欧洲、非洲、北美洲也有。

全草含挥发油，叶含金丝桃苷、芦丁，花穗含夏枯草苷，均可入药；叶也可代茶。

图7-201　夏枯草

本种有变型白花夏枯草 form. **alba** J.C. Nelson，区别在于花为白色，浙江有零星分布。

《中国植物志》和 *Flora of China* 记载浙江还有山菠菜 *P. asiatica* Nakai，与夏枯草的区别在于植株粗壮，花冠长 1.8～2.1cm，明显伸出，但实际上难以区分。

2. 大花夏枯草 （图7-202）

Prunella grandiflora (L.) Jacq.

多年生草本，有匍匐根状茎。茎上伸，高15～60cm，钝四棱形，具柔毛状硬毛。叶片卵状长圆形，长3.5～4.5cm，宽2～2.5cm，先端钝，基部近圆形，全缘，两面疏生硬毛，边缘具细缘毛；叶柄长2.5～4cm，具硬毛。轮伞花序密集组成长约4.5cm的穗状花序，每一轮伞花序下承以苞片；花萼长8mm，外面沿脉上疏生硬毛，内面无毛，萼檐二唇形；花冠蓝色或蓝紫色，长2～2.7cm，花冠筒长9mm，弯曲，内部有毛环，冠檐二唇形，上唇长圆形，向下弯曲，下唇宽大，3裂，中裂片较大；雄蕊4，前对较长，花丝顶端有不明显的钝齿，花药2室，药室极叉开；花柱先端相等2浅裂。小坚果近圆形，略具瘤状突起。花期9月，果期9—10月。

原产于欧洲，经巴尔干半岛及西亚至亚洲中部。黑龙江、辽宁、河北、江苏等地有引种。杭州等地也有栽培。

常用于花境配置，也可盆栽供观赏。

本种与夏枯草的区别在于最上面1对叶远离花序，因而花序明显具长梗，花冠大，长超过2cm，具向上弯曲的花冠筒。

图7-202　大花夏枯草

⑬ 铃子香属　Chelonopsis Miq.

草本或亚灌木。叶对生，稀3叶轮生。聚伞花序腋生；花萼钟状，具10脉，萼齿4～5，花后明显增大；花冠大而美丽，冠檐近二唇形，上唇短小，直立，全缘或微凹，下唇较长，近开展，3裂，中裂片最大，先端微凹或边缘波状；雄蕊4，前对较长，花药成对靠近，2室，叉开至平叉开，常两端具须毛；花盘平顶或斜向，后裂片呈指状增大。小坚果4，顶端具翅。

约16种，分布于亚洲。我国有13种；浙江有1种。

浙江铃子香 （图7-203）
Chelonopsis chekiangensis
C.Y. Wu

多年生直立草本，具根状茎。茎高40~70cm，钝四棱形，具槽。叶对生；叶片椭圆形或披针形，长8~16cm，宽3~7cm，先端渐尖，基部宽楔形，边缘有浅锐锯齿，两面仅脉上有具节硬毛，侧脉8~10对，下面明显弧状网结；叶柄长5~15mm。聚伞花序具3~5花，果时长可达5cm；花序梗长1~1.5cm；花萼钟状，长8~10mm，花后囊状增大，长15~20mm，明显具10脉，上部并有网状横脉；花冠紫红色，长3~4cm，花冠筒直伸，上唇全缘，下唇3浅裂；雄蕊不伸出，花药两端具须状毛；花盘杯状，倾斜；花柱较雄蕊长，柱头不等2裂。小坚果长约1cm，褐色，具长翅。花期8—9月，果期9—10月。

产于临安、诸暨、嵊州、宁波市区、余姚、奉化、天台等地。生于海拔600m以上的山坡或沟谷林下。分布于安徽、江西等。模式标本采自诸暨枫桥（R.C. Ching 3724采集记录为 Sia Kan, Fanchiao, Hangchow，经考证应该是诸暨枫桥西坑）。

图7-203　浙江铃子香

⑭ 绣球防风属 Leucas R. Br.

草本或亚灌木，通常被毛。叶片全缘或具锯齿。轮伞花序少花至多花，疏离；花萼管状、管状钟形或倒圆锥状，具10脉，萼齿8～10，等大或偶有不等大；花冠筒不超出萼外，冠檐二唇形，上唇直伸，盔状，全缘或偶有微凹，外密被长柔毛，下唇长于上唇，3裂，中裂片最大；雄蕊4，前对较长，上升至上唇之下，花药2室，药室极叉开，其后贯通；花柱先端不等2裂，后裂片极短。小坚果卵状三棱形。

约100种，分布自非洲南部、热带非洲及马达加斯加，经阿拉伯至印度及马来西亚，个别种延至澳大利亚及太平洋岛屿，南美洲有2种逸生。我国有8种；浙江有1种。

滨海白绒草 （图7-204）
Leucas chinensis (Retz.) R. Br.

蔓生亚灌木。茎长20～50 cm，茎基部木质，枝条极叉开或近平伏，密生白色向上平伏绢状茸毛。叶片小，无柄或近无柄，卵状圆形，长0.8～1.3 cm，宽0.6～1 cm，先端钝，基部宽楔形、圆形或近心形，基部以上具圆齿状锯齿，两面均被白色平伏绢状茸毛，侧脉2～3对。轮伞花序腋生，具3～8花；花萼管状钟形，长约5 mm，外面密被绢状茸毛，萼齿10，长约

图7-204　滨海白绒草

1mm，长三角形，近等大；花冠白色，长约1.1cm，花冠筒细长，喉部稍膨大，比萼筒长，内面在中部以上有稀疏毛环，冠檐二唇形，上唇直伸，外被白色长柔毛，下唇开张，3裂，中裂片最大，近于肾形；雄蕊内藏，花药卵圆形。花果期8—11月。

产于普陀、玉环、洞头、瑞安、平阳、苍南等地，《泰顺县维管束植物名录》记载泰顺也有，但未见标本。生于沿海及岛屿的滨海沙地、山脚和山坡灌草丛。分布于我国台湾、海南等地。

在《浙江植物志》中，本种被误定为疏毛白绒草 *L. mollissima* Wall. var. *chinensis* Benth.，区别在于后者叶片较大，长1.5～4cm，宽1～2.5cm，两面被柔毛状茸毛，萼齿常5长5短。

⑮ 糙苏属　Phlomis L.

多年生草本。叶对生。轮伞花序多花，腋生；苞片与茎生叶同形，上部的渐变小；花萼管形或管状钟形，口部截形，萼齿5，针刺状，齿间常具2个小齿；花冠筒内藏或略伸出，内面常具毛环，冠檐二唇形，上唇直立或弯曲，覆于下唇之上，密生长毛，下唇宽展，具3圆裂片；雄蕊4，前对较长，均上升至上唇片之下，后对花丝基部常有突出的附属器，花药2室；花盘近全缘；花柱顶端不等2裂。小坚果卵状三棱形，无毛或顶端具毛。

100余种，分布于亚洲、欧洲和非洲。我国有43种；浙江有1种。

南方糙苏（变种）（图7-205）
Phlomis umbrosa Turcz. var. **australis** Hemsl.

多年生草本，主根粗壮。茎直立，高50～70cm，疏生倒向短硬毛。叶片膜质，近圆形、卵圆形至卵状长圆形，长5～15cm，宽2.5～11cm，先端圆钝或急尖，基部浅心形，边缘有圆齿

图7-205　南方糙苏

状牙齿，顶齿较长，两面疏被柔毛及星状毛；叶柄长5～6cm，密被短硬毛。轮伞花序具4～8花，腋生于主茎及分枝上；苞叶变小，通常宽卵形，边缘有锯齿；小苞片条形或条状披针形，长7～10mm；花萼管形，长约1cm，外面有星状毛，萼齿先端具小刺尖，齿间具2个不明显小齿；花冠通常粉红色，长约1.7cm，花冠筒内面有小毛环，上唇边缘具不整齐小齿，与下唇外面均密被绢毛。小坚果无毛。花期8—9月，果期10月。

产于安吉（龙王山）、临安、金华市区（北山）、临海（括苍山）、莲都、景宁等地。生于海拔800～1200m的山坡或山谷林下。分布于西南及安徽、湖北、湖南、陕西、甘肃等地。

与糙苏 P. umbrosa 的区别在于后者叶片质地较厚，边缘具锯齿状牙齿；小苞片条状钻形，较坚硬。

⑯ 野芝麻属 Lamium L.

一年生至多年生草本。轮伞花序具多花，生于茎的上部叶腋；花萼管状钟形或倒圆锥状钟形，具5或10脉，萼齿5；冠檐二唇形，上唇直伸，多少盔状内弯，下唇向下伸展，3裂，中裂片较大，倒心形，先端微缺或2深裂；雄蕊4，前对较长，均上伸至上唇片之下，花药被毛，2室，水平叉开；花柱先端近相等2浅裂。小坚果长圆状或倒卵状三棱形，顶端截形，基部渐狭。

约40种，产于亚洲、欧洲及北非，北美洲有引种。我国有4种；浙江有2种。此外，银斑叶山野芝麻 L. galeobdolon (L.) Crantz subsp. montanum (Pers.) Hayek 'Florentinum' 在本省城市园林或植物园中也有少量栽培，可以露地越冬。

1. 宝盖草 （图7-206）
Lamium amplexicaule L.

一年生或二年生矮小草本。茎高10～30cm，基部多分枝，常带紫色。叶片圆形或肾形，长0.5～2cm，宽1～2.5cm，先端圆，基部截形或心形，边缘具深圆齿或浅裂，两面有伏毛，下部叶有长柄，上部叶近无柄而半抱茎。轮伞花序具6～10花，其中常有闭花授粉的花；花萼管状钟形，长4～6mm，外面被白色长柔毛，萼齿5；花冠紫红色或粉红色，长1.5～1.8cm，花冠筒基部无毛环，冠檐二唇形，上唇直伸，下唇稍长，3裂，中裂片倒心形，先端深凹；花药被长硬毛。小坚果倒卵状三棱形，表面有白色疣状突起，长约2mm。花果期3—5月，10—11月也见开花结果。

全省各地常见。生于低海拔的农地、园地、林缘、沼泽草地及宅旁荒地，为田间杂草。分布于华东、华中、西南、华北、西北等地。欧洲、亚洲（东部、北部和西南部）也有。

图 7-206　宝盖草

2. 野芝麻 （图7-207）

Lamium barbatum Siebold et Zucc.

多年生植物。茎高0.25～1m。叶片卵状心形至卵状披针形，长2～8cm，宽2～5cm，先端尾状渐尖，基部浅心形，两面被毛。轮伞花序具4～14花，生于茎上部叶腋；花萼钟形，长约1.5cm，外面疏被伏毛；花冠白色或略带黄色，长2～3cm，花冠筒基部有毛环，冠檐二唇形，上唇直立，下唇3裂，中裂片倒肾形，先端深凹；花药深紫色，被柔毛。小坚果倒卵形，有3棱，长约3mm。花果期4—7月。

全省各地常见。生于房前屋后、溪旁、田埂及荒地草丛中，也见于山坡林缘，海拔可达1300m。分布于东北、华北、华东、华中、西南及陕西等地。日本、朝鲜半岛和俄罗斯也有。

本种与宝盖草的区别在于上部茎生叶不抱茎，叶片卵状心形至卵状披针形，花冠白色，花冠筒基部有毛环。

图7-207　野芝麻

⑰ 小野芝麻属　Galeobdolon Adans.

一年生或多年生草本,稀灌木状。叶具柄。轮伞花序具2～8花;花萼钟形,具5脉,脉间的副脉不明显,萼齿5,后3齿略大于前2齿;花冠紫红色或粉红色,稀黄色,伸出花萼外,花冠筒内面有毛环,冠檐二唇形,上唇直伸,下唇平展,3裂,中裂片较大;雄蕊4,前对较长,花药卵圆形,2室,药室无毛,叉开;花柱丝状,先端近相等2浅裂。

约6种,其中1种分布于西欧及伊朗北部,1种分布于日本,其余均产于我国东部、南部至西南的四川。浙江有1种。

小野芝麻　（图7-208）
Galeobdolon chinense (Benth.) C.Y. Wu

一年生草本,高10～50cm,有时具块根。茎密被污黄色茸毛。叶片卵形或卵状披针形,长1.5～7cm,宽1～3cm,先端钝至急尖,基部楔形,边缘具圆齿状锯齿,上面密被伏毛,下面被污黄色茸毛。轮伞花序具2～6花;花萼外面密被茸毛,萼齿5,先端渐尖呈芒状;花冠粉红色,有时近白色,长1.5～2cm,外面被白色长柔毛,花冠筒内面下部有毛环,冠檐二唇形;雄蕊花丝扁平,无毛,花药紫色,无毛。小坚果三棱状倒卵圆形,长约2mm。花期3—5月,果期4—6月。

产于宁波、温州及长兴、杭州市区、临安、建德、诸暨、普陀、衢州市区、开化、金华市区、磐安、永康、武义、台州市区、天台、临海、仙居、玉环、莲都、龙泉等地。生于海拔600m以下的山坡林下、溪边灌草丛或竹林中。分布于江苏、安徽、福建、江西、湖南、台湾、广东、广西等地。

图7-208　小野芝麻

疏毛小野芝麻（变种）
var. subglabrum C.Y. Wu

与小野芝麻的区别在于叶片菱形，边缘具圆齿状粗齿，两面均被稀疏贴生短硬毛。

产于安吉。模式标本采自安吉铜山（《中国植物志》中误写为江西吉安）。

⑱ 假龙头花属 Physostegia Benth.

多年生草本，具根状茎，无毛或近无毛。叶大多无柄，抱茎，基部叶有时具柄。轮伞花序组成总状，花近无梗；花萼辐射对称，果期稍膨大，5裂，裂片等长；花冠二唇形，4裂（1/3式），下唇平坦或稍突起，通常全缘或先端凹陷；雄蕊等长或前对较长，花丝具茸毛，花药平行；花盘背裂片等长于子房或达2倍；花柱裂片相等或近相等。小坚果三棱形，无毛，光滑或具疣状突起。

12种，分布于北美洲。我国引种栽培1种；浙江也有。

假龙头花　如意草　（图7-209）
Physostegia virginiana (L.) Benth.

多年生宿根草本，株高0.5～0.8m，全体无毛。地上茎丛生而直立，四棱形。单叶对生；叶片狭长圆形至条状披针形，亮绿色，长7.5～13cm，先端渐尖，边缘具锯齿；无

图7-209　假龙头花

柄。轮伞花序组成顶生长20～30cm的穗状花序，每轮具2花，花序自下端往上逐渐绽开，花密集；花萼5裂，萼齿近等长；花冠颜色因品种而异，紫红色、玫红色、粉红色到白色，花冠筒长1.8～2.5cm，冠檐二唇形，上唇发达，长于下唇；雄蕊4，后对较短。小坚果三棱形，光滑。花期7—9月。

原产于北美洲。辽宁、河北、江苏、福建、湖北、云南、西藏、陕西、宁夏、青海等地有引种。嘉兴、杭州、宁波、温州等市区园林也有栽培。

本种花期较长，是一种具有很高观赏价值的花卉，有白色、粉色、深桃红色、红色、玫红色、雪青色、紫红色或斑叶等园艺品种。

⑲ 益母草属 Leonurus L.

直立草本。叶片具粗锯齿、缺刻或掌状分裂。轮伞花序多花密集，腋生，多数排列成长穗状花序；小苞片钻形或刺状；花萼倒圆锥形或管状钟形，具5脉，萼齿5，先端针刺状；冠檐二唇形，上唇全缘，直伸，下唇3裂；雄蕊4，前对较长，花药2室，药室平行；花柱先端相等2裂。小坚果有3棱，顶端截平，基部楔形。

约20种，分布于亚洲、欧洲，少数种在美洲、非洲各地逸生。我国有12种；浙江有2种。《浙江种子植物检索鉴定手册》记载浙江还有錾菜 *L. pseudomacranthus* Kitag. 分布，但作者仅见浙江自然博物馆有1份营养体标本，叶片羽状浅裂，可能是硬毛地笋 *Lycopus lucidus* var. *hirtus* 的幼株。

1. 益母草　（图7-210）
Leonurus japonicus Houtt. —*L. artemisia* (Lour.) S.Y. Hu

一年生或二年生草本。茎直立，高0.3～1.2m，有倒向糙伏毛，在节及棱上尤为密集。叶片轮廓变化很大，基生叶圆心形，直径4～9cm，边缘5～9浅裂，每裂片有2～3钝齿；茎下部叶为卵形，掌状3裂，中裂片长圆状菱形至卵形，长2～6cm，宽1～4cm，裂片上再分裂；茎中部叶为菱形，较小，通常分裂成3个长圆状条形的裂片；最上部的苞叶条形或条状披针形，全缘或具稀少牙齿。轮伞花序具8～15花，腋生，多数远离而组成长穗状花序；小苞片刺状；花萼管状钟形，长6～8mm；花冠粉红色、淡紫红色，长1～1.2cm。小坚果长圆状三棱形，淡褐色，长约2mm。花果期5—10月。

产于全省各地，遂昌有栽培。生于海拔1000m以下的路边荒地、田头地角、山脚草丛等多种生境，尤以阳处为多。分布于全国各地。东亚、南亚、非洲和南北美洲也有。

全草可入药，有效成分为益母草素，广泛用于治疗妇科病。

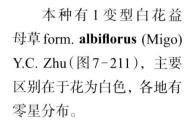

本种有1变型白花益母草 form. **albiflorus** (Migo) Y.C. Zhu（图7-211），主要区别在于花为白色，各地有零星分布。

图 7-211　白花益母草

图 7-210　益母草

2. 假鬃尾草 （图7-212）

Leonurus chaituroides C.Y. Wu et H.W. Li

一年生或二年生草本。茎高0.3～1m，密被倒向微柔毛。基生叶花期枯萎，茎生叶片长圆形至卵圆形，长2.5～6cm，宽1.5～3cm，先端渐尖，基部楔形，掌状3深裂，上面绿色，被微柔毛，下面灰绿色，被微柔毛及腺点；叶柄长小于1cm，被微柔毛。轮伞花序腋生，具2～12花，远离，组成长穗状花序；花萼陀螺状，长约4mm，萼齿5，前2齿较长；花冠白色或紫红色，长7～8mm，花冠筒近等大，冠檐二唇形，上唇直伸，下唇略展开，3裂，中裂片较大，明显2小裂；雄蕊前对较长，花药2室，药室平行；花柱先端相等2浅裂。小坚果卵圆状三棱形，长约2.5mm，栗褐色。

花果期5—10月。

产于安吉、临安、桐庐、淳安、余姚、奉化、衢州市区、开化、金华市区、浦江、东阳、磐安、松阳、青田、永嘉等地。生于海拔600m以下的山坡灌丛或沟谷林下。分布于安徽、湖北、湖南等地。

本种与益母草的区别在于叶片3裂，裂片通常不再分裂，花较小，花冠长7～8mm。

图 7-212　假鬃尾草

20 假糙苏属　Paraphlomis Prain

草本或亚灌木。叶片边缘有锯齿。轮伞花序，少花至多花，有时少至每叶腋仅具1花，有时多少明显地由具总梗或无梗的紧缩聚伞花序组成，在后种情况下常具叶状苞片；花萼具5脉，稀10脉，萼齿5，等大，宽三角形至披针状三角形；冠檐二唇形，上唇扁平而直伸或盔状而内凹，下唇近水平开张，3裂，中裂片较大；雄蕊4，前对较长，花药2室，平行或略叉开；花柱先端近相等2浅裂。小坚果倒卵球形至长圆状三棱形。

约24种，分布于南亚、东南亚和我国南部。我国有23种；浙江有4种。

分种检索表

1.茎和花萼均密被具节长柔毛；叶片卵圆形 ····················· 1. 曲茎假糙苏　**P. foliata**
1.茎和花萼被短柔毛、微柔毛或近无毛（毛果假糙苏茎有较长硬毛，但花萼仅有疏短毛）；叶片卵状椭圆形、卵状披针形或狭椭圆形。
　2.花萼管状，萼齿长三角形；花冠黄色，长16～19mm，外面密被长柔毛 ···················
　　····················· 2. 云和假糙苏　**P. lancidentata**
　2.花萼倒圆锥状，萼齿宽三角形；花冠淡黄色或白色带浅黄色，长6～14mm，外面被短柔毛或微柔毛和透明腺点。

3.茎密被倒向短硬毛或开展的长硬毛；叶片狭椭圆形或长圆状椭圆形；叶柄长2～3mm；花冠较大，长
12～14mm·················· 3.毛果假糙苏 **P. shunchangensis** var. **pubicarpa**

3.茎疏被倒向柔毛；叶片卵状椭圆形或卵形；叶柄长1.5～2.5cm；花冠较小，长仅约6mm··············
·················· 4.短花假糙苏 **P. breviflora**

1.曲茎假糙苏
Paraphlomis foliata (Dunn) C.Y. Wu et H.W. Li

多年生草本，高约30cm。茎密被白色具节长柔毛。叶片卵圆形，长4～9cm，宽3～7.5cm，先端钝或近圆形，基部浅心形，两面密被具节长柔毛，下面满布淡黄色腺点，边缘有整齐的圆齿；叶柄长1.5～5cm，密被白色具节长柔毛。轮伞花序具多花，着生在茎上部各节上；花萼管状，长约8mm，花时长达1cm，外面沿脉上被具节长柔毛，其余散布浅黄色腺点，内面在上部连同萼齿被微柔毛，其余无毛，萼齿5，近等大，三角形，先端为具胼胝尖的小尖头；花冠淡紫色，长约2cm，外面疏被短柔毛，花冠筒伸出萼筒很多，冠檐二唇形；雄蕊4，前对较长，内藏。小坚果长圆状三棱形。花期5—6月。

产于龙泉（泗源）和乐清（福溪）等地。生于海拔200～700m的溪沟边草丛或山坡林缘。分布于安徽、江西、福建、广东等地。

1a.山地假糙苏（亚种）（图7-213）
subsp. **montigena** X.H. Guo et S.B. Zhou

与曲茎假糙苏的区别在于茎直立，不曲折，根茎先端具1至数个肉质纺锤形的块茎，呈念珠状，叶基楔形，萼齿狭三角形，花冠黄色。花果期6—7月。

产于临安（龙塘山）、淳安（金紫尖）、天台（赤城山）、龙泉（凤阳山）、庆元等地。生于海拔600～1600m（天台的低至海拔不足300m）的山坡或山沟疏林下。分布于安徽（歙县）。

图7-213　山地假糙苏

2.云和假糙苏 （图7-214）

Paraphlomis lancidentata Sun

多年生直立草本，高达50cm。茎基部无毛，上部被微柔毛。叶片卵状披针形至披针形，长7~16cm，宽2.5~6cm，先端长渐尖，基部楔形下延至叶柄中部以上，上面被长硬毛，下面被细小微柔毛，边缘具粗牙

图 7-214　云和假糙苏

齿状锯齿；叶柄长1~4cm。轮伞花序腋生，远离；花萼管状，长8~9.5mm，外被微柔毛，内面无毛，萼齿5，长三角形，先端锐尖；花冠淡黄色，长16~19mm，外面密被长柔毛，内面近无毛；雄蕊4，内藏。小坚果三棱形，黑褐色，长约2mm。花期6—8月，果期9—10月。

浙江特有，产于丽水及淳安、开化、永嘉、泰顺等地。生于海拔600~1600m的沟谷林下或阴湿的山坡上。模式标本采自云和。

3.毛果假糙苏（变种）（图7-215）

Paraphlomis shunchangensis Z.Y. Li et M.S. Li var. **pubicarpa** B.Y. Ding et Z.H. Chen

多年生草本，高0.5~2m。茎分枝或不分枝，密被倒向短硬毛或开展的长硬毛。叶片狭椭圆形或长圆状椭圆形，长6~17cm，宽2~5.5cm，先端渐尖或长渐尖，近基部收缩成宽翅状，基部宽楔形至圆形，边缘有圆齿状锯齿和短缘毛，侧脉4~7对，两面脉上有短糙毛，中脉较密；叶柄长2~5mm，被短糙毛。轮伞花序生于茎上部叶腋，具2~6花；花萼倒圆锥形，长5~6mm，萼筒外面疏被短毛，内面无毛，萼齿宽三角形；花冠白色带淡黄色，长1.2~1.4cm，上唇长椭圆形，下唇3裂，中裂片较大，具紫色斑点，侧裂片宽椭圆形，具紫色斑点或纵条纹，花冠筒内面有斜向毛环；雄蕊4，上对略长，花丝中下部有疏柔毛；子房顶端有白色短柔毛，花柱无毛。小坚果三棱状长圆形，顶端具短毛。花期7—8月，果期9—10月。

　　浙江特有，产于景宁（鹤溪和下坑）和文成（铜铃山）。生于海拔300～500m阴湿的沟谷疏林下。模式标本采自文成铜铃山。

　　本变种与顺昌假糙苏 *P. shunchangensis* 的区别在于后者轮伞花序具2～5花，花冠外面、花丝、子房和小坚果均无毛。

图7-215　毛果假糙苏

4. 短花假糙苏 （图7-216）

Paraphlomis breviflora B.Y. Ding, Y.L. Xu et Z.H. Chen

　　多年生草本，有细长根状茎。茎高20～40cm，钝四棱形，具槽，疏被倒向柔毛。叶片卵状椭圆形或卵形，膜质，长7～17cm，宽3.5～8cm，先端渐尖或急尖，基部宽楔形下延，边缘具粗锯齿和缘毛，上面被极疏的短硬毛，下面疏被短柔毛，散布透明腺点，侧脉5～6对；叶柄长1.5～2.5cm。轮伞花序腋生，具8～16花；花萼倒圆锥形，长约5mm，外面被微柔毛，萼齿宽三角形，长1.2mm，甚开展；花冠淡黄色或浅绿白色，长约6mm，花冠筒管状，内藏，上唇椭圆形，长约2.5mm，下唇3裂，边缘蚀齿状，外面被微柔毛和透明腺点，中裂片宽倒卵形，长约3mm，先端微凹，喉部具淡紫色斑纹，侧裂片斜卵形；雄蕊4，前对略长，花药无毛。小坚果三棱柱形，黑褐色，长2～2.5mm，被极细的微柔毛。花果期6—7月。

　　浙江特有，产于武义（西联）、松阳（枫坪）、景宁（鹤溪）等地。生于沟谷阔叶林下或林缘。模式标本采自松阳枫坪粗龚村。

　　本种与八角花 *P. kwangtungensis* C.Y. Wu et H.W. Li 略接近，但后者茎上部密被毛；叶片较小，长6～8cm，宽2～3cm，坚纸质，边缘具浅锯齿，两面密被短柔毛；花冠较大，长约9mm。

图 7-216　短花假糙苏

㉑ 髯药草属　Sinopogonanthera H.W. Li

　　直立草本。轮伞花序具多花，腋生，无梗或仅有极短的总梗和花梗；花萼倒圆锥形，具5齿；花冠筒伸出，内面基部具不完全闭合的毛环，冠檐二唇形，上唇全缘，下唇中裂片先端微凹；雄蕊4，前对较长，花丝扁平，顶端有附属物，花药卵球形，2室极叉开，具髯毛；花柱先端近相等2裂。小坚果长圆状三棱形。

　　3种，分布于安徽和浙江；浙江有2种。

　　本属与假糙苏属的主要区别在于花药极叉开，具髯毛。但两者区别甚微，特别是浙江髯药草与小刺毛假糙苏 *Paraphlomis setulosa* C.Y. Wu et H.W. Li 除了花药外几乎没区别，说明其属的地位值得进一步研究。

1. 中间髯药草 （图7-217）

Sinopogonanthera intermedia (C.Y. Wu et H.W. Li) H.W. Li—*Paraphlomis intermedia* C.Y. Wu et H.W. Li—*Pogonanthera intermedia* (C.Y. Wu et H.W. Li) H.W. Li et X.H. Guo

多年生直立草本，高达1m。茎被倒向微柔毛，下部无叶，上部具叶。叶片卵形，长6～15cm，宽4～7cm，先端锐尖至渐尖，基部楔形下延，边缘有粗圆锯齿，两面疏被短柔毛及腺点；叶柄长1～6cm，被短柔毛。轮伞花序具多花；花萼倒圆锥形，长约5mm，外面疏被短柔毛，内面在齿上被短柔毛，其余无毛，萼齿5，等大，宽三角形，先端有小尖头；花冠白色，长约1.5cm，外面疏被微柔毛及腺点；雄蕊4，前对稍长，花药具髯毛。小坚果长圆状三棱形，长约2.5mm。花期6—8月，果期9—11月。

产于桐庐、衢江、开化、江山、临海、遂昌、龙泉、庆元、景宁、永嘉、平阳等地。生于海拔1200m以下的山坡上、沟谷林下或灌草丛中。分布于安徽。模式标本采自龙泉昂山。

图7-217　中间髯药草

2. 浙江髯药草（新种，待发表）（图7-218）

Sinopogonanthera zhejiangensis H.W. Zhang et X.F. Jin, sp. nov. ined.

多年生草本，具根状茎。茎直立，略带紫色，不分枝，高35～80cm，通常密被倒向的短柔毛。叶片卵形，稀椭圆状卵形，长8～19cm，宽4～9.5cm，先端渐尖，基部宽楔形，边缘具牙齿状齿，两面沿脉疏被白色多节毛，侧脉7～8对；叶柄长1.5～4.5cm，密被白色短柔毛。轮伞花序具7～12花；花萼管状倒圆锥形，长7～10mm，外面密被短柔毛，下部略带紫色，萼齿长圆状披针形，长2.5～3mm，先端尖，被白色短柔毛；花冠淡紫色或近粉白色，长10～14mm，外面密被白色伏贴的长柔毛；雄蕊4，前对较后对稍长，花药具髯毛。小坚果近倒卵球形，长约2mm，顶端近平截。花期6—8月，果期8—10月。

产于临安(昌化)、衢江(灰坪)、开化(古田山)、江山(龙井坑)等地。生于海拔600m以下的山坡林下或山谷林缘草丛中。模式标本采自临安湍口镇塘里村。

本种与中间髯药草的区别在于茎和花萼下部带紫色,萼裂片长圆状披针形,长2.5~3mm,花冠淡紫色或近粉白色,外面密被白色伏贴的长柔毛,叶片无腺点。

图7-218　浙江髯药草

22 水苏属　Stachys L.

一年生或多年生草本,稀为小灌木。轮伞花序具2至多花,常聚集成顶生穗状花序。花萼5或10脉,萼齿5,等大或后3齿较大;花冠筒内藏或伸出,内面近基部常有毛环,冠檐二唇形,上唇直立或近开张,常微盔状,下唇开张,常比上唇长,3裂;雄蕊4,前对较长,花药2室,药室平行或叉开;花柱先端近相等2裂。小坚果卵球形或长圆形,光滑或具瘤。

约300种,广泛分布于全球温带地区,少数至热带山区或至较寒冷的北方,不见于澳大利亚及新西兰。我国有18种,南北均有分布;浙江有7种。

分种检索表

1.一年生或二年生草本；茎多分枝；花冠筒极短，藏于花萼内 ·················· 1. 田野水苏　S. arvensis
1.多年生草本；茎不分枝或少分枝；花冠筒长，伸出花萼外。
  2.叶片两面无毛；茎除棱和节上有小刚毛外无毛 ···················· 2. 水苏　S. japonica
  2.叶片两面有毛；茎被丝状绵毛、长柔毛或长刚毛。
    3.植株有横走的根状茎而无块茎；叶片较狭长，长圆状狭椭圆形、长圆状披针形或披针形，下面密被
      短柔毛或灰白色丝状绵毛。
    4.叶片长圆状披针形或披针形，下面密被灰白色柔毛状茸毛 ·········· 3. 针筒菜　S. oblongifolia
    4.叶片长圆状狭椭圆形，下面密被灰白色丝状绵毛（栽培）··············· 4. 绵毛水苏　S. lanata
    3.植株有横走的根状茎和肥大肉质的块茎；叶片较宽，卵状心形、卵形或长圆状卵形，下面散生长
      刚毛。
      5.植株矮小，花期大多高不超过50cm；叶片较小，长大多不超过8cm，宽不超过4cm；茎、叶柄均
        密被柔毛状长刚毛。
        6.叶片卵状心形或卵形；花萼管状钟形，萼齿狭三角形，先端渐尖 ······· 5. 蜗儿菜　S. arrecta
        6.叶片卵形或长圆状卵形；花萼倒圆锥形，萼齿正三角形，先端急尖··························
        ··· 6. 地蚕　S. geobombycis
      5.植株高大，花时高50cm以上；叶片较大，长5～12cm，宽3～6cm；茎、叶柄和花萼均密被柔毛
        和腺毛·· 7. 甘露子　S. sieboldii

1. 田野水苏 （图7-219）

Stachys arvensis L.

一年生或二年生草本，高25～45cm。茎多分枝，在干燥地近乎直立，湿处近于外倾，疏被
柔毛。叶片卵圆形，长1～3.5cm，宽0.7～2.5cm，先端钝，基部心形，边缘具圆齿，两面被柔
毛。轮伞花序腋生，具2～4花，多数，远离；花萼管状钟形，花时连齿长约3mm，果时呈壶状增
大，外面密被柔毛，萼齿5，近等大，披针状三角形，先端具刺尖头；花冠粉红色或紫红色，长约

图7-219　田野水苏

3mm，几乎不超出花萼，花冠筒内藏；花药卵圆形，2室，极叉开。小坚果卵圆状，棕褐色，长约1.5mm。花果期11月至次年8月。

　　原产于欧洲、北非和西亚。亚洲和南、北美洲有归化。福建、台湾、广东、广西有归化。温州及宁波市区、鄞州、宁海、象山、定海、普陀、婺城、仙居、温岭、玉环、景宁等地也有。生于荒地、路旁及农地或园地中，海拔可达1000m。

2.水苏 （图7-220）

Stachys japonica Miq.

　　多年生草本，高20～80cm。茎直立，在棱及节上被小刚毛，其余无毛。叶片长圆状披针形，长3～10cm，宽1～2.5cm，先端微急尖，基部圆形至微心形，边缘具圆齿状锯齿，两面无毛；叶

图7-220　水苏

柄明显，长3～17mm，向上渐短。轮伞花序具6～8花，下部者远离，上部者密集成长4～13cm的穗状花序；花萼钟形，连齿长约7mm，外面被具腺微柔毛，萼齿5，等大，三角状披针形，先端具刺尖，边缘具缘毛；花冠粉红色或淡红紫色，长约1.2cm，花冠筒几乎不超出花萼。小坚果卵球状，棕褐色，无毛。花期4—6月，果期5—7月。

全省各地常见。生于海拔900m以下的溪边、河岸、田边等湿地上，也见于阴湿的山谷。分布于东北、华北、华东等地。日本和俄罗斯也有。

全草可入药，有清热解毒、祛痰止咳等功效。

3. 针筒菜
Stachys oblongifolia Wall. ex Benth.

多年生草本，高30～60cm，有横走根茎。茎直立或上伸，在棱及节上被长柔毛。茎生叶长圆状披针形，长3～7cm，宽1～2cm，先端急尖，基部浅心形，边缘有圆齿状锯齿，上面疏被微柔毛及长柔毛，下面密被灰白色柔毛状茸毛，沿脉上被长柔毛；叶具短柄或近无柄。轮伞花序常具6花，下部者远离，上部者密集组成长5～8cm的顶生穗状花序；花萼钟形，长约7mm，外面被具腺柔毛状茸毛，沿肋上疏生长柔毛，内面无毛，萼齿5，三角状披针形，近等大；花冠粉红色或粉红紫色，长1.3cm，冠檐二唇形，上唇长圆形，下唇开张，3裂；雄蕊4，前对较长；花柱先端相等2浅裂，裂片钻形。小坚果卵球状，褐色，光滑。花果期5—7月。

产于长兴、临安（昌化）、淳安、磐安（玉山）等地。生于山坡灌丛或竹林中。分布于华东、华中、华南、西南及河北等地。印度也有。

4. 绵毛水苏 （图7-221）
Stachys lanata Jacq.

多年生草本，高约60cm。茎直立，密被灰白色丝状绵毛。基生叶及茎生叶长圆状狭椭圆形，长约10cm，宽约2.5cm，两端渐狭，边缘具小圆齿，两面均密被灰白色丝状绵毛。轮伞花序具多花，向上密集组成长10～22cm的顶生穗状花序；花萼管状钟形，稍弯曲，长约1.2cm，外面密被丝状绵毛，10脉，居间的脉不明显，萼齿5，近等大或后3齿稍大；花冠长约1.2cm，外面除花冠筒基部无毛外，其余被丝状绵毛，内面有微柔毛环，冠檐二唇形，上唇卵圆形，全缘，下唇近于平展，3裂；雄蕊4，前对较长；花柱丝状，显著超出雄蕊，先端相等2浅裂。小坚果长圆形，褐色，无毛。花期5—7月，果期8—9月。

原产于欧洲和亚洲西南部。辽宁、河北、江苏、湖北、云南、陕西等地有引种。嘉兴、杭州、宁波、丽水、温州等市区也有栽培。

栽培可供观赏，常用于花境配置。

图 7-221　绵毛水苏

5.蜗儿菜 （图7-222）

Stachys arrecta L.H. Bailey

多年生草本，具根茎及肥大肉质的块茎。茎直立，高30～60cm，多分枝，疏被倒向长刚毛，并杂生具腺柔毛。叶片卵状心形或卵形，长3～6.5cm，宽2～4cm，先端急尖、渐尖或稍钝，基

图 7-222　蜗儿菜

部心形或浅心形，边缘具整齐的圆齿状锯齿，两面散生刚毛状长柔毛；叶柄长0.5～2cm。轮伞花序具2～6花，组成长3～5cm的顶生穗状花序；下部苞片叶状，上部的为披针形；花萼管状钟形，长4～5mm，外面密被具腺或无腺柔毛，萼齿近等大，狭三角形；花冠淡红色或白色，长约1.2cm，花冠筒长约7mm，外面被微柔毛；雄蕊上伸至上唇之下，药室平开叉；花柱略超出雄蕊。小坚果卵球形，长约1.5mm，具瘤。花期5—7月，果期6—8月。

产于杭州市区、临安、建德、慈溪、开化、义乌、天台、仙居、遂昌等地。生于海拔700m以下的山坡疏林下或路边草丛中。分布于河南、山西、江苏、安徽、湖北、湖南、陕西等地。

肥大的肉质块茎可食用；全草可入药。

6.地蚕 （图7-223）

Stachys geobombycis C.Y. Wu

多年生草本，高30～50cm；具根茎及肥大肉质的块茎。茎直立，在棱及节上疏被倒向柔毛状刚毛。叶片长圆状卵圆形，长4～8cm，宽2～3cm，先端钝或渐尖，基部浅心形或圆形，边缘有整

图7-223　地蚕

齐的圆齿状锯齿，两面被柔毛状刚毛；叶柄长0.5～4cm，密被柔毛状刚毛。轮伞花序腋生，具4～6花，远离，组成长5～12cm的穗状花序；花萼倒圆锥形，连齿长5～6mm，外面密被微柔毛及具腺微柔毛，萼齿5，正三角形，等大，先端具胼胝体尖头；花冠淡红色、淡紫色或紫蓝色，长约1.2cm，花冠筒长约7mm。小坚果卵球形，长约1.5mm。花果期4—7月。

产于临安、桐庐、淳安、建德、开化、金华市区、临海、遂昌、松阳、龙泉、庆元、文成、苍南、泰顺等地。生于海拔800m以下的田野荒地草丛或山脚灌草丛中。分布于华东、华中、华南等地。模式标本采自龙泉。

肉质根茎可食用；全草可入药。

本种与蜗儿菜区别甚微，植株分枝多少、叶片形状、花萼及萼齿形状、花颜色等均存在过渡和交叉，难以区分。

7. 甘露子 （图7-224）

Stachys sieboldii Miq.

多年生草本，高50～90cm，具根茎和白色肥大肉质的块茎。茎直立，有分枝，密被平展的柔毛和腺毛。叶片卵圆形或长椭圆状卵圆形，长5～12cm，宽3～6cm，先端渐尖或短渐尖，基部心形，边缘有规则的圆齿状锯齿，两面疏被与茎上同样的毛；叶柄长1～4cm，密被柔毛和腺毛。轮伞花序常具6花，组成长5～15cm的穗状花序，苞叶向上渐变小；花萼狭钟形，连齿长约9mm，外面密被腺毛，萼齿5，长三角形，先端具刺尖头，微反折；花冠粉红色至淡紫红色，下唇有紫斑，长约1.3cm，花冠筒长约9mm，近等粗。小坚果卵球形，直径约1.5mm，黑褐色，具小瘤。花期8月，果期10月。

产于开化（齐溪）、武义（牛头山）、景宁等地。生于沟谷林下、路边草丛中。分布于华北和西北，其他地区时有栽培。日本、欧洲和北美也有。《浙江药用植物志》记载临安和杭州有栽培，未见浙江有野生的报道。

肥大的块茎可作蔬菜，最宜做酱菜或泡菜，名"螺丝菜"；全草可药用。

图7-224 甘露子

㉓ 广防风属　Anisomeles R. Br.

直立粗壮草本。叶具柄。轮伞花序具多花，密集，在主茎或侧枝顶端排列成稠密或间断的长穗状花序；花萼钟形，具10脉，萼齿5，相等；花冠筒内面有毛环，冠檐二唇形，上唇直伸，全缘或微凹，下唇平展，长于上唇，3裂，中裂片较大，先端微缺或2裂；雄蕊4，伸出，前对稍长或有时后对较长，前对花药2室，横置，后对药室退化成1室；花柱先端2浅裂。小坚果具光泽。

约5种，分布于亚洲热带地区至澳大利亚。我国有1种，产于西南至台湾的热带及亚热带地区；浙江也有。

广防风　（图7-225）
Anisomeles indica (L.) Kuntze—*Epimeredi indicus* (L.) Rothm.

多年生草本，高1～1.5m。茎直立粗壮，四棱形，具浅槽，密被白色短柔毛。叶片卵形，长4～9cm，宽2～6cm，先端急尖或短渐尖，基部阔楔形或楔形，边缘有不规则的牙齿，上面被短伏毛，脉上尤密，下面被极密的白色短茸毛。轮伞花序排成稠密或间断的长穗状花序；花萼长约6mm，果时增大可达1cm，外面被长硬毛及混生腺柔毛，并杂有黄色小腺点，内面被稀疏的细长毛；花冠淡紫色，稀白色或上唇白色下唇紫色，长1～1.5cm，外面无毛，内面在花冠筒中部有斜向毛环，冠檐二唇形，上唇直伸，下唇近水平开展，3裂；雄蕊4。小坚果近圆球形，黑色，具光泽。花期7—10月，果期9—11月。

产于莲都、龙泉、庆元、云和、景宁、瑞安、文成、苍南、泰顺等地。生于海拔800m以下的山坡上、山谷林缘或疏林下。分布于华东、华南和西南等地。印度和东南亚也有。

全草可入药，有祛风解表、理气止痛等功效。

图7-225　广防风

24 鼠尾草属 Salvia L.

草本、亚灌木或灌木。单叶、三出复叶或羽状复叶。轮伞花序具2至多花，组成总状、圆锥状或穗状花序；花萼管状或钟状，萼檐二唇形；花冠二唇形；前对雄蕊能育，花丝短，药隔延长成线形，横架于花丝顶端，以关节相联结成"丁"字形，其上臂顶端着生有粉药室，下臂顶端着生有粉或无粉的药室、或无药室，2下臂分离或联合，后对雄蕊退化或不存在；花柱先端2浅裂。小坚果卵状三棱形或长圆状三棱形。

900～1100种，广泛分布于热带和温带地区。我国有84种，全国各地均产，尤以西南最多；浙江有21种。

《浙江植物志》记载药用鼠尾草（又名"撒尔维亚"）*S. officinalis* L. 杭州曾经有栽培，但现已不多见。《浙江种子植物检索鉴定手册》记载浙江还有黄山鼠尾草 *S. chienii* Stib. 分布，但未见确切标本，暂不予收录。

本属花的结构对蜂媒传粉有着巧妙的适应性，"丁"字形构造的雄蕊，其药隔起着杠杆作用，当蜂入花采蜜时，头部推动药隔的下臂，使上臂的花药因杠杆作用向蜂倒下，把花粉抹在蜂背上，带至他花授粉。

分种检索表

1. 一至二回羽状复叶，偶茎上部简化为三出复叶，但下部叶均为羽状。
  2. 规则的一回羽状复叶；花大，花萼长8～11mm，花冠长1.8～2.5cm。
    3. 小叶3～5，表面明显皱缩；花冠蓝紫色 ················· 1. 丹参 S. miltiorrhiza
    3. 小叶5～9，表面较平滑；花冠紫红色或黄色。
      4. 花淡紫色或紫红色；花冠筒内仅具毛环 ················· 2. 南丹参 S. bowleyana
      4. 花黄色，下唇略带紫红色；花冠筒内疏被柔毛，不具毛环 ········· 3. 浙皖丹参 S. sinica
  2. 不规则的一至二回羽状复叶，偶茎上部叶简化为三出复叶；花小，花萼长4～6mm，花冠长1.1～1.6cm（二回羽裂丹参花萼长7～8mm，花冠长可达2cm）。
    5. 茎被多节长硬毛和短硬毛；植株和花各部均具腺点；花黄色，花冠长约2cm ······
    ··· 4. 二回羽裂丹参 S. subbipinnata
    5. 茎无毛或被柔毛和长柔毛；植株和花各部均无腺点；花淡红紫色或白色，花冠长1.6cm以下。
      6. 茎近无毛；小叶片先端急尖或圆钝，基部宽楔形至截形，边缘具粗圆齿；花冠长约1.6cm·······
      ··· 5. 仙居鼠尾草 S. xianjuensis
      6. 茎疏被柔毛或长柔毛；小叶片先端渐尖，基部长楔形，边缘具钝锯齿；花冠长约1.2cm·······
      ··· 6. 鼠尾草 S. japonica
1. 单叶，或单叶兼有三出复叶。
  7. 单叶，通常有三出复叶存在，稀3裂或2裂（如蔓茎鼠尾草和祁门鼠尾草）；花大多较小，花冠长1.1cm以下（祁门鼠尾草和婺源鼠尾草除外）。
    8. 匍匐或蔓性草本，具匍匐茎；叶片小，长不超过3cm ········· 7. 蔓茎鼠尾草 S. substolonifera
    8. 直立草本，不具匍匐茎；叶片较大，长超过3cm。

9.根纤细，绯红色；茎被柔毛或近无毛。

 10.茎生叶多数；茎被长柔毛和短柔毛……………………………8. 华鼠尾草 **S. chinensis**

 10.茎生叶少数；茎被短柔毛或微柔毛，或近无毛。

  11.三出复叶的侧小叶片与顶小叶片大小悬殊，侧生小叶长不及顶生小叶的1/5；叶片上面略带紫色，边缘具不整齐圆锯齿；轮伞花序整齐………………9. 祁门鼠尾草 **S. qimenensis**

  11.三出复叶的侧小叶片较顶小叶片小，但不悬殊，侧生小叶长为顶生小叶的1/3～1/2；叶片上面绿色，边缘具锯齿；轮伞花序偏向一侧…… 10. 婺源鼠尾草 **S. chienii var. wuyuania**

9.根略粗，红色；茎被白色长硬毛……………………………11. 红根草 **S. prionitis**

7.单叶，边缘全缘或有齿，但不分裂；花大多较大，花冠长大于1.1cm（荔枝草除外）。

 12.二年生草本；叶片明显皱缩；花小，花冠长4～5mm…………………12. 荔枝草 **S. plebeia**

 12.多年生草本；叶片平滑或不明显皱缩；花大，花冠长大于1.1cm。

  13.叶片下面具腺点。

   14.叶片三角状卵圆形或三角状戟形，基部心形或戟形；茎被长柔毛；花黄色……………………………………………13. 浙江琴柱草 **S. nipponica subsp. zhejiangensis**

   14.叶片卵形、卵圆形、长椭圆形或披针形，基部楔形至平截；茎无毛或被短硬毛。

    15.亚灌木；茎无毛；花鲜红色（栽培）…………………14. 一串红 **S. splendens**

    15.多年生草本；茎被上向短硬毛；花天蓝色（栽培）……… 15. 天蓝鼠尾草 **S. uliginosa**

  13.叶片下面不具腺点。

   16.茎和叶片密被茸毛；叶片条状披针形；花紫红色（栽培）· 16. 墨西哥鼠尾草 **S. leucantha**

   16.茎和叶片密被柔毛、硬毛或近无毛。

    17.叶片宽卵形、卵圆形或三角状卵圆形。

     18.茎生叶多对；花绯红色、粉红色或深蓝色（栽培）。

      19.花绯红色或粉红色………………………………17. 朱唇 **S. coccinea**

      19.花深蓝色………………………18. 深蓝鼠尾草 **S. guaranitica**

     18.茎生叶约2对；花紫色、淡紫色或近白色……… 19. 江西鼠尾草 **S. kiangsiensis**

    17.叶片披针形或长圆形。

     20.叶片披针形；花序轴密被灰白色短柔毛；花蓝色、蓝紫色或白色（栽培）………………………………………………20. 蓝花鼠尾草 **S. farinacea**

     20.叶片长圆形；花序轴被具腺长柔毛；花淡红色或淡紫色……………………………………………………21. 舌瓣鼠尾草 **S. liguliloba**

1. 丹参 （图7-226）

Salvia miltiorrhiza Bunge

多年生草本。根圆柱形，表面朱红色。茎高40～80cm，密被长柔毛。叶为羽状复叶，小叶3～5；小叶片卵圆形或椭圆状卵形，长2.5～10cm，宽1～4.5cm，顶生小叶常较侧生小叶大，先端急尖或渐尖，基部圆形或浅心形，边缘具圆齿，两面均有柔毛，表面明显皱缩；叶柄长3～7cm。轮伞花序具4～8花，密集组成总状花序；花序轴密被长柔毛及具腺长柔毛；花萼钟形，长9~11mm，花后稍增大，外面疏被长柔毛或具腺长柔毛，萼檐二唇形；花冠蓝紫色，长2~2.8cm，外面被具腺短柔毛，内面近基部以上有不完全毛环；能育雄蕊药隔长15~20mm，2下臂顶端联合；花柱顶端不相等2裂。小坚果黑色，椭圆形。花期5—6月，果期6—8月。

产于湖州、杭州及北仑、鄞州、余姚、象山、衢江、开化、磐安等地，兰溪、东阳、磐安、天台、遂昌、莲都、云和、乐清等地有栽培。生于海拔700m以下的沟谷、低山坡的混交林下或竹林下。分布于华北、华东及辽宁、湖南、陕西等地。日本也有。

根可药用，含丹参酮、丹参新酮及丹参酸等，有祛瘀生新、活血调经、养血安神等功效。

本种有变型白花丹参 form. **alba** C.Y. Wu et H.W. Li，花白色，嵊州有产。

图7-226　丹参

2. 南丹参 （图7-227）

Salvia bowleyana Dunn

多年生草本，高40~90cm。根肥厚，表面赤红色。茎较粗壮，被倒向长柔毛。羽状复叶，小叶5~9；顶生小叶片常为卵状披针形，长4~7cm，宽1.5~3.5cm，先端渐尖或尾状渐尖，基部圆形或浅心形，边缘具圆齿状锯齿，两面沿脉有短柔毛，侧生小叶片常较小，基部偏斜；叶柄长4~6cm，有长柔毛。轮伞花序具多花，组成长14~30cm的顶生总状或圆锥花序；花萼管形，长8~10mm，外面疏被具腺柔毛及短柔毛，内面喉部有白色长刚毛；花冠淡紫色或紫红色，长1.7~2.4cm，外被微柔毛，内面靠近花冠筒基部斜生毛环；能育雄蕊的药隔长约19mm，2下臂顶端联合。小坚果椭圆形，顶端有毛。花期4—6月，果期6—8月。

产于杭州及安吉、德清、上虞、嵊州、宁波市区、鄞州、余姚、奉化、宁海、象山、开化、江山、浦江、兰溪、天台、临海、仙居、遂昌、松阳、龙泉、庆元、云和、洞头、乐清、永嘉等地。生于海拔1600m以下的山坡上、山谷林下、路旁或沟边灌草丛中。分布于江西、福建、湖

南、广东和广西等地。

　　根可药用，有祛瘀生新、活血调经、养血安神等功效，也可作为妇科用药。

　　本种尚有1变型白花南丹参form. **alba** G.Y. Li, W.Y. Xie et D.D. Ma，区别在于花为白色，产于安吉、临安、淳安、余姚、衢江等地。模式标本采自临安顺溪。

图7-227　南丹参

3. 浙皖丹参　拟丹参 （图7-228）

Salvia sinica Migo —*S. sinica* form. *purpurea* H.W. Li

　　多年生草本。主根肥大，外皮淡紫色或褐紫色。茎直立，高0.5～1m，被倒向疏柔毛。基出叶不存在，茎生叶为具5～7小叶的羽状复叶，小叶卵圆形，长1.2～5.5cm，宽1～3.5cm，先端渐尖或锐尖，基部圆形或近心形，边缘具规则的圆齿，两面疏被柔毛；叶柄长1～3.5cm，密被柔毛。轮伞花序具4花，疏离，组成顶生总状或总状圆锥花序，花序轴密被具腺柔毛；花萼管状，长1～1.1cm，外被具腺疏柔毛，内面喉部密被白色长硬毛；花冠淡黄色，稀淡红色，长约2.5cm，外面疏被具腺柔毛，内面被柔毛，无明显毛环；能育雄蕊2，药隔长约1.8cm，2下臂在顶端联合；花柱外伸，先端不相等2裂。小坚果椭圆形，暗褐色。花期5—6月。

　　产于安吉、临安、建德、淳安、诸暨、衢江、开化、金华市区、永康、磐安、莲都、缙云、龙泉等地。生于海拔200～700m的沟谷、阴湿的山坡阔叶林下或灌草丛中。分布于安徽。模式标本采自临安西天目山。

图7-228　浙皖丹参

4.二回羽裂丹参（图7-229）

Salvia subbipinnata (C.Y. Wu) B.Y. Ding et Z.H. Chen—*S. bowleyana* Dunn var. *subbipinnata* C.Y. Wu

多年生草本，高40～60cm。茎四棱形，略带黑紫色，被多节长硬毛和短硬毛，密布腺点。叶片一至二回羽状分裂，小叶片卵形至卵状披针形，长2～4.5cm，宽1～1.8cm，先端急尖或渐尖，基部宽楔形或圆形，边缘具粗钝锯齿，有时基部分裂成小裂片，上面密被短糙伏毛，下面脉上被短硬毛，两面均密布腺点；叶柄长5～10cm，与叶轴均被与茎同样的毛。轮伞花序具6～8花，在茎和分枝顶端集成长10～20cm的总状花序，花序轴密被多节腺毛和腺点；花萼管状钟

形，长7～8mm，外面被多节长腺毛，内面上部密被多节长硬毛，檐部二唇形；花冠黄色或金黄色，长约2cm，花冠筒长约1.2cm，远伸出花萼筒外，檐部二唇形。花期5—6月。

产于乐清、永嘉、瑞安。生于海拔300m左右的山坡林下或灌丛中。模式标本采自永嘉。

图7-229　二回羽裂丹参

5. 仙居鼠尾草 （图7-230）

Salvia xianjuensis Z.H. Chen, G.Y. Li et D.D. Ma

多年生草本，高20～40cm。茎直立，不分枝，近无毛。叶基生，一至二回羽状复叶，顶生小叶较大，长2～5cm，宽1.5～3.0cm，卵形至长卵形，先端急尖或圆钝，基部宽楔形至截形，侧生小叶较小，近无柄或具短柄，边缘具粗圆齿，上面近无毛，下面具疏毛或无毛；叶柄长5～10cm，连同叶轴、小叶柄疏被开展的长硬毛。轮伞花序具2～6花，疏离，在茎顶组成略偏向一侧的总状花序；花梗长2～4.5mm，与花序轴密被腺毛；花萼钟形，长5～6mm，外面沿脉被腺毛，萼檐二唇形；花冠白色，略带淡紫色，长约16mm，外面被腺毛和柔毛，内面在花冠筒基部具毛环，冠檐二唇形，上唇直伸，先端具凹缺，下唇向下弯折后前伸，3裂，中裂片最大，呈向上的弯勺状；能育雄蕊2，花药紫色。小坚果长圆形，长约2.5mm，浅褐色。花期8—9月，果期9—10月。

浙江特有，产于仙居；生于海拔700m左右的阴湿悬崖峭壁上。模式标本采自仙居大神仙居景区。

图 7-230　仙居鼠尾草

6. 鼠尾草 （图 7-231）

Salvia japonica Thunb.—*S. japonica* form. *alatopinnata* (Matsum. et Kudô) Kudô

多年生草本，高30～60cm。茎沿棱疏被长柔毛。茎下部叶常为二回羽状复叶，具长柄；茎上部叶为一回羽状复叶或三出羽状复叶，具短柄，顶生小叶片菱形或披针形，长可达9cm，宽可达3.5cm，先端渐尖，基部长楔形，边缘具钝锯齿，两面疏被柔毛或近无毛，侧生小叶较小，基部偏斜，近圆形。轮伞花序具2～6花，组成顶生的总状或圆锥花序，花序轴密被具腺和无腺柔毛；花萼管形，长4～6.5mm，外面疏被具腺柔毛或无腺小刚毛，内面喉部有白色毛环；花冠淡红紫色至淡蓝色，稀白色，长约12mm，外面被长柔毛；能育雄蕊外伸，药隔长约6mm，关节处有毛，2下臂分离。小坚果椭圆形，无毛。花期6—8月，果期8—10月。

全省各地常见。生于海拔1500m以下的山坡或沟边的林下、灌草丛中。分布于华东、华南及湖北等地。日本也有。

在标本室中，本种的一些标本仅有植株上部，只见三出羽状复叶的被鉴定为华鼠尾草，但小叶片顶端渐尖可以区别。

图 7-231　鼠尾草

7. 蔓茎鼠尾草　佛光草 （图 7-232）
Salvia substolonifera E. Peter

　　一年生草本。茎高 10~30 cm，具匍匐枝，被短柔毛或微柔毛。叶基生和茎生，基生叶大多数为单叶，茎生叶为单叶、三出羽状复叶或 3 裂；单叶叶片卵圆形，长 1~3 cm，宽 0.8~2 cm，先端

图 7-232　蔓茎鼠尾草

圆形，基部截形或圆形，边缘具圆齿，两面近无毛；在三出羽状复叶或3裂叶中，顶生的明显较大；叶柄长0.6～3.5cm，被微柔毛。轮伞花序具2～8花，组成长2～12cm的顶生或腋生总状花序，偶为圆锥花序；花萼钟形，长3～4mm，果时增大，外面被微柔毛及腺点；花冠淡红色或淡紫色，偶白色，长5～7mm；能育雄蕊不外伸，药隔短小，上下臂等长，2下臂分离。小坚果卵圆形，淡褐色，顶端圆形，腹面具棱，无毛。花期4—5月，果期5—6月。

　　产于温州及临安、建德、诸暨、常山等地，温州各地常有栽培。生于海拔800m以下的山坡疏林下或沟边草丛中。分布于福建、湖南、贵州、四川等地。

　　全草可药用，为温州"七肾汤"的原料之一，称"荔枝肾"。

8. 华鼠尾草 （图7-233）

Salvia chinensis Benth.

多年生草本，高20～80cm。茎直立或基部有时倾卧，被短柔毛或长柔毛。叶全为单叶或下

图7-233　华鼠尾草

部具3小叶的复叶，复叶时顶生小叶片较大；单叶的叶片卵圆形或卵圆状椭圆形，长2.5～8cm，宽1.5～5cm，先端钝或急尖，基部心形或圆形，边缘有圆齿或钝锯齿，两面疏被柔毛或近无毛；叶柄长2～7cm。轮伞花序具6花，在下部的疏离，上部的较密集，集成长6～20cm的顶生总状或圆锥花序；花萼钟形，长4.5～6mm，外面脉上有长柔毛，内面喉部有毛环；花冠紫色或紫红色，长约1cm；能育雄蕊略外伸，药隔长约4.5mm，关节处有毛，2下臂分离。小坚果椭圆状卵圆形，光滑。花期7—9月，果期9—11月。

产于全省各地。生于海拔1300m以下的山坡上、平地的林荫处或草丛中。分布于华东、华中、华南及四川等地。

全草可入药，有清热解毒、活血止痛等功效。

9. 祁门鼠尾草 （图7-234）
Salvia qimenensis S.W. Su et J.Q. He

多年生草本。茎高30～75cm，密被下向短柔毛。单叶或有时三出复叶；叶片卵圆形、长圆形或卵圆状披针形，长5～15cm，宽2.5～5cm，先端急尖或渐尖，基部心形、截形或近圆形，边缘具不整齐圆锯齿，上面略带紫色，被短柔毛或近无毛，下面淡绿色或紫红色，沿脉被短柔毛，侧脉4～7对；叶柄长2～10cm。轮伞花序常具6花，组成顶生假总状或假总状圆锥花序；花萼管状至管状钟形，长7～8mm，外面被腺毛；

图7-234　祁门鼠尾草

花冠黄白色至淡紫色，长13～16mm，外面上部疏被腺毛；能育雄蕊药隔长约3mm，2下臂分离；花柱略伸出，疏被短柔毛。小坚果椭圆形，光滑。花期5—6月，果期7—8月。

　　产于武义、莲都、云和、龙泉、景宁等地。生于海拔500m以下的山沟边针阔叶混交林下、毛竹林下或林缘。分布于安徽南部。

　　《中国植物志》和《浙江种子植物检索鉴定手册》记载浙江有硬毛鼠尾草 S. scapiformis Hance var. hirsuta Stib. 的分布，但未见确切标本。中国科学院植物研究所有1份标本（陈诗1321）被定为此变种，实为本种的误定。文献报道浙江有白马鼠尾草 S. baimaensis S.W. Su et Z.A. Shen 的分布，经检查标本，也为本种的误定。

10. 婺源鼠尾草（变种）（图7-235）
Salvia chienii E. Peter var. **wuyuania** Sun

　　多年生草本，具匍匐根茎。茎直立，高20～45cm，连同叶柄、叶片均无毛。单叶或三出复叶，基生和茎生；单叶叶片宽卵形或卵状披针形，长4～12cm，宽1.5～3.5cm，基部心形，先端渐尖，边缘具锯齿，上面深绿色，下面紫色；复叶的顶生小叶卵圆形至卵圆状披针形，长2～6cm，宽0.8～2.5cm，侧生小叶长为顶生小叶的1/3～1/2；基生叶具长柄，茎生叶具短柄至近无柄。轮伞花序具3～7花，组成偏向一侧的总状花序；花萼管状，长约6mm，果时呈紫红色；花冠长约1.3cm，淡紫色或近白色，下唇中裂片长圆形，花冠筒内具斜毛环；花柱与花冠等长，先端近相等2浅裂。小坚果黄褐色，长约2mm，光滑。花期5月。

　　产于杭州市区、宁海。生于山坡疏林下。分布于江西（东北部）。

　　本变种与黄山鼠尾草 S. chienii 的区别在于后者茎、叶片及叶柄均被短柔毛，花冠长约1cm，下唇中裂片半圆形至长圆形，宁海的标本茎和叶柄被短柔毛而略有不同。

图7-235　婺源鼠尾草

11. 红根草 （图7-236）

Salvia prionitis Hance

多年生草本。主根略肉质，红色。茎直立，高20～40cm，密被白色长硬毛。叶基生和茎生，单叶或三出羽状复叶；叶片长圆形或椭圆形，长2.5～7.5cm，宽1.3～4.5cm，先端钝或圆形，基部圆形或心形，边缘具粗圆齿，上面被长硬毛，下面沿脉被长硬毛；叶柄长1.5～6cm，密被白色长硬毛。轮伞花序具6～14花，组成顶生总状花序或圆锥花序，花序轴密被具腺柔毛；花萼钟形，外面被具腺疏柔毛，内面喉部有长硬毛环，二唇形，下唇比上唇长；花冠青紫色，长约10mm，外面略被微柔毛，内面在花冠筒中部有毛环；能育雄蕊2，外伸，药隔长约5mm，2下臂顶端联合；花柱先端2裂，前裂片较长。小坚果椭圆形，淡棕色。花果期5—8月。

产于桐庐、建德、衢江、开化、常山、金华市区、兰溪、义乌、遂昌、龙泉、庆元等地。生于海拔100～800m向阳的山坡、山脊疏林下或路边草丛中。分布于安徽、江西、湖南、广东、广西等地。

全草可药用。

图7-236　红根草

12. 荔枝草 （图7-237）

Salvia plebeia R. Br.

二年生草本，高20～70cm。茎被倒向灰白色短柔毛。单叶；基生叶多数，密集成莲座状，叶片卵状椭圆形或长圆形，上面显著皱缩，边缘具钝锯齿；茎生叶叶片长卵形或宽披针形，长2～7cm，宽0.8～3cm，先端钝或急尖，基部圆形，边缘具圆齿，两面有短柔毛，下面散生黄褐色小腺点；叶柄长0.6～3cm，密被短柔毛。轮伞花序具6花，密集成顶生长5～15cm的总状或圆锥花序，花序轴与花梗均被短柔毛；花萼钟形，长2.5～3mm，外面有短柔毛及腺点；花冠淡红色至淡紫色，长4～5mm，花冠筒内面有毛环；能育雄蕊略伸出花冠外，药隔上下臂等长，2下臂联

图7-237　荔枝草

合。小坚果倒卵圆形，光滑。花期4—6月，果期6—7月。

全省各地常见。生于海拔1000m以下的田头地角、开垦的山坡、沟边林地或旷野草地。除新疆、甘肃、青海和西藏外我国各地均有分布。日本、朝鲜半岛、东南亚、南亚及俄罗斯、澳大利亚也有。

全草可入药，有清热解毒、利尿消肿、凉血止血等功效。

13.浙江琴柱草（亚种）（图7-238）
Salvia nipponica Miq. subsp. **zhejiangensis** J.F. Wang, W.Y. Xie et Z.H. Chen

多年生草本。根肥厚，表面紫红色。茎高0.3～1.5m，密被开展的多节柔毛及腺毛。单叶；茎下部叶片椭圆形或卵圆形，基部心形，中上部叶片三角状卵圆形或三角状戟形，长7～15cm，宽5～11cm，先端渐尖或突尖，基部心形、戟形或近截形，边缘具不整齐的圆齿，上面密被短粗硬毛，下面密被多节柔毛和褐色腺点；叶柄长4～10cm，密被多节柔毛。轮伞花序具2～6花，在茎顶端组成总状或窄圆锥状花序；花萼钟形，长约1cm，外面沿脉密被开展的多节柔毛，其余散布小腺点；花冠黄色，喉部以上密被紫色大斑点，长2.8cm，外被较密的柔毛，花冠筒细长，喉部突出成囊状，冠檐二唇形，下唇与上唇近等长；能育雄蕊2，药隔长10～14mm，2下臂药室联合。小坚果卵圆形，具网纹。花期7—8月，果期9—10月。

产于新昌（小将林场）、余姚（四明山）、天台（大雷山）、莲都（峰源）、景宁（家地）等地。生于海拔500～900m的沟谷混交林下或林缘。模式标本采自莲都峰源赛坑村。

本亚种花冠喉部极膨大，和花冠裂片均密被紫色大斑点，花冠筒从基部5mm处至喉部密被柔毛，无毛环，药隔长10～14mm而与琴柱草*S. nipponica*和台湾琴柱草*S. nipponica* var. *formosana* (Hayata) Kudo容易区别。

《浙江植物志》记载浙江云和家地（1984年景宁设县后属景宁）有荫生鼠尾草*S. umbratica* Hance的分布。经2017年实地考察，花为黄色，应该就是浙江琴柱草。

图7-238　浙江琴柱草

14.一串红 （图7-239）
Salvia splendens Ker Gawl.

亚灌木，高40～80cm。茎无毛。单叶；叶片卵形或卵圆形，长2.5～7cm，宽2～4.5cm，先端渐尖，基部截形或圆形，边缘具锯齿，两面无毛，下面具腺点；叶柄长1～3cm，无毛。轮伞花序具2～6花，组成长8～20cm的顶生总状花序；花梗与花序轴密被具腺柔毛；苞片卵圆形，红色，常在花未开时包围花蕾；花萼钟形，红色，长1.5～1.7cm，花后增大可达2cm，外面沿脉有红色具腺柔毛；花冠红色，长3～4.5cm，外面有微柔毛；能育雄蕊的药隔长约13mm，上下臂近等长，2下臂顶端不联合。小坚果椭圆形，边缘或棱上具狭翅。花果期6—12月。

原产于南美洲，世界各国栽培。全国各地广泛栽培。全省各地也普遍栽培。

花色鲜艳，是著名的花卉，用于盆栽、花坛或花境配植。在园艺品种中苞片、花萼及花冠有各种颜色，有大红色至紫色，还有白色的。

图7-239　一串红

15.天蓝鼠尾草 （图7-240）

Salvia uliginosa Benth.

多年生草本，高0.3～1m。茎常丛生，基部略木质化，节间长，被上向的短硬毛。单叶；叶片长椭圆形或披针形，长3～8cm，宽1～3cm，先端渐尖，基部宽楔形，边缘具锯齿，齿端有硬尖头，上面无毛，下面脉上被平贴短硬毛，散布暗红色或黑色腺点；叶柄长1～3cm。轮伞花序具6～10花，组成长3～7cm的顶生假总状花序，有长总梗，密被短硬毛；花萼狭钟形，长

图7-240　天蓝鼠尾草

3～4mm，棱上被短毛，其余散布暗红色腺点；花冠长约1.6cm，冠筒浅蓝色，檐部天蓝色，有时白色，外面被短柔毛并散布腺点，上唇小，下唇大，有白条纹；雄蕊内藏；柱头2裂。花果期4—6月。

原产于南美洲至墨西哥。我国各地均有引种。嘉兴、杭州、宁波、温州等地有栽培。

栽培供观赏，常用于花境配置或公园地栽。

16. 墨西哥鼠尾草　紫绒鼠尾草　（图7-241）
Salvia leucantha Cav.

多年生草本，株高0.3～1.2m，有香气，全体被茸毛。茎直立，多分枝，四棱形，基部稍木质化，有茸毛，嫩茎密被白色茸毛。单叶；叶片条状披针形，长8～10cm，宽1.5～2cm，边缘有细钝锯齿，上面具茸毛，叶脉下凹，网脉清晰。轮伞花序具2～6花，组成顶生总状花序，长20～40cm；花萼钟状，淡紫色或紫红色；花冠深紫色或紫红色，长2～2.4cm，具茸毛，冠檐二唇形。花期9—11月。

原产于墨西哥。北京、江苏、福建、湖南、台湾、重庆、贵州、云南等地均有栽培。杭州、宁波、温州等市区公园也有栽培。

栽培供观赏，常用作花境配置。

图7-241　墨西哥鼠尾草

17. 朱唇 （图 7-242）
Salvia coccinea Buc'hoz ex Etl.

一年生或多年生草本，高达 70 cm。茎四棱形，被长硬毛及灰白色疏柔毛。单叶；叶片卵圆形或三角状卵圆形，长 2～5 cm，宽 1.5～4 cm，先端锐尖，基部心形或近截形，边缘具锯齿或钝锯齿，上面绿色，被短柔毛，下面灰绿色，被灰色短茸毛；叶柄长 0.5～3 cm。轮伞花序具 4 至多花，疏离，组成顶生总状花序；花萼管状钟形，长 7～9 mm，外疏被短柔毛及微柔毛，混生浅黄色腺点，萼檐二唇形；花冠绯红色或粉红色，长 2～2.3 cm，花冠筒长约 1.5 cm，向上渐宽，冠檐二唇形，上唇比下唇短；能育雄蕊 2，药隔长约 1.5 cm，下臂药室不育；花柱 2 裂，后裂片极小。小坚果倒卵圆形，长 1.5～2.5 mm，黄褐色，具棕色斑纹。花期 4—7 月。

原产于南美洲。辽宁、北京、上海、福建、湖南、广东、广西、云南、陕西等地有引种，云南有逸生。嘉兴、杭州、宁波、温州等市区公园也有栽培。

常用作花坛或花境配置，供观赏。有多个品种，常见的有珊瑚仙女 'Coral Nymph'。

图 7-242　朱唇

18. 深蓝鼠尾草　瓜拉尼鼠尾草 （图 7-243）
Salvia guaranitica A. St.-Hil. ex Benth.

多年生草本，高可达 1.5 m，含挥发油，具强烈芳香。单叶；叶片卵圆形，全缘或具钝锯齿，灰绿色，质地厚，上面明显皱缩。轮伞花序具 2 至多花，组成总状圆锥花序或穗状花序；花萼二唇形，上唇全缘或具 3 齿或具 3 短尖头，下唇 2 齿；花冠深蓝色，花冠筒常外伸，腹部增大，冠檐二唇形，上唇平伸或竖立，两侧折合，直或弯镰形，全缘或顶端微缺，下唇平展，3 裂，中裂片通常最宽大，全缘或微缺或流苏状或分成 2 小裂片，侧裂片长圆形或圆形，展开或反折。花期 6—8 月。

图7-243　深蓝鼠尾草

　　原产于北美洲南部。北京、山东、江苏、上海、安徽、福建、湖北、贵州、陕西等地有引种。嘉兴、杭州、宁波、舟山、温州等市区公园也有栽培。

　　本种花较大，深蓝色，可用作花境配置供观赏。本省栽培的主要园艺品种是'Black and Blue'。

　　本省偶见栽培的还有林荫鼠尾草 *S. nemorosa* L.，叶片较大，边缘有不规则锯齿，花紫红色或白色，与本种明显不同。

19. 江西鼠尾草　关公须　（图7-244）

Salvia kiangsiensis C.Y. Wu

　　多年生草本，高30～50cm。茎被微柔毛，具多数基生叶和2对左右的茎生叶。叶片长圆状卵形至宽卵形，长4～12cm，宽2～4.5cm，先端急尖，基部心形或近心形，边缘具浅钝锯齿，上面绿色，无毛，下面常为紫色，沿脉略被微柔毛或无毛；基生叶具长3～9cm的叶柄，被短柔毛，茎生叶具短柄。轮伞花序具2～6花，疏离，组成长7～14cm的顶生总状或圆锥花序；花萼管状钟形，长8～9mm，外面脉上疏被短柔毛；花冠紫色，长11～12mm，外面被短柔毛，内面在花冠筒中部有疏毛环，花冠筒向上，略宽大，冠檐二唇形；能育雄蕊2，药隔长5mm，2下臂互相分离；花柱先端2裂，前裂片较长。花期5月。

产于开化、乐清等地。生于山坡林下。分布于江西、福建、湖南等地。

图 7-244　江西鼠尾草

20. 蓝花鼠尾草　粉萼鼠尾草　一串蓝（图 7-245）
Salvia farinacea Benth.

多年生草本，高30～60cm。茎直立，多分枝，密被灰白色短柔毛。单叶对生，有时似轮生；基部叶片卵状披针形或长圆形，上部叶片披针形，长3～7cm，宽0.8～2.5cm，先端急尖或圆钝，基部楔形，边缘具疏浅齿，侧脉3～4对，略呈离基三出脉状，上面无毛，下面脉上疏被短柔毛；叶柄长1～2cm。轮伞花序

图 7-245　蓝花鼠尾草

具多花，组成长4～8cm的顶生假总状花序，有长总梗；花萼钟形，长4～6mm，下部灰绿色，上部紫色，密被灰白色短柔毛，萼檐具3浅齿；花冠蓝色、蓝紫色或粉白色，长1.3～1.5cm，外面被短柔毛，冠檐二唇形，上唇小，下唇大；能育雄蕊内藏，药隔上下臂近等长。小坚果卵形。花期6—7月，果期8—10月。

　　原产于墨西哥。全国各地广泛引种，北京以北地区常作一年生栽培。全省各地园林也有栽培。

　　常用于花坛配置或盆栽供观赏，也可作切花。

21. 舌瓣鼠尾草 （图7-246）
Salvia liguliloba Sun

　　多年生草本。茎直立，高25～70cm，棱上有柔毛，上部及花序轴有时具腺毛。单叶；基出叶常呈莲座状，叶片长圆形，长3～10cm，宽2～5cm，先端钝，基部心形，边缘具细圆锯齿；茎生叶2～4对，自下而上具长柄、短柄

图7-246　舌瓣鼠尾草

至近无柄，叶片披针形，较基生叶狭长，基部圆形，上面散布糙伏毛，下面常带紫色，沿脉被短柔毛。轮伞花序在茎端组成长10～25cm偏向一侧的总状花序；花萼钟形，长6～7mm，外面有长柔毛，萼檐二唇形；花冠淡红色或淡紫色，长1.7～2.2cm，外面疏生柔毛，内面基部有柔毛环；能育雄蕊药隔长约4.5mm，2下臂分离；花柱顶端不等2浅裂。小坚果椭圆形，长约2mm。花期4—6月，果期7—8月。

　　产于安吉、杭州市区、临安、淳安、诸暨、金华市区、浦江、武义、永康、磐安、仙居、景宁等地。生于海拔1200m以下的山坡林下、竹林、林缘及路旁灌草丛中。分布于安徽。模式标本采自临安东天目山。

25 迷迭香属　Rosmarinus L.

　　常绿灌木，具长短枝。叶条形，全缘，边缘外卷。花对生，少数，聚集在短枝的顶端成总状花序；花萼卵状钟形，11脉，二唇形；花冠筒伸出花萼外，内面无毛，喉部扩大，冠檐二唇形；雄蕊仅前对完全发育，药室平行，仅1室发育，后对退化雄蕊不存在；花柱远超出雄蕊，先端不等2浅裂。小坚果卵状近球形，平滑，具1油质体。

　　有3种，分布于亚洲西南部、欧洲、非洲。我国引种1种；浙江也有。

迷迭香　（图7-247）
Rosmarinus officinalis L.

　　常绿灌木，高30～50cm。幼枝四棱形，密被白色星状细茸毛。叶常在枝上簇生，具极短的柄或无柄；叶片革质，条形，长1～2.5cm，宽1～2mm，全缘，边缘反卷，上面近无毛，下面

图7-247　迷迭香

密被白色的星状茸毛。花近无梗，少数聚集在短枝的顶端组成总状花序；花萼卵状钟形，长约4mm，外面密被白色星状茸毛及腺体，内面无毛，二唇形，上唇3齿，下唇2齿；花冠淡蓝紫色、粉色、白色，长小于1cm，花冠筒稍外伸，冠檐二唇形，上唇直伸，2浅裂，下唇宽大，3裂，中裂片最大；雄蕊2枚发育，花丝中部有1向下的小齿，药室平行，仅1室能育。小坚果卵状近球形，平滑，具1油质体。花期10月至次年7月。

原产于非洲、欧洲和亚洲西南部。黑龙江、北京、江苏、江西、福建、湖南、广东、广西、四川、重庆、贵州、云南、陕西等地有引种。全省各地有栽培。

常作花坛和花境配置或盆栽供观赏。浙江栽培的园艺品种有匍匐迷迭香 'Prostratus'。

26 美国薄荷属 Monarda L.

一年生或多年生直立草本。叶具柄，边缘具齿。苞片与茎叶同形，较小，常具鲜艳色彩。轮伞花序具密集多花，在枝顶成单个头状花序；花萼管状，具15脉，萼齿5，近相等，在喉部常常有长柔毛或硬毛；花冠鲜艳，常具斑点，冠檐二唇形，上唇狭窄，下唇开展，3浅裂，中裂片较大，先端微缺；前对雄蕊能育，插生于下唇下方花冠筒内，花药初时2室，极叉开，后贯通为1室，后对雄蕊退化；花柱先端2裂，裂片近相等。小坚果卵球形，光滑。

6～7（12）种，分布于北美洲（至墨西哥）。我国有栽培2种，作观赏用，有些种可入药；浙江2种均有栽培。

1. 美国薄荷 （图7-248）
Monarda didyma L.

多年生草本。茎锐四棱形，仅在节上或上部沿棱上被长柔毛。叶片纸质，卵状披针形，长达10cm，宽达4.5cm，先端渐尖或长渐尖，基部圆形，边缘具不等大的锯齿，上面疏被长柔毛，下面仅沿脉上被长柔毛，其余散布凹陷腺点，侧脉9～10对；茎中部叶柄长达2.5cm，向上渐短，在

图7-248　美国薄荷

顶部近无柄。轮伞花序具多花，在茎顶密集成直径达6cm的头状花序；花萼管状，稍弯曲，长约1cm，具15脉，萼齿5，等大，钻状三角形，先端具硬刺尖头；花冠紫红色，长约为花萼的2.5倍，冠檐二唇形，上唇全缘，先端稍外弯，下唇3裂，中裂片较狭长，顶端微缺；能育雄蕊2，靠着上唇微外伸。花期6—7月。

原产于北美洲。辽宁、河北、山东、江苏、安徽、湖北、贵州、云南、陕西、宁夏等地有引种栽培。本省嘉兴、杭州、宁波、台州、温州等地也有栽培。

常用于花坛或花境配置。

2. 拟美国薄荷 （图7-249）

Monarda fistulosa L.

图 7-249　拟美国薄荷

多年生草本。茎钝四棱形，密被倒向白色柔毛。叶片纸质，披针状卵圆形或卵圆形，长达8cm，宽达3cm，先端渐尖，基部圆形或近截形，边缘具锯齿，两面均被柔毛，下面密布凹陷腺点，侧脉10～11对；叶柄长0.2～1.5cm，被柔毛。轮伞花序具多花，在茎、枝顶部密集形成头状花序；花萼管状，长7～9mm，外被短柔毛及棕色腺点，内面在喉部密被1环白色长髯毛，具15脉，萼齿5，等大，钻形；花冠白色或玫瑰红色；能育雄蕊2，靠着上唇外伸。小坚果倒卵圆形，顶部截平。花期6—7月。

原产于北美洲。辽宁、北京、天津、江苏、湖北等地有引种栽培；杭州市区、鄞州、温州市区等地也有栽培。

常用于花坛或花境配置供观赏。

本种与美国薄荷的区别在于茎钝四棱形，花萼喉部被白色长髯毛，花冠上唇先端稍内弯。

27 风轮菜属 Clinopodium L.

多年生草本。茎匍匐或蔓生。叶片常具齿。轮伞花序顶生或腋生；小苞片狭条形或针状；花萼管状，具13脉，基部常一边膨胀，二唇形，上唇3齿，下唇2齿；冠檐二唇形，上唇直伸，先端微缺，下唇3裂，中裂片较大，先端微缺或全缘，侧裂片全缘；雄蕊4，有时后对不育，前对较长，花药2室，水平叉开；花柱着生于子房底，先端极不等2裂，前裂片扁平，披针形，后裂片常不显著。小坚果极小，卵球形或近球形，无毛。

约20种，分布于亚洲和欧洲。我国有11种；浙江有4种。

分种检索表

1. 植株纤细，披散状贴近地面；花较小，花萼长小于4mm。
  2. 轮伞花序通常具苞叶；萼筒近等宽，外面无毛或仅脉上有极稀的短毛 ········· 1. 光风轮 C. confine
  2. 轮伞花序不具苞叶或仅下部者具苞叶；萼筒不等宽，基部一边略膨大，外面脉上被短硬毛，余部被微柔毛 ········· 2. 细风轮菜 C. gracile
1. 植株较粗壮，直立或匍匐上伸；花较大，花萼长大于4.5mm。
  3. 叶片较宽短，卵形或长卵形；苞片针形，无明显中脉；花较小，花冠长小于1cm ········· 3. 风轮菜 C. chinense
  3. 叶片较狭长，狭卵形或卵状披针形；苞片狭条形，具明显中脉；花较大，花冠长大于1cm ········· 4. 风车草 C. urticifolium

1. 光风轮 邻近风轮菜 （图7-250）

Clinopodium confine (Hance) Kuntze——*C. confine* var. *globosum* C.Y. Wu et S.J. Hsuan ex H.W. Li

纤细草本，高7~25cm。茎下部匍匐，先端上伸，光滑或有微柔毛。叶对生；叶片菱形至卵形，长0.8~2cm，宽0.6~1.5cm，先端锐尖或钝，基部楔形，边缘有圆锯齿，两面光滑，有柄。花10余朵排成轮伞花序，对生于叶腋或顶生于枝端；苞叶叶状；花萼管状，紫色，外面无毛，稀在脉上具极稀的短毛，5齿裂，下唇齿缘有羽状缘毛；花冠紫红色，二唇形，上唇很短，下唇3裂，稍长；雄蕊4，前对能育，后对不育。小坚果卵球形，淡黄色，光滑。花期4—7月，果期7—10月。

产于长兴、桐乡、杭州市区、萧山、临安、淳安、普陀、鄞州、开化、磐安、武义、天台、临海、洞头、乐清、瑞安、苍南等地。生于路边、山脚下或荒地，海拔可达850m。分布于华东、华南，北至河南、西达四川等地。日本也有。

图 7-250 光风轮

2. 细风轮菜 （图 7-251）

Clinopodium gracile (Benth.) Matsum.

纤细草本，高 8～25 cm。茎下部匍匐，先端上伸，被倒向的短柔毛。叶片卵形或圆卵形，长 1～3 cm，边缘有锯齿，上面

图 7-251 细风轮菜

近无毛，下面脉上疏被短硬毛。轮伞花序分离或密集于茎端成短总状花序；无苞叶或仅下部者具苞叶；花萼管状，花后一边略膨大，外面沿脉上被短硬毛，余部被微柔毛或近无毛，上唇3齿，下唇2齿；花冠紫红色或淡红色，偶白色；雄蕊4，前对能育，后对不育。小坚果卵球形，褐色，光滑，长约0.7mm。花果期4—10月。

全省各地常见。生于农地、园地、绿地、荒地或林缘草丛，海拔可达1200m。分布于华东、华中、华南、西南及陕西等地。南亚、东南亚地区和日本也有。

全草可入药，有清热解毒、消肿止痛等功效。

3. 风轮菜 （图7-252）

Clinopodium chinense (Benth.) Kuntze

多年生草本。茎基部匍匐，上部上伸，密被短柔毛和具腺微柔毛。叶片卵形，长2～4cm，宽1～2.5cm，边缘具圆齿状锯齿，上面密被短硬毛，下面疏被柔毛；叶柄长3～10mm。轮伞花序具密集多花，半球状；苞叶叶状，向上渐小至苞片状，苞片针状，无明显中肋；花萼狭管状，常带紫红色，长约6mm，外面主要沿脉上被柔毛及具腺微柔毛，上唇3齿，下唇2齿；花冠紫红色，长6～9mm，

图7-252　风轮菜

外面被微柔毛，冠檐二唇形，上唇直伸，先端微凹，下唇3裂，中裂片稍大；雄蕊4，前对稍长。小坚果倒卵形，黄褐色。花期5—10月，果期8—11月。

全省各地常见。生于平地和丘陵山地的草丛、灌草丛和疏林下，海拔可达1500m。分布于华北、华东、华中、华南、西南及陕西和甘肃等地。亚洲东部和南部也有。

本种分布广，形态变异大，《中国植物志》和 *Flora of China* 中本种被分为风轮菜、灯笼草 *C. polycephalum* (Vaniot) C.Y. Wu et S. J. Hsuen ex H.W. Li 和匍匐风轮菜 *C. repens* (D. Don) Wall. 3种，区别在于茎多少、是否直立、花序分枝多少、花序是否偏向一侧。但据野外观察，上述性状存在过渡和交叉，难以区分，甚至有观点认为是欧亚大陆广布种 *C. umbrosum* (M. Beib.) Kuntze，如《浙江植物志》。

4. 风车草　麻叶风轮菜　（图7-253）
Clinopodium urticifolium (Hance) C.Y. Wu et S.J. Hsuan ex H.W. Li

多年生草本。茎基部半木质化，匍匐上伸，沿棱有下向短硬毛。叶片卵形、长卵形至卵状披针形，长1.5～6cm，宽1～3cm，先端急尖，基部圆形或宽楔形，边缘有锯齿，两面有伏贴硬毛，侧脉4～7对，下面明显隆起；叶柄长约1cm，密被上向毛。轮伞花序具密集多花，半球形，直径可达2.5cm；苞片条形，具稍明显的中脉；花萼狭管状，长7～8mm，脉上有长硬毛，上唇3齿近外翻，下唇2齿直伸，先端短芒状；花冠紫红色或淡紫红色，长1～1.2cm，冠檐二唇形，上唇先端微凹，下唇3裂；雄蕊4，前对稍大。小坚果倒卵形，长约1mm。花果期7—11月。

产于安吉、临安、余姚、象山、磐安、临海、天台、缙云、遂昌、龙泉等地。生于海拔900m以上的山岗灌草丛和山顶疏林中。分布于东北、华北及江苏、四川、陕西等地。东北亚地区也有。

图7-253　风车草

28 牛至属 Origanum L.

多年生草本或亚灌木。叶片全缘或具疏齿。常为雌花、两性花异株；轮伞花序在茎及分枝顶端密集成小穗状花序，再由小穗状花序组成伞房状圆锥花序；苞片及小苞片叶状；花萼钟形，10～15脉，萼齿5，近三角形，近等大，齿缘有稠密的长柔毛；冠檐二唇形，上唇直立，扁平，先端凹陷，下唇开张，3裂，中裂片较大；雄蕊4，内藏或稍伸出花冠外，花药卵圆形，2室，药隔三角状楔形；花柱先端不相等2浅裂。小坚果卵圆形，略具棱角，无毛。

15～20种，主要分布于地中海至中亚地区。我国有1种，广泛分布；浙江也有。

牛至 （图7-254）
Origanum vulgare L.

多年生芳香性草本，高25～60cm。茎基部木质，具倒向或微卷曲的短柔毛。叶片卵形或卵圆形，长1～3cm，宽0.5～2cm，先端钝或稍钝，基部宽楔形或近圆形，全缘或偶有疏齿，两面被柔毛和腺点。花密集成长圆状的小穗状花序，再由多数小穗状花序组成顶生伞房状圆锥花序；苞片和小苞片长圆状倒卵形或倒披针形，长约5mm；花萼钟状，长约3mm，13脉，外面有细毛和腺点；花冠紫红色、淡红色至白色，长5～6mm，两性花冠筒显著超出花萼，而雌性花冠筒短于花萼；雄蕊4，在两性花中，后对雄蕊短于上唇，在雌性花中，前后对雄蕊近相等，内藏。小坚果卵圆形，长约0.6mm。花期7—9月，果期9—11月。

产于丽水及临安、淳安、鄞州、开化、江山、东阳、磐安、天台、文成等地。生于海拔1500m以下较干燥的山坡疏林下或沟边灌草丛中。分布于新疆、西藏至台湾的秦岭－淮河一线以南各地。欧亚大陆、非洲也有，南美洲有引种。

全草可入药，也可提芳香油；其园艺品种金叶牛至'Aureum'在杭州、宁波、温州等地园林中有栽培供观赏。

图7-254 牛至

29 百里香属 Thymus L.

矮小亚灌木，芳香。叶小，全缘或每侧具1～3小齿。轮伞花序紧密排成头状花序或疏松排成穗状花序；花萼管状钟形或狭钟形，具10～13脉，二唇形，上唇开展或直立，3裂，下唇2裂，喉部被白色毛环；花冠筒内藏或外伸，冠檐二唇形，上唇直伸，微凹，下唇3裂；雄蕊4，前对较长，花药2室，药室平行或叉开；花柱先端2裂，裂片钻形，相等或近相等。小坚果卵球形或长圆形，光滑。

300～400种，分布在非洲北部、欧洲及亚洲温带地区。我国有11种，多分布于黄河以北地区；浙江栽培2种。

1. 百里香 （图7-255）

Thymus mongolicus (Ronniger) Ronniger

亚灌木。茎多数，不育枝从茎的末端或基部生出，匍匐或上升，被短柔毛；花枝在花序下密被下曲或稍平展的疏柔毛，下部毛变短而疏。叶片卵圆形，长4～10mm，宽2～4.5mm，先端钝或稍锐尖，基部楔形或渐狭，全缘或稀有1～2对小锯齿，两面无毛，侧脉2～3对，腺点稍明显；叶柄明显。花序头状，多花或少花，花具短梗；花萼管状钟形或狭钟形，长4～4.5mm，下唇较上唇长或与上唇近相等；花冠紫红色、淡紫色或粉红色，长6.5～8mm，疏被短柔毛，花冠筒伸长，长4～5mm，向上稍增大。小坚果近圆形或卵圆形，压扁状，光滑。花期7—8月。

原产于我国北部和西北部；北京、天津、上海等有栽培。海宁、杭州市区、临安、温州市区等地也有栽培。

栽培供观赏，有花叶、金叶、金边、银边等园艺品种。

图7-255　百里香

2.麝香草 （图7-256）

Thymus vulgaris L.

灌木状常绿草本。茎坚硬直立，四棱形，高18～30cm，多分枝。叶无柄，叶片条状披针形至卵状披针形，长9～12mm，宽约4mm，先端尖，基部宽楔形，全缘，边缘稍反卷，上面具短茸毛，并密生腺点。枝中上部疏生轮伞花序；花萼表面有短柔毛及腺点，绿色，上唇3裂，裂片较下唇裂片为短，下唇2裂成针刺状；花冠粉红色，比花萼稍长，上唇直立，油腺明显，有樟脑香味；雄蕊二强，超出花冠，花药红色；雌蕊柱头2裂，红色。小坚果棕褐色。花期5—6月。

原产于地中海沿岸。我国偶有栽培。杭州等地也有栽培。

全草含挥发油，有杀菌、防腐、除腥味、助消化、去咳止痰等功效；但更多的是栽培供观赏。

本种与百里香的区别在于叶无柄，叶片条状披针形至卵状披针形，上面被短茸毛。

图7-256　麝香草

㉚ 薄荷属 Mentha L.

多年生草本，具芳香。叶具柄或无柄；叶片边缘具齿；苞叶与叶相似，较小。花萼钟形、漏斗形或管状钟形，10～13脉，萼齿5，相等或近3/2式二唇形，内面喉部无毛或具毛；花冠漏斗形，近4等裂；雄蕊4，花药2室，药室平行；花柱先端相等2浅裂。小坚果无毛或稍具瘤。

约30种，广泛分布于北半球的温带地区，少数种见于南半球。我国有12种，其中6种为野生种；浙江有4种。《浙江植物志》记载浙江有留兰香 M. spicata L.，《浙江种子植物检索鉴定手册》记载浙江有柠檬留兰香 M. citrata Ehrh.、欧薄荷 M. longifolia（L.）L.、唇萼薄荷 M. pulegium L.，但较为罕见，本志未予收录。

分种检索表

1.轮伞花序着生于叶腋，苞叶与叶同形；茎叶高于轮伞花序。
　　2.茎多分枝，被微柔毛；叶片较小，长3～5cm，边缘有牙齿状锯齿；萼齿被微柔毛；雄蕊和花柱稍伸出 ·· 1.薄荷 M. canadensis
　　2.茎不分枝或上部分枝，密被柔毛；叶片较大，长4～9cm，边缘有浅锯齿；萼齿被长柔毛；雄蕊和花柱显著伸出 ··· 2.东北薄荷 M. sachalinensis
1.轮伞花序密集成顶生的穗状花序，苞叶与叶不同形；茎叶低于轮伞花序。
　　3.叶片明显皱缩；萼齿果时稍靠合；花冠长约3.5mm·············· 3.皱叶留兰香 M. crispata
　　3.叶片不明显皱缩；萼齿在果时不靠合；花冠长约2.5mm··············· 4.圆叶薄荷 M. suaveolens

1.薄荷 （图7-257）

Mentha canadensis L.—*M. haplocalyx* Briq.

多年生草本，高30～90cm。茎直立或基部平卧，多分枝，上部被倒向微柔毛，下部仅沿棱上被微柔毛。叶片长圆状披针形、卵状披针形或披针形，长3～5cm，宽0.8～3cm，边缘在基部以上疏生粗大的牙齿状锯齿，两面疏被微柔毛或背面脉上有毛和腺点。轮伞花序腋生，轮廓球形；花萼管状钟形，长约2.5mm，外被微柔毛及腺点，内面无毛，萼齿5；花冠白色、淡红色或青紫色，长约4.5mm，外面略被微柔毛，冠檐4裂，上裂片先端2裂，较大，其余3裂片近等大，长圆形，先端钝；雄蕊4，前对较长，均伸出花冠外。小坚果卵形，黄褐色，具小腺窝。花果期8—11月。

产于全省各地。生于田边、地边湿地或山坡疏林下，海拔可达1300m，房前屋后常有栽培。分布于全国各地。东亚、南亚、东南亚和北美洲也有。

枝叶可提取薄荷油和薄荷脑；全草可入药。

图7-257　薄荷

2.东北薄荷　家薄荷 （图7-258）

Mentha sachalinensis Kudô

多年生草本。茎直立，高0.5～1m，钝四棱形，棱上密被倒向柔毛。叶片椭圆状披针形，长4～9cm，宽1～3.5cm，先端锐尖，基部渐狭，边缘有规则的浅锯齿，侧脉5～6对，两面沿脉上被微柔毛，余部具腺点；叶柄长0.5～1.5cm。轮伞花序腋生，多花密集，轮廓球形，花时直径达1.5cm；花梗长2mm；花萼钟形，外密被长柔毛及黄色腺点，萼齿长三角形，长1.5mm；花冠淡紫或浅紫红色，长4mm，外面疏被长柔毛，内面在喉部疏被柔毛，冠檐具4裂片；雄蕊伸出花冠很多，花药近圆形，2室，略叉开；花柱略超出雄蕊，先端相等2浅裂。小坚果长圆形，黄褐色。花期7—8月，果期9月。

图7-258　东北薄荷

原产于我国东北及内蒙古；日本和俄罗斯也有。定海、洞头有归化。生于农地边或路边草丛中。

3.皱叶留兰香 （图7-259）

Mentha crispata Schrad. ex Willd.

多年生直立草本，全体无毛，高30～60cm。茎常带紫色，有贴地生的不育枝。叶片卵形或卵状披针形，长2～4cm，宽1.2～2cm，边缘有锐裂的锯齿，上面皱波状，脉纹明显凹陷，下面脉纹

图7-259　皱叶留兰香

明显隆起且带白色。轮伞花序在茎及分枝顶端集成长2.5～3cm的穗状花序，不间断或基部1～2轮稍间断；花萼钟形，花时长约1.5mm，具腺点，萼齿5；花冠淡紫色，长约3.5mm，外面无毛，冠檐4裂，裂片近等大，上裂片先端微凹；雄蕊4，近等长，伸出花冠外。小坚果卵球状三棱形，茶褐色，略具腺点，长约0.7mm。花果期8—10月。

原产于欧洲。我国各城市常见栽培。杭州市区、绍兴市区、宁波市区、鄞州、慈溪、宁海、象山、嵊泗、乐清、温州市区等地有栽培或逸生。

植株含芳香油，可用作香料；幼茎和叶可供食用；也可供观赏。

4.圆叶薄荷

Mentha suaveolens Ehrh.—*M. rotundifolia* auct. non (L.) Huds.

多年生草本。茎直立，高30～80cm，钝四棱形，具条纹，被皱曲多节柔毛。叶片坚纸质，圆形、卵形或长圆状卵形，长2～4.5cm，宽1.5～3cm，先端钝，基部心形，边缘具圆齿或圆齿状锯齿，上面绿色，疏被柔毛，下面淡绿色，密被柔毛，侧脉7～10对。轮伞花序在茎及分枝顶端密集成圆柱形穗状花序，长2～4cm，下部1～2轮常间断；花萼宽钟形，长2.5mm，外面被短柔毛，内面无毛，果时近球形，膨大，喉部不收缩，萼齿5；花冠白色、淡紫色或淡蓝色，长约2.5mm，外面无毛，花冠筒长1.5mm，冠檐4裂，裂片近等大，上裂片微凹；花柱超出雄蕊，先端相等2浅裂，子房无毛。花期8—9月。

原产于欧洲。北京、江苏、广东、云南、陕西、新疆等地有栽培。浙江常见的是其园艺品种花叶圆叶薄荷‘Variegata’（图7-260），见于杭州、丽水、温州等地。

用于花境配置。

图7-260　花叶圆叶薄荷

③1 紫苏属 Perilla L.

一年生草本，有香味。叶片边缘有锯齿或浅裂。轮伞花序具2花，组成偏向一侧的总状花序，每花有1苞片；花萼钟状，10脉，萼檐二唇形，上唇宽大，3齿，中齿较小，下唇2齿；花冠筒短，冠檐近二唇形；雄蕊4，近相等或前对稍长，药室2，平行，其后略叉开或极叉开；花柱先端近相等2浅裂。小坚果近球形，有网纹。

单种属，产于东亚。我国及浙江也有。

紫苏 （图7-261）
Perilla frutescens (L.) Britton

一年生直立草本，高0.5～1m。茎密被长柔毛。叶片宽卵形或近圆形，长4～20cm，宽3～15cm，先端急尖或尾尖，基部圆形或阔楔形，边缘有粗锯齿，两面绿色、紫色或仅下面紫色，上面疏被柔毛，下面被贴生柔毛；叶柄长2.5～12cm，密被长柔毛。轮伞花序具2花，密被长柔毛，组成长2～15cm偏向一侧的顶生及腋生总状花序；花萼钟形，长约3mm，果时增大，长达11mm，外面被长柔毛，并夹有黄色腺点；花冠白色至紫红色，长3～4mm，外面略被微柔毛；雄蕊4，几乎不伸出，前对稍长。小坚果近球形，灰褐色，具网纹，直径约1.5mm。花期8—10月，果期9—11月。

全省各地常见。生于田头地角、路边荒地中或低山疏林下，海拔可达1000m。分布于华北、华东、华中、华南、西南等地。东亚、东南亚和南亚也有。

图7-261　紫苏

　　全草可药用，干燥的叶名"苏叶"，茎和花序名"苏梗"，小坚果名"苏子"；新鲜的叶可作调味品、香料；小坚果可榨油供食用。

a. 回回苏（变种）（图7-262）
var. **crispa** (Benth.) W. Deane

与紫苏不同在于叶片常为紫色，边缘具狭而深的锯齿或浅裂；花紫色。

全省各地有栽培或逸生。生于房前屋后或农地边。全国各地有栽培。日本也有。

新鲜的叶可作调味品、香料，也可供药用。

图 7-262　回回苏

b. 野紫苏（变种）野生紫苏（图7-263）
var. **purpurascens** (Hayata) H.W. Li—*P. frutescens* var. *acuta* (Thunb.) Kudô

　　与紫苏的区别在于茎疏被短柔毛；叶片较小，卵形，长4.5～

图 7-263　野紫苏

7.5cm，宽2.8～5cm，两面疏被柔毛；果萼小，长4～5.5mm，下部疏被柔毛及腺点；小坚果较小，直径1～1.5mm。

产于全省各地。生于山地路旁、村边荒地，或栽培于房舍旁。分布于全国各地。日本也有。

可供药用或作香料用。

存疑种

耳齿紫苏

Perilla frutescens var. **auriculato-dentata** C.Y. Wu et S.J. Hsuan

与紫苏的区别在于茎和花萼被短柔毛，叶片基部圆形或近心形，具耳状齿缺，雄蕊稍伸出。模式标本采自云和。《浙江植物志》记载未见其标本。*Flora of China* 将其作为湖南香薷 *Elsholtzia hunanensis* 的异名，但谢文远认为本种有藿香气味，而非紫苏气味，有待进一步研究。

32 地笋属 Lycopus L.

多年生草本，通常具肥大的根茎。叶片边缘有锐锯齿或羽状分裂。轮伞花序无总梗，多花密集；花小，无梗；花萼钟形，萼齿4～5；花冠钟形，内面在喉部有柔毛，冠檐二唇形，上唇全缘或微凹，下唇3裂，中裂片稍大；雄蕊4，前对雄蕊能育，花药2室，药室平行，后略叉开，后对雄蕊消失或退化成棍棒状；花柱先端近相等2裂。小坚果腹面多少具棱，先端截平，基部楔形。

约10种，广泛分布于东半球温带地区及北美洲。我国有4种；浙江有2种。

1. 硬毛地笋（变种）（图7-264）

Lycopus lucidus Turcz. ex Benth. var. **hirtus** Regel

多年生直立草本，高0.3～1.2m，具肥大的横走根状茎。茎通常不分枝，棱上被向上小硬毛，节通常带紫红色，密被硬毛。叶片披针形，多少弧弯，长4～10cm，宽1～2.5cm，上面及下面脉上被刚毛状硬毛，下面散生凹陷腺点，边缘具缘毛及锐锯齿。轮伞花序圆球形，花时直径1.2～1.5cm；花萼钟形，长约5mm，两面无毛，外面具腺点，萼齿5；花冠白色，长约5mm，内面在喉部具白色短柔毛，冠檐不明显二唇形，上唇近圆形，下唇3裂，中裂片较大；雄蕊仅前对能育，后对退化，先端棍棒状。小坚果倒卵圆状四边形，褐色，有腺点。花期7—10月，果期9—11月。

全省各地常见，温州各地常见栽培，是文成的特色产业。生于沼泽地、水边、沟边等潮湿处，海拔可达1500m。分布于东北至华南和西南等地。日本和俄罗斯也有。

根状茎及全草可入药，有活血祛瘀、通经行水等功效，为妇科良药；肥大的根状茎可作蔬菜。

与地笋Lycopus lucidus的区别在于后者茎无毛或节上疏生短硬毛，叶两面无毛。

图 7-264 硬毛地笋

2. 小叶地笋 （图 7-265）

Lycopus cavaleriei H. Lév.—*L. ramosissimus* (Makino) Makino

多年生直立草本，高 15～60 cm，具横走根状茎。茎被微柔毛或近无毛，节上多少被柔毛，下部节间伸长，通常长于叶。叶无柄；叶片长圆状卵圆形或菱状卵圆形，长 1.5～5 cm，宽 0.5～2 cm，边缘疏生浅波状牙齿，两面近无毛，下面具腺点。轮伞花序圆球形，直径 5～7 mm；花萼钟形，连萼齿在内长 2.5～3 mm，外被微柔毛，内面无毛，10～15 脉，萼齿 4～5；花冠白色，

图 7-265 小叶地笋

钟状，略超出花萼，长3～3.5mm，外面在唇片上具腺点，内面喉部有白色柔毛。小坚果倒卵状四边形，褐色，腹面略隆起而具腺点。花果期8—11月。

产于临安、新昌、鄞州、慈溪、余姚、定海、衢江、龙游、磐安、龙泉、泰顺等地。生于海拔1200m以下的田边、水沟边或山地沼泽中。分布于安徽、贵州、江西、吉林、四川、云南等地。日本、朝鲜半岛也有。

与硬毛地笋的区别在于叶片较小，略长于或短于节间，边缘在基部以上具浅波状齿；轮伞花序较小，直径不超过0.8cm；花萼和花冠长不超过3.5mm。

33 石荠苎属 Mosla (Benth.) Buch.-Ham. ex Maxim.

一年生草本，揉之有强烈香味。叶片下面有明显凹陷腺点。轮伞花序具2花，在主茎及分枝上组成顶生的总状花序；苞片小或下部的叶状；花萼钟形，具10脉，果时增大，基部一边膨胀，萼齿5，齿近相等或二唇形，内面喉部被毛；花冠筒内面无毛或具毛环，冠檐近二唇形，上唇微缺，下唇3裂，中裂片较大；雄蕊4，后对能育，前对退化，花药2室，叉开；花柱先端近相等2浅裂。小坚果近球形，具疏网纹或深穴状雕纹。

约22种，分布于东亚、东南亚和南亚。我国有12种；浙江有8种。

分种检索表

1.苞片宽大，宽卵形或近圆形，覆瓦状排列。
  2.叶片较宽，披针形，宽0.5～1.3cm；花冠较大，长约1cm·········· 1.杭州荠苎 M. hangchowensis
  2.叶片较窄，条状长圆形至条状披针形，宽2.5～7mm；花冠较小，长约5mm·················
    ·· 2.石香薷 M. chinensis
1.苞片狭小，披针形或卵状披针形，如为宽卵形（如苏州荠苎），则长、宽小于3mm，均非覆瓦状排列。
  3.叶片条状披针形或披针形，宽小于1cm；苞片宽卵形，先端尾尖 ····· 3.苏州荠苎 M. soochowensis
  3.叶片卵形、倒卵形或卵状披针形，通常宽大于1cm；苞片披针形或卵状披针形，先端渐尖。
    4.植株被具节长柔毛及混生微柔毛；花小，花冠长约2.5mm·········· 4.小花荠苎 M. cavaleriei
    4.植株被短柔毛或近无毛；花较大，花冠长3～5mm。
      5.茎无毛或仅在节上及棱上有短柔毛；花萼上唇具钝齿。
        6.叶片卵形或卵状披针形，边缘具锐齿；苞片披针形或条状披针形，与花梗等长或略长·······
        ·· 5.小鱼仙草 M. dianthera
        6.叶片倒卵形或菱形，边缘具圆齿；苞片卵状披针形或披针形，长远超过花梗 ·················
        ·· 6.长苞荠苎 M. longibracteata
      5.茎被短柔毛或微柔毛；花萼上唇具锐齿。
        7.茎密被短柔毛；叶边缘具多数锯齿；花粉红色 ·············· 7.石荠苎 M. scabra
        7.茎被倒生微柔毛，后变无毛；叶边缘具3～5粗锯齿；花白色 ······ 8.荠苎 M. grosseserrata

1. 杭州荠苎 （图 7－266）

Mosla hangchowensis Matsuda

一年生草本，高 30～60 cm。茎被短柔毛及腺体，有时具混生的平展长柔毛。叶片披针形，长 1.5～4 cm，宽 0.5～1.3 cm，边缘具疏锯齿，两面均被短柔毛及凹陷腺点。顶生总状花序长1～4 cm；苞片大，宽卵形或近圆形，长 5～6 mm，宽 4～5 mm，先端急尖或尾尖，背面具凹陷腺点，边缘具睫毛；花萼钟形，长约 3.5 mm，外被疏柔毛，萼齿 5，披针形，下唇 2 齿略长；花冠紫色，长约 1 cm，外面被短柔毛，冠檐二唇形，上唇微缺，下唇 3 裂，中裂片大，圆形，向下反折。小坚果球形，淡褐色，具深穴状雕纹，直径约 2 mm。花果期 8—11 月。

图 7-266　杭州荠苎

浙江特有，产于杭州、宁波、台州及诸暨、上虞、定海、普陀、衢州市区、常山、磐安、永康、缙云、庆元、洞头、乐清、文成、平阳、泰顺等地。生于山坡灌草丛、路旁草丛中和山脊岩石缝间，海拔可达 1750 m。模式标本采自杭州。

本省海岛的标本（普陀桃花岛，丁炳扬等 6141）花序密被白色长柔毛，与日本产的 *M. japonica* (Benth. ex Oliv.) Maxim. 接近。

1a.建德荠苧（变种）（图7-267）

var. **cheteana** (Sun ex C.H. Hu) C.Y. Wu et H.W. Li—*Orthodon hangchowensis* (Matsuda) C.Y. Wu var. *cheteana* Sun ex C.H. Hu

与杭州荠苧的区别在于花序细长，花疏离，苞片非覆瓦状排列，萼齿钻形。

浙江特有，产于建德、慈溪、象山、普陀、开化、武义、天台、平阳等地。生于沟谷或山脚草丛中，海拔可达900m。模式标本采自建德石埭。

图7-267　建德荠苧

2.石香薷　（图7-268）

Mosla chinensis Maxim.

一年生草本，高10～40cm。茎纤细，被白色短柔毛。叶片条状长圆形至条状披针形，长1.5～3.5cm，宽2.5～7mm，边缘具疏而不明

图7-268　石香薷

显的浅锯齿，两面均被疏短柔毛及凹陷腺点。总状花序头状，长1～3cm；苞片卵形或卵圆形，长4～8mm，宽3～7mm，先端短尾尖，两面及边缘有毛，下面具凹陷腺点；花梗短，疏被短柔毛；花萼钟形，长约3mm，果时长可达6mm，萼齿5，近相等；花冠紫红色、淡红色至白色，长约5mm，外面被微柔毛。小坚果球形，灰褐色，具深穴状雕纹，直径约1.2mm。花期7—9月，果期9—11月。

产于全省各地，但湖州、嘉兴和舟山未见。生于山坡疏林、山坡裸岩或山顶灌草丛中，海拔可达1200m。分布于华东、华中、华南及四川等地。越南也有。

全草可入药。

3. 苏州荠宁 （图7-269）
Mosla soochowensis Matsuda

一年生草本，高12～45cm。茎纤细，多分枝，疏被短柔毛。叶片条状披针形或披针形，长1.2～4cm，宽2～6mm，边缘具细锯齿，上面被微柔毛，下面脉上疏被短硬毛，满布深凹腺点。总状花序长2～5cm，疏花；苞片小，宽卵形至卵形，长1.5～2.5mm，先端尾尖，下面满布凹陷腺点，常花后向下反曲；花梗纤细，长1～3mm，果时伸长，被微柔毛；花萼钟形，长约3mm，外面疏被柔毛及黄色腺体，萼齿5，二唇形，果时花萼增大，基部前方呈囊状；花冠淡紫色或白色，长6～7mm，外面被微柔毛。小坚果球形，褐色或黑褐色，具网纹，直径约1mm。花果期

图7-269 苏州荠宁

9—11月。

产于杭州、绍兴、宁波、舟山、金华及湖州市区、临海、天台、缙云、遂昌、龙泉、永嘉、瑞安等地。生于海拔1200m以下的地边、路旁荒地及山坡疏林下。分布于江苏、安徽、江西等地。

采自普陀梵音洞（李根有等PT874和PT875）的两份标本全株密被白色长柔毛而与之有所不同。

4. 小花荠宁 （图7-270）

Mosla cavaleriei H. Lév.

一年生草本，高25～100cm。茎被具节长柔毛。叶片卵形或卵状披针形，长2～5cm，宽1～3cm，先端急尖或渐尖，基部圆形至阔楔形，边缘具锯齿，两面被具节柔毛，下面散布凹陷小腺点。轮伞花序集成顶生总状花序，果时长可达8cm；苞片极小，卵状披针形，与花梗近等长或略长于花梗，疏被柔毛；花梗细而短，长约1mm，与花序轴被具节柔毛；花萼长约1.3mm，果时增大，可达5mm，外面疏被柔毛，略二唇形，上唇3齿极小，三角形，下唇2齿稍长于上唇，披针形；花冠紫色或粉红色，长约2.5mm，外被短柔毛。小坚果球形，黄褐色，直径约1mm，具疏网纹。花期8—10月，果期10—11月。

产于丽水、温州及临安、桐庐、鄞州、慈溪、余姚、

图7-270　小花荠宁

象山、普陀、开化、江山、武义、天台等地。生于茶园、山脚草丛中及山坡疏林下，海拔可达1300m。分布于华南、西南及江西、湖北等地。越南也有。

5. 小鱼仙草 （图7-271）

Mosla dianthera (Buch.-Ham.) Maxim.

一年生草本，高25～80cm。茎近无毛或在节上被短柔毛。叶片卵状披针形或菱状披针形，长1～3.5cm，宽0.5～1.8cm，边缘具锐尖的疏齿，两面无毛或近无毛，下面散布凹陷腺点。总状花序顶生，长3～15cm；苞片披针形或条状披针形，与花梗等长或略长于花梗，果时则比花梗短；花梗长1～2mm，果时伸长可达4mm；花萼钟形，长2～3mm，果时增大，外面脉上被短硬毛，萼檐二唇形，上唇3齿，下唇2齿，与上唇近等长或略长；花冠淡紫色，长4～5mm，外面被微柔毛，冠檐二唇形，上唇微缺，下唇3裂，中裂片较大。小坚果近球形，灰褐色，具疏网纹，直径约1.2mm。花期9—10月，果期10—11月。

全省各地常见。生于田边、路旁荒地上或山坡疏林下，海拔可达1400m。分布于华东、华中、华南、西南及陕西等地。日本和南亚也有。

图7-271　小鱼仙草

6. 长苞荠宁 （图7-272）

Mosla longibracteata (C.Y. Wu et S.J. Hsuan) C.Y. Wu et H.W. Li—*Orthodon longibracteatus* C.Y. Wu et S.J. Hsuan

一年生草本，高30～50cm。棱及节上被倒生短硬毛。叶片倒卵形或菱形，长1.5～3.5cm，宽0.8～2cm，边缘在中部以上具圆齿或圆齿状锯齿，两面近无毛，下面疏被腺点。顶生总状花序长6～11cm；苞片卵状披针形至披针形，长3～6.5mm，有时最下部的叶状，远长于花梗；花萼钟形，长约2.5mm，果时增大，长可达6mm，脉上被倒生短硬毛，满布黄色腺点，萼齿5，上唇3齿呈钝三角形，中齿极小，下唇2齿披针形，较长；花冠淡粉红色或淡红紫色。小坚果近球形，黄褐色，具极疏的网纹，直径约1.5mm。花果期8—11月。

　　产于临安、桐庐、建德、淳安、衢江、开化、磐安、莲都、缙云、龙泉、永嘉、泰顺等地。生于山麓或河边草丛中。分布于广西。模式标本采自龙泉昴山。

图7-272　长苞荠宁

7. 石荠宁 （图7-273）

Mosla scabra (Thunb.) C.Y. Wu et H.W. Li

图7-273　石荠宁

一年生草本，高20～80cm。茎密被短柔毛。叶片卵形或卵状披针形，长1.5～4cm，宽0.5～2cm，边缘具锯齿，上面被微柔毛，下面近无毛或疏被短柔毛，密布凹陷腺点。顶生总状花序长3～15cm；苞片卵状披针形或卵形，长2.5～3.5mm，先端尾状渐尖，略长于花梗；花梗长约1mm，果时可达3mm；花萼钟形，长约2.5mm，果时可达5mm，外面疏被柔毛，萼檐二唇形，上唇3齿，卵状披针形，先端尖锐，中齿略小，下唇2齿，披针形，先端渐尖；花冠粉红色，长3.5～5mm，外面被微柔毛。小坚果球形，黄褐色，具深穴状雕纹，直径约1mm。花果期6—11月。

全省各地常见。生于海拔1000m以下的地边、路旁荒地、山谷及山坡草丛或灌丛中。分布于华东及辽宁、陕西、四川等地。日本和越南也有。

8. 荠宁　粗齿荠宁 （图7-274）
Mosla grosseserrata Maxim.

一年生草本，高20～60cm。茎被倒生微柔毛，后变无毛。叶片卵形或菱状卵形，长1.5～3cm，宽0.5～2cm，边缘具3～5粗锯齿，近基部全缘，渐狭成柄，上面被微柔毛，下面近无毛，密布凹陷腺点。顶生总状花序长3～10cm；苞片披针形，略长于花梗；花梗长约1mm；花萼钟形，长约2.5mm，外面被短柔毛，萼檐二唇形，上唇3齿，先端尖锐，中齿略小，下唇2齿，披针形，先端渐尖；花冠白色，长3～4mm，外面被微柔毛。小坚果未见。花期10月。

产于永嘉（巽宅、石染、溪下、罗垟）。生于海拔250～600m的溪沟边或田边草丛中。分布于吉林、辽宁、江苏、安徽等地。日本也有。

《浙江药用植物志》在石荠宁的附记中提到浙江有本种，但未指明产地。永嘉的标本证实浙江有本种的分布。

图7-274　荠宁

34 香薷属 Elsholtzia Willd.

　　草本，亚灌木或灌木。叶片边缘具锯齿。轮伞花序常组成偏向一侧的穗状花序；萼齿5；冠檐二唇形，上唇直立，下唇开展，3裂，中裂片常较大；雄蕊4，通常伸出，前对较长，稀前对不发育，花药2室，略叉开或极叉开，其后汇合；花柱先端通常具近相等稀不等的2浅裂。小坚果卵球形或长圆形，具瘤状突起或光滑。

　　约40种，主产于东亚，1种延至欧洲及北美洲，3种产于非洲。我国有33种，各地均有；浙江有4种。

　　《浙江种子植物检索鉴定手册》记载浙江有黄花香薷 E. flava Benth. 的分布，但作者见到杭州植物园标本馆中保存的2份标本（杭植标1170和1173），其实都是香薷状香简草的误定。

分种检索表

1.轮伞花序组成牙刷状偏向一侧的穗状花序；苞片宽卵形或扁圆形。
　2.苞片边缘和背面均密被柔毛；叶片卵形至宽卵形，基部圆形或宽楔形 ……… 1. 紫花香薷 E. argyi
　2.苞片仅边缘具缘毛，稀背面疏被短柔毛；叶片卵状长圆形至披针形，基部楔形或宽楔形，明显下延。
　　3.叶片卵状长圆形或椭圆状披针形；苞片仅边缘被毛，背面无毛；花萼前2齿较长…………………
　　………………………………………………………………………………… 2. 香薷 E. ciliata
　　3.叶片披针形或长圆状披针形；苞片边缘被毛，有时背面有稀疏短毛；萼齿等长…………………
　　………………………………………………………………………… 3. 海州香薷 E. splendens
1.轮伞花序组成圆柱形穗状花序，不偏向一侧；苞片披针形或钻形………… 4. 穗状香薷 E. stachyodes

1. 紫花香薷 （图7-275）
Elsholtzia argyi H. Lév.

图7-275　紫花香薷

一年生直立草本，高25～80cm。茎四棱形，具槽，槽内被白色短柔毛。叶片卵形至宽卵形，长1.5～5.5cm，宽1～4cm，先端短渐尖或渐尖，基部宽楔形或圆形，边缘具圆齿状锯齿，上面疏被柔毛，下面沿脉被白色短柔毛，满布凹陷的腺点。轮伞花序组成偏向一侧长1.5～6cm的穗状花序；苞片圆形或宽倒卵形，长3～5mm，宽4～6mm，先端具刺芒状尖头，边缘和背面均密被白色柔毛及黄色腺点；花梗与花序轴被白色柔毛；花萼外面被白色柔毛；花冠玫瑰红紫色，稀白色，长6～7mm，外面被白色柔毛，上部具腺点，冠檐二唇形；花柱伸出。小坚果长圆形，深棕色，散生细微疣状突起。花果期9—11月。

产于全省各地。生于山坡灌丛、林下、溪旁及河边草地中，海拔可达1300m。分布于华东、华中、华南及贵州、四川等。日本和越南也有。

2. 香薷 （图7-276）

Elsholtzia ciliata (Thunb.) Hyl.—*E. ciliata* var. *ramosa* (Nakai) C.Y. Wu et H.W. Li

一年生直立草本，高25～45cm。茎常呈麦秆黄色，老时变紫褐色，无毛或疏被柔毛。叶片卵状长圆形或椭圆状披针形，长2～6cm，宽1～3cm，先端渐尖，基部楔状下延成狭翅，边缘具锯齿，上面疏被小硬毛，下面仅沿脉上疏被小硬毛，散布腺点。轮伞花序密集成长2～5cm偏向一侧的穗状花序；苞片宽卵圆形或扁圆形，先端具芒状突尖，背面近无毛，疏布腺点，内面无毛，边缘具缘毛；花萼外面疏被柔毛，疏生腺点，内面无毛；花冠淡紫色，冠檐二唇形；花柱内藏。小坚果长圆形，棕黄色，光滑，长约1mm。花果期10—11月。

产于安吉、杭州市区、临安、淳安、兰溪、东阳、天台、仙居、龙泉、庆元、景宁、文成、泰顺等地。生于山坡灌草丛中、林下、路边荒地或河岸草丛中，海拔可

图7-276　香薷

达1500m。除新疆和青海外，全国各地均有分布。亚洲北部、东部、南部也有，欧洲和北美洲有引种。

全草可入药。

本省所见标本苞片大多扁圆形，背面有稀疏短毛，仅淳安磨心尖的标本苞片宽卵圆形，先端狭三角形具芒尖，完全无毛。

3. 海州香薷 （图7-277）

Elsholtzia splendens Nakai ex F. Maek.——*E. lungtangensis* Sun ex C.H. Hu

一年生直立草本，高15～40cm。茎直立，具2列疏柔毛。叶片长圆状披针形或披针形，长1～6cm，宽0.5～1.5cm，上面疏被小纤毛，脉上较密，下面沿脉上被小纤毛，密布凹陷腺点。轮伞花序所组成的顶生穗状花序偏向一侧；苞片近圆形或宽卵圆形，先端具短芒状尖头，边缘被小缘毛，背面无毛，有时疏被短柔毛，疏生腺点；花萼外面被白色短硬毛，具腺点，萼齿5，三角形，近相等，先端刺芒状；花冠玫瑰紫色，长6～7mm，外面密被柔毛，内面有毛环，冠檐二唇形；花柱超出雄蕊。小坚果长圆形，黑棕色，具小疣点，长约1.5mm。花果期9—11月。

产于杭州及安吉、定海、普陀、开化、天台、温岭、遂昌、庆元、泰顺等地。生于山坡林下或山岗灌草丛中，海拔可达1300m。分布于自辽宁至广东的我国东部地区。朝鲜半岛也有。

全草可入药，有发表解暑、散湿行水等功效。

图 7-277 海州香薷

4. 穗状香薷 （图7-278）

Elsholtzia stachyodes (Link) C.Y. Wu

柔弱草本，高30～60cm。茎被白色短柔毛。叶片菱状卵形，长2.5～5.5cm，宽1.5～3.5cm，先端骤渐尖，基部楔形下延成狭翅，边缘除基部外具缺刻状粗齿，上面被白色短柔毛，背面具分散的腺点；叶柄长与叶片近相等。穗状花序圆柱形，长1.5～8.5cm，顶生或腋生，轮伞花序不连续，不偏向一侧，花序轴被柔毛；花萼长约1.5mm，外面密被白色柔毛，萼齿5，近相等；花冠

图7-278　穗状香薷

白色，有时为淡紫红色，长约为花萼的2倍，外面被短柔毛，内面无毛，花冠筒向上渐宽，冠檐二唇形，上唇先端微缺，下唇3裂；雄蕊4，前对不发育；花柱微伸出，先端近2等裂。小坚果椭圆形，淡黄色。花果期10—11月。

产于临安（天目山、龙塘山）。生于溪沟边疏林下或山坡荒地上。分布于长江流域以南各地。南亚地区也有。

85 绵穗苏属　Comanthosphace S. Moore

多年生草本或亚灌木。茎单一，通常不分枝。叶具柄或近无柄，具齿。轮伞花序具6～10花，在茎及侧枝顶端组成长穗状花序；花萼管状钟形，10脉，外面被星状绒毛，内面无毛，萼齿5，前2齿稍宽大；花冠淡红至紫色，内面在花冠筒近中部具一圈不规则的柔毛环，冠檐二唇形，上唇2裂或偶有全缘，下唇3裂，中裂片较大，多少成浅囊状；雄蕊4，前对略长，伸出花冠外，1室，横向开裂。小坚果三棱状椭圆形，黄褐色，具金黄色腺点。

约6种，分布于我国和日本。我国有3种；浙江有1种。

绵穗苏 （图7-279）

Comanthosphace ningpoensis (Hemsl.) Hand.-Mazz.—*Caryopteris ningpoensis* Hemsl.

多年生直立草本，高60～100cm。茎基部圆柱形，上部钝四棱形，除茎顶花序被白色星状茸毛外，余部近无毛。叶片卵圆状长圆形、阔椭圆形或椭圆形，长7～18cm，宽4～7cm，边缘具锯齿，幼时两面疏被星状毛，老时两面近无毛；叶柄长0.4～1cm。穗状花序于主茎及侧枝上顶生，

在茎顶常呈三叉状，花序轴、花梗及花的各部被白色星状绒毛；花冠淡红色至紫色，长约7mm，内面近花冠筒中部有1不规则宽大而密集的毛环。小坚果三棱状椭圆形，黄褐色，具金黄色腺点，长约3mm。花期8—10月，果期9—11月。

产于宁波及安吉、德清、杭州市区、富阳、临安、建德、磐安、天台、云和、龙泉等地。生于海拔1200m以下的山坡草丛中及沟谷林下。分布于安徽、江西、湖北、湖南、贵州等地。模式标本采自宁波。

图7-279　绵穗苏

茸毛绵穗苏（变种）

var. stellipiloides C.Y. Wu

与绵穗苏的区别在于叶片下面密被灰白色星状毛，但毛被疏密通常与生长期有关，不太稳定。花果期8—10月。

产于安吉、临安、建德、鄞州（天童）、天台等地。生于海拔300～1100m的山坡疏林下、毛竹林或林缘草丛中。分布于江西。模式标本采自临安西天目山。

36 香简草属　**Keiskea** Miq.

草本或亚灌木。根状茎木质，常肥大。叶片有锯齿。轮伞花序具2花，组成顶生及腋生的总状花序，常偏向一侧；苞片宿存；花萼钟形，萼齿5，深裂，齿近相等或后齿略小；花冠筒内面有毛环，冠檐近二唇形，上唇2裂，下唇3裂，中裂片较长；雄蕊4，伸出，稀内藏，前对较长，花药2室，略叉开，先端贯通；花柱先端2浅裂。小坚果近球形或长圆形，平滑。

约6种，分布于我国和日本。我国有5种，分布于东南至西南部；浙江有2种。

1.香薷状香简草 （图7-280）

Keiskea elsholtzioides Merr.

多年生直立草本，高30～80cm。茎下部圆柱形，上部略呈四棱形，带紫红色，幼枝密生平展的柔毛，老时近无毛。叶片卵形或卵状椭圆形，长5～12cm，宽2～7cm，先端渐尖，基部楔形至近圆形，稀浅心形，边缘具圆齿状锯齿或粗锯齿，近革质或厚纸质，两面有毛，下面有凹陷腺点；叶柄长2.5～7cm。总状花序顶生或腋生，幼时较短，花后延长可达15cm，偏向一侧；苞片宿存，菱状卵形，基部楔形，下部的长8～10mm，上部的渐变小，先端突渐尖，边缘具白色缘毛；花萼钟形，长3～4mm，果时增大；花冠白色带紫色，长8～10mm。小坚果近球形，直径约1.6mm，紫褐色。花期9—10月，果期10—11月。

产于丽水、温州（洞头未见）及杭州市区、富阳、临安、建德、诸暨、北仑、鄞州、奉化、宁海、象山、开化、江山、武义、天台、仙居等地。生于山谷溪沟边、山脚、山坡阔叶林下或山顶灌草丛中，海拔可达1200m。分布于安徽、江西、湖北、湖南、广东等地。

图7-280　香薷状香简草

本种有1变型紫花香简草form. **purpurea** X.H. Guo（图7-281），花紫色或深紫色。

浙江南部部分标本（如景宁，杨少宗38，张方钢20）叶柄较短，长2～4cm；苞片较小，卵状披针形，长4.5～6mm；花序轴和花萼密被松脂状腺点而近似南方香简草K. australis C.Y. Wu et H.W. Li。但因未见花期标本，其分类地位有待进一步观察。

图7-281　紫花香简草

2. 中华香简草 （图7-282）

Keiskea sinensis Diels

多年生直立草本，高30～70cm。茎带紫色，下部近圆柱形，上部四棱形，近无毛或疏被倒向短柔毛。叶片卵形，长8～15cm，宽3～7cm，先端渐尖至尾状渐尖，基部楔形至近圆形，边缘有锯齿，上面脉上有短伏毛，下面近无毛，密被黄色腺点；叶柄长0.8～3cm。总状花序顶生或腋生，长4～9cm，偏向一侧；苞片宿存，卵形或卵状钻形，基部圆形，长2～5mm，先端突渐尖，被短柔毛；花萼钟形，长约3mm，果时增大，萼筒外面脉上被微柔毛，余部无毛但有黄色腺点，萼齿间有硬毛束；花冠白色或浅黄色，长4～5mm，外面无毛，内面喉部有毛环。小坚果近球形，直径约2mm。花期9—10月，果期10—11月。

产于湖州市区、安吉、临安、建德、北仑、鄞州、余姚、奉化、宁海、象山、开化、天台、临海等地。生于海拔1000m以下的沟谷、山坡阔叶林或竹林中，也见于山顶灌草丛中。分布于江苏、安徽等地。模式标本采自湖州。

与香薷状香简草的区别在于苞片较小，卵形或卵状披针形，长2～5mm，花为白色或浅黄色。

图7-282　中华香简草

③⑦ 刺蕊草属　Pogostemon Desf.

草本或亚灌木。叶对生，具柄或近无柄，具齿，通常多少被毛。轮伞花序具多花或少花，组成穗状花序、总状花序或圆锥花序；花小，具梗或无梗；花萼卵状管形或钟形，具5齿，齿相等或近相等；花冠内藏或伸出，冠檐通常近二唇形，上唇3裂，下唇全缘；雄蕊4，花药球形，1室；花柱先端相等或近相等2浅裂。小坚果卵球形或球形，稍压扁，光滑。

约60种，分布于亚洲和非洲。我国有16种；浙江有1种。此外，偶见栽培的还有广藿香 *P. cablin* Benth.。

水珍珠菜 （图7-283）
Pogostemon auricularius (L.) Hassk.

一年生草本。茎高0.4～1.6m，基部平卧，密被黄色平展长硬毛。叶片草质，长圆形或卵状长圆形，长2.5～7cm，宽1.5～2.5cm，先端钝或急尖，基部圆形或浅心形，边缘具整齐的锯齿，两面被黄色糙硬毛，下面满布凹陷腺点，侧脉5～6对；叶柄短，密被黄色糙硬毛。穗状花序长6～18cm，连续，有时基部间断；花萼钟形，长、宽约1mm，具黄色小腺点，萼齿5，短三角形，萼齿边缘具疏柔毛；花冠淡紫至白色，长约为花萼的2.5倍，无毛；雄蕊4，显著伸出，伸出部分具髯毛；花柱不超出雄蕊，先端相等2浅裂。小坚果近球形，褐色，无毛。花果期4—10月。

图7-283　水珍珠菜

产于泰顺（竹里）。生于海拔380～1700m的溪边灌草丛中。分布于江西、福建、台湾、广东、广西、云南等地。南亚和东南亚地区也有。

㊳ 水蜡烛属 Dysophylla Blume

湿生草本。茎具通气组织。叶3～10轮生，无柄。轮伞花序具多花，在茎或分枝顶部密集成紧密连续或极少于基部间断的穗状花序；花极小，无梗；花萼钟形，萼齿5，短小；花冠伸出花萼外，冠檐4裂，裂片近相等；雄蕊4，伸出，花丝具髯毛，花药小，近球形，药室贯通为1室；花柱与雄蕊近等长，先端2浅裂。小坚果小，近球形或倒卵形，光滑。

约27种，分布于亚洲，其中有1种延至澳大利亚。我国有7种，产于西南及东南部；浙江有2种。

1.水虎尾 （图7-284）
Dysophylla stellata (Lour.) Benth.

一年生直立草本。茎高15～40cm，基部粗至1cm，于中部以上具轮状分枝，下部节间极短。叶4～8轮生；叶片条形，长3～7cm，宽3～7mm，先端急尖，基部渐狭而无柄，边缘多少有明显的疏齿，不外卷，上面榄绿色，下面灰白色。穗状花序长1.5～4.5cm，直径4～7mm，极密集，不间断；苞片披针形，超过花萼；花萼钟形，密被灰色茸毛，果时增大至长约1.8mm；花冠紫红色，长1.8～2mm，冠檐4裂，裂片近相等；雄蕊4，伸出，花丝被髯毛；花柱先端2浅裂。小坚果倒卵形，极小，棕褐色，光滑。

产于杭州市区、鄞州、衢州市区、天台、云和等地。生于水边湿地。分布于华东、华南及湖南、云南等地。亚洲南部、日本和澳大利亚也有。所见的浙江标本大多是50年前采集的，随着生境的改变，现已很少见到，应加强保护。

标本馆中有淳安和龙泉的标本被鉴定为本种，但叶3～4轮生，叶片边缘无明显锯齿，应该是水蜡烛的误定。

图 7-284　水虎尾

2. 水蜡烛 （图7-285）

Dysophylla yatabeana Makino—*D. lythroides* Diels

多年生草本，高30～70cm。茎通常单一不分枝。叶3～4轮生；叶片狭披针形或条形，长2～6cm，宽3～6mm，先端渐狭具钝头，基部无柄，全缘或于上部具疏而不明显的锯齿，两面无毛。轮伞花序密集成长1～4.5cm、直径8～15mm的穗状花序，有时基部稍有间断；花萼卵状钟形，长1.6～2mm，外面疏被柔毛及锈色腺点，萼齿5；花冠紫红色，长约为花萼的2倍，冠檐近相等4裂；雄蕊4，显著伸出，花丝密被紫红色髯毛。花果期9—11月。

产于杭州市区、临安、淳安、北仑、鄞州、定海、开化、

图 7-285　水蜡烛

江山、磐安、遂昌、龙泉、景宁、永嘉、泰顺等地。生于海拔800m以下的沼泽、浅水池或水稻田中。分布于安徽、湖南和贵州等地。日本和朝鲜半岛也有。历史上本种有广泛的分布，但随着适生环境的减少，近年已很少见。

　　本种与水虎尾的区别在于叶片全缘或于先端具疏而不明显的锯齿，花序较粗，直径大于8mm。

㊵ 四轮香属　Hanceola Kudô

　　一年生或多年生草本。叶片边缘具锯齿。轮伞花序具2～6花，集成伸长的顶生总状花序；花萼小，近钟形，具8～10脉，萼齿5，多少呈二唇形，后1齿较大，前2齿较狭，先端均尾尖，果时花萼显著增大，脉显著；花冠筒直或弧曲，向上渐宽，内面无毛环，冠檐二唇形，上唇2裂，下唇3裂，中裂片较大；雄蕊4，近等长或前对较长，内藏或伸出，下倾而平卧在下唇上；花药卵球形，2室，极叉开，其后汇合；花柱顶端具相等的2浅裂。小坚果长圆形或卵圆形，褐色，具条纹。

　　6～8种，我国特有，分布于长江以南各地；浙江有1种。

出蕊四轮香 （图7-286）
Hanceola exserta Sun

　　多年生草本，高30～50cm，具块状根茎和横走匍匐茎。茎平卧上升，幼时被短细毛，后渐脱落，深紫黑色。叶片卵形至披针形，长2～9cm，

图7-286　出蕊四轮香

宽0.5～3.5cm，先端锐尖或渐尖，中部以下楔状下延成具宽翅的柄，边缘有具胼胝尖的锐锯齿，两面脉上被细微柔毛，下面常带青紫色。聚伞花序具1～3花，组成顶生的总状花序，花序梗被微柔毛及腺毛；花萼钟形，长达3mm，外被具腺微柔毛，具不明显10脉；花冠深紫蓝色，长达2.5cm。小坚果卵圆形，黄褐色，长约2mm。花期8—10月，果期10—11月。

产于淳安、余姚、衢州市区、开化、江山、遂昌、松阳、龙泉、庆元、云和、景宁、文成、泰顺等地。生于海拔800m以下丘陵山地的沟谷边林下或灌草丛中。分布于江西、福建、湖南、

广东等地。模式标本采自于云和王蛇坞。

本种有1变型粉花出蕊四轮香form. **subrosa** B.Y. Ding et Y.L. Xu（图7-287），花粉红色。见于淳安、开化、常山等地，有时整条山沟由该变型组成单一种群，如开化南华山小坞沟。

可作园林地被植物栽培供观赏，尤其是粉红色花类型更为美丽。

图7-287　粉花出蕊四轮香

40 山香属　Hyptis Jacq.

草本、亚灌木或灌木。叶片具齿缺。花组成头状花序、稠密的穗状花序或疏松的圆锥花序；花萼管状钟形或管形，果时增大，具10脉，萼口内面有或无柔毛簇，萼齿5，近相等、直立；冠檐二唇形，上唇2裂，下唇3裂，中裂片囊状，花时反折；雄蕊4，前对较长，下倾，花药汇合成1室；花柱先端2浅裂或近全缘。小坚果光滑或点状粗糙，稀具膜状翅。

350～400种，产于美洲热带至亚热带及西印度群岛地区，数种逸生于世界热带地区成为杂草。我国有4种，见于南部沿海；浙江有1种。

山香　（图7-288）
Hyptis suaveolens (L.) Poit.

一年生草本，有时亚灌木状，高0.35～1.6m。茎多分枝，揉之有香气，被平展刚毛。叶片卵形至宽卵形，长2.5～10cm，宽2～9cm，先端近锐尖或钝，基部圆形或浅心形，边缘具不规则的波状齿，两面均被疏柔毛。聚伞花序具2～5花，在枝上排列成总状花序或圆锥花序；花萼长约5mm，花后增大长达12mm，10脉极突出，外被长柔毛及淡黄色腺点，内部有柔毛簇；花冠蓝色，长6～8mm，外面除花冠筒下部外被微柔毛。小坚果常2枚成熟，扁平，暗褐色，具细点，长约4mm。花期9月，果期10—11月。

原产于美洲热带地区，全球热带地区有栽培或归化。福建、台湾、广东、广西等地有栽培或归化，温州鹿城（杨府山）也有。生于山坡荒地。

全草可入药。

图7-288　山香

㊶ 香茶菜属 Isodon (Schrad. ex Benth.) Spach

多年生草本、亚灌木或灌木。根状茎常肥大木质，疙瘩状。叶片有锯齿。聚伞花序具3至多花，组成顶生或腋生的总状或圆锥状花序；花萼钟形，果时多少增大，呈管状或管状钟形，萼齿5，近等大或呈3/2式二唇形；花冠筒伸出，基部上方浅囊状或呈短距，冠檐二唇形，上唇外反，先端具4圆裂，下唇全缘，通常较上唇长，常呈舟状；雄蕊4，二强，花丝分离，花药贯通成1室；花柱先端相等2浅裂。小坚果近圆形、卵球形或长圆状三棱形。

约100种，分布于亚洲，非洲亦有少数种。我国有77种，以西南各地种数最多；浙江有10种。

分种检索表

1.植株细瘦，具小球形块根；全体被具节长柔毛；叶片背面密布橘红色腺点····································
···································· 1. 线纹香茶菜 I. lophanthoides
1.植株较粗壮，具坚硬的结节状或疙瘩状根茎；植株被柔毛或微柔毛；叶片背面具淡黄色腺点或无腺点。
　2.茎被倒向微柔毛或贴生微柔毛，绝非具节柔毛。
　　3.叶片较狭窄，卵状披针形至狭披针形；花萼具相等的萼齿。
　　　4.叶片披针形至狭披针形，背面不具淡黄色腺点；萼齿披针形；小坚果顶端被微柔毛············
　　　···································· 2. 显脉香茶菜 I. nervosus
　　　4.叶片卵状披针形至狭卵形，背面具淡黄色腺点；萼齿狭三角形；小坚果顶端具腺点和髯毛·····
　　　···································· 3. 溪黄草 I. serra
　　3.叶片较宽，卵形至宽卵形；花萼二唇形，具不等长的萼齿。
　　　5.花冠长1.4～1.8cm；茎被倒向微柔毛 ···································· 4. 长管香茶菜 I. longitubus
　　　5.花冠长7～8mm；茎被贴生微柔毛。
　　　　6.花序轴、花梗和花萼外面均被贴生微柔毛；叶片顶端1齿不伸长 ····························
　　　　···································· 5. 大萼香茶菜 I. macrocalyx
　　　　6.花序轴、花梗和花萼外面均被具腺微柔毛；叶片顶端1齿伸长······ 6. 鄂西香茶菜 I. henryi
　2.茎被具节柔毛、卷曲柔毛或茸毛。
　　7.小灌木；茎皮纵向剥落，幼时密被茸毛，老时脱落至近无毛·············· 7. 碎米桠 I. rubescens
　　7.多年生草本；茎皮不脱落，被具节柔毛或卷曲柔毛。
　　　8.叶片卵形或狭卵形；萼齿近等长，直立；果萼宽钟形 ·············· 8. 香茶菜 I. amethystoides
　　　8.叶片宽卵形、卵圆形或近圆形；花萼略呈二唇形，萼齿不等长；果萼钟形或管状。
　　　　9.叶片宽卵形或三角状宽卵形，先端急尖或稍钝，顶端无披针状顶齿 ·······················
　　　　···································· 9. 内折香茶菜 I. inflexus
　　　　9.叶片卵圆形或近圆形，先端具一凹陷，凹陷中有1披针状顶齿····························
　　　　···································· 10. 歧伞香茶菜 I. macrophyllus

1. 线纹香茶菜 （图7-289）

Isodon lophanthoides (Buch.-Ham. ex D. Don) H. Hara—*Rabdosia lophanthoides* (Buch.-Ham. ex D. Don) H. Hara

多年生柔弱草本，茎、叶柄、花序均被具节长柔毛，具小球形块根。茎直立或上升，高20~80cm。叶片卵形、宽卵形或长圆状卵形，长1.5~5cm，宽0.5~3.5cm，先端钝，基部宽楔形或近圆形，稀浅心形，边缘具圆齿，两面被具节毛，下面密布橘红色腺点；叶柄长0.5~2.2cm。聚伞花序具7~11花，组成长4~15cm的顶生或腋生圆锥花序；花萼钟形，长约2mm，果时可达4mm，外面下部疏被具节柔毛并密布橘红色腺点，萼檐二唇形，萼齿5，后3齿较小，前2齿较大；花冠白色或粉红色，具紫色斑点，长5~7mm，冠檐外面疏被小黄色腺点；雄蕊及花柱均显著伸出。小坚果长圆形，淡褐色，光滑。花期9—10月，果期10—11月。

产于丽水、温州及普陀、江山等地。生于海拔800m以下丘陵山地的路旁灌草丛中、沟边疏林下或农地边潮湿处。分布于华东、华中、华南、西南及甘肃等地。南亚和东南亚也有。

全草可入药。

图7-289　线纹香茶菜

2. 显脉香茶菜 （图7-290）

Isodon nervosus (Hemsl.) Kudô—*Rabdosia nervosa* (Hemsl.) C.Y. Wu et H.W. Li—*Amethystanthus stenophyllus* Migo

多年生草本，高达1m。茎幼时被微柔毛，老时毛渐脱落至近无毛。叶片披针形至狭披针形，长5~13cm，宽1~3cm，先端长渐尖，基部楔形至狭楔形，边缘有具胼胝体硬尖的浅锯齿，侧脉4~5对，两面隆起，细脉多少明显，上面沿脉被微柔毛，余部近无毛；下部叶柄长0.2~1cm，上

部叶无柄。聚伞花序具5～
9花，组成疏散的顶生圆锥
花序；花梗、花序梗及花序
轴均密被微柔毛；花萼钟
形，长约2mm，果时略增
大呈阔钟形，外密被微柔
毛，萼齿5，近相等，披针
形；花冠淡紫色或蓝色，长
6～8mm，外疏被微柔毛；
雄蕊与花柱伸出花冠外。小
坚果卵球形，顶部被微柔
毛，长1～1.5mm。花期8—
10月，果期10—11月。

　　产于杭州市区、临安、
建德、淳安、诸暨、嵊州、
鄞州、余姚、奉化、宁海、
象山、开化、磐安、天台、
临海、莲都、龙泉、庆元、
景宁、乐清、永嘉、泰顺等
地。生于海拔900m以下丘
陵山地的溪沟边灌草丛中
及山谷林下。分布于华东、
华中、华南、西南及陕西
等地。

图7-290　显脉香茶菜

3.溪黄草 （图7-291）

Isodon serra (Maxim.) Kudô—*Rabdosia serra* (Maxim.) H. Hara

　　多年生直立草本，高达1.2m，植株干后变黑。茎带紫色，密被倒向微柔毛。叶片卵形、卵状
披针形或披针形，长3～7cm，宽1～4cm，先端急尖或渐尖，基部楔形，边缘具粗大内弯的锯齿，
两面脉上密被微柔毛，散布淡黄色腺点；叶柄长0.5～3.5cm。聚伞花序具5花至多花，组成长
10～20cm的顶生圆锥花序，花序梗、花梗与花序轴均密被微柔毛；花萼钟形，长约1.5mm，果
时增大，阔钟形，基部多少呈壶状，外面密被微柔毛并夹有腺点，萼齿5，长三角形，近等大；花
冠紫色，长5～6mm，外被短柔毛；雄蕊及花柱均内藏。小坚果宽倒卵形，顶端具腺点及白色髯
毛，长1.5mm。花果期8—10月。

产于杭州市区、临安、淳安、开化、天台、龙泉、温州市区、乐清、平阳等地，苍南有栽培。生于海拔600m以下低山丘陵的山坡或溪边灌草丛中。分布于东北至华南，向西达四川等地。朝鲜半岛和俄罗斯也有。

全草可入药，俗称"土黄连"，有清热利湿、退黄祛湿、凉血祛瘀等功效。

本省标本室中见到的大多是营养体标本，其中不少是显脉香茶菜的未开花植株的误定，两者茎下部叶片形状极相似，但本种的叶片干后常变黑色可资区别。

图 /-291　溪黄草

4. 长管香茶菜 （图7-292）
Isodon longitubus (Miq.) Kudô—*Rabdosia longituba* (Miq.) H. Hara

多年生直立草本，高达1.2m。根状茎常肥大成疙瘩状。茎带紫色，连同花序梗、花序轴和花梗均密被倒向微柔毛。叶片狭卵形至卵圆形，长5～15cm，宽2～5.5cm，先端渐尖至尾状渐尖，基部楔形，边缘具锯齿，两面脉上密被微柔毛，余部散布小糙伏毛，下面散布小腺点；叶柄长0.5～2cm。聚伞花序具3～7花，组成长10～20cm的狭圆锥花序；花萼钟形，长达4mm，果时略增大，常带紫红色，外面沿脉及边缘被微柔毛，余部具腺点，萼齿5，明显呈3/2式二唇形；花冠紫色，长1.4～1.8cm，花冠筒长约为花冠的3/4，中部略弯曲；雄蕊内藏。小坚果扁圆球形，深褐色，具小疣点，直径约1.5mm。花期8—9月，果期10—11月。

产于富阳、临安、淳安、鄞州、奉化、宁海、象山、磐安、武义、天台、临海、仙居、遂昌、松阳、龙泉、庆元、景宁、文成、泰顺等地。生于山地沟谷林下、溪边及山坡草丛，海拔可达1200m。分布于安徽。日本也有。

图7-292　长管香茶菜

5.大萼香茶菜 （图7-293）

Isodon macrocalyx (Dunn) Kudô—*Rabdosia macrocalyx* (Dunn) H. Hara—*Amethystanthus nakai* Migo

多年生直立草本，高40～100cm。根状茎常肥大成疙瘩状。茎被贴生微柔毛。叶片卵形或宽卵形，长3～15cm，宽2～8cm，先端长渐尖或急尖，基部宽楔形，骤然渐狭下延，边缘有整齐的圆齿状锯齿，两面脉上被微柔毛，余部近无毛，下面散布淡黄色腺点；叶柄长2～5cm，密被贴生微柔毛。聚伞花序具3～5花，组成长4～15cm的总状圆锥花序，花序梗、花梗及花序轴密被贴生微柔毛；花萼宽钟形，长约3mm，果时长可达6mm，外被微柔毛，萼齿5，明显呈3/2式二唇形；花冠淡紫色或紫红色，长约8mm，外面疏被短柔毛及腺点；雄蕊稍伸出花冠外。小坚果卵球形，长约1.5mm。花期8—10月，果期9—11月。

产于杭州、宁波、丽水及安吉、诸暨、开化、永康、天台、泰顺等地。生于海拔1200m以下沟谷林下、山坡路旁及溪边灌草丛中。分布于华东、华中和华南等地。合模式标本采自浙江及福建。

图 7-293　大萼香茶菜

6.鄂西香茶菜 （图7-294）

Isodon henryi (Hemsl.) Kudô—*Rabdosia henryi* (Hemsl.) H. Hara

多年生直立草本，高50~100cm。根状茎常肥大成疙瘩状。茎沿棱被微柔毛。叶片卵形或宽卵形，长约6cm，宽约4cm，先端渐尖，顶端1齿伸长，基部宽楔形，骤然渐狭下延，边缘具圆齿状锯齿，两面脉上被小糙伏毛，侧脉每边3~4；叶柄长达4cm，向上渐短，略被小糙伏毛。聚伞花序具3~5花，组成长6~15cm的总状圆锥花序，花序轴、花序梗和花梗均密被具腺微柔毛；花萼宽钟形，长约3mm，果时长达6mm，外被具腺微柔毛和腺点，萼齿5，明显呈3/2式二唇形；花冠淡紫色或白色，长约7mm，外被微柔毛及腺点；雄蕊内藏。小坚果扁长圆形，褐色，长约1.3mm，具小疣点。花期9—10月，果期10—11月。

产于余姚（四明山镇唐溪电站边）。生于海拔约200m的沟谷林缘、湿地灌草丛中。分布于河北、山西、河南、湖北、四川、陕西和甘肃等地。

图 7-294　鄂西香茶菜

7. 碎米桠 （图 7-295）

Isodon rubescens (Hemsl.) H. Hara——*Rabdosia rubescens* (Hemsl.) H. Hara

小灌木，高0.5~1.2m。茎直立，基部近圆柱形，皮层纵向剥落，上部多分枝，茎上部及分枝均四棱形，幼枝密被茸毛。叶片卵圆形或菱状卵圆形，长2~7cm，宽1.5~3cm，先端锐尖或渐尖，基部宽楔形，骤然渐狭下延，边缘具粗圆齿状锯齿，上面疏被柔毛及腺点，下面密被灰白色短茸毛；叶柄长1~3.5cm。聚伞花序具3~5花，在茎及分枝顶上端排列成长6~15cm狭圆锥花序，花序轴及花梗密被微柔毛；花萼钟形，长2.5~3mm，外密被灰色微柔毛及腺点，萼齿5，微呈3/2式二唇形，果时增大；花冠长7~10mm，冠檐二唇形；雄蕊和花柱均略伸出，花丝中部以下具髯毛。小坚果倒卵状三棱形，长1.3mm。花果期8—11月。

产于富阳、临安、淳安、衢江、开化等地。喜生于海拔800m以下石灰岩地带的山坡灌草丛中或沟谷林下。分布于华东、华中、华北、西南和陕西等地。

图7-295　碎米桠

8. 香茶菜 （图 7-296）

Isodon amethystoides (Benth.) H. Hara—*Rabdosia amethystoides* (Benth.) H. Hara

多年生直立或倾斜草本。根状茎常肥大成疙瘩状。茎高 30～100cm，密被倒向具节卷曲柔毛或短柔毛，在叶腋内常有不育的短枝，其上具较小型的叶。叶片卵状椭圆形、卵形至披针形，长 2.5～14cm，宽 0.8～3.5cm，先端渐尖或急尖，基部骤然收缩成楔形具狭翅的柄，边缘具圆齿，两面被毛或近无毛，下面被淡黄色小腺点；叶柄长 0.2～2.5cm。聚伞花序具 3 至多花，分枝纤细而极叉开，组成顶生疏散的圆锥花序；花萼钟形，长约 2.5mm，外面密被黄色腺点，萼齿 5，近相等；花冠白色或淡蓝紫色，长约 7mm；雄蕊及花柱均内藏。小坚果卵形，黄栗色，有腺点，长约 2mm。花期 8—10 月，果期 9—11 月。

全省各地常见。生于山地丘陵的沟谷林下或山坡灌草丛中，海拔可达 1200m。分布于华东、华中和华南等地。

全草可入药，有清热利湿、活血祛瘀、解毒消肿等功效，对治疗胃病有较好效果，是胡庆余堂生产"胃复春"的主要原料。

本种在叶形、叶片的大小方面变异幅度极大，但圆锥花序疏散、聚伞花序分枝极叉开、果萼宽钟形且直立是其鉴别特征。

图 7-296　香茶菜

9. 内折香茶菜 （图7-297）

Isodon inflexus (Thunb.) Kudô—*Rabdosia inflexa* (Thunb.) H. Hara

多年生直立草本，高40～100cm。根状茎常肥大成疙瘩状。茎略曲折，沿棱上密被倒向具节白色柔毛。叶片三角状宽卵形或宽卵形，长2.5～10cm，宽2～7cm，先端急尖或稍钝，基部宽楔形，骤然渐狭下延，边缘具粗大圆齿状锯齿，齿尖具硬尖，两面脉上被具节短柔毛；叶柄长0.5～3.5cm。聚伞花序具3～5花，组成长6～10cm的狭圆锥花序，花序梗、花序轴及花梗密被短柔毛；花萼钟形，长约3mm，果时稍增大，外面被毛，萼齿5，近相等或微呈3/2式二唇形；花冠淡红色至青紫色，稀白色，长约8mm；雄蕊与花柱均内藏。小坚果卵球形，具网纹，直径约1.5mm。花期7—10月，果期9—11月。

产于临安、建德、诸暨、北仑、鄞州、余姚、奉化、宁海、开化、江山、磐安、武义、天台、遂昌、松阳、龙泉、庆元、景宁、乐清、泰顺等地。生于海拔800m以下山地林缘或沟谷疏林中。分布于我国东部，北自吉林、河北，南至浙江、湖南等地。日本和朝鲜半岛也有。

图 7-297　内折香茶菜

10. 歧伞香茶菜 （图7-298）

Isodon macrophyllus (Migo) H. Hara

多年生直立草本。茎高0.8～1m，密被具节卷曲短柔毛。叶片近圆形或卵圆形，长6.5～12cm，宽4～8cm，先端具1凹

图 7-298　歧伞香茶菜

陷，在凹陷中有1长约2cm的顶齿，基部骤然渐狭下延成宽楔形或圆状，边缘具粗大圆齿状锯齿，沿脉上密被短柔毛，侧脉约4对，平行网脉两面明显可见；叶柄长1～4cm，密被短柔毛。聚伞花序具10～15花，组成顶生圆锥花序，长达15cm，花梗、花序梗及花序轴均密被微柔毛；花萼钟形，长2.2～2.4mm，外密被微柔毛，萼齿5，微呈3/2式二唇形；花冠蓝白色或淡紫色，长约6mm，外被短柔毛，基部上方浅囊状，冠檐二唇形；雄蕊略伸出，花丝中部以下具髯毛。小坚果倒卵形，长2.5mm，顶端圆形。花果期9—10月。

产于安吉（龙王山）、临安（龙塘山）、仙居（苍岭）、龙泉（凤阳山）、景宁（东坑）等地。生于山谷林中。分布于江苏、安徽等地。

㊷ 马刺花属 Plectranthus L'Hér.

一年生或多年生草本，稀亚灌木。茎和叶草质、半肉质或肉质。轮伞花序组成圆锥状、总状或近穗状花序，通常顶生；苞片小，与叶不同形；花萼二唇形，上唇1齿，较大，下唇4齿，披针状三角形或钻形，萼筒无毛或内面有长柔毛，有时基部隆起；花冠二唇形，花冠筒近基部常弯曲或膨胀，上唇通常4裂，短于船形的下唇；雄蕊4，稀2，贴生于花冠筒喉部，花丝基部联合成鞘，花药1室；柱头具2短裂片。小坚果卵圆形或长圆形，光滑。

约200种，主要分布于非洲。我国引种栽培数种；浙江常见栽培有2种。此外，少量栽培供观赏的还有碰碰香（又名"香叶洋紫苏"）P. hadiensis (Forssk.) Schweinf. var. tomentosus (Benth.) Codd，主要见于温室或盆栽。

1. 银叶马刺花 （图7-299）
Plectranthus argentatus S.T. Blake

落叶亚灌木，高可达1m。枝条密被内弯的银白色多细胞茸毛和腺体。叶片灰绿色，卵形或宽卵形，长5～12cm，宽3～5.5cm，先

图7-299 银叶马刺花

端急尖，基部圆形至楔形，边缘具13～23对钝锯齿，略反卷，两面密布腺体和白色茸毛，有时仅下面密被白色茸毛；叶柄长1.2～2.5cm。轮伞花序集成长达30cm的顶生总状花序；花萼长1.6～2.5mm，果时增大，长4～4.5mm；花冠蓝白色，长9～11mm，花冠筒细而直，无毛。花期在夏季。

原产于澳大利亚。全球各地有栽培。我国东南部有引种。嘉兴、杭州等市区也有栽培。

2. 紫凤凰 （图7-300）
Plectranthus ecklonii Benth.

常绿亚灌木，高60～90cm。茎紫黑色，四棱形，多分枝。叶对生；叶片卵形，长3～5cm，宽2～3cm，先端急尖，基部楔形，边缘有3～6对粗锯齿，上面浓绿色，密被疣基长柔毛，下面紫色至淡紫色，侧脉3～4对，叶脉及叶缘密生长柔毛；叶柄与叶片等长或较短。轮伞花序具3～6花，集成顶生的总状花序或圆锥花序；花萼二唇形，萼齿5，上唇1齿大，心形，下唇4齿小，针刺状；花冠紫色、粉红色或白色，长15～24mm，花冠筒管状，冠檐二唇形，下唇2～3浅裂，布满紫色斑点，中裂片较大；雄蕊4；花柱伸出花冠外。小坚果黑色或深褐色，长约2mm。花期3—5月，在适宜的温度环境下全年可开花。

原产于南非。上海、台湾、云南等地有引种。杭州市区、临安、宁波市区、海宁、诸暨、温州市

图 7-300　紫凤凰

区等地有栽培。

　　本种的串串紫花颇有迷离梦幻的感觉，可用于花坛或花境配置，也可用于盆栽供观赏。本省栽培较多的是园艺品种莫娜紫凤凰'Mona Lavender'。

　　本种为常绿亚灌木，茎紫黑色，叶片边缘仅有3～6对粗锯齿而与银叶马刺花容易区别。

43 鞘蕊花属 Coleus Lour.

　　草本或灌木。叶具柄，边缘具齿。轮伞花序具6花至多花，疏松或密集，排列成总状花序或圆锥花序，花梗明显；苞片早落或不存在；花萼卵状钟形或钟形，具5齿或明显成3/2二唇形，后齿较大，果时花萼增大；花冠远伸出花萼，直伸或下弯，喉部扩大或不扩大，冠檐二唇形，上唇4（3）裂，下唇全缘；雄蕊4，下倾，内藏于下唇片，花丝中部以下合生成鞘，花药2室，通常汇合；花柱先端相等2浅裂。小坚果卵圆形至圆形，光滑，具瘤或点。

　　约90种，分布于东半球热带和澳大利亚。我国有6种；浙江栽培1种。

五彩苏　彩叶草　（图7-301）
Coleus scutellarioides (L.) Benth.

　　直立草本。茎通常紫色，四棱，具分枝，被短柔毛。叶多色，有黄色、暗红色、紫色及绿色；叶片卵圆形，长

图7-301　五彩苏

3～9cm，宽2～7cm，先端锐尖至渐尖，基部截形、圆形至微心形，边缘具粗圆齿，两面均被微柔毛及腺点；叶柄长1～6cm。轮伞花序具多花，排列成圆锥花序；苞片宽卵圆形，具尾尖，早落；花萼钟形，长2～3mm，被短硬毛，果时增大至6mm，二唇形，上唇3裂，下唇较长，顶端2裂；花冠浅紫色、紫色至蓝色，远比花萼长，上唇4裂，下唇卵圆形；花丝在中部以下合成鞘。小坚果圆球形，黑褐色，光亮。花果期4—10月。

原产于南亚、东南亚地区和太平洋岛屿。我国各地均有引种。全省各地有栽培。

作为彩叶植物盆栽或花坛种植，供观赏。

44 凉粉草属　Mesona Blume

草本，直立或匍匐。叶具柄，叶片边缘具齿。轮伞花序多数，组成顶生总状花序；花萼开花时钟形，果时管状或坛状管形，具10脉及多数横脉，果时其间形成小凹穴，萼齿4，稀5，上唇3裂，中裂片特大，下唇全缘，偶有微缺；花冠筒极短，喉部极扩大，内面无毛环，冠檐二唇形，上唇宽大，截形或具4齿，下唇较长，全缘，舟状；雄蕊4，斜伸出花冠，花药卵球形，汇合成1室；花柱先端不相等2浅裂。小坚果光滑或具不明显的小疣。

8～10种，星散分布于印度东北部至东南亚及我国东南部各地。我国有2种，分布于长江以南；浙江有1种。

凉粉草 （图7-302）
Mesona chinensis Benth.

一年生直立或匍匐草本，高15～90cm。茎被脱落性的长柔毛或细刚毛。叶片狭卵形、宽卵形或长椭圆形，长2～5cm，宽0.8～2.5cm，在小枝上者较小，边缘具锯齿，两面被细刚毛或柔毛。轮伞花序具多花，组成顶生的总状花序；花萼开花时钟形，长2～2.5mm，密被柔毛，萼檐二唇形，果时花萼管状或坛状管形，长3～5mm，具10脉及多数横

图7-302　凉粉草

脉，其间形成小凹穴；花冠白色或淡红色，长约3mm，外面被微柔毛，花冠筒极短，喉部极扩大，冠檐二唇形。小坚果长圆形，黑色。花果期10—11月。

产于丽水、温州及天台等地，栽培或逸生。生于山谷沟边草丛中或栽培于房舍旁地边。所见标本大多是40年前采集，现不多见。分布于江西、福建、台湾、广东、广西等地。

植株晒干后煎汁，和以米浆煮熟，冷却后即凝结成黑色胶状物，质韧而软，以糖拌之可作良好的消暑解渴饮品。

45 罗勒属　Ocimum L.

草本、亚灌木或灌木，极芳香。叶具柄，具齿。轮伞花序常具6花，多数排列成穗状或总状花序，或再复合组成圆锥花序；花萼钟形，外面常具腺点，萼齿5，呈二唇形，上唇3齿，中齿圆形或倒卵圆形，宽大，边缘呈翅状下延至萼筒，花后反折，下唇2齿，较狭；花冠通常白色，冠檐二唇形，上唇近相等4裂，下唇全缘；雄蕊4，伸出，前对较长，花药汇合成1室；花柱先端2浅裂，裂片近等大。小坚果卵球形或近球形，光滑或有具凹陷的腺点。

100～150种，分布于全球温带地区，主产于非洲和南美洲。我国有5种；浙江有2种。

1. 罗勒 （图7-303）
Ocimum basilicum L.

一年生草本，具圆锥形主根。茎钝四棱形，上部被倒向微柔毛，多分枝。叶片卵形至卵状长圆形，长2.5～5cm，宽1～2.5cm，先端微钝或急尖，基部渐狭，边缘具不规则牙齿或近全缘，两面近无毛，下面具腺点，侧脉3～4对。总状花序顶生，长10～20cm；花萼钟形，长4mm，果时明显增大，萼齿5，呈二唇形，上唇3齿，中齿最宽大，特化成圆盾状，下唇2齿；花冠白色

图7-303　罗勒

或淡紫色，花冠筒内藏，冠檐二唇形，上唇宽大；雄蕊4，插生于花冠筒中部，花药卵圆形，汇合成1室；花柱超出雄蕊之上，先端相等2浅裂。小坚果卵球形，黑褐色，具凹陷的腺点，基部有1白色果脐。花期通常7—9月，果期9—12月。

原产于亚洲热带地区。非洲和美洲热带地区有栽培。我国多数省份有引种。杭州市区、临安、鄞州、慈溪、奉化、宁海、象山、常山、天台、龙泉、温州市区等地也有栽培或逸生。

为芳香植物，可提取芳香油，用于制作化妆品或香水；也可供观赏和药用。

1a. 疏毛罗勒（变种）（图7-304）
var. **pilosum** (Willd.) Benth.

与罗勒的区别在于叶片长圆形，叶柄和花序密被柔毛。

原产于亚洲和非洲。华北、华东、华中、华南和西南等地有栽培或野生。杭州市区、桐庐、宁海、象山、兰溪、平阳等地也有栽培。

用途与罗勒同。

图 7-304　疏毛罗勒

2. 丁香罗勒 （图7-305）

Ocimum gratissimum L.

直立灌木。茎高0.5～1m，近无毛或嫩梢疏被微柔毛。叶片坚纸质，卵状长圆形或长圆形，长5～12cm，宽1.5～6cm，先端长渐尖，基部楔形，边缘疏生具胼胝尖的圆齿，两面密被金黄色腺点，侧脉5～7对；叶柄长1～3.5cm。顶生总状花序长10～15cm；花萼钟形，长达4mm，果时明显增大，萼齿5，呈二唇形，上唇3齿，中齿卵圆形，多少反卷，下唇2齿极小，高度靠合成2刺芒；花冠白色至黄白色，长约4.5mm，花冠筒向上渐宽大，冠檐二唇形，上唇宽大；雄蕊4，插生于花冠筒中部，花药卵圆形，汇合成1室；花柱超出雄蕊，先端相等2浅裂。小坚果近球状，褐色，具凹陷的腺点，基部具1白色果脐。花期10月，果期11月。

原产于热带非洲。斯里兰卡等热带地区有归化。上海、福建、台湾、广东、海南、广西等地有栽培。嵊州、苍南（马站）等地也有少量栽培。

图 7-305　丁香罗勒

2a. 毛叶丁香罗勒（变种）

var. **suave** (Willd.) Hook. f.

与丁香罗勒的区别在于茎、枝被长柔毛，叶片两面密被茸毛。

与罗勒的区别在于后者为一年生草本，仅茎基部木质化，果萼下垂，后中齿宽倒卵形，边缘具狭而稍下延的翅。

原产于斯里兰卡和非洲。江苏、福建、台湾、广东、广西和云南等地有栽培；杭州等地也有。

46 肾茶属 Clerodendranthus Kudô

多年生草本，有时亚灌木状。叶具柄，叶缘具齿。轮伞花序具4～10花，组成顶生的总状花序；花梗明显；花萼常具10脉，上唇大，圆形，下唇具4齿，中间2齿较长；花冠浅紫色或白色，花冠筒狭管状，内面无毛环，冠檐二唇形，上唇大，外翻，先端3裂，中裂片较大，先端微缺，下唇直伸，狭而微凹；雄蕊4，前对略长，下倾，伸出花冠，约达花冠筒的2倍，花药小，药室叉开；花柱先端2浅裂。小坚果卵形或椭球形，具皱纹。

约5种，分布于亚洲南部至澳大利亚。我国有1种；浙江有引种。

肾茶 猫须草 （图7-306）
Clerodendranthus spicatus (Thunb.) C.Y. Wu ex H.W. Li

多年生直立草本，高1～1.5m。茎四棱形，被倒向短柔毛。叶片卵形、菱状卵形或卵状长圆形，长2～6cm，宽1～3cm，顶端长渐尖或急尖，基部楔形，边缘具粗牙齿或疏圆齿，齿端具小突尖，两面均被短柔毛及散布凹陷腺点。轮伞花序具4～8花，在主茎及侧枝顶端组成总状花序；花萼外面被微柔毛及腺点，果时增大，长可达1cm；花冠浅紫色或白色，花冠筒狭管状，长1～1.5cm，冠檐二唇形；雄蕊4，前对略长，花丝细长，超出花冠2～4cm；花柱细长，显著伸出。小坚果卵形，深褐色，具皱纹，长约2mm。花果期8—11月。

原产于亚洲至大洋洲。福建、台湾、广东、海南、广西和云南等地有野生或栽培。平阳、苍南等地农家有栽培。

地上部分可入药，有清热祛湿、排石利水等功效，为极好的利尿药，对肾脏病有良效；也用于园林栽培供观赏。

图7-306 肾茶

一四九 水马齿科 Callitrichaceae

一年生水生或陆生草本。茎细弱。叶对生，水生种类浮于水面上的叶呈莲座状排列；叶片倒卵形、匙形或条形，全缘，无托叶。花细小，单性同株，腋生，单生或偶见雌雄共生于同一叶腋内；苞片2，膜质，早落；无花被；雄花仅1雄蕊，花药2室；雌花具1雌蕊，子房上位，4室，4浅裂，每室1胚珠，花柱2，伸长，具小乳突体。蒴果4裂，边缘具膜质翅。种子细小，具膜质种皮。

1属，约75种，广泛分布于全球各地。我国有8种，南北各地均产；浙江有2种。

水马齿属 Callitriche L.

属特征和分布与科同。

1. 日本水马齿 （图7-307）

Callitriche japonica Engelm. ex Hegelm.

陆生草本。茎细弱，多分枝。叶片一型，匙形或椭圆形，叶片开展，长2～5mm，先端钝圆或短尖，具1主脉和1对支脉，偶见次级支脉上伸出短而小的次级支脉。花单性同株，单生于叶腋，苞片缺失；子房倒卵形，先端微凹。蒴果倒卵状椭圆形，长约1mm，成熟时呈褐色至黑色，中上部边缘具翅，偶见全部具翅，下部翅狭窄。花果期4—6月。

产于鄞州（太白山）、遂昌（九龙山）、龙泉（凤阳山）。生于潮湿的岩石缝、溪边草丛中。

图7-307 日本水马齿

分布于江西、福建、台湾。日本、泰国、印度尼西亚和印度也有。

欧善华等人（1981）报道龙泉凤阳山有日本水马齿的分布,《浙江植物志》中以附记的形式进行了讨论,据其中描述来看,应是本种。

2. 水马齿　沼生水马齿（图7-308）
Callitriche palustris L.

水生草本。茎纤细,多分枝。叶二型:浮水叶呈莲座状排列,叶片倒卵形,长4~6mm,先端微凹,基部逐渐成长柄,单脉或离基三出脉,脉在先端联结;沉水叶匙形或线形,长6~12mm。花单性同株,单生于叶腋,苞片2;雄蕊1,花丝细长;子房倒卵形,长约0.5mm,顶端圆形或微凹,花柱2。蒴果倒卵状椭圆形,长1~1.5mm,成熟时呈黑褐色,仅上部边缘具翅,基部具短柄,花柱脱落。花果期为全年。

全省各地常见。生于农田、水沟、池塘、浅水溪流或沼泽中。分布于东北、华北、华东、西南各地。亚洲温带地区、欧洲和北美洲也有。

与日本水马齿的主要区别为水马齿为水生草本;叶二型;苞片2,膜质。

图7-308　水马齿

2a. 广东水马齿（变种）
var. **oryzetorum** (Petrov) Lansdown—*C. oryzetorum* Petrov

与水马齿的主要区别在于雌花和雄花共生于同一叶腋;蒴果成熟时呈褐色,无翅,苞片和柱头宿存。

产于杭州（白沙泉）。生于泉水中。经实地考察发现泉水池已水泥硬化,原生境被破坏,已无广东水马齿的生长。分布于福建、台湾、广东和云南。日本也有。

一五〇　车前科 Plantaginaceae

一年生或多年生草本。单叶，通常基生，基部常呈鞘状；叶片全缘或具齿缺，叶脉通常近平行。花小，通常两性，辐射对称，组成穗状花序，生于花茎上；具苞片；花萼4浅裂或深裂，裂片覆瓦状排列，宿存；花冠干膜质，合瓣，3～4裂，裂片覆瓦状排列；雄蕊4（稀其中1～2不发育），着生于花冠筒上并与花冠裂片互生，花丝细长，花药2室，纵裂；子房上位，1～4室，每室有1或多数胚珠，生于中轴胎座上或基底胎座上，花柱单生，有细白毛。蒴果，盖裂。种子小，胚乳通常丰富。

3属，约270种，广泛分布于全球各地。我国有1属，13种；浙江有1属，4种。

车前属　Plantago L.

一年生至多年生草本。叶基生，叶脉近平行。花小，无柄，两性或杂性，组成顶生的穗状花序，生于花茎上；花萼裂片4，近相等或2片较大；花冠筒圆管状，或在喉部收缩，和花萼等长或稀比花萼长，花冠裂片4，相等，开展而向外反卷；雄蕊4，常伸出花冠外；子房2～4室，中轴胎座，具2～40胚珠。蒴果椭圆球形、圆锥状卵形至近球形，果皮膜质，盖裂。种子有棱，近圆球形或背部呈压扁状，胚直立或弯曲。

约250种，广泛分布于全球各地。我国有13种，各地均产；浙江有4种。

分种检索表

1. 根为须根系；叶片卵形或宽卵形。
  2. 花无梗；苞片宽卵状三角形，宽等于或略超过长；蒴果于中部或稍低处盖裂，上果盖长宽相等或长小于宽 ·· 1. 大车前 P. major
  2. 花具短梗；苞片狭卵状三角形或三角状披针形，长超过宽；蒴果于基部上方盖裂·················
··· 2. 车前 P. asiatica
1. 根为直根系；叶片披针形或倒披针形。
  3. 叶片倒披针形至倒卵状披针形，两面及叶柄密生白色柔毛；花序梗长10～30cm，穗状花序长10～20cm；苞片披针形或狭椭圆形 ·································· 3. 北美车前 P. virginica
  3. 叶片线状披针形、披针形或椭圆状披针形，无毛或散生柔毛；花序梗长10～60cm，穗状花序长3～8cm；苞片卵形或椭圆形 ··································· 4. 长叶车前 P. lanceolata

1. 大车前 （图7-309）
Plantago major L.

多年生草本。根状茎粗短，具须根。叶基生；叶片宽卵形至卵状长圆形，长5～30cm，宽3.5～10cm，先端圆钝，基部渐狭，全缘或有波状浅齿，两面疏被短柔毛；叶柄长3～9cm，基部鞘状，常被毛。花茎1至数条，高15～45cm，有纵条纹，被短柔毛或柔毛；穗状花序长4～40cm，密生花；苞片宽卵状三角形，较萼片短，两者均有绿色龙骨状突起；花无梗；花萼长1.5～2.5mm，萼片先端圆形，边缘膜质，龙骨突不达顶端；花冠白色，无毛；雄蕊4，着生于花冠筒近基部，与花柱明显外伸，花药椭圆形，长1～1.2mm，新鲜时常为淡紫色。蒴果圆锥形，长3～4mm，于中部或稍低处盖裂。种子6～10，卵形、椭圆形或菱形，长0.8～1.2mm，黄褐色至黑褐色。花期4～5月，果期5～7月。

产于桐乡、杭州市区、临安、萧山、天台、遂昌、龙泉、景宁、乐清、瑞安等地，宁波市区、余姚、象山、宁海、武义、温岭、莲都、苍南等地有栽培。生于路旁、沟边、田埂潮湿处。我国各地均有分布。印度、尼泊尔、巴基斯坦以及中亚、北亚、西南亚地区和欧洲也有。

图7-309　大车前

2. 车前 （图7-310）
Plantago asiatica L.

多年生草本。根状茎短而肥厚，须根多数。叶基生，呈莲座状；叶片纸质或薄纸质，卵形至宽卵形，长4～12cm，宽4～9cm，先端钝圆，全缘或有波状浅齿，基部宽楔形，两面疏生短柔毛，叶脉5～7；叶柄长达4cm。花茎数条，高20～60cm；穗状花序长20～30cm；苞片狭卵状三角形或三角状披针形，长2～3mm，长过于宽，龙骨突宽厚；花具短梗；花萼长2～3mm，萼片先端钝圆或钝尖，龙骨突不延至顶端；花冠绿白色，裂片狭三角形，长约1.5mm，向外反卷；雄蕊与花柱明显外伸，花药卵状椭圆形，长1～1.2mm，新鲜时呈白色，干后呈淡褐色。蒴果卵状圆锥形，长3～4.5mm，于基部上方盖裂。种子4～8，卵状或椭圆状多角形，长1.2～2mm，黑褐色

至黑色。花期4—8月，果期6—9月。

产于全省各地。生于圃地、荒地或路旁草地。遍布我国各地。东亚、东南亚、南亚地区也有。

根含桃叶珊瑚苷，全草含胆碱、腺碱、柠檬酸、维生素等；全草与种子均可入药，有利尿、清热、止咳等功效。

图7-310　车前

2a. 疏花车前（亚种）（图7-311）
subsp. **erosa** (Wall.) Z.Y. Li

与车前的区别在于叶脉3～5；穗状花序通常稀疏、间断；花萼长2～2.5mm，龙骨突通常延至萼片顶端。花期5—7月，果期8—9月。

产于庆元、景宁、乐清、瑞安、苍南。生于圃地、荒地或路旁。分布于福建、湖北、湖南、广东、广西、四川、贵州、云南、西藏、陕西、青海等地。南亚地区也有。

图 7-311 疏花车前

3. 北美车前 （图 7-312）
Plantago virginica L.

二年生草本。全株被白色长柔毛。直根系，根状茎粗短。叶基生，呈莲座状；叶片倒披针形至倒卵状披针形，长 4~7 cm，宽 1.5~3 cm，先端急尖，基部楔形下延成翅柄，边缘具浅波状齿，两面及叶柄散

图 7-312 北美车前

生白色柔毛，叶脉弧状；翅柄长2～9cm。花茎高10～30cm，有纵条纹；穗状花序细圆柱状，长10～20cm；苞片披针形或狭椭圆形，长2～2.5mm，龙骨突宽厚，被白色疏柔毛；萼片与苞片等长或比苞片略短，疏被白色短柔毛；花冠白色，无毛，裂片狭卵形。蒴果卵球形，包在宿萼内，于基部上方盖裂。种子2，卵形或长卵形，黄褐色至红褐色，有光泽。花期4—5月，果期5—6月。

原产于北美洲，中美洲、欧洲及亚洲的日本有归化。江苏、安徽、江西、福建、台湾、四川等地均有归化。全省各地有归化，生于低海拔草地、路边、湖畔。

4. 长叶车前 （图7-313）

Plantago lanceolata L.

多年生草本。直根粗长。叶基生，呈莲座状；叶片纸质，线状至椭圆状披针形，长6～20cm，宽0.5～4.5cm，全缘或具疏齿，先端渐尖至急尖，基部狭楔形，下延；叶柄细，长2～10cm，基部略扩大成鞘状，有长柔毛。花序3～15，长10～60cm；穗状花序短圆柱状或头状，长3～8cm，紧密；苞片卵形或椭圆形，长2.5～5mm，龙骨突匙形，密被长粗毛；花萼长2～3.5mm，萼片龙骨突不达顶端，背面常有长粗毛；花冠白色，裂片披针形，长1.5～3mm，花后反折；雄蕊与花柱明显外伸，花药椭圆形，长2.5～3mm，白色至淡黄色。蒴果狭卵球形，长3～4mm，于基部上方盖裂。种子（1）2，狭椭圆形至长卵形，长2～2.6mm，淡褐色至黑褐色。花期5—6月，果期6—7月。

原产于欧亚大陆温带地区和北美洲，辽宁、山东、甘肃、新疆也有。江苏、江西、云南等地有栽培。杭州、宁波和温州等地有栽培或归化。

莲座状基生叶肥厚、细嫩、多汁，可作优良牧草；种子可入药，有清热明目、利尿、止泻、降血压、镇咳、祛痰等功效。

图7-313 长叶车前

存疑种

对叶车前

Plantago arenaria Waldst. et Kit.

《浙江种子植物检索鉴定手册》和 *Flora of China* 均记载浙江有产，但未见标本，是否有产有待研究。

一五一 醉鱼草科 Buddlejaceae

乔木、灌木或亚灌木，植株常被星状毛、腺毛或鳞片。单叶对生、轮生，稀互生；托叶着生于两个叶柄基部之间呈叶状或缢缩成一连线。花单生或组成聚伞花序，再排成总状、穗状或圆锥状花序；花辐状，4数；花冠漏斗状或高脚碟状；雄蕊着生于花冠管内壁，花药2室，稀4室，纵裂；子房上位，2室，稀4室，胚珠多数。蒴果，2瓣裂，稀浆果，不开裂。种子多数，通常有翅。

约7属，150种，分布于热带至温带地区。我国有1属，约25种；浙江有1属，3种。

醉鱼草属 Buddleja L.

直立灌木或小乔木，常被星状毛。叶对生，稀互生；托叶在叶柄间连生或退化成一线痕。聚伞花序排成穗状、圆锥状或头状花序；花萼钟形，4裂，宿存；花冠高脚碟状或漏斗状，4裂；雄蕊4，着生于花冠筒下部、中部或喉部；子房2室，每室胚珠多数，柱头2裂。蒴果，2瓣裂。种子细小，长圆形或纺锤形，稍扁平，有翅或无翅。

约100种，分布于亚洲、非洲和美洲的热带、亚热带地区。我国有约20种及5个杂交种，分布于华东、华中、西南和西北等地；浙江有3种。

本属有些种类花芳香美丽，可供观赏；有些种类可入药。

分种检索表

1. 小枝圆柱形；嫩枝和叶片下面有茸毛；花白色，具芳香，花冠筒长2～4mm ……………………………………………………………………………………………………… 1. 驳骨丹 B. asiatica
1. 小枝常具四棱；嫩枝和叶片下面有星状毛；花紫色，稀白色，花冠筒长0.7～2cm。
  2. 叶片卵状披针形至披针形；嫩枝、叶片下面及花序密被白色星状毛；花冠筒细而直 ………………………………………………………………………………………………… 2. 大叶醉鱼草 B. davidii
  2. 叶片卵形至卵状披针形；嫩枝、叶片下面及花序有棕黄色星状毛；花冠筒略弯曲 ……………………………………………………………………………………………………… 3. 醉鱼草 B. lindleyana

1. 驳骨丹　白花醉鱼草　白背枫 （图7-314）
Buddleja asiatica Lour.

灌木，高1～3m。小枝近圆柱形，幼时被白色或浅黄色茸毛。叶对生；叶片纸质，披针形或狭披针形，长5.5～12cm，宽0.7～2.5cm，先端长渐尖，基部楔形，全缘或具小锯齿，上面无毛，下面有灰白色或浅黄色茸毛，中脉在上面略下凹，与侧脉在下面均突起；叶柄长4～8mm，有茸毛。花具芳香，排成长6～11cm的穗状或圆锥花序，顶生或腋生，常下垂；小苞片线形；花梗极短；花萼钟形，长约2mm，4裂，被毛；花冠白色，管状，花冠筒长2～4mm，外面疏生柔毛或无毛，4裂，裂片近圆形；雄蕊4，着生于花冠筒的中部；子房无毛，花柱短，柱头头状。蒴果卵状椭圆形，长约5mm。种子细小。花期1—10月，果期3—12月。

产于文成、平阳、苍南、泰顺等地。生于海拔500m以下的溪沟边或村落旁灌草丛中。分布于西南及福建、湖北、台湾、广东等地。

民间以根、枝、叶入药，有祛风化湿、活血通络等功效。

图7-314　驳骨丹

2. 大叶醉鱼草　（图7-315）

Buddleja davidii Franch.

落叶灌木，高可达3m。嫩枝密被白色星状绵毛，小枝略呈四棱形，披散状。叶对生；叶片卵状披针形至披针形，长3.5～14cm，宽1.2～5cm，先端渐尖，基部楔形，边缘疏生细锯齿，上面无毛，下面密被灰

图7-315　大叶醉鱼草

白色星状茸毛；叶柄长约3mm。花淡紫色，后变黄白色或白色，有香气，多数聚伞花序集成长可达40cm的圆锥花序；花序梗长3～12cm；苞片线形，长7～10mm；花萼外面密被星状茸毛，4裂，裂片披针形；花冠筒直而细，长0.7～1cm，喉部橙黄色，外面疏生星状茸毛及鳞片；雄蕊4，着生于花冠筒中部；子房无毛。蒴果线状长圆形，长6～8mm。种子线状长圆形，两端具长尖翅。花期8—9月，果期10—11月。

原产于长江中上游地区。海宁、杭州市区、临安、鄞州、象山、婺城、临海、鹿城等地有栽培。马来西亚、印度尼西亚、美国和非洲有栽培。

为庭园观赏树种；根及枝叶有活血祛瘀、祛风止痛等功效，民间用于治疗风湿关节痛、跌打损伤。

3. 醉鱼草　野刚子　（图7-316）

Buddleja lindleyana Fort.

落叶灌木，高达2m。多分枝，小枝4棱，具窄翅，嫩枝、叶及花序均被棕黄色星状毛和鳞片。叶对生；叶片卵形至卵状披针形或椭圆状披针形，长3～13cm，宽1～5cm，先端渐尖，基部宽楔形或圆形，全缘或疏生波状细齿，侧脉7～14对；叶柄长0.5～1cm。聚伞花序穗状，顶生，常偏向一侧，长10～40cm，下垂；小苞片狭线形，着生于花萼基部；花萼4浅裂，裂片三角状卵形，与花冠筒均密被棕黄色细鳞片；花冠紫色，稀白色，花冠筒稍弯曲，长约1.2cm，直径约3mm，内面具柔毛，檐部4裂，裂片半圆形；雄蕊4，花丝极短，着生于花冠筒基部；子房2室，每室胚珠多数，花柱单一，柱头2裂。蒴果长圆形，长约5mm，外面被鳞片。种子多数，褐色，无翅。花期6—8月，果期10月。

产于全省山区至丘陵地区。生于向阳山坡灌木丛中及溪沟、路旁的石缝间，又常在庭园栽种。分布于华东、华南、西南及湖北、湖南等地。模式标本（种子）采自舟山。

为庭园观赏植物；根和全草有化痰止咳、祛瘀止痛等功效；叶也有杀蛆及灭孑孓的功效。

图7-316　醉鱼草

一五二　木犀科 Oleaceae

乔木、直立或藤状灌木。单叶,三出复叶或羽状复叶,对生,稀互生或轮生;无托叶。花辐射对称,两性,稀单性或杂性,雌雄同株、异株或杂性异株,常组成顶生或腋生的聚伞、总状、圆锥、伞形花序或于叶腋簇生,稀花单生;花萼4(16)裂或近截形,稀无花萼;花冠4(16)裂,稀无花冠;雄蕊2(4),着生于花冠上或花冠裂片基部,花药纵裂;雌蕊通常2心皮合生,子房上位,2室,每室具胚珠2,稀1或多数,花柱1或无花柱,柱头2裂或头状。核果、浆果、蒴果或翅果。种子具1伸直的胚,多数具胚乳。

约28属,400余种,分布于热带至温带地区。我国有11属,172种,各地均有分布;浙江有9属,39种。

本科植物经济用途很广,有的是重要的观赏植物,有的是重要的油料、香料、药用植物以及优良用材树种。

分属检索表

1. 果为翅果或蒴果。
  2. 翅果。
    3. 翅生于果四周;叶为单叶 ·· 1. 雪柳属 Fontanesia
    3. 翅生于果顶端;叶为奇数羽状复叶 ·································· 2. 梣属 Fraxinus
  2. 蒴果;种子有翅。
    4. 花冠黄色,稀白色,裂片长于花冠筒,花蕾时覆瓦状排列;枝中空或具片状髓 ·····················
    ·· 3. 连翘属 Forsythia
    4. 花冠紫色、红色、粉红色或白色,裂片短于花冠筒或近等长,花蕾时镊合状排列;枝实心 ·········
    ·· 4. 丁香属 Syringa
1. 果为核果或浆果。
  5. 果为核果。
    6. 花冠裂片花蕾时呈覆瓦状排列;花簇生,稀组成短小的圆锥花序 ········· 5. 木犀属 Osmanthus
    6. 花冠裂片花蕾时呈镊合状排列;花通常组成圆锥花序。
      7. 花冠深裂至近基部,或在基部成对合生至合生成1极短的花冠筒 ·· 6. 流苏树属 Chionanthus
      7. 花冠具明显的花冠筒,裂片4或无花冠 ·························· 7. 木犀榄属 Olea
  5. 果为浆果或浆果状核果。
    8. 花冠裂片4,花蕾时呈镊合状排列;浆果状核果单生;单叶 ·········· 8. 女贞属 Ligustrum
    8. 花冠裂片4~16,花蕾时呈覆瓦状排列;浆果双生或其中一个不孕而成单生;三出复叶,奇数羽状复叶或单叶 ··· 9. 素馨属 Jasminum

1 雪柳属 Fontanesia Labill.

落叶灌木。单叶，对生，全缘或具细齿。花小，两性或杂性同株，常组成圆锥花序或总状花序，顶生或腋生；花萼4裂，宿存；花冠白色，4深裂，仅在基部合生；雄蕊2，着生于花冠基部，花丝细长伸出花冠外；子房2室，每室具下垂胚珠2，花柱短，柱头2裂，宿存。翅果扁平，环生窄翅，每室通常有1种子。胚乳丰富，肉质；子叶长卵形，扁平；胚根向上。

1种1亚种，分布于我国和亚洲西南部。我国有1种，浙江也有。

雪柳（亚种）（图7-317）

Fontanesia philliraeoides Labill. subsp. **fortunei** (Carrière) Yalt.—*F. fortunei* Carrière

落叶灌木，高2～5m。冬芽卵球形，具2～3对鳞片；小枝淡黄色或淡绿色，微呈四棱形，无毛。叶片纸质，卵状披针形至披针形，长2.5～10cm，宽1～2.5cm，先端锐尖至渐尖，基部楔形，全缘，偶有锯齿，两面无毛，侧脉4～8对；叶柄长1～4mm，无毛。圆锥花序顶生或腋生，无毛；花两性或杂性同株；花梗无毛；花萼杯状，深裂，裂片长约0.5mm；花冠白色或带淡红色，4深裂，裂片长约2.5mm，宽约0.7mm，先端钝；雄蕊伸出或不伸出花冠外；雌蕊长2.5～3mm，柱头2裂。翅果倒卵形至倒卵状椭圆形，扁平，长8～9mm，宽4～5mm，顶端微凹，花柱宿存，边缘具窄翅；种子长约3mm，具三棱。花期4—5月，果期10—11月。

产于宁波、舟山及长兴、杭州市区（西湖）、临安、淳安、上虞、开化、金东、磐安。生于海拔600m以下的路边、沟边、溪边林中或山坡灌丛中。分布于河北、山东、江苏、安徽、河南、湖北及陕西等地。

枝条可编筐，茎皮可制人造棉，亦可栽培作绿篱。

图7-317　雪柳

② 梣属（白蜡树属）Fraxinus L.

乔木，稀灌木，落叶稀常绿。奇数羽状复叶，对生，稀在枝梢呈3枚轮生状。花单性、两性或杂性，雌雄同株或异株；圆锥花序顶生或腋生于枝端，或侧生于去年生枝上；花萼钟状或杯状，有时无花萼；花冠白色或淡黄色，4裂至基部，或无花冠；雄蕊2，与花冠裂片互生，花期伸出花冠外；子房通常2室，每室具下垂胚珠2，花柱短，柱头2裂或不裂。翅在翅果的顶端伸长。种子通常1；胚乳肉质；胚根向上。

约60种，大多数分布于北半球的温带和亚热带地区，少数生长至热带林中。我国有23种；浙江有8种。*Flora of China*记载，浙江有多花梣*F. floribunda* Wall.，但未见其确切材料，本志未予收录。

分种检索表

1. 花序顶生于枝端或出自当年生枝的叶腋，花于叶后开放或与叶同时开放。
　2. 花具花冠，于叶后开放。
　　3. 常绿；冬芽为裸芽；小叶5～7（11），全缘，两面无毛；小叶柄长5～10mm（栽培）·· **1. 光蜡树 F. griffithii**
　　3. 落叶；冬芽为鳞芽或被茸毛；小叶3～5（7）。
　　　4. 侧生小叶柄通常长8～15mm，纤细；萼齿截平或啮齿状；小叶片长7～14cm，边缘具钝锯齿，通常两面无毛·· **2. 苦枥木 F. insularis**
　　　4. 侧生小叶柄长0～5mm；萼齿三角形，先端尖，齿裂达中部或几达基部。
　　　　5. 小枝、叶柄、叶轴、小叶柄均无毛；萼无毛，齿裂达中部········· **3. 尖萼梣 F. odontocalyx**
　　　　5. 小枝、叶柄、叶轴、小叶柄均被短柔毛；萼被短柔毛，齿裂几达基部·· **4. 庐山梣 F. sieboldiana**
　2. 花无花冠，与叶同时开放················· **5. 白蜡树 F. chinensis**
1. 花序侧生于去年生枝上，花序下无叶，先花后叶或同时开放。
　6. 圆锥花序长约1.5cm，花密集簇生；小叶片长1.7～5.5cm，宽0.6～2.3cm，叶缘具锐锯齿，侧脉6～7对（栽培）··············· **6. 对节白蜡 F. hupehensis**
　6. 圆锥花序长5～20cm，花序稍松散；小叶片长3～20cm，宽1.1～5cm。
　　7. 花具花萼；果翅下延近坚果中部，翅果不扭曲；叶具小叶5～7，叶柄基部几不膨大，侧生小叶柄长1～5mm（栽培）··············· **7. 美国红梣 F. pennsylvanica**
　　7. 花无花萼；果翅下延至坚果基部，翅果明显扭曲；叶具小叶7～11（13），叶柄基部膨大，侧生小叶近无柄（栽培）··············· **8. 水曲柳 F. mandschurica**

1. 光蜡树　长青白蜡　（图7-318）
Fraxinus griffithii C.B. Clarke

常绿乔木，高可达20m。冬芽裸露，被锈色糠秕状毛。小枝被短柔毛或无毛。羽状复叶长10～25cm，叶柄长3～8cm；叶轴无毛或被微毛；小叶5～7（11），革质或薄革质，卵形至披针形，长2～14cm，宽1～5.5cm，先端斜急尖至渐尖，基部钝圆或楔形，常略下延或偏斜，全缘，两面无毛，下面具小腺点；小叶柄长约5～10mm。圆锥花序顶生于当年生枝端，长10～25cm；花两性，于叶后开放；叶状苞片匙状线形，宿存；花萼杯状，萼齿阔三角形或近平截；花冠白色，裂片舟形，长约2mm；雄蕊与花冠裂片近等长；雌蕊短，柱头点状。翅果阔披针状匙形，长2.5～3cm，宽4～6mm，钝头，翅下延至坚果中部以下。花期5—6月，果期9—10月。

原产于华南及福建、湖北、湖南。日本、菲律宾、印度尼西亚、孟加拉国、印度和缅甸也有。杭州市区、临安、上虞、鄞州、宁海、普陀、苍南有栽培。

常用于绿化栽培，供观赏。

图7-318　光蜡树

2. 苦枥木　（图7-319）
Fraxinus insularis Hemsl.

落叶乔木或小乔木，高5～10m。顶芽狭三角状圆锥形，干后变为黑色、光亮，芽鳞紧闭。小枝无毛。奇数羽状复叶长15～20cm，叶柄长4～6cm，叶柄、叶轴和小叶柄均无毛，稀沟内有短柔毛；小叶片3～5（7），硬纸质或革质，长圆形或长圆状披针形，长7～14cm，宽3～4.5cm，先端渐尖至尾尖，基部楔形至钝圆，边缘具钝锯齿或中部以下近全缘，两面除上面中脉有时具微柔毛外无毛，下面散生小腺点；侧生小叶柄纤细，长（5）8～15mm。圆锥花序生于当年生枝端，顶生和侧生于叶腋，无毛，于叶后开放；花序梗基部有时具叶状苞片，但早落；花萼钟状，顶端啮齿状或近平截；花冠白色，稀紫红色或红黄色，长3～4mm；雄蕊伸出花冠外；雌蕊柱头2裂。翅果长匙形，长2.5～3cm，宽3～4mm，翅下延至坚果上部，宿萼紧抱果的基部。花期4—6月，果期9—10月。

产于舟山、金华、丽水、温州及安吉、临安、桐庐、建德、淳安、上虞、诸暨、北仑、鄞州、余姚、奉化、宁海、衢江、开化、江山、天台、临海、仙居。生于海拔1400m以下的山地、河谷。分布于华东、华中、华南、西南及陕西、甘肃等地。日本也有。

图7-319 苦枥木

3. 尖萼梣 （图7-320）

Fraxinus odontocalyx Hand.-Mazz. ex E. Peter—*F. huangshanensis* S.S. Sun—*F. nanchuanensis* S.S. Sun et J.L. Wu

落叶小乔木或灌木，高可达7m。顶芽卵状圆锥形，鳞片2～3对，干后变为黑色，外侧无毛，内侧被黄色硬毛。嫩枝灰黄色，老枝灰褐色，散生小皮孔，具条纹，无毛。羽状复叶长10～15cm，叶柄长3～6cm，叶轴具深沟，均无毛；小叶片3～5（7），硬纸质，卵形、长圆形或披针形，长3～10cm，宽1.5～3.5cm，先端长渐尖，基部楔形，边缘具粗锯齿，两面无毛，有时上面的脉上有微柔毛，下面散生细腺点，中脉在上面凹入，下面突起，侧脉6～10对，网脉突起，在下面明显网结；侧生小叶柄长0～5mm，无毛。雄花与两性花异株，花于叶后开放，圆锥花序顶生或腋生于枝端，花疏散，分枝基部常具叶状苞片，早落；花萼钟形或杯状，萼齿三角形，先端尖，与萼筒近等长，或不规则深裂，无毛；花冠黄绿色或白色，裂片线形，长2～3mm，有时早落或败育；雄蕊长约2mm；子房扁平，长于花萼，柱头棒状，2浅裂。翅果倒披针形，长2～3cm，宽3～5mm，先端钝圆或斜凹，有时带宿存的花柱，花萼宿存。花期4—5月，果期9月。

　　产于宁波及临安、淳安、天台、三门等地。生于海拔800m以上的山地路旁林中。分布于安徽、福建、湖北、广东、广西、四川、贵州、陕西。

图7-320　尖萼梣

4. 庐山梣　庐山白蜡树　（图7-321）

Fraxinus sieboldiana Blume　*F. mariesii* Hook. f.

　　落叶小乔木或灌木，高2～7m。顶芽卵形，尖头，灰色，密被黄色茸毛或糠秕状毛，后变为黑色。小枝、叶柄、叶轴和小叶柄均被短柔毛。羽状复叶长10～15cm，叶柄长2.5～5cm，紫

图7-321　庐山梣

色，侧生小叶柄长0～5mm；小叶片3～5（7），纸质或薄革质，卵形至披针形，长2～9cm，宽1～3.7cm，先端锐尖或渐尖，基部钝圆或楔形，近全缘或中部以上有锯齿，两面无毛，或有时下面中脉两侧密被白色柔毛，疏生细腺点。圆锥花序顶生或腋生于枝端，密被黄褐色短柔毛；杂性花，于叶后开放；雄花花萼甚小，萼齿三角形，被短柔毛；花冠白色或淡黄色，裂片线状披针形，长3～5mm，先端急尖，两性花的花冠裂片较短。翅果紫色，线形或线状匙形，长2.2～3.2cm，宽4.5～5mm，常被红色腺点和糠秕状毛，翅下延至坚果中部；宿萼小，齿裂近达基部。花期4—5月，果期9月。

产于临安、建德、象山、浦江、仙居、龙泉、乐清、永嘉、平阳、泰顺。生于海拔250～1500m的山坡林中及沟谷、溪边。分布于华东。日本也有。

本种树姿与花果都很美丽，适宜作小型庭园观赏树种。

5. 白蜡树 （图7-322）

Fraxinus chinensis Roxb.—*F. chinensis* var. *acuminata* Lingelsh.—*F. szaboana* Lingelsh.

落叶乔木或小乔木，高4～10m。冬芽阔卵形或圆锥形，被褐色或黑褐色茸毛。小枝无毛，或幼时疏被长柔毛，旋即秃净。羽状复叶长15～22cm，叶柄长4～6cm，沟槽明显；小叶片3～7（9），硬纸质或近革质，卵形、长圆状卵形或椭圆形，长3～10cm，宽1.5～4.5（5）cm，顶生小叶片椭圆形、卵状长圆形至长圆形，长（4）6～10（12）cm，宽2～4（6）cm，先端渐尖至长渐尖，基部楔形或阔楔

图7-322　白蜡树

形，边缘有锯齿，两面无毛，或幼时被长柔毛，旋即秃净，或叶背中脉基部两侧有白色柔毛；侧生小叶柄长2～5mm；叶柄、叶轴和小叶柄均无毛，或幼时被长柔毛，旋即秃净。圆锥花序顶生或侧生于当年生枝梢叶腋，无毛，或有长柔毛，旋即秃净；雌雄异株或雄花与两性花异株，与叶同时开放，无花冠；雄花花萼杯状，长0.5～1mm；雌花花萼管状，长1～1.5mm。翅果匙形或线形，长2～3.5cm，宽3.5～4mm，翅下延至坚果中部。花期3～5月，果期8—9月。

产于丽水及吴兴、安吉、杭州市区（西湖）、临安、桐庐、建德、淳安、上虞、诸暨、北仑、鄞州、普陀、开化、浦江、义乌、天台、临海、仙居、永嘉、瑞安、平阳、泰顺。生于海拔50～1350m的山坡、沟谷或溪边林中。分布于我国各地。越南和朝鲜半岛也有。

放养白蜡虫生产白蜡，可供工业及医药用；树皮药用，名"秦皮"，有清热燥湿、清肝明目等功效；木材可制各种用具；还可用作园林树种。

5a. 花曲柳（亚种）

subsp. **rhynchophylla** (Hance) E. Murray—*F. rhynchophylla* Hance—*F. chinensis* var. *rhychophylla* (Hance) Hemsl.

与白蜡树的主要区别在于冬芽阔卵形，黑褐色，具光泽。小叶片3～7，顶生小叶较宽，（2.5）3.5～5（7）cm，阔卵形至椭圆形，有时多少披针形，背面中脉基部两侧具白色柔毛，先端短渐尖、渐尖或尾尖，边缘具圆齿。翅果长2.5～4cm，宽4.5～7mm。花期4—5月，果期9—12月。

原产于东北及河北、山西、山东、河南、陕西、甘肃。日本、朝鲜半岛、俄罗斯也有。上虞有栽培。

用作行道树和庭园树；树皮可供药用。

6. 对节白蜡　湖北梣　（图7-323）

Fraxinus hupehensis S.Z. Qu, C.B. Shang et P.L. Su

落叶乔木，高可达19m。小枝无毛或被短柔毛，营养枝常呈棘刺状。羽状复叶长7～17cm，叶柄长2.5～4cm，叶轴具狭翅；小叶片5～9（11），革质，披针形至卵状披针形，长1.7～5.5cm，宽0.6～2.3cm，先端渐尖，基部楔形，边缘有锐锯齿，上面无毛，下面沿中脉基部被短柔毛，侧脉6～7对；小叶柄长1～4mm，被短柔毛。聚伞圆锥花序侧生于去年生枝上，长约1.5cm；花杂性，密集簇生，于叶前开放，无花冠；雄花花萼钟状，两性花花萼小，萼齿平截；雌蕊具长花柱，柱头2裂。翅果匙形，长4～5cm，宽5～8mm，中上部最宽，先端急尖。花期2—3月，果期9月。

原产于湖北。临安、宁波市区、鄞州、余姚有栽培，可供观赏。

图 7-323　对节白蜡

7. 美国红梣　洋白蜡 （图 7-324）

Fraxinus pennsylvanica Marshall

　　落叶乔木，高可达 15m。顶芽圆锥形，尖头，黑褐色。小枝圆柱形，被毛或秃净，老枝上的叶痕上缘平截。羽状复叶长 15～20cm，叶柄长 3～6cm，基部近不膨大，叶柄与叶轴均具浅沟，沟内有短柔毛，其余无毛；小叶片 5～7，薄革质，卵形、卵状长圆形至披针形，长 3～13cm，宽 1.1～5cm，先端渐尖或急尖，基部楔形，边缘有钝锯齿，有时近全缘，上面无毛，下面沿中脉被灰白色长柔毛；侧生小叶柄长 1～5mm。圆锥花序生于去年生枝上，长 5～20cm，花密集，花序下无叶；雄花与两性花异株，与叶同时开放；雄花花萼小，萼齿不

图 7-324　美国红梣

规则深裂，花药大；两性花花萼较宽，萼齿浅裂，柱头2裂。翅果狭倒披针形，长2～3.7cm，宽4～6mm，翅下延近坚果中部。花期4月，果期9月。

原产于美国、加拿大。我国各地都有引种栽培，多见于庭园和行道树。上虞、镇海、北仑、慈溪、余姚、象山、岱山、温岭等地有栽培。

多用于园林绿化。

8. 水曲柳
Fraxinus mandshurica Rupr.

落叶大乔木，高可达30m。鳞芽圆锥形，黑褐色，芽鳞外侧无毛。小枝四棱形，无毛，散生圆形突起的小皮孔。羽状复叶长25～35（40）cm，叶柄基部膨大，叶轴上面具沟，沟棱有时呈窄翅状，小叶着生处常簇生褐色柔毛；小叶片7～11（13），近无柄，纸质，长圆形至卵状长圆形，长5～20cm，宽2～5cm，先端渐尖至尾尖，基部楔形至钝圆，稍歪斜，叶缘具细锯齿，上面无毛或疏被白色硬毛，下面沿中脉被黄色曲柔毛，基部尤密，侧脉10～15对。圆锥花序侧生于去年生枝上，长15～20cm，先于叶开放；雄花与两性花异株，都无花冠和花萼；雄花花梗长3～5mm，比两性花的短；子房扁而宽，柱头2裂。翅果长圆形至倒卵状披针形，长3～3.5（4）cm，宽6～9mm，翅下延至坚果基部，明显扭曲，脉棱突起。花期4月，果期8—9月。

原产于东北及河北、山西、河南、湖北、陕西、甘肃。朝鲜半岛、日本、俄罗斯也有。20世纪90年代湖州、新昌有引种，杭州市区（西湖）、临安也有栽培。

材质优良，心材黄褐色，边材淡黄色，纹理美丽，是名贵的商品材，供制胶合板表层、高级家具、工具等。

③ 连翘属　**Forsythia** Vahl

落叶灌木。枝节间中空或具片状髓。叶对生，单叶，稀3裂至三出复叶，具叶柄。花先于叶开放，两性，花柱异长，1至数花簇生于叶腋；花萼4深裂，宿存；花冠黄色，4深裂，花冠筒钟状，花冠裂片长于花冠筒，花蕾时呈覆瓦状排列；雄蕊2，着生于花冠筒基部，花药2室，纵裂；子房2室，每室具下垂胚珠多数，花柱细长，柱头2裂。蒴果，室间开裂，每室具种子多数。种子一侧具狭翅，无胚乳，胚根向上。

约11种，除1种产于欧洲东南部外，其余均产于亚洲东部。我国有7种；浙江有2种。

1. 连翘 （图7-325）
Forsythia suspensa (Thunb.) Vahl

落叶灌木，高1～3m。小枝灰褐色，略呈四棱形，无毛，节间中空，节部具实心髓。通常为单叶，有时3裂至三出复叶，叶片近革质，卵形、宽卵形或椭圆状卵形，长3～10cm，宽2～5cm，先端锐尖，基部圆形或阔楔形，叶缘具锯齿，两面无毛或有毛；叶柄长1～2cm。花通常单生于叶腋，先于叶开放；花梗长6～10mm，无毛；花萼4深裂，裂片长圆形，长5～7mm，具缘毛；花冠黄色，花冠筒比萼片略长或近等长，花冠裂片卵状长圆形或长圆形，长1.2～2cm，先端钝或急尖；花柱异长，在雄蕊长3～5mm的花中，雌蕊长5～7mm，在雄蕊长6～7mm的花中，雌蕊长约3mm。蒴果卵形至长圆形，长约1.5cm，先端喙状渐尖，基部圆，表面疏生皮孔；果梗长0.8～1.5cm。花期3—4月，果期9月。

图7-325　连翘

原产于河北、山西、山东、安徽、河南、湖北、四川、陕西。临安有栽培。

为优良园林树种，栽培供观赏；果可入药，有清热解毒、消结排脓等功效；叶也可入药。

本省栽培的还有园艺品种金脉连翘'Goldvein'，叶脉呈明显的金黄色，新生叶片常呈黄绿色，成熟叶片深绿色。常作为彩叶植物栽培，以供观赏。

2. 金钟花 （图7-326）
Forsythia viridissima Lindl.

落叶灌木，高可达3m。全株除花萼裂片外均无毛。小枝绿色或黄绿色，四棱形，节间具片状髓。单叶，叶片厚纸质，长圆形至披针形，长3～7cm，宽1～2.5cm，先端锐尖，基部楔形，通常上半部具锯齿，中脉和侧脉在上面凹入，下面突起；叶柄长5～8mm。1～3（4）花簇生于叶腋，先于叶开放或与叶同时开放；花梗长3～7mm；花萼4深裂，裂片长2～4mm，具睫毛；花冠黄色，稀白色，4深裂，花冠筒长4～6mm，内面具橘黄色纵条纹，裂片卵状狭长圆形至长圆形，长1.3～2.1cm，宽0.4～0.8cm；当花中雄蕊长3.5～5mm时，雌蕊长5.5～7mm，雄蕊长6～7mm时，雌蕊长约3mm，子房卵形，柱头2浅裂。蒴果卵形，长1～1.5cm，基部稍圆，先端喙状渐尖，具皮孔；果梗长6～7mm。花期3—4月，果期9—10月。

产于丽水、温州及德清、杭州市区（西湖）、临安、建德、淳安、上虞、诸暨、新昌、北仑、鄞州、余姚、开化、浦江、磐安、武义、天台、临海、仙居，全省各地广泛栽培。生于海拔140～1160m的山地、沟谷或溪边林缘，山坡路旁灌丛中。分布于华东及湖北、湖南、云南。除华南地区外，我国各地广泛栽培。欧洲、朝鲜半岛也有。模式标本采自舟山。

图7-326　金钟花

为重要园林植物，栽培供观赏；根、叶及果壳可入药，有清热解毒、祛湿泻火等功效；种子榨油，可用于制皂和生产化妆品。

与连翘的主要区别在于枝条节间具片状髓；单叶，叶片长圆形至披针形，无毛；花萼裂片较短（2～4mm）；果梗较短（6～7mm）。

❹ 丁香属　Syringa L.

落叶灌木或小乔木。小枝实心，具皮孔。叶对生，单叶，稀羽状复叶，全缘稀分裂。聚伞花序排列成圆锥状，顶生或侧生；花两性；花萼钟状，4齿裂或不规则齿裂，或近截形，宿存；花冠漏斗状、高脚碟状或近辐状，裂片4，明显短于花冠筒或近等长，花蕾时呈镊合状排列；雄蕊2，内藏或伸出；子房2室，每室具下垂胚珠2，花柱丝状，比雄蕊短，柱头2裂。蒴果，室间开裂，每室通常有种子2。种子扁平，有窄翅，具胚乳，胚根向上。

约20种，分布于东亚、南亚和亚洲西南部、欧洲东南部。我国有19种；浙江有2种。

1. 紫丁香 （图7-327）

Syringa oblata Lindl.—*S. oblata* var. *alba* Rehder

落叶灌木或小乔木，高可达4m。小枝无毛或有毛。叶片纸质，卵圆形至肾形，长2.5～10cm，宽2.5～11cm，宽常大于长，先端短突尖至长渐尖，基部截形至浅心形，全缘，两面无毛；叶柄长1～2cm。圆锥花序直立，出自二年生枝的侧芽，长6～15cm，花序梗疏被腺毛或无毛；花梗长1～3mm，有腺毛或无毛；花萼杯形，长1.5～3mm；花冠紫色或白色，花冠筒长1～1.3cm，顶端4裂，裂片卵状椭圆形至倒卵状椭圆形，长5～6mm，宽3～5mm，开张，先端钝；雄蕊2，几乎全部藏于花冠筒内；子房无毛，柱头2浅裂或不裂。蒴果卵状椭圆形至长圆形，压扁状，长1～2cm，顶端长渐尖，基部楔形，无毛。种子长圆形，扁平，周围有翅。花期3—4月，果期7—10月。

原产于东北、华北、西北（除新疆）及河南、四川西北部，长江以北普遍栽培。杭州市区（西湖）、上虞、慈溪、鄞州、奉化、普陀、磐安、天台等地有栽培，供观赏。

图7-327　紫丁香

2. 暴马丁香（亚种）（图7-328）

Syringa reticulata (Blume) H. Hara subsp. **amurensis** (Rupr.) P.S. Green et M.C. Chang—*S. reticulata* var. *amurensis* (Rupr.) Pringle

落叶小乔木，高可达10m。当年生枝绿色，无毛。叶片厚纸质，宽卵形、椭圆状卵形至长圆状披针形，长2.5～13cm，宽1～6（8）cm，先端锐尖至尾状渐尖，基部常圆形或楔形至截形，上面黄绿色，侧脉和细脉明显凹入，下面淡黄绿色，秋时锈色，无毛，稀沿中脉疏被柔毛，中脉和

图7-328　暴马丁香

侧脉突起；叶柄长1~2cm，无毛。圆锥花序由1至多对侧芽抽生，长10~20cm；花序轴、花梗和花萼均无毛；花萼长1.5~2mm；花冠白色，长4~5mm，花冠筒与花萼等长或稍长，裂片长2~3mm，先端锐尖；雄蕊2，伸出花冠筒。果长椭圆形，长1.5~2.5cm，先端常钝或锐尖、突尖。花期5月，果期8—10月。

原产于我国东北和内蒙古。朝鲜和俄罗斯远东地区也有。杭州市区（西湖）等地有栽培，供观赏。

与紫丁香的主要区别在于叶片宽卵形、椭圆状卵形至长圆状披针形，长大于宽；花冠筒几与花萼等长或稍长于花萼，雄蕊伸出花冠筒外，花于叶后开放。

5 木犀属 Osmanthus Lour.

常绿灌木或乔木。叶对生，单叶，全缘或有锯齿，两面通常具腺点。聚伞花序簇生于叶腋，或再组成腋生或顶生的短小圆锥花序；花两性或单性，雌雄异株或雄花、两性花异株；花萼钟状，4裂；花冠通常白色或淡黄色，钟状、圆柱形或坛状，裂片4，浅裂或深裂至近基部，花蕾时呈覆瓦状排列；雄蕊2，稀4；子房每室具下垂胚珠2，能育雌蕊的柱头头状或2浅裂。核果，内果皮坚硬或骨质。胚乳肉质；胚根向上。

约30种，分布于亚洲东南部和美洲。我国有25种；浙江有6种。《中国植物志》记载了浙江有小叶月桂 *O. minor* P.S. Green，另据报道，浙江有蒙自桂花 *O. henryi* P.S. Green，但未见其确切材料，本志未予收录。

分种检索表

1. 聚伞花序组成短小的圆锥花序，腋生或顶生；药隔在花药先端不延伸。
　2. 叶片革质或厚革质，宽椭圆形至狭披针形，全缘，上半部稀有不明显极稀疏的锯齿；花序排列紧密，花序轴无毛或被柔毛 ……………………………………………… 1. 厚边木犀 O. marginatus
　2. 叶片厚纸质或薄革质，长圆状倒卵形或倒披针形，全缘或上半部有锯齿；花序排列疏松，花序梗和花序轴无毛 …………………………………………………… 2. 牛矢果 O. matsumuranus
1. 聚伞花序簇生于叶腋；药隔在花药先端延伸呈小尖头状突起。
　3. 小枝、叶柄和叶片上面的中脉多少被毛。
　　4. 叶片先端具刺状尖头，边缘具1~4对刺状牙齿或全缘（栽培）……… 3. 柊树 O. heterophyllus
　　4. 叶片尖头不呈刺状，边缘全缘或有锯齿，但锯齿不呈刺状 …………… 4. 宁波木犀 O. cooperi
　3. 小枝、叶柄和叶片上面的中脉通常无毛。
　　5. 花冠裂片比花冠筒长2倍以上；叶片具锯齿或全缘，侧脉明显，在上面凹入，在下面突起………
　　　…………………………………………………………………… 5. 木犀 O. fragrans
　　5. 花冠裂片与花冠筒近等长；叶片全缘，侧脉在叶面极不明显，背面稍明显，微凹……………
　　　……………………………………………………………… 6. 细脉木犀 O. gracilinervis

1. 厚边木犀 （图7-329）

Osmanthus marginatus (Champ. ex Benth.) Hemsl. —*O. marginatus* var. *pachyphyllus* (H.T. Chang) R.L. Lu—*O. pachyphyllus* H.T. Chang

常绿乔木或灌木，高可达7m。小枝、叶柄和叶片无毛；叶片厚革质，上面有光泽，阔椭圆形至披针状椭圆形，有时倒卵形，长8~15cm，宽3~5cm，先端短突尖，有时渐尖或钝，基部宽楔形或楔形，稍下延至叶柄，全缘，稀上半部具极稀疏而不明显的锯齿，侧脉7~9对；叶柄长1~2.5cm。聚伞花序组成短小圆锥花序，腋生，稀顶生，长1~2cm，花排列紧密，花序轴无毛或被柔毛；苞片卵形，长2~2.5mm，具睫毛；花梗长1~2mm，无毛；花萼浅杯形，长1.5~2mm，裂片具睫毛，与萼筒近等长；花冠淡黄色或淡绿色，4深裂，裂片长约1.5mm，反折，花冠筒长约1.5mm；雄蕊伸出花冠筒，花药长约1mm，药

图7-329　厚边木犀

隔不延伸；子房有鳞毛，柱头2裂。果椭圆形或倒卵形，长1.5~1.8cm，直径约1cm，成熟时呈紫黑色。花期4—5月，果期11—12月。

产于龙泉、瑞安、苍南、泰顺。生于海拔300~800m的常绿阔叶林中。分布于华东、华南、西南及湖南。日本也有。

1a. 长叶木犀（变种）（图 7-330）

var. **longissimus** (H.T. Chang) R.L. Lu— *O. longissimus* H.T. Chang

与厚边木犀的主要区别在于叶片革质，特别狭长，披针形至狭披针形，长(8) 12～21 (25)cm，宽2～4.5 (5.5)cm，基部狭楔形至楔形；叶柄较长，2～4 cm；果序梗较细弱。

产于遂昌、龙泉、庆元、景宁、文成、泰顺。生于海拔1000～1500 m的沟谷、溪边、山坡的林中。分布于江西、福建、湖南、广西、贵州。

图 7-330 长叶木犀

2. 牛矢果 （图7-331）

Osmanthus matsumuranus Hayata

常绿灌木或乔木，高3～12 m。小枝无毛。叶片薄革质或厚纸质，倒披针形，长圆状倒卵形，有时狭椭圆形或倒卵形，长7～13 cm，宽2.3～4.5 cm，先端渐尖或短尾状渐尖，基部楔形至狭楔形，下延至叶柄，全缘或上半部有锯齿，两面无毛，侧脉5～10对；叶柄长1～2.5 cm，无毛。圆锥花序腋生，长1～1.5 cm，花序梗和花序轴无毛，花序排列疏松；苞片宽卵形，无毛或边缘具短睫毛；花梗长2～3 mm，无毛或被毛；花萼杯形，先端4裂，边缘具纤毛；花冠淡绿色或淡黄绿色，长3～4 mm，4裂，花冠筒与裂片近等长；花药长约0.5 mm，药隔不延伸；柱头头状，极浅2裂。果椭圆形，长1.1～2 cm，直径7～11 mm，成熟时呈紫黑色。核长1～1.5 cm，直径6～9 mm，具5～8条纵棱。花期5—6月，果期10—11月。

产于丽水及杭州市区（西湖、余杭）、临安、建德、淳安、诸暨、北仑、余姚、奉化、宁海、开化、江山、武义、天台、临海、乐清、永嘉、泰顺。生于海拔100～800m的山谷、溪沟边的山坡林中。分布于华东、华南及贵州、云南等地。越南、老挝、柬埔寨、印度也有。

图7-331　牛矢果

3. 柊树 （图7-332）

Osmanthus heterophyllus (G. Don) P.S. Green

常绿灌木或小乔木，高1～6m。幼枝被柔毛。叶片革质，长圆状椭圆形或椭圆形，长2.5～4.5cm，宽1～2.5cm，先端渐尖，尖头具硬刺，基部楔形或宽楔形，叶缘有1～4对刺齿或全缘，齿长5～9mm，中脉在两面突起，上面被柔毛，近基部尤密，侧脉2～5对，与网脉在上面突起，下面不明显；叶柄长5～10mm，幼时常被柔毛。花序簇生于叶腋，每腋内具5～8花；苞片长1～2mm，疏被柔毛或无毛；花梗长5～7mm，无毛；花萼杯状，长约1mm，顶端4裂；花冠白色，顶端4裂，花冠筒长1～1.5mm，裂片长约2.5mm，反折；花药长1～2mm，先端有一不明显的小尖头；柱头头状，2裂。果卵状长圆形、歪斜，长约1.5cm，成熟时呈紫黑色。花期11—12月，果

图7-332　柊树

期次年6—7月。

　　原产于我国台湾地区，日本也有。江苏等地有栽培。杭州市区、萧山、慈溪、余姚、奉化、宁海等地有栽培，供观赏。

4. 宁波木犀　华东木犀　（图7-333）
Osmanthus cooperi Hemsl.

常绿乔木或灌木，高可达13m。小枝灰白色，皮孔较多，有微柔毛，有时近无毛。叶片革质，椭圆形、长圆形或长圆状卵形，长6～10（16）cm，宽2.5～4（6）cm，先端急尖至短尾尖，基部楔形至圆形，全缘，幼树的叶有时有锯齿，中脉在上面凹入，被微柔毛，叶柄附近尤密，在下面突起，无毛，侧脉7～8对，在两面均不明显；叶柄长1～2cm，上面具沟，被微柔毛，沟中尤密。雄花、两性花异株，聚伞花序簇生于叶腋；苞片宽卵形，被微柔毛，稀无毛；花梗长4～7mm，无毛；花萼长约1.5mm；花冠白色，长约4mm，花冠筒长1.5～2mm；雄蕊着生于花冠筒中部，花药药隔延伸成明显的小尖头；子房卵形，无毛，柱头头状。果椭圆形，长1.1～2cm，直径0.8～1cm，成熟时呈蓝黑色；核椭圆形，有纵棱线和斜棱线。花期9—10月，果期次年4—6月。

　　产于宁波、衢州、丽水及安吉、杭州市区、临安、桐庐、建德、淳安、上虞、新昌、武义、天台、永嘉、文成、苍南、泰顺。生于海拔800m以下的沟谷、溪边和山坡林中。分布于华东及湖北、湖南。本省园林中有栽培，供观赏。模式标本采自宁波。

图7-333　宁波木犀

5. 木犀　桂花 （图7-334）
Osmanthus fragrans Lour. —*O. asiaticus* Nakai

常绿灌木或乔木，高可达19m。小枝灰色，无毛。叶片革质，有光泽，椭圆形至长圆状披针形，长6～12（20）cm，宽2～4.5（7）cm，先端渐尖或急尖，基部楔形，全缘或有锯齿，两面无毛，中脉和侧脉在上面凹入，下面突起；叶柄长0.5～1.5cm，无毛。雄花和两性花异株，聚伞花序簇生于叶腋，四季桂冬季花有时近于帚状；苞片宽卵形，长3～4mm，无毛；花梗长6～10mm，无毛；花萼长约0.6mm，萼齿不整齐或成啮齿状；花冠白色至橘红色，花冠筒长0.5～1mm，裂片长约3.5mm；雄蕊生于花冠筒中部，药隔小尖头不明显；子房卵形，无毛；柱头头状，浅2裂。果椭圆形，长1.5～3.2cm，直径0.9～1.4cm，常歪斜，成熟时呈紫黑色；核纺锤形，长1.2～3.1cm，直径0.6～1.1cm，常歪斜，具7～11条纵棱和不规则的斜棱。花期9—10月，果期次年3—5月。

原产于西南，现华东、华中、华南、西南及陕西、甘肃等地广泛栽培。本省普遍栽植，也有逸出野生于海拔800m以下的沟谷、溪边或路边山坡林中。日本和印度也有。

树形美观，花馥郁文雅，沁人心脾，为著名园林绿化树种；花可用于提取香精，熏茶、制糕点等，入药有散寒破结、化痰生津等功效；果可榨油食用，入药有暖胃平肝、散寒止痛等功效；根也可入药。

栽培历史悠久，品种繁多，现在

图7-334　木犀

依据开花习性和花色的不同，把桂花种系分为4个品种群：四季桂 Siji Group、银桂 Albus Group、金桂 Luteus Group、丹桂 Aurantiacus Group，已知品种超过150个。

6. 细脉木犀 （图7-335）

Osmanthus gracilinervis L.C. Chia ex R.L. Lu

常绿灌木或小乔木，高2～9m。小枝无毛，有皮孔。叶片革质，狭长圆形、长圆形，长4.5～9.5cm，宽1.1～3（3.5）cm，先端渐尖至尾尖，基部楔形，全缘，两面无毛，中脉在上面凹入，下面突起，侧脉5～8

图 7-335　细脉木犀

对，在上面不明显，下面稍明显，干后微突；叶柄长0.6～1cm，无毛。两性花与雄花异株；花序簇生于叶腋，每腋内具5～12花；苞片具硬而长的尖端，无毛；花萼长约1mm，无毛；花冠白色，具较浓气味，长4～5mm，花冠筒长1.5～2mm，裂片长圆形或近卵形；雄蕊生于花冠筒中部，药隔延伸成明显的小尖头。核果椭圆形，长约1.5cm，成熟时呈绿黑色。花期9—11月，果期次年4—5月。

产于天台、景宁、平阳、文成、苍南。生于海拔300～500m的山坡、沟谷林中。分布于江西、湖南、广东、广西。

6 流苏树属 Chionanthus L.

乔木或灌木，常绿稀落叶。单叶，对生，叶片全缘，稀具小锯齿。圆锥花序腋生，稀顶生，有时成聚伞花序、伞形花序、头状花序、总状花序或簇生；花两性，稀单性而雌雄异株；花萼具4齿或4裂片；花冠白色或黄色，裂片4，常深裂至基部，或在基部成对合生至合生成1极短的筒，花蕾时成内向镊合状排列；雄蕊2，花药椭圆形或长圆形，药室近外向开裂；子房每室具下垂胚珠2，花柱短，柱头不裂或2裂。核果，内果皮近硬骨质。通常具1种子，胚乳肉质或无胚乳，胚根向上。

约80种，分布于非洲、美洲、亚洲和大洋洲的热带、亚热带地区。我国有7种；浙江有1种。

流苏树 （图7-336）

Chionanthus retusus Lindl. et Paxton —*C. retusus* var. *serrulatus* (Hayata) Koidz.

落叶灌木或乔木，高2~8m。小枝无毛或幼枝被短柔毛。叶片薄革质或厚纸质，长圆形、椭圆形、倒卵形至倒卵状披针形，长2.3~8cm，宽1~4cm，先端钝圆，有时微凹或急尖，基部圆或楔形，稀浅心形，全缘或有细锯齿，上面沿脉被长柔毛，下面沿脉密被长柔毛，其余被长柔毛或近无毛，中脉在上面凹入，下面突起，侧脉3~6对；叶柄长0.5~1.5cm，密被卷曲柔毛。花单性而雌雄异株或为两性花；聚伞状圆锥花序顶生于枝端，长4~10cm，花序梗有短柔毛；花萼4深裂，裂片披针形；花冠白色，4深裂，裂片线状倒披针形，长1.2~1.5cm，花冠筒长1.5~4mm；雄蕊藏于花冠筒内或稍伸出，花药长卵形，花丝极短；子房卵形，柱头球形，稍2裂。核果椭圆形，长1~1.2cm，直径6~7mm，成熟时呈蓝黑色。花期4—5月，果期6—7月。

产于杭州、宁波、金华及安吉、上虞、诸暨、普陀、衢江、常山、江

图7-336　流苏树

山、仙居、庆元。生于海拔800m以下的山谷、山坡疏林或灌丛中。分布于河北、山西、江西、福建、河南、台湾、广东、四川、云南、陕西、甘肃等地。朝鲜半岛、日本也有。

木材坚硬可制器具；花、嫩叶晒干可代茶饮，味香；可作庭园绿化树种。

⑦ 木犀榄属　Olea L.

乔木或灌木。单叶对生，叶片全缘或具齿。圆锥花序腋生或顶生，有时为总状花序或伞形花序；花两性、单性或杂性；花萼钟状，4裂，裂片齿状或近截形，宿存；花冠筒短，裂片4，常较花冠筒短，稀较长或等长，花蕾时呈内向镊合状排列，稀无花冠；雄蕊2，稀4，花药卵形、椭圆形或近圆形；子房2室，每室具下垂胚珠2，花柱短或无，柱头头状或2浅裂。核果，内果皮厚而坚硬，有时纸质。种子通常1，胚乳肉质或骨质，胚根短，向上。

40余种，分布于非洲、亚洲、欧洲、大洋洲和太平洋岛屿。我国有13种；浙江有2种。

1. 木犀榄　油橄榄 （图7-337）
Olea europaea L.

常绿乔木，高可达10m。小枝具棱角，密被银灰色鳞片。叶片革质，狭椭圆形至椭圆形，稀狭卵形，长1.5～9cm，宽0.5～2cm，先端锐尖至渐尖，具小突尖，基部楔形，全缘，上面深绿色，稍被银灰色鳞片，下面浅绿色，密被银灰色鳞片，两面无毛；叶柄长2～5mm，密被银灰色鳞片。圆锥花序腋生或近顶生，长2～4cm；花序梗长0.5～1cm，被银灰色鳞片；花两性或功能上单性，近无柄；花萼杯状，浅裂或近截形；花冠白色，长3～4mm，深裂几达基部，裂片长2.5～3mm；花药椭圆形，黄色；子房球形，无毛，柱头头状，2裂。果椭圆形，长1.2～2.5cm，直径0.6～2cm，成熟时呈蓝黑色。花期4—5月，果期9—10月。

图 7-337　木犀榄

可能原产于地中海地区或亚洲的西南部，现全球亚热带地区都有栽培。华东、华南、华中、西南及陕西都有栽培。海宁、杭州市区（江干、西湖）、临安、富阳、鄞州、婺城、遂昌、松阳、龙泉、青田、鹿城、乐清、平阳等地也有栽培。

　　果可榨油，为优质食用油，也可用于制蜜饯。

2. 云南木犀榄 （图7-338）

Olea tsoongii (Merr.) P.S. Green—*O. yuennanensis* Hand.-Mazz.

　　灌木或乔木，高3~12m。小枝圆柱形，被短柔毛或近无毛。叶片革质，倒披针形、倒卵状椭圆形、椭圆形或椭圆状长圆形，长3~10（14）cm，宽1.5~4（6）cm，先端锐尖、渐尖或圆钝，基部渐狭或楔形，全缘或具小锯齿，叶缘稍反卷，无毛或沿中脉被柔毛，近叶柄处尤密，侧脉5~7对，常不明显；叶柄长0.3~1cm，被柔毛或短柔毛，上面具深沟。花序腋生，圆锥状，长2~10cm，被短柔毛或近无毛；数花组成伞形，白色、黄绿色或红色，杂性异株；雄花花梗长1~5mm，纤细，无毛，花萼长1~1.5mm，花冠长2~3.5（4.5）mm，裂片宽三角形，长0.5~1.2mm；两性花花梗长0~2mm，粗壮，花萼同雄花，花冠长2~4.5mm，裂片长0.5~1.5mm；子房卵球形，柱头头状。核果卵球形，近球形或长椭圆形，长6~13mm，直径

3~9mm，成熟时呈紫黑色。花期4—5月，果期11—12月。

　　产于瑞安、平阳、苍南、泰顺。生于海拔100~300m的沟谷、山坡常绿阔叶林中。分布于华南、西南。

　　为浙江省重点保护野生植物，可作木犀榄嫁接砧木，种子榨油可供食用及工业用。

　　与木犀榄的主要区别在于小枝圆

图7-338　云南木犀榄

柱形，被短柔毛，不被鳞片；叶两面都不被鳞片；花冠裂片远短于花冠筒。

　　浙江目前仅见1份云南木犀榄的果实标本，果长3～4mm，直径2～3mm，比《中国植物志》记载的明显偏小，值得进一步研究。据报道浙江有异株木犀榄 *O. dioica* Roxb. 分布，但 *Flora of China* 认为中国不产该种，《中国植物志》记载的异株木犀榄是本种的误定。

⑧ 女贞属 Ligustrum L.

　　落叶或常绿、半常绿的灌木或乔木。单叶，对生，叶片全缘。聚伞花序常排列成圆锥花序，顶生，稀腋生；花两性；花萼钟状，先端截形或具4齿，或为不规则齿裂，宿存；花冠白色，近辐状、漏斗状或高脚碟状，4裂，裂片短于花冠筒或近等长，花蕾时呈镊合状排列；雄蕊2，着生于近花冠筒喉部，内藏或伸出，花药黄色，稀紫色，长圆形；子房每室具下垂胚珠2，花柱比雄蕊短，柱头常2浅裂。浆果状核果，单生，内果皮膜质或纸质，稀为核果状而室背开裂。种子1～4，胚乳肉质，胚根短，向上。

　　约45种，分布于亚洲、大洋洲和欧洲。我国有30种；浙江有11种。

分种检索表

1. 内果皮纸质。
　　2. 植株全体无毛；叶柄长1～3cm ··· 2. 女贞 L. lucidum
　　2. 植物体多少有毛，花序轴通常有毛；叶柄长1～5mm。
　　　3. 叶片通常长5cm以下，基部楔形，先端圆钝、急尖或微凹；果近球形或阔椭圆形，长5～7mm ·····
　　　　··· 1. 小叶女贞 L. quihoui
　　　3. 叶片长2.1～8.2cm，基部阔楔形至近圆形，先端渐尖至尾状渐尖；果椭圆形或椭圆状倒卵形，长
　　　　10～12mm ·· 11. 扩展女贞 L. expansum
1. 内果皮膜质。
　　4. 花冠筒短于裂片至比裂片稍长。
　　　5. 果长圆形、肾形或椭圆形，长6～12mm，宽4～7mm；叶柄长5～15mm（圆叶日本女贞叶柄长
　　　　3～4mm）。
　　　　6. 叶背中脉通常被微柔毛，其余无毛；花序轴及分枝无毛或近无毛 ········· 3. 华女贞 L. lianum
　　　　6. 叶片无毛；花序轴及分枝被微柔毛或短柔毛 ······················· 4. 日本女贞 L. japonicum
　　　5. 果近球形或宽椭圆形，直径4～7mm；叶柄长2～5mm。
　　　　7. 嫩叶淡绿色；叶片先端锐尖至渐尖，或钝而微凹；花冠筒比裂片短 ········· 5. 小蜡 L. sinense
　　　　7. 嫩叶金黄色；叶片先端急尖或渐尖，具小尖头；花冠筒比裂片稍长或近等长（栽培）···········
　　　　··· 10. 金叶女贞 L. × vicaryi
　　4. 花冠筒长约为裂片的1～3倍或更长。
　　　8. 圆锥花序短缩，长1.5～4cm，宽1.5～3cm。
　　　　9. 花冠长4～11mm；花药长2～3mm；叶片上面干后无光亮。

10. 叶片长 0.8～6cm，宽 0.4～2.5cm，先端锐尖或钝 ·················· 6. 水蜡树 L. obtusifolium

10. 叶片长 4～7（13）cm，宽 2～3（5）cm，先端锐尖、短渐尖 ············· 7. 蜡子树 L. leucanthum

9. 花冠长 12～16mm；花药长 4～5mm；叶片上面干后光亮 ··········· 8. 长筒女贞 L. longitubum

8. 圆锥花序开展，长 5～10cm，宽 3～6cm；叶片倒卵形、卵形或近圆形(栽培) ·······················

·· 9. 卵叶女贞 L. ovalifolium

1. 小叶女贞 （图 7-339）

Ligustrum quihoui Carrière

半常绿灌木，高 1～3m。小枝密被短柔毛，后脱落。叶片薄革质，长圆形、椭圆形、倒卵状椭圆形或椭圆状卵形，稀倒卵形，长 1～4.5cm，宽 0.6～2.5cm，先端圆钝、急尖或微凹，基部楔形，全缘，上面呈深绿色，下面呈淡绿色，有腺点，两面无毛，稀沿中脉被短柔毛，侧脉 4～5 对，不明显；叶柄长 1～5mm，无毛或被短柔毛。花序狭圆锥形，顶生，长 8～14cm，花序轴及分枝轴密被灰色短柔毛；花萼杯形，长 0.7～1mm，无毛；花冠白色，长 4～5mm，花冠筒长约 2mm，裂片与花冠筒近等长；花药长圆形，长约 1.5mm；柱头棒状。果近球形或宽椭圆形，长 5～8mm，直径 5～6mm，成熟时呈紫黑色，内果皮纸质。种子椭圆形，背面有深沟。花期 5—7 月，果期 11—12 月。

产于杭州市区（西湖）、萧山、临安、建德、淳安、越城、诸暨、北仑、鄞州、奉化、象山、普陀、常山、永康、景宁、洞头、平阳、苍南。生于海拔 920m 以下的山坡路边、岩石边、溪沟边疏林下或灌丛中。分布于华东、华中、西南及山东、陕西南部。

叶可入药，有清热解毒等功效；树皮也可入药。

图 7-339　小叶女贞

2. 女贞 （图7-340）

Ligustrum lucidum W. T. Aiton

常绿乔木或灌木，高可达23m。全株无毛。叶片革质、卵形、长卵形或椭圆形，长7～13cm，宽3～6.5cm，先端锐尖至渐尖，基部楔形至圆形，全缘，上面深绿色，有光泽，下面淡绿色，有腺点，侧脉5～7（9）对，两面稍突起或有时不明显；叶柄长1～3cm。圆锥花序顶生，长12～20cm，花近无梗；花萼杯形，长约1.5mm；花冠长4～5mm，花冠筒长1.5～2mm；花药长圆形，长1～2.5mm；柱头棒状。果椭圆形或肾形，长7～10mm，直径5～8mm，成熟时呈紫黑色或红黑色，被白粉，内果皮纸质。核椭圆形，略弯曲，基部圆钝，先端锐尖；种子肾形，背面有深沟。花期6—7月，果期12月至次年4月。

产于安吉、杭州市区（西湖）、萧山、临安、建德、淳安、诸暨、北仑、鄞州、慈溪、余姚、普陀、岱山、开化、浦江、天台、温岭、遂昌、龙泉、洞头、瑞安。生于海拔500m以下的山谷林中，本省普遍栽培。分布于华东、华中、华南、西南及陕西、甘肃等地。

为优良绿化树种，可作行道树和丁香、桂花的砧木；枝、叶上放养白蜡虫获取白蜡，供工业及医药用；花可提取芳香油；果可入药，有补肝肾、强腰膝、明目等功效；树皮和叶也可入药。

图7-340　女贞

2a. 落叶女贞（变种）

var. **latifolium** (Cheng) Cheng—*L. compactum* (Wall. ex G. Don) Hook. f. et Thomson ex Brandis var. *latifolium* Cheng—*L. lucidum* form. *latifolium* (Cheng) P. S. Hsu

与女贞的区别在于叶片纸质，椭圆形、长卵形至披针形，侧脉7～11对，落叶性；果核长卵形，弯曲度大，基部圆钝，先端渐尖。

产于临安、诸暨、北仑、鄞州、奉化、象山、宁海等地。生于山谷林中。分布于江苏。

3. 华女贞 （图7-341）

Ligustrum lianum P.S. Hsu

常绿灌木，高2m。当年生枝黄褐色，被短柔毛。叶片薄革质，卵状椭圆形、椭圆形或卵状披针形，长2.5～8cm，宽1.2～3.5cm，先端渐尖或长渐尖，基部楔形至近圆形，全缘，上面亮绿色，下面淡绿色，密被小腺点，除下面中脉被柔毛外，其余无毛，侧脉4～5对，稍突起；叶柄长0.5～1.5cm，有微柔毛或近无毛。圆锥花序顶生，长4～6cm，花序梗四棱形，常被微柔毛，花序轴及分枝、花梗无毛或近无毛；花萼杯形，长1～1.5mm，无毛；花冠白色，长4～5mm，花冠筒长1.2～1.5mm，裂片长约2mm；花药长圆形，长约2mm；子房卵球形，柱头伸长，微2裂。果通常椭圆形，长6～12mm，直径5～7mm，成熟时呈黑色，内果皮膜质。种子长圆形，两端圆钝，背腹稍压扁。花期6—7月，果期10—11月。

产于开化、江山、天台、遂昌、龙泉、文成、苍南、泰顺，生于海拔400～800m的沟谷、溪边、路边山坡林下或灌丛中。分布于华南及江西、福建、湖南、贵州。

图7-341　华女贞

4. 日本女贞 （图7-342）

Ligustrum japonicum Thunb.

常绿灌木，高3～5m。小枝圆柱形，无毛。叶片厚革质，椭圆形、卵状椭圆形、长圆形，稀卵形，长3～8（10）cm，宽1.5～5cm，先端渐尖或锐尖，基部楔形至圆形，上面有光泽，深绿色，下面灰绿色，密被腺点，中脉在上面凹入，下面突起，侧脉4～7对；叶柄长0.5～1.3cm，无毛。圆锥花序长5～17cm，宽与长近相等，花序轴及分枝被微柔毛；花梗极短，长不超过4mm；花萼长1.5～2mm；花冠长5～6mm，花冠筒长3～4mm，约为花萼的2倍，裂片与花冠筒近等长或稍短于花冠筒；花药长圆形，长1.5～2mm；柱头棒状，不裂或2浅裂，花柱稍伸出花冠筒外。果长圆形或肾形，长8～12mm，直径6～7mm，成熟时呈紫黑色，被白粉，内果皮膜质。种子长圆形或肾形。花期5—6月，果期11—12月。

　　产于舟山及象山。生于海拔100m以下的沟边、路边、海岸岩石旁的山坡林中或灌丛中。朝鲜南部和日本也有。

　　为浙江省重点保护野生植物。

图7-342　日本女贞

4a. 圆叶日本女贞（变种）
var. **rotundifolium** (Blume) S. Noshiro

　　与日本女贞的主要区别在于枝为黑褐色，密被刚毛状腺毛；叶柄短，长3～4mm，被短柔毛；叶片卵圆形或宽椭圆形，稀长圆形，密生；花冠筒与花萼近等长。

　　江苏有栽培，杭州也有栽培。供观赏。

　　本省广泛栽培的是园艺品种金森女贞'Howardii'（图7-343），叶片卵形或椭圆状卵形，春、秋、冬三季新叶金黄色，春季尤其如此。为重要的彩叶树种，常用作绿篱、地被色块或树球栽培，供观赏。

图7-343　金森女贞

5. 小蜡　亮叶小蜡　（图7-344）
Ligustrum sinense Lour. —*L. sinense* var. *nitidum* Rehder

　　落叶灌木或小乔木，高可达5m。小枝幼时被短柔毛或柔毛，老时近无毛。叶片纸质或薄革质，卵形、长圆形、披针形或近圆形，长2～7cm，宽1～3cm，先端锐尖至渐尖，或钝而微凹，基部宽楔形至楔形，疏被短柔毛或无毛，或仅沿中脉被短柔毛，嫩叶淡绿色，侧脉5～8对，全缘；

叶柄长2～5mm，被短柔毛。圆锥花序通常顶生，长4～11cm，宽3～8cm，花序轴被短柔毛或柔毛或近无毛；花梗短，被短柔毛或无毛；花萼长1～1.5mm，无毛；花冠长3.5～5.5mm，花冠筒长1.5～2.5mm，裂片长2～3mm；花药长约1mm；雌蕊柱头近头状。果近球形，直径4～5mm，成熟时呈紫黑色，内果皮膜质。种子宽椭圆形或近球形。花期4—6月，果期11—12月。

图7-344　小蜡

产于湖州、杭州、金华、丽水、温州及上虞、诸暨、宁波市区、鄞州、余姚、柯城、开化、常山、江山、天台、仙居。生于海拔1000m以下的沟谷、溪边、向阳山坡的疏林下或灌丛中，本省广泛栽培。分布于华东、华中、华南、西南等地。越南也有。

为重要园林树种，常用作绿篱、盆景栽培；树皮和叶可入药，有清热解毒、活血消肿等功效。

本省栽培的还有园艺品种银姬小蜡 'Variegatum'（图7-345），叶边缘镶有宽窄不规则的乳白色边环，叶片基色为银绿色；小枝细长，株型极致密，耐修剪。常用作地被色块、绿篱和树球栽培，供观赏。

图7-345　银姬小蜡

6. 水蜡树　辽东水蜡树（图7-346）

Ligustrum obtusifolium Siebold et Zucc. —*L. obtusifolium* subsp. *suave* (Kitag.) Kitag. —*L. ibota* Siebold var. *suave* Kitag.

落叶灌木，高2～3 m。小枝被微柔毛或短柔毛。叶片纸质，长圆状披针形至倒卵状长圆形，长1.5～6 cm，宽0.5～2.5 cm，无毛，稀疏生短柔毛，基部楔形或阔楔形，先端锐尖或钝，具小突尖，有时微凹，侧脉3～5(7)对，在上面微凹，下面略突起；叶柄长1～2 mm，无毛或有短柔毛。圆锥花序生于枝端，长1.5～4 cm，宽

图 7-346　水蜡树

1.5～3 cm；花梗长不超过2 mm；花萼长1.5～2 mm，两者都被微柔毛或短柔毛或无毛；花冠白色，长5～10 mm，花冠筒长3.5～6 mm，为花冠裂片的1.5～2倍；花药披针形，长2～3 mm。果近球形或宽椭圆形，成熟时呈紫黑色，长5～8 mm，直径4～6 mm，内果皮膜质。种子卵形。花期5—6月，果期10—11月。

产于舟山及镇海。生于海拔200 m以下的山坡、路边林下。分布于东北及山东、江苏沿海地区。日本、朝鲜半岛也有。

6a. 东亚女贞　小叶蜡子树　东亚水蜡树（亚种）（图7-347）

subsp. **microphyllum** (Nakai) P.S. Green—*L. ibota* Siebold var. *microphyllum* Nakai—*L. ibota* Siebold form. *microphyllum* Nakai

图 7-347　东亚女贞

与水蜡树的主要区别在于植株较矮小，高0.5～1.5m；小枝具柔毛或短柔毛；叶片较小，长圆形、椭圆形、卵形或倒披针形，长0.8～3cm，宽0.4～1.3cm；花冠长7～8mm，花冠筒长约为裂片的2.5倍。

产于舟山。生于海拔150m以下的山坡疏林下或山谷溪边灌丛中。分布于江苏连云港（云台山）。日本和朝鲜半岛也有。

7. 蜡子树 （图7-348）
Ligustrum leucanthum (S. Moore) P.S. Green—*L. molliculum* Hance

图7-348　蜡子树

落叶灌木，高1～3m。小枝被硬毛、柔毛或无毛。叶片纸质或近革质，椭圆形至披针形，或椭圆状卵形，长2～11（13）cm，宽1～4.5（5）cm，先端锐尖、短渐尖或钝，常具小尖头，基部楔形或近圆形，全缘，上面疏被短柔毛或无毛，或仅沿中脉被短柔毛，下面疏被毛或无毛，常沿中脉被毛，侧脉4～6（8）对，上面不明显，下面略突起；叶柄长1～3mm，有毛或无毛。圆锥花序顶生，长1.5～5cm，宽1.5～2.5cm，花序轴被硬毛、柔毛或无毛；花萼长约1mm；花冠白色，长5.5～9mm，花冠筒长3.5～7mm，裂片长约2mm；花药披针形，长2～3mm；柱头近头状。果宽椭圆形或球形，长7～10mm，宽5～8mm，成熟时呈蓝黑色，内果皮膜质。种子椭圆形，长约7mm，宽约4mm。花期5—6月，果期10—11月。

产于安吉、德清、杭州市区（西湖）、临安、建德、淳安、上虞、诸暨、嵊州、北仑、海曙、鄞州、余姚、奉化、象山、宁海、开化、婺城、东阳、磐安、永康、天台、临海、仙居、莲都、缙云、遂昌、庆元、景宁、乐清、永嘉、平阳。生于海拔120～1400m的沟谷、溪边、山坡林下或灌丛中。分布于华东、华中及四川、陕西、甘肃等地。

种子榨油可供制皂等工业用。

8. 长筒女贞 （图7-349）

Ligustrum longitubum (P.S. Hsu) P.S. Hsu

半常绿灌木，高1～2m。当年生小枝密被棕色短硬毛。叶片薄革质，卵形、椭圆形至披针形，长1.5～5cm，宽1～2.5cm，先端锐尖、渐尖或钝，常具小尖头，基部阔楔形或近圆形，上面深绿色，干时呈深棕色，光亮，无毛，下面淡绿色，无毛或仅沿中脉疏被短硬毛，小腺点不明显，全缘，侧脉4～8对，在上面明显凹入，下面明显突起；叶柄长1～1.5mm，无毛或被短硬毛。圆锥花序顶生，长2～5cm，宽2～3cm，

图7-349 长筒女贞

花序轴被棕色柔毛；花萼杯形，长约1.8mm，萼齿三角形，无毛；花冠长12～16mm，花冠筒长9～11mm，裂片长约3mm；花药披针形，长4～5mm，药隔长约1mm；花柱线形，柱头2浅裂。果长圆形，长6～8mm，直径3～4mm，内果皮膜质。种子椭圆形。花期6月，果期9—10月。

产于开化、庆元等地。生于海拔200～1120m的山谷或溪边林下阴湿处。分布于安徽南部、江西东部。

秦祥堃主张把长筒女贞归并到蜡子树，理由是花冠筒长并不是一个可靠的性状，在Isotypes（FUS）上也同时可见花冠筒长6～7mm的花。但从花药长度看，两者区别明显，尚未见中间类型，且长筒女贞叶片干后有光亮，与蜡子树也明显不同，鉴于两者合并的理由尚不充分，故仍把长筒女贞作为独立的种处理。

9. 卵叶女贞 （图7-350）

Ligustrum ovalifolium Hassk.

半常绿灌木。小枝棕色，无毛或被微柔毛。叶片近革质，倒卵形、卵形或近圆形，长2～10cm，宽1～5cm，先端锐尖或钝，基部阔楔形或近圆形，两面无毛或背面沿中脉疏被短柔毛，侧脉3～6对；叶柄长2～5mm。圆锥花序长5～10cm，宽3～6cm，花序轴具棱，无毛或有微柔毛；花梗长0～2mm；花萼

图7-350 卵叶女贞

长1.5~2mm，无毛；花冠筒长4~5mm，裂片长2~3mm；雄蕊与花冠裂片近等长，花药宽披针形，长2.5~3mm。果近球形或宽椭圆形，长6~8mm，直径5~8mm，成熟时呈紫黑色，内果皮膜质。花期6~7月，果期11—12月。

原产于日本和韩国。我国庭园内有栽培，海宁、鹿城也有栽培，供观赏。

10. 金叶女贞 （图7-351）

Ligustrum × vicaryi Rehder

半常绿灌木，高2~3m。小枝圆柱形，有微柔毛或近无毛。叶片嫩时金黄色，纸质，老叶薄革质或革质，绿色，无毛，长卵形或椭圆形，长2~6cm，宽1.5~3cm，先端急尖或渐尖，具短尖头，基部宽楔形至近圆形，中脉在上面凹入，下面突起，侧脉4~6对；叶柄长2~5mm。圆锥花序顶生，花序轴有微柔毛；花梗长0.5~1.5mm；花萼杯形，长1~1.5mm，萼齿三角形或啮齿状，无毛；花冠白色，长5~7mm，花冠筒比裂片稍长或近等长；雄蕊与花冠近平齐，柱头2浅裂，子房无毛。果宽椭圆形或近球形，直径6~7mm，成熟时呈紫黑色，内果皮膜质。种子椭圆形。花期4—5月，果期11—12月。

原产于德国，是加州金边女贞 *L. ovalifolium* var. *aureomarginatum* 与欧洲女贞 *L. vulgare* L. 的杂交种，华北南部至华东亚热带地区均广泛栽培，全省各地也广泛栽培。

嫩叶金黄色，是优良彩叶树种，常用作绿篱或地被色块等栽培，供观赏。

图7-351　金叶女贞

11. 扩展女贞 （图7-352）

Ligustrum expansum Rehder—*L. robustum* (Roxb.) Blume subsp. *chinense* P.S. Green

直立灌木，高1~3m。小枝圆柱形，被淡褐色短柔毛，疏生皮孔。叶片纸质或厚纸质，卵形、卵状椭圆形或椭圆形、长圆形，长2.1~8.2cm，宽1.2~3cm，先端渐尖至尾状渐尖，基部阔楔形至近圆形，中脉在上面凹入，下面突起，侧脉4~6对，两面无毛或上面中脉有微柔毛；叶柄长3～5mm，被短柔毛或近无毛。圆锥花序顶生，长3.5～10cm，宽1.5～5cm，花序轴及分枝被短柔毛，果时具棱；花梗长1～2mm；花萼长约1mm，被微柔毛或近无毛；花冠长5～6mm，裂片线状披针形，比花冠筒长，反折；雄蕊伸出花冠筒外，花药长圆形。果椭圆形或椭圆状倒卵形，常弯曲，长10～12mm，宽6～7mm，成熟时呈紫黑色，内果皮纸质。种子长圆形，背面具深沟。花期6—7月，果期11—12月。

产于庆元。生于海拔600m以下的沟谷、山坡林中。分布于华东、华中、西南及广西等地。越南也有。为浙江新记录植物。

图7-352　扩展女贞

⑨ 素馨属　Jasminum L.

小乔木，直立或攀缘状灌木，常绿或落叶。叶对生或互生，稀轮生，单叶、三出复叶或为奇数羽状复叶，全缘或深裂，无托叶。花排列为聚伞花序，聚伞花序再排列成圆锥状、总状、伞房状、伞状或头状；花两性，通常花柱异长，具芳香；花萼钟状、杯状或漏斗状，裂齿4～16，宿存；花冠白色或黄色，稀红色或紫色，高脚碟状或漏斗状，裂片4～16，花蕾时呈覆瓦状排列，栽培时常为重瓣；雄蕊2，内藏，着生于花冠筒近中部，花丝短，花药背着，药室内向侧裂；子房每室具向上胚珠1～2，花柱丝状，柱头头状或2裂。浆果双生或仅1个发育而成单生。种子无胚乳，胚根向下。

200余种，分布于非洲、亚洲、大洋洲以及太平洋南部诸岛屿，地中海地区有1种。我国有44种；浙江有6种。本属植物矮探春 *J. humile* L.，红素馨 *J. beesianum* Forrest et Diels，浓香探春 *J. odoratissimum* L. 在少数地点仅作试验性栽培，本志未予收录。

分种检索表

1. 叶互生，小叶 3～5(7)；萼片锥状线形，与萼筒近等长；花冠裂片先端锐尖（栽培）⋯⋯⋯⋯⋯⋯⋯⋯⋯⋯⋯⋯⋯⋯⋯⋯⋯⋯⋯⋯⋯⋯⋯ 1. 探春花 **J. floridum**

1. 叶对生。

　　2. 叶为复叶，或小枝基部具单叶。

　　　　3. 小枝四棱形，花冠黄色。

　　　　　　4. 常绿性，花和叶同时开放；花冠直径通常 3.5～5 cm，花冠筒比裂片短，稀近等长（栽培）⋯⋯⋯⋯⋯⋯⋯⋯⋯⋯⋯⋯⋯⋯⋯⋯⋯⋯⋯⋯ 2. 云南黄素馨 **J. mesnyi**

　　　　　　4. 落叶性，花先于叶开放；花冠直径通常 2～3 cm，花冠筒长约为裂片长的 2 倍（栽培）⋯⋯⋯⋯⋯⋯⋯⋯⋯⋯⋯⋯⋯⋯⋯⋯⋯ 3. 迎春花 **J. nudiflorum**

　　　　3. 小枝圆柱形，花冠白色。

　　　　　　5. 小叶片革质，有光泽，顶生小叶片与侧生小叶片等大或略大；花萼裂片三角形，长小于 1 mm 或近截形 ⋯⋯⋯⋯⋯⋯⋯⋯⋯⋯⋯⋯⋯⋯ 4. 清香藤 **J. lanceolaria**

　　　　　　5. 小叶片纸质，无光泽，顶生小叶片远较侧生小叶片为大；花萼裂片线形或尖三角形，长 2～3 mm ⋯⋯⋯⋯⋯⋯⋯⋯⋯⋯⋯⋯⋯ 5. 华素馨 **J. sinense**

　　2. 叶全为单叶，薄纸质，两面无毛或下面脉腋具髯毛（栽培）⋯⋯⋯⋯⋯⋯ 6. 茉莉花 **J. sambac**

1. 探春花　探春　（图 7-353）

Jasminum floridum Bunge

　　直立或攀缘灌木，半常绿，高 1～3 m。当年生枝绿色，4 棱，无毛。叶互生，复叶具小叶 3 或 5，稀 7，小枝基部常有单叶；小叶片卵状椭圆形至椭圆形，稀倒卵形，长 1～3 cm，宽 0.5～1.3 cm，先端渐尖至突尖，基部楔形或宽楔形，边缘全缘或具芒状小锯齿，背卷，中脉在上面凹入，下面突起，侧脉不明显，上面疏被短柔毛或无毛，下面无毛，稀沿中脉被微柔毛；叶柄长 5～9 mm，侧生小叶近无柄，顶生小叶叶柄长 2～7 mm。聚伞花序顶生，无毛；花萼杯形，长约

图 7-353　探春花

2mm，具5突起的肋，顶端5裂，裂片锥状线形，与萼筒近等长；花冠黄色，近漏斗状，顶端5裂，花冠筒长1～1.2cm，裂片卵形或长圆形，长5～7mm，宽约3.5mm，先端锐尖，具小尖头。花期4—5月。

原产于河北、山西、山东、河南、湖北、四川、贵州北部、陕西、甘肃。杭州市区、宁波市区、鄞州、舟山市区、乐清等地有栽培，供观赏。

2. 云南黄素馨　野迎春　云南黄馨 （图7-354）

Jasminum mesnyi Hance

常绿蔓性灌木，高0.5～5m。枝绿色，下垂，小枝四棱形，无毛。叶对生，三出复叶，小枝基部常具单叶；叶片和小叶片近革质，两面近无毛，叶缘反卷，具睫毛，中脉在下面突起，侧脉不甚明显；小叶片长卵形或长卵状披针形，先端钝或圆，具小尖头，基部楔形，顶生小叶片长2.5～6.5cm，宽0.5～2.2cm，侧生小叶片长1.5～4cm，宽

图7-354　云南黄素馨

0.6～2cm；单叶宽卵形至椭圆形；叶柄长0.6～1.5cm，无毛，侧生小叶无柄，顶生小叶近无柄。花常单生于叶腋，与叶同时开放；花梗长5～10（14）mm，具叶状苞片，无毛；花萼钟状，顶端通常6～7裂，裂片叶状披针形，长5～9mm，无毛；花冠黄色，漏斗状，直径3.5～5cm，花冠筒长0.7～1.2cm，裂片6～12，宽倒卵形、倒卵状长圆形或长圆形，长1.1～2.2cm，宽0.7～1.5cm，多成半重瓣或重瓣；雄蕊2，内藏；雌蕊与花冠筒近等长或略长于花冠筒，子房无毛。花期3—4月。

原产于四川西南部及贵州、云南。本省广泛栽培，供观赏。

3. 迎春花　迎春　（图7-355）
Jasminum nudiflorum Lindl.

落叶灌木，直立或匍匐，高0.5～3（5）m。小枝四棱形，绿色，下垂，无毛。叶对生，三出复叶，小枝基部常具单叶；叶柄长3～10mm，无毛或疏被短刚毛；叶轴具狭翼，叶片和小叶片上面疏被短刚毛，下面无毛或两面无毛；小叶片无柄或仅顶生小叶具短柄，卵形至长圆状卵形，长0.8～3cm，宽0.4～1.3cm，先端急尖，具短尖头，基部楔形，全缘，顶生小叶比侧生小叶大；单叶卵形或椭圆形，有时近圆形。花先于叶开放，多单生叶腋；花萼常带红色，裂片5～6，披针形，与萼筒等长或比萼筒长；花冠黄色，高脚碟状，直径2～3cm，花冠筒长1.1～1.9cm，裂片5～6，长约为花冠筒的1/2，先端锐尖或钝；雄蕊2，内藏；雌蕊与花冠筒近等长，子房无毛。花期2—3月。

原产于四川、云南西北部、西藏东南部、甘肃、陕西。宁波、杭州市区、临安、新昌、普陀等地有栽培，供观赏。

图7-355　迎春花

4. 清香藤　（图7-356）
Jasminum lanceolaria Roxb.

攀缘灌木，茎长3～5m。小枝绿色，无毛或被短柔毛。叶对生，三出复叶，稀见单叶；小叶片革质，上面有光泽，椭圆形、长圆形至卵状披针形，长3.5～12.5cm，宽1.5～6.5cm，先端锐尖、渐尖或尾尖，基部圆形或楔形，全缘，上面绿色有光泽，无毛或被短柔毛，下面色较淡，无毛至密被柔毛，具凹陷的小斑点，顶生小叶与侧生小叶近等大或稍大；叶柄长1.5～2.5cm，无毛或密被柔毛，与顶生小叶柄近等长。复聚伞花序顶生或腋生，无毛至密被毛；花梗长0～2mm；花萼管状，萼齿三角形，长小于1mm，或近截形，果时增大；花冠白色，芳香，花冠筒长2～2.5cm，顶端4～5裂，裂片长0.7～1cm，先端短突尖；花柱异长。果球形，直径约1cm，成熟时呈黑色。花期6—7月，果期次年1—3月。

产于衢州、金华、丽水、温州及临安、桐庐、建德、淳安、上虞、诸暨、北仑、鄞州、余姚、奉化、象山、宁海、天台、临海、仙居。生于海拔1000m以下的沟谷溪边或山坡的疏林下或灌丛中。分布于华东、华中、华南、西南及陕西、甘肃等地。越南、泰国、缅甸、印度、不丹也有。

图7-356　清香藤

5. 华素馨　华清香藤 （图7-357）

Jasminum sinense Hemsl.

缠绕藤本，茎长1～7m。小枝圆柱形，密被锈色柔毛。叶对生，三出复叶；小叶片纸质，上面无光泽，卵形、卵状椭圆形或卵状披针形，先端钝至渐尖，基部圆形或阔楔形，两面被锈色柔毛，稀两面除脉上有毛外其余无毛，全缘，背卷，侧脉3～6对；顶生小叶片较大，长2.5～9cm，宽1～4.5cm，侧生小叶片长1～7.5cm，宽0.5～5.4cm；叶柄长1.5～2cm，与顶生小叶柄近等长，侧生小叶柄很短，长1～2mm，有柔毛。聚伞花序顶生或腋生，密被灰黄色柔毛；花梗长0～3mm；花萼管状，被柔毛，裂片5，线形或尖三角形，长2～3mm，果时稍增大；花冠白色，芳香，花冠筒长1～3cm，裂片5，长约1cm，先端渐尖；花柱异长。果长圆形或近球形，长约0.8cm，成熟时呈黑色。花期9—10月，果期次年3—5月。

产于宁波及杭州市区（西湖）、桐庐、建德、普陀、衢江、开化、常山、椒江、天台、仙居、

图 7-357　华素馨

龙泉、庆元、景宁、洞头、乐清、平阳、文成、苍南、泰顺。生于海拔600m以下的沟谷溪边或山坡的疏林下或灌丛中。分布于华中、华南、西南及江西、福建等地。

6. 茉莉花　茉莉　（图7-358）
Jasminum sambac (L.) Aiton

常绿灌木，高可达3m。小枝绿色，疏被柔毛；单叶，对生；叶片纸质，卵形、椭圆状卵形、椭圆形，或倒卵状椭圆形，长3.5～7.5cm，宽2.5～5.5cm，先端圆或钝，稀微凹，常有小尖头，基部宽楔形至微心形，全缘，两面无毛，或下面脉腋有簇毛；叶柄长3～5mm，被短柔毛。聚伞花序顶生或腋生，常具3～8花；花梗长4～7mm，被短柔毛或无毛；花萼杯状，萼筒长约2mm，先端7～9深裂，裂片线形，长5～13mm；花冠白色，极芳香，花冠筒长0.5～1cm，裂片5或为重瓣，长圆形至近圆形，先端钝或圆，与花冠筒近等长或略长；子房上位，无毛。花期5—11月，尤以7月最盛。

原产于印度，世界各地和我国南方广泛栽培，全省各地多盆栽，供观赏。

为著名的花茶原料和重要的香精原料，常盆栽观赏；花、叶可药用，有止咳化痰的功效；根有毒，入药有接骨镇痛的功效。

图 7-358　茉莉花

一五三　玄参科 Scrophulariaceae

草本或灌木，少为乔木。单叶，无托叶。花序总状、穗状或聚伞状，常组成圆锥花序；花两性；花萼下位，常宿存，通常5基数；花冠4～5裂，裂片多少不等或作二唇形；雄蕊通常4，其中1枚退化，花药1～2室；花盘常存在，环状、杯状或小而似腺；子房2室，极少仅有1室，花柱简单，柱头头状、2裂或2片状；胚珠通常多数，倒生或横生。果为蒴果，少有浆果状。种子多粒，细小，有时具翅、棱或有网状种皮；胚伸直或弯曲。

约220属，4500种，广泛分布于全球各地。我国有61属，681种，主要分布于西南；浙江有37属，80种。

分属检索表

1. 乔木 ··· 1. 泡桐属 Paulownia
1. 草本，有时基部木质化，稀灌木。
 2. 叶片下面具腺点；花萼下常有1对小苞片；蒴果4瓣裂 ·············· 2. 石龙尾属 Limnophila
 2. 叶片下面无腺点；花萼下小苞片有或无；蒴果2或4瓣裂。
  3. 花冠有距或基部突出成囊状，下唇隆起，多少封闭喉部，使花冠成假面状；蒴果在顶端不规则开裂。
   4. 花冠基部有距。
    5. 多少有叶柄；4个能育雄蕊的花药联合成环状 ················ 3. 凯氏草属 Kickxia
    5. 通常无叶柄；4个能育雄蕊的花药不联合成环状。
     6. 茎下部的叶互生或轮生；种子边缘通常有宽翅 ············ 4. 柳穿鱼属 Linaria
     6. 茎下部的叶对生或轮生；种子具4～7纵向脊或棱 ········ 5. 细柳穿鱼属 Nuttallanthus
   4. 花冠基部成囊状 ································· 6. 金鱼草属 Antirrhinum
  3. 花冠无距或基部不为囊状，亦不成假面状；蒴果不裂或规则的2或4瓣裂。
   7. 叶片异型，在主茎上为圆心形至肾形，在分枝上的内卷成针状；果实为肉质浆果 ············· 7. 鞭打绣球属 Hemiphragma
   7. 叶片同型；果实为干燥的蒴果。
    8. 植株铺地而极多分枝，呈垫状；叶片极小，长小于5mm；茎上每节具1花，互生 ············· 8. 小果草属 Microcarpaea
    8. 植株直立或匍匐，不呈垫状；叶片较大（爆仗竹属Russelia除外）。
     9. 能育雄蕊4，有1退化雄蕊位于花冠筒的后方；花序的基本单位为聚伞花序，再组成顶生圆锥花序。
      10. 木贼状亚灌木；叶常退化成鳞片；花冠筒细长，鲜红色 ········· 9. 爆仗竹属 Russelia
      10. 草本；叶不退化成鳞片；花冠筒粗短，圆球形或卵形，肿胀，黄绿色或褐紫色 ············· 10. 玄参属 Scrophularia

9. 能育雄蕊2、4或5，退化雄蕊如存在则为2，位于花冠筒的前方；花序的基本单位为总状、穗状花序或单生。

　　11. 花冠为辐状，具短花冠筒；雄蕊5，花丝被须毛 ················ **11. 毛蕊花属 Verbascum**

　　11. 花冠不为辐状，若近辐状，则雄蕊2。

　　　　12. 雄蕊2。

　　　　　　13. 花冠二唇形，下唇大而扩成荷包状；顶生聚伞花序 ············ **12. 荷包花属 Calceolaria**

　　　　　　13. 花冠辐状；总状或穗状花序。

　　　　　　　　14. 叶对生或在茎上部互生或轮生；花冠筒很短；蒴果顶端微凹。

　　　　　　　　　　15. 茎高常超过30cm；花序顶生，排列成长而密集的穗状总状花序；苞片小而窄；花冠筒明显；蒴果近球形，稍扁平 ············ **13. 穗花属 Pseudolysimachion**

　　　　　　　　　　15. 茎高常不超过25cm；花序腋生或顶生，通常短而松散，若为总状花序则下部苞片与叶同形；花冠筒不明显；蒴果通常强扁平状 ············ **14. 婆婆纳属 Veronica**

　　　　　　　　14. 叶全部互生；花冠筒较长；蒴果顶端全缘 ············ **15. 腹水草属 Veronicastrum**

　　　　12. 雄蕊4，若为2，则花冠前方有2退化雄蕊。

　　　　　　16. 花冠上唇多少向前方拱曲呈盔状或为狭长的倒舟状。

　　　　　　　　17. 蒴果仅含1～4种子，种子大而平滑；苞片具齿或具芒状长齿，稀全缘；花冠上唇边缘密被硬毛 ············ **16. 山萝花属 Melampyrum**

　　　　　　　　17. 蒴果含多颗种子，种子小而有纹饰；苞片常全缘；花冠上唇边缘不密被硬毛。

　　　　　　　　　　18. 花萼基部无小苞片。

　　　　　　　　　　　　19. 花萼常在前方深裂，具2～5齿；花冠上唇常延长成喙，边缘不向外翻卷 ············ **17. 马先蒿属 Pedicularis**

　　　　　　　　　　　　19. 花萼相等5裂；花冠上唇边缘向外翻卷 ············ **18. 松蒿属 Phtheirospermum**

　　　　　　　　　　18. 花萼基部有2小苞片。

　　　　　　　　　　　　20. 花萼5裂；花冠黄色；蒴果线形；叶片羽状分裂；茎基部具寻常叶 ············ **19. 阴行草属 Siphonostegia**

　　　　　　　　　　　　20. 花萼4裂；花冠淡红色；蒴果卵圆形；叶片线状披针形；茎基部具鳞片状叶 ············ **20. 鹿茸草属 Monochasma**

　　　　　　16. 花冠上唇伸直或向后翻卷，不成盔状或倒舟状。

　　　　　　　　21. 花梗上或花萼下有1对小苞片；花冠裂片开展，近辐状对称；寄生或半寄生植物。

　　　　　　　　　　22. 花冠高脚碟状；花药1室不育而仅存1室。

　　　　　　　　　　　　23. 花冠筒部伸直；花序常为密穗状；叶片在茎下部的宽且有齿，上部的狭而全缘 ············ **21. 黑草属 Buchnera**

　　　　　　　　　　　　23. 花冠筒部近顶端弯曲；花序疏穗状；叶片窄而全缘，极少有齿，有时退化成鳞片 ············ **22. 独脚金属 Striga**

　　　　　　　　　　22. 花冠不为高脚碟状；花药2室或1室。

　　　　　　　　　　　　24. 花萼侧扁，前方深裂，佛焰苞状，全缘或具3浅齿；茎、叶上的毛基部有鳞片状小瘤体 ············ **23. 胡麻草属 Centranthera**

　　　　　　　　　　　　24. 花萼钟状或近全裂，具相等的5裂片。

25. 能育雄蕊2。

　26. 植株高大于25cm，花药2室全部能育，花单生于叶腋 ⋯⋯⋯⋯⋯⋯ **24. 水八角属 Gratiola**

　26. 植株高不超过25cm，花药仅1室能育，总状花序 ⋯⋯⋯⋯⋯⋯ **25. 短冠草属 Sopubia**

25. 能育雄蕊4。

　27. 花冠钟形，其扩张之喉内面无毛或几无毛；花萼宽钟形 ⋯⋯⋯⋯⋯⋯ **26. 黑蒴属 Alectra**

　27. 花冠非钟形，其扩张之喉内生有密毛；花萼近全裂 ⋯⋯⋯⋯⋯⋯**27. 野甘草属 Scoparia**

21. 花梗上或花萼下无小苞片，或有1～2；花冠裂片明显成唇形；自养植物。

　28. 花萼具5翅或5棱，浅裂而成萼齿。

　　29. 花萼具明显5翅，顶端不为截形，多少成唇形，果期不膨大；花丝基部常有盲肠状附属物⋯⋯⋯⋯
　　　⋯⋯⋯⋯⋯⋯⋯⋯⋯⋯⋯⋯⋯⋯⋯⋯⋯⋯⋯⋯⋯⋯⋯⋯ **28. 蝴蝶草属 Torenia**

　　29. 花萼具明显5棱，顶端截形或斜截形，不成唇形，果期常膨大成囊泡状；花丝基部无附属物⋯
　　　⋯⋯⋯⋯⋯⋯⋯⋯⋯⋯⋯⋯⋯⋯⋯⋯⋯⋯⋯⋯⋯⋯⋯⋯⋯ **29. 沟酸浆属 Mimulus**

　28. 花萼无翅亦无明显的棱，深裂成明显的5裂片。

　　30. 能育雄蕊2，或4，极少为5；花冠前方有2退化雄蕊或无；水生或湿生草本。

　　　31. 茎肉质，直立或匍匐；花药顶端直，无毛。

　　　　32. 花萼5深裂，退化雄蕊2，处于前方；叶片有时退化成鳞片状，上部者常小，疏离；种子
　　　　　具结节或略有网脉 ⋯⋯⋯⋯⋯⋯⋯⋯⋯⋯⋯ **30. 虻眼属 Dopatrium**

　　　　32. 花萼5，分离，后方1枚最宽大，前方1枚次之，侧面3枚最小；无退化叶片；种子表面
　　　　　具纵条棱格状或网纹 ⋯⋯⋯⋯⋯⋯⋯⋯⋯ **31. 假马齿苋属 Bacopa**

　　　31. 茎纤细非肉质，上升或倾斜；花丝顶端扭曲，花药有毛⋯⋯⋯ **32. 泽番椒属 Deinostema**

　　30. 能育雄蕊4；陆生草本。

　　　33. 花冠在花蕾中下唇包裹上唇，盛开时大而呈喇叭状，长大于3cm；基生叶呈莲座状，茎生
　　　　叶发达或不存在，叶片大。

　　　　34. 花萼5浅裂，钟状；花冠5裂片近相等 ⋯⋯⋯⋯⋯⋯ **33. 地黄属 Rehmannia**

　　　　34. 花萼5深裂，而几达基部；花冠上唇较短，下唇裂片长。

　　　　　35. 茎生叶互生，叶多少具柄，稀不具柄；总状花序 ⋯⋯⋯⋯ **34. 毛地黄属 Digitalis**

　　　　　35. 茎生叶对生，叶无柄，多少抱茎；圆锥花序 ⋯⋯⋯⋯ **35. 钓钟柳属 Penstemon**

　　　33. 花冠在花蕾中上唇包裹下唇，盛开时小得多，明显呈唇形；叶多茎生，基生叶少或呈莲座
　　　　状，叶片较小。

　　　　36. 花萼5深裂，几达基部，如浅裂，则蒴果披针状狭长；花丝常有附属物 ⋯⋯⋯⋯⋯⋯
　　　　　⋯⋯⋯⋯⋯⋯⋯⋯⋯⋯⋯⋯⋯⋯⋯⋯⋯⋯⋯⋯⋯⋯⋯ **36. 母草属 Lindernia**

　　　　36. 花萼钟状，中裂；蒴果短；花丝无附属物⋯⋯⋯⋯⋯⋯⋯⋯ **37. 通泉草属 Mazus**

1 泡桐属　**Paulownia** Siebold et Zucc.

落叶乔木，除老枝外全体均被各种类型的毛。叶对生，大而有长柄，全缘或3～5浅裂，无托叶。花大，由小聚伞花序再组成顶生的各式圆锥花序；花萼革质，5裂，稍不等，裂片肥厚；花紫色或白色，花冠筒长，二唇形；雄蕊4，二强，不伸出，花丝近基处扭卷，药叉分；花柱上端微弯，子房2室。蒴果，室背开裂，果皮木质化。种子小而多，有膜质翅。

7种，除1种分布于老挝和越南外，大多数分布在我国。我国有6种，除东北北部、内蒙古、西藏、新疆北部等地外均有分布；浙江有5种。

本属植物均为阳性速生树种，材质优良，轻而韧，具有很强的防潮、隔热性能，耐酸、耐腐蚀，导音性好，不翘不裂，纹理美观，易于加工，为家具、模型、乐器及胶合板等的良材；花大而美丽，可供绿化观赏；叶、花、木材还有消炎、止咳、利尿、降血压等功效。

分种检索表

1. 小聚伞花序有明显的花序梗，花序梗与花梗近等长；花序较狭，成金字塔形、狭圆锥形或圆柱形。
　　2. 蒴果长3～5cm，果皮较薄；花序金字塔形或狭圆锥形；花冠紫色或浅紫色，基部强烈向前拱曲，腹部有2明显纵褶；花萼长小于2cm；叶片卵状心形至长卵状心形。
　　　　3. 蒴果卵圆形，幼时被黏质腺毛；花萼深裂达中部以下，毛不脱落；叶片下面被长柄的树枝状毛或黏质腺毛，成熟时不脱落 ·················· 1. 毛泡桐　**P. tomentosa**
　　　　3. 蒴果卵形，稀卵状椭圆形，幼时有茸毛；花萼浅裂，裂片较萼筒短，毛部分脱落；叶片下面被无柄的树枝状毛 ·················· 2. 兰考泡桐　**P. elongata**
　　2. 蒴果长6～10cm，果皮厚；花序圆柱形；花冠白色或浅紫色，基部仅稍稍向前拱曲，腹部无明显纵褶；花萼长2～2.5cm；叶片长卵状心形 ·················· 3. 白花泡桐　**P. fortunei**
1. 小聚伞花序除位于下部者外无花序梗或仅有较花梗短得多的花序梗；花序圆锥形。
　　4. 蒴果卵圆形；小聚伞花序无花序梗或仅位于下部者有极短的花序梗；花萼深裂达中部或中部以下，在果期常强烈反折，具不脱落的毛 ·················· 4. 华东泡桐　**P. kawakamii**
　　4. 蒴果椭圆形；小聚伞花序具比花梗短得多的花序梗；花萼浅裂，不达中部，具脱落或稀不脱落的毛 ·················· 5. 南方泡桐　**P. taiwaniana**

1. 毛泡桐　（图7-359）
Paulownia tomentosa (Thunb.) Steud.

落叶乔木，高达20m。小枝有明显皮孔，幼时常具黏质短腺毛。叶片心形，长达40cm，先端锐尖，全缘或波状浅裂，上面毛稀疏，下面毛密或较疏，有时具黏质腺毛，老叶下面的灰褐色树枝状毛常具柄和3～12细长丝状分枝；叶柄常有黏质短腺毛。花序枝的侧枝长约为中央主枝的一半或稍短，花序为金字塔形或狭圆锥形，长一般小于50cm，小聚伞花序的花序梗与花梗近等长，

图 7-359　毛泡桐

具3～5花；花萼浅钟形，外面茸毛不脱落，分裂至中部或超过中部，萼齿卵状长圆形；花冠紫色，漏斗状钟形，在离花冠筒基部约5mm处拱曲，向上突然膨大，外面有腺毛，内面近无毛，檐部二唇形；子房卵圆形，有腺毛，花柱短于雄蕊。蒴果卵圆形，幼时密被黏质腺毛。种子连翅长2.5～4mm。花期4—5月，果期8—9月。

　　本省有栽培和逸生。分布于辽宁、河北、山东、江苏、安徽、江西、河南、湖北等地。日本、朝鲜半岛、欧洲和北美洲也有引种栽培。

　　根皮、花、叶均可药用；较耐干旱与贫瘠，耐盐碱，可作绿化树种。

图 7-360　兰考泡桐

2. 兰考泡桐 （图7-360）
Paulownia elongata S.Y. Hu

落叶乔木，高达10m以上，全体具星状茸毛。小枝褐色，有突起的皮孔。叶片通常卵状心形，有时具不规则的角，长达34cm，基部心形或近圆形，上面毛不久脱落，下面密被无柄的树枝状毛。花序枝的侧枝不发达，故花序为金字塔形或狭圆锥形，长约30cm，小聚伞花序的花序梗长8～20mm，与花梗近等长，常具3～5花；花萼倒圆锥形，分裂至1/3左右成5齿，为卵状三角形，筒部的毛易脱落；花冠漏斗状钟形，紫色至粉红色，长7～9.5cm，外面有腺毛和星状毛，内面无毛而有紫色细小斑点；雄蕊长达25mm；子房和花柱有腺，花柱长30～35mm。蒴果卵形，长3.5～5cm，有星状茸毛，宿萼碟状，顶端具长4～5mm的喙，果皮厚。种子连翅长4～5mm。花期4—5月，果期秋季。

原产于我国西部地区。河北、山西、山东、江苏、安徽、河南、湖北、陕西等地有栽培。慈溪、磐安、义乌、诸暨等地有栽培。日本、朝鲜半岛、欧洲和北美洲也有。

材质疏松度适中，可制家具和板材，也是制作古筝、琵琶等乐器音板的上佳材料。

3. 白花泡桐 （图7-361）
Paulownia fortunei (Seem.) Hemsl.

落叶乔木，高达30m。树冠圆锥形；幼枝、叶、花序和幼果均被黄褐色星状茸毛，但叶柄、叶片上面和花梗渐变无毛。叶片长卵状心形或卵状心形，长达20cm，新枝上的叶有时2裂，下面有星状毛及腺，成熟叶片下面密被茸毛，有时近无毛。花序枝近无或仅有短侧枝，故花序狭长成近圆柱形，长约25cm，小聚伞花序具3～8花，花序梗与花梗近等长；萼片倒圆锥形，花后逐渐脱毛，分裂至1/4或1/3处，萼齿卵圆形至三角状卵圆形，至果期变为狭三角形；花冠管状漏斗形，白色，仅背面稍带紫色或浅紫色，外面有星状毛，腹部无明显纵褶，内部密布紫色细斑块；

雄蕊和子房有腺，有时具星状毛。蒴果长圆状椭圆形，长6~10cm，顶端之喙长达6mm，果皮木质。种子带翅。花期3—4月，果期7—8月。

产于全省各地，野生或栽培。生于低海拔的山坡、林中、山谷及荒地。分布于安徽、江西、福建、湖北、湖南、台湾、广东、广西、四川、贵州、云南等地。河北、山东、河南、陕西等地有引种。越南和老挝也有。

对二氧化硫、氯气等有毒气体有较强的抗性；生长快，花大而美丽，适合作园林绿化树种。

图 7-361　白花泡桐

4. 华东泡桐　台湾泡桐（图 7-362）

Paulownia kawakamii T. Ito

落叶小乔木，高6~12m。树冠伞形，主干矮；小枝褐灰色，有明显皮孔。叶片心形，大者长达48cm，全缘或3~5裂或有角，两面均有黏毛，老时显现单条粗毛，上面常有腺；叶柄较长，幼时具长腺毛。花序枝的侧枝发达而与中央主枝近等长或稍短，花序为宽大圆锥形，长可达1m，小聚伞花序无总花梗或位于下部者具短总梗，但比花梗短，有黄褐色茸毛，常具3花，花梗长达12mm；花萼有茸毛，具明显的突脊，深裂至一半以上，萼齿狭卵圆形，锐头，边缘有明显的绿色之沿；花冠近钟形，浅紫色至蓝紫色，长3~5cm，外面有腺毛；子房有腺。蒴果卵圆形，长2.54cm，顶端有短喙，果皮较薄，宿萼辐射状，常强烈反卷。种子长圆形，连翅长3~4mm。花期4—5月，果期8—9月。

全省各地常有栽培或野生。生于山坡灌丛中、疏林下及荒地上。分布于江西、福建、湖北、

　　湖南、台湾、广东、广西、贵州等地。

　　本种叶黏质，不易受虫害；花美，适合作园林绿化树种。

图7-362　华东泡桐

5. 南方泡桐　（图7-363）

Paulownia taiwaniana T.W. Hu et H.J. Chang——*P. australis* Gong Tong

　　落叶乔木。树冠伞状，枝下高达5m，枝条开展。叶片卵状心形，全缘或浅波状而有角，先端锐尖头，下面密被黏毛或星状茸毛。花序枝宽大，其侧枝长超过中央主枝一半，故花序呈宽圆锥形，长达80cm，小聚伞花序有短花序梗，仅位于花序顶端的小聚伞花序有极短而不明显的花序梗；花萼在开花后部分毛脱落或不脱落，浅裂达1/3～2/5；花冠紫色，腹部稍带白色并有2明显纵褶，长5～7cm，管状钟形，檐部二唇形。果实椭圆形，长约4cm，幼时具星状毛，果皮厚可达2mm。花期3—4月，果期7—8月。

　　原产于福建、湖南、广东。本省南部及临安有栽培。

　　本种花较美，适合作园林绿化树种。

图7-363　南方泡桐

② 石龙尾属 Limnophila R. Br.

一年生或多年生水生草本，揉搓常有香气。叶在水生或两栖的种类中，有沉水叶和气生叶之分，前者轮生，后者对生或轮生。花单生于叶腋或排列成顶生或腋生的穗状或总状花序；小苞片2或不存在；花萼管状，萼齿5，近相等或后方1枚较大；花冠管状或漏斗状，5裂，裂片呈二唇形；雄蕊4，内藏，二强，后方1对较短，药室具柄；子房无毛。蒴果为宿萼所包，室间开裂。种子小，多数。

约40种，分布于旧大陆热带、亚热带地区。我国有10种；浙江有2种。

1. 大叶石龙尾 （图7-364）
Limnophila rugosa (Roth) Merr.

多年生草本，高10～50 cm，具横走而多须根的根茎。茎自根茎发出，1或数条而略成丛，直立或上伸，通常不分枝，略成四方形，无毛。叶对生，具长1～2 cm带狭翅的柄；叶片卵形、菱状卵形或椭圆形，长3～9 cm，宽1～5 cm，边缘具圆齿，上面无毛或疏被短硬毛，遍布灰白色泡沫状突起，下面脉上被短硬毛，脉羽状，约10对，直达边缘。花无梗，无小苞片，通常聚集成头状或单生于叶腋；苞片近匙状长圆形，基部无柄，与花萼同被缘毛及扁平而膜质的腺点；花萼长6～8 mm；花冠紫红色或蓝色，长可达16 mm；花柱纤细，顶端圆柱状而被短柔毛，稍下两侧具较厚而非膜质的耳。蒴果卵球形，多少两侧扁，长约5 mm，浅褐色。花果期8—11月。

产于文成（石垟林场），温州市区有栽培。生于山野潮湿地。分布于福建、湖南、台湾、广东、云南等地。日本、东南亚、南亚也有。

全草可药用，用于治疗水肿。还可用作水体绿化。

图7-364 大叶石龙尾

2. 石龙尾 （图7-365）

Limnophila sessiliflora (Vahl) Blume

多年生两栖草本。茎细长，沉水部分无毛或几无毛，气生部分长6～40cm，简单或多少分枝，被多细胞短柔毛，稀近无毛。沉水叶长5～35mm，多裂，裂片细而扁平或毛发状，无毛；气生叶全部轮生，椭圆状披针形，具圆齿或开裂，长5～18mm，宽3～4mm，无毛，密被腺点，有脉1～3。花无梗或稀具长不超过1.5mm的花梗，单生于气生茎和沉水茎的叶腋；小苞片无，或稀具1对长不超过1.5mm的全缘的小苞片；花萼长4～6mm，被多细胞短柔毛，在果实成熟时不具突起的条纹，萼齿长2～4mm，卵形，长渐尖；花冠长6～10mm，紫蓝色或粉红色。蒴果近于球形，两侧扁。花果期7月至次年1月。

产于全省各地。生于水塘、沼泽、水田、路旁或沟边湿处。分布于辽宁、安徽、河南及长江以南各地。日本、朝鲜半岛、越南、马来西亚、印度尼西亚、印度、尼泊尔和不丹也有。

本种与大叶石龙尾的区别是叶为二型，沉水叶片羽状全裂，气生叶具齿或开裂。

图7-365　石龙尾

③ 凯氏草属 Kickxia Dumort.

矮小灌木、多年生或一年生草本，通常具腺毛或柔毛。茎匍匐上伸或以叶柄攀缘。单叶，通常互生，线状披针形至近圆形，基部戟形或箭形。花单生于叶腋或为具苞片的总状花序；花萼5深裂，裂片全缘；花有距，二唇形，裂片内侧具短柔毛或绵毛；能育雄蕊4，二强，内藏，花药边缘联合成1环形结构，具缘毛，退化雄蕊微小；花柱单一，直立，柱头头状，位于花药环的中心。蒴果卵球形至近球形，种子多数。种子肾形至椭圆形，种皮具蜂窝状网脉或具瘤。

9种，主要分布于欧洲、北非和西亚，并广泛引种于其他地方。我国有归化1种；浙江也有。

戟叶凯氏草 （图7-366）
Kickxia elatine (L.) Dumort.

一年生草本。茎匍匐或斜上伸，基部多分枝，全株被白色绵毛及腺毛。单叶，互生，叶片宽卵形至卵形，长0.2～2cm，宽0.1～1.8cm，基生叶或更大，向上渐小，先端急尖或钝，基部戟形，全缘或叶缘中下部具不规则锯齿；叶柄长1～7mm。花单生于叶腋，花梗长1～3cm，纤细；花冠假面形，外面淡紫色至近白色，上唇2裂片内侧深紫色，下唇3裂片黄色至淡黄色，有时近白色，两侧近基部常有稍淡的紫色斑块，向内呈囊状突起，基部距漏斗状，弯曲，长5～8mm。蒴果近球形，直径3～4mm，柱头宿存。种子多数。花期6—9月，果期8—10月。

原产于欧洲、北非和亚洲西南部。普陀、慈溪有归化。生于海塘内侧林下或山坡路边草丛中。

本种花具一定的观赏价值，但由于花期长、结籽多，具有一定的入侵性，须防范其扩散。

图 7-366　戟叶凯氏草

④ 柳穿鱼属　Linaria Mill.

一年生或多年生草本。叶互生、对生或轮生，常无柄。花序穗状、总状，稀为头状；花萼5裂，几达基部；花冠筒管状，基部有长距，二唇形，下唇中央向上唇隆起并扩大，几乎封住喉部，使花冠成假面状，顶端3裂，在隆起处密被腺毛；雄蕊4，前面1对较长，药室并行，裂后叉开；柱头常有微缺。蒴果卵状或球状，在近顶端不规则孔裂，裂片不整齐。种子多数，扁平，常为盘状，边缘通常有宽翅。

约100种，分布于北温带地区，主产于欧洲和亚洲。我国有10种；浙江常见栽培2种。

1. 小龙口花
Linaria bipartita (Vent.) Willd.

一年生草本。茎直立，高约30cm，无毛。叶片线形至线状披针形，长3～5cm，无毛；无叶柄。总状花序顶生，小花疏散；花萼5裂，裂片线形，长约5mm；花冠紫红色，喉部橙色，基部近白色，上唇2深裂，距弯曲，长小于花冠其余部分。花果期6—7月。

原产于葡萄牙及北非地区。全省各地公园与花坛偶有栽培，供观赏。

2. 柳穿鱼 （图7-367）
Linaria vulgaris Mill.

多年生草本，植株高20～80cm，茎、叶无毛。茎直立，微被白霜，常在上部分枝。叶通常多数，互生，偶见对生或轮生，条形，常单脉，长20～80mm，宽2～4（10）mm。总状花序，花期短，花密集，果期伸长而果疏离，花序轴及花梗无毛或有少数短腺毛；苞片条形至狭披针形，超过花梗；花梗长2～8mm；花萼裂片披针形，长4mm，宽1～1.5mm，外面无毛，内面多少被腺毛；花冠淡黄色或橘黄色，除去距长10～15mm，上唇长于下唇，卵形，下唇侧裂片卵圆形，中裂片舌状，距稍弯曲，长10～15mm。蒴果卵球状，长约8mm。种子盘状，边缘有宽翅，成熟时中央常有瘤状突起。花期4—9月。

原产于欧亚大陆温带地区。东北、华北及江苏、河南、陕西、甘肃有栽培。全省各地公园、庭院常有栽培。

图7-367　柳穿鱼

药用，全草可治风湿性心脏病；花美丽，可供观赏。

本种与小龙口花的区别在于后者为一年生草本；花冠紫红色，喉部橙色，距长小于花冠其余部分。

⑤ 细柳穿鱼属　**Nuttallanthus** D.A. Sutton

一年生或二年生草本，无毛或具腺毛。不育茎伏卧或匍匐，能育茎直立。叶在无花枝及花枝下部通常对生或轮生，在花枝上部多为互生，线状披针形至卵形，无柄。顶生总状花序；花具花梗；花萼5深裂，同形；花冠蓝紫色或粉紫色至白色，5浅裂，二唇形，下唇在隆起处密被腺毛；雄蕊4，2枚成对，内藏；子房卵状椭圆形至近圆形，各室近相等，柱头小，常微缺。蒴果球状，通常在顶端开裂。种子多粒，具4～7纵向脊或棱，表面光滑或具瘤状突起。

4种，分布于美洲，我国、日本和俄罗斯有归化。我国有归化1种；浙江也有。

加拿大柳蓝花　（图7-368）
Nuttallanthus canadensis (L.) D.A. Sutton

一年生或二年生草本，全体无毛。茎直立，高20～60cm，基部有多数细弱无花小枝。叶在无花小枝及花枝下部通常对生或轮生，在花枝上部多为互生，线形至线状倒披针形，长5～25mm，宽1～2mm，全缘，无柄。总状花序；花梗长2～4mm；花萼长2～3mm，5深裂，裂片披针形；花冠唇形，长10～15mm，紫色或蓝色，上唇先端2浅裂，下唇较大，3裂，有2个圆形的白色突起。蒴果球

图7-368　加拿大柳蓝花

形，直径约3mm。种子扁球形，直径约0.4mm。花期4—7月，果期7—9月。

原产于加拿大、美国。鄞州、奉化、永康有归化。生于绿化带的林下。

6 金鱼草属 Antirrhinum L.

一年生或多年生草本，有时为亚灌木状。叶对生或上部叶互生；叶片全缘或分裂。花排列成顶生总状花序或单生于叶腋；花萼5深裂；花冠成假面状，基部囊状或一侧肿胀，上唇直立，2裂，下唇开展，3裂，喉部几为假面部所封闭；雄蕊4。蒴果卵形或球形，在果顶下方孔裂。种子无翅。

约20种，分布于地中海地区北部，很多种类通常作为观赏植物广泛栽培。我国引入栽培1种；浙江也有。

金鱼草 （图7-369）
Antirrhinum majus L.

一年生草本。茎高30～100cm，光滑或仅花序上有腺毛。叶片披针形或长圆状披针形，长30～70mm，宽5～10mm，先端急尖，基部楔形，全缘，无毛，有短柄。总状花序顶生，密被腺毛；花梗长5～7mm；苞片卵形；花萼5裂；花冠管状，唇形，外有茸毛，基部膨大成囊状，有红色、紫色、黄色和白色。蒴果卵形，长约1.5cm，有腺毛，孔裂。花果期5—10月。

原产于地中海沿岸。我国各地都有栽培。全省各地均有栽培，较耐寒，也能耐半阴，栽培容易。

为观赏植物；全草可入药，有清热凉血、消肿等功效。

图7-369　金鱼草

⑦ 鞭打绣球属 Hemiphragma Wall.

多年生铺散状匍匐草本，被柔毛。茎纤细，多纤匍状分枝，节上常生须状不定根。叶二型；茎叶对生，柄短，叶片圆形至卵圆形或肾形，边缘具圆锯齿；枝叶簇生，稠密，针状。花单生于叶腋，无梗或有短梗；花萼5裂至基部，裂片狭窄；花冠白色至玫瑰色，辐射对称，花冠筒短钟状，花冠裂片5，与筒部近等长，圆形至长圆形，近于相等；雄蕊4，等长，花药箭形，药室顶端结合；雌蕊短小，长不超过雄蕊，柱头钻状或二叉裂。果实卵圆形至圆球形，近于肉质，红色，有光泽，中纵缝线开裂。种子多数而小，卵形，光滑。

1种，分布于亚洲热带和亚热带地区。我国也有。

鞭打绣球 （图7-370）
Hemiphragma heterophyllum Wall.

多年生铺散匍匐草本，全体被短柔毛。茎纤细，多分枝，节上生根，茎皮薄，老后易于破损剥落。叶二型；主茎上的叶对生，叶柄短，近无柄或柄长至10mm，叶片圆形、心形至肾形，长8~20mm，基部截形，微心形或宽楔形，边缘共有锯齿5~9对，叶脉不明显；分枝上的叶簇生，稠密，针形，长3~5mm，有时枝顶端的叶稍扩大为条状披针形。花单生于叶腋，近于无梗；花萼裂片5，近相等，三角状狭披针形，长3~5mm；花冠白色至玫瑰色，辐射对称，长约6mm，花冠裂片5，圆形至长圆形，有时上有透明小点；雄蕊4，内藏；花柱长约1mm，柱头小，不增大，钻形

图 7-370　鞭打绣球

或二叉裂。果实卵球形，红色，长5～6（10）mm，近于肉质，有光泽。种子卵形，长小于1mm，浅棕黄色，光滑。花期4—6月，果期6—10月。

产于遂昌（九龙山）。生于海拔1450m的灌丛下或石缝中。分布于江西、福建、湖北、台湾、四川、贵州、云南、西藏、陕西及甘肃等地。菲律宾、印度、尼泊尔也有。

⑧ 小果草属　Microcarpaea R. Br.

匍匐草本。叶对生。花小，单生于叶腋；花萼管状钟形，5棱，具5齿；花冠近于钟状，檐部4裂，上唇短而直立，下唇3裂，开展；雄蕊2，位于前方。蒴果卵形，略扁，有2沟槽，室背开裂。种子少数，纺锤状卵形，近平滑。

单种属，分布于亚洲东南部、南部地区及大洋洲。我国也有。

小果草　（图7-371）

Microcarpaea minima (J. König ex Retz.) Merr.

一年生纤细小草本，极多分枝而成垫状，全体无毛。叶无柄，半抱茎，宽条形至长圆形，长3～4mm，宽1～2mm，全缘，稍厚，叶脉不显。花腋生，有时每节1花而为互生，无梗；花萼长约2.5mm，萼齿狭三角状卵形，疏生睫毛；花冠粉红色，与萼近等长。蒴果比萼短。种子棕黄色，长0.3mm。花期7—10月。

产于宁海（长街）、椒江、永嘉（四海山）。生于沟边。分布于台湾、广东。马来西亚、印度尼西亚、印度及大洋洲也有。

图7-371　小果草

⑨ 爆仗竹属 Russelia Jacq.

灌木。叶对生或轮生，常在枝上退化成鳞片状。花有苞片，为二歧分枝的聚伞花序，有时单生；花萼分裂；花冠筒细长，圆筒形，5裂稍成二唇形，裂片圆形；雄蕊4，不外露。蒴果近球形。

约20种，分布于美洲热带地区。我国引入栽培1种；浙江也有。

爆仗竹 （图7-372）
Russelia equisetiformis Schltdl. et Cham.

亚灌木。茎直立，高30～120cm，无毛，分枝轮生，细长，有棱。叶轮生，叶片披针形，枝上多退化而呈鳞片状。小聚伞花序排成二歧聚伞圆锥花序；苞片钻形；花萼5深裂，长2～3mm，在花蕾中呈覆瓦状排列；花冠长达2cm，红色，有长筒，5裂，稍成二唇形；雄蕊4，退化雄蕊极小，位于花冠筒基部的后方。蒴果球形，室间开裂。花果期7—9月。

原产于中美洲。福建、台湾、广东、海南、云南有栽培。浙南地区的庭院中偶见栽培。

花多，较美丽，为观赏植物。

图 7-372　爆仗竹

⑩ 玄参属 Scrophularia L.

多年生草本或亚灌木状草本，稀一年生草本。叶对生或很少上部的叶互生。花先组成聚伞花序，可单生于叶腋，也可组成顶生聚伞圆锥花序、穗状花序或近头状花序；花萼5裂；花冠通常二唇形；能育雄蕊4，多少呈二强，花药汇合成1室，横生于花丝顶端，退化雄蕊微小，位于上唇一方；子房周围有花盘，柱头通常很小，子房具2室。蒴果室间开裂。种子多数。

200种以上，分布于欧亚大陆温带地区，地中海地区尤多，美洲也有少数种类。我国有36种；浙江有野生与栽培各1种。

1. 北玄参 （图7-373）
Scrophularia buergeriana Miq.

高大草本，高可达1.5m。地下茎根头肉质结节，支根纺锤形膨大。茎四棱形，具白色髓心，略有自叶柄下延的狭翅，无毛或仅有微毛。叶片对生，卵形至椭圆状卵形，多少呈三角形，基部阔楔形至截形，长4～12cm，边缘有锐锯齿，无毛或下面仅有微毛；叶柄长达5.5cm，无毛或仅被微毛。花序穗状，长达50cm，宽不超过2cm，除顶生花序外，常由上部叶腋发出侧生花序，聚伞花序全部互生或下部的极接近而似对生，花序梗和花梗均不超过5mm，多少有腺毛；花萼长约2mm，裂片卵状椭圆形至宽卵形，顶端钝至圆形；花冠黄绿色，长5～6mm，上唇长于下唇，裂片均圆钝；雄蕊与下唇近等长，退化雄蕊倒卵状圆形；花柱长约为子房的2倍。蒴果卵圆形，长4～6mm。花果期7—10月。

原产于我国东北及内蒙古、河北、山西、山东、江苏、安徽、河南、四川等地。日本和朝鲜半岛也有。临安、宁波、磐安有栽培。

块根也作玄参药用。

图7-373　北玄参

2. 玄参　浙玄参　（图7-374）

Scrophularia ningpoensis Hemsl.

高大草本，可达1m余。支根数条，纺锤形或胡萝卜状膨大，粗可达3cm以上。茎四棱形，有浅槽，有时具极狭的翅，无毛或多少被白色卷毛，常分枝。叶在茎下部多对生而具柄，上部叶有时互生而柄极短；叶片多变化，多为卵形，也有卵状披针形至披针形，基部楔形至近心形，边缘具细锯齿，稀为不规则的细重锯齿，长可达30cm，宽可达19cm。花序为疏散的大圆锥花序，由顶生和腋生的聚伞圆锥花序组成，或仅有顶生聚伞圆锥花序，有腺毛；花萼裂片圆形，边缘稍膜质；花冠褐紫色，长8～9mm，花冠筒多少球形，上唇长于下唇，裂片圆形，相邻边缘相互重叠；雄蕊稍短于下唇，花丝肥厚，退化雄蕊大而近于圆形；花柱稍长于子房。蒴果卵圆形，连同短喙长8～10mm。花期6—10月，果期8—11月。

产于全省各地，磐安有大面积栽培，杭州、宁波也有少量栽培。生于山坡林下或草丛中。分布于河北、山西、安徽、河南、湖北、陕

图7-374　玄参

西及长江以南各地。为我国特产，模式标本采自宁波。

根可药用，为"浙八味"之一，含挥发性生物碱、左旋天门冬素等成分，有滋阴降火、消肿解毒、生津润肠、行瘀散结等功效。

本种与北玄参的主要区别在于后者的根下部有纺锤状或伸长的肉质结节；叶片先端急尖，叶柄长达1cm；聚伞花序密集排列于枝端呈穗状；花冠黄绿色。

⑪ 毛蕊花属　Verbascum L.

草本。叶互生，基生叶常呈莲座状。花集成顶生穗状、总状或圆锥花序；花萼5裂；花冠通常黄色，少紫色，具短花冠筒，5裂，裂片近相等，呈辐状；雄蕊5或4，花丝通常具绵毛，花药汇合成1室；子房2室，具中轴胎座。果为蒴果，室间开裂。种子多数，细小，锥状圆柱形，具6～8纵棱和沟，在棱面上有细横槽。

约300种，主要分布于欧亚大陆温带地区。我国有6种；浙江有栽培或逸生2种。

1. 紫毛蕊花　（图7-375）

Verbascum phoeniceum L.

多年生草本。茎上部有时分枝，高30～100cm，上部具腺毛，下部具较硬的毛。叶几乎全部基生，叶片卵形至长圆形，基部近圆形至宽楔形，长4～10cm，边缘具粗圆齿至浅波状，无毛或有微毛；叶柄长达3cm，茎生叶不存在或很小而无柄。花序总状，花单生，主轴、苞片、花梗、花萼都有腺毛；花梗长达1.5cm；花萼长4～6mm，裂片椭圆形；花冠紫色，直径约2.5cm；雄蕊5，花丝有紫色绵毛，花药均为肾形。蒴果卵球形，长约6mm，长于宿萼，上部疏生腺毛，表面有隆

图7-375　紫毛蕊花

起的网纹。花期5—6月，果期6—8月。

原产于我国新疆，欧洲至中亚和西部西伯利亚地区也有。黑龙江、上海、深圳、西安有栽培。浙江各地公园偶有栽培。

2. 毛蕊花（图7-376）
Verbascum thapsus L.

二年生草本，高达1.5m，全株被密而厚的浅灰黄色星状毛。基生叶和下部的茎生叶倒披针状长圆形，基部渐狭成短柄状，长达15cm，宽达6cm，边缘具浅圆齿，上部茎生叶逐渐缩小而渐变为长圆形至卵状长圆形，基部下延成狭翅。穗状花序圆柱状，长达30cm，直径达2cm，果时还可伸长和变粗；花密集，数花簇生在一起（至少下部如此），花梗很短；花萼长约7mm，裂片披针形；花冠黄色，直径1～2cm；雄蕊5，后方3枚的花丝有毛，前方2枚的花丝无毛，花药基部多少下延而成"个"字形。蒴果卵形，约与宿存的花萼等长。花期6—8月，果期7—10月。

图7-376　毛蕊花

原产于我国四川、云南、西藏、新疆。广泛分布于北半球。临安（西天目山）、莲都等地有栽培或逸生。生于屋旁空旷地。

本种与紫毛蕊花的区别在于茎生叶片大而多；花为黄色，有短柄或近无柄，簇生成穗状花序。

⑫ 荷包花属　Calceolaria L.

草本或灌木。叶对生或轮生；叶片全缘或羽状分裂。花黄色或紫色，通常有斑点，排成不规则的聚伞花序；花萼4深裂；花冠不整齐，2裂近达基部，上唇小而直立，下唇大而扩展成荷包状；雄蕊2，稀3；花柱短，柱头不裂或不明显2裂。蒴果。种子多粒。

约300种，分布于美洲。我国引入常见栽培的有1种；浙江也有。

荷包花　（图7-377）
Calceolaria crenatiflora Cav.

一年生草本。茎直立，高20～40cm，无毛或稍有柔毛。叶片卵形至宽卵形，长8～15cm，宽4～13cm，先端钝圆，基部楔形，全缘或呈微波状或有细锯齿，具柄；茎上部叶片渐变小，无柄。花排成顶生聚伞花序，有细长花序梗；花萼4裂，裂片宽卵形；花冠黄色、粉红色、红色，二唇形，形似2个囊状物，上唇小，直立，下唇膨胀似荷包，具多数棕色斑点。花期2—5月，果期5—6月。

原产于墨西哥、秘鲁一带。北京、天津、山东、江苏、上海、福建、湖北、台湾、广东、云南等地有栽培。本省庭园或街头花坛中常见栽培。

图7-377　荷包花

⑬ 穗花属　Pseudolysimachion (W.D.J. Koch) Opiz

多年生草本。茎基部有时木质化。叶对生、轮生，稀互生。常为顶生密集总状花序；苞片小而窄；花萼4裂，裂片相等；花冠4裂，花冠筒超过花冠总长的1/3，里面通常密被茸毛；雄蕊2，花丝贴生于花冠筒后部，花药室向顶端融合；柱头头状。蒴果近球形，稍微侧向压扁状，顶端微凹，室背开裂。种子多数，扁平而光滑。

约20种，分布于亚洲和欧洲。我国有10种；浙江有2种。

1. 水蔓菁（亚种）（图7-378）

Pseudolysimachion linariifolium (Pall. ex Link) Holub subsp. **dilatatum** (Nakai et Kitag.) D.Y. Hong—*Veronica linariifolia* Pall. ex Link subsp. *dilatata* (Nakai et Kitag.) D.Y. Hong

多年生草本，被有细短柔毛。茎直立，高30～90cm，单生，常不分枝。叶对生，稀上部互生；叶片宽条形至条状椭圆形，长2.5～6cm，宽0.5～2cm，先端短尖，基部窄狭成柄，边缘有锯齿。花密集于枝端，排成穗形总状花序；苞片狭披针形至线形；花萼4裂，裂片卵圆形或楔形，稍有毛；花冠蓝紫色，少有白色，4裂；花柱长，通常花后宿存。蒴果扁圆形，顶端微凹。花果期6—10月。

产于临安、建德、开化、金华、东阳、磐安、天台、临海、莲都、缙云、遂昌、松阳、龙泉、乐清、永嘉。生于海拔400m以上的山坡草丛中。分布于甘肃至云南以东，河北、山西和陕西以南各地。

模式亚种细叶穗花叶全部互生或下部对生；叶片条形至条状长椭圆形，长2～6cm，宽0.2～1cm。分布于东北及内蒙古。

全草苗期可食用，也可药用。

图 7-378　水蔓菁

2. 朝鲜婆婆纳　朝鲜穗花（亚种）（图7-379）

Pseudolysimachion rotundum (Nakai) Holub subsp. **coreanum** (Nakai) D.Y. Hong——
Veronica rotunda Nakai var. *coreana* (Nakai) T. Yamaz.

多年生草本。茎直立，高达60cm，通常不分枝或上部分枝，被短柔毛或无毛。叶对生；叶片卵形或卵状长圆形，长6～12cm，宽3～6cm，先端急尖或短渐尖，基部楔形，边缘具三角状锯齿，两面被毛或仅叶脉上被毛；茎中下部叶无柄，半抱茎，上部叶无柄或有短柄。总状花序顶生，通常单一，细长；花梗长2～5mm；花萼4深裂，裂片卵状披针形，比花梗长或近等长，有睫毛；花冠蓝色、粉红色，少白色，花冠筒短，裂片卵形，近相等；雄蕊伸出。蒴果卵球形，侧扁，顶端凹入。花果期7—10月。

产于临安（昌化地区）。生于山坡草丛中。分布于辽宁、山西、安徽、河南。朝鲜半岛也有。

与模式亚种无柄穗花的区别在于叶片宽大，卵形，宽3～6cm，两面被毛或仅叶脉上被毛。

与水蔓菁的区别在于叶全部对生；叶片卵形至卵状长圆形，无柄，半抱茎。

图7-379　朝鲜婆婆纳

⑭ 婆婆纳属　Veronica L.

草本。叶多数对生，少轮生和互生。总状花序顶生或侧生于叶腋，或组成松散的穗状，有的很短而呈头状；花萼深裂，裂片4或5，如为5则后方（近轴面）那枚小得多，有的种花萼4裂，深度不等；花冠具很短的筒部，近于辐状，或花冠筒明显，裂片4，有时稍二唇形；雄蕊2，药室顶端汇合；花柱宿存，柱头头状。蒴果两面各有1沟槽，室背2裂。种子每室1至多数。

约250种，广泛分布于全球，主产于欧亚大陆。我国有54种，各地均有，但多数种类产于西南山地；浙江有8种。

分种检索表

1. 总状花序顶生，或有时苞片叶状，如同花单生于叶腋。
 2. 种子扁平而光滑；花梗极短，比苞片短若干倍。
  3. 叶片卵圆形，边缘具明显钝齿；花紫色或蓝色 ·············· 1. 直立婆婆纳 **V. arvensis**
  3. 叶片倒披针形，全缘或具不明显的齿；花常白色·············· 2. 蚊母草 **V. peregrina**
 2. 种子舟状；花梗长，比苞片长或近相等。
  4. 花梗明显长于苞叶；蒴果宽大于5mm，网脉明显，2裂片叉开90°以上，裂片顶端钝尖，宿存花柱超出凹口很多；花蓝色或青紫色。
   5. 叶片卵圆形或卵状长圆形，长大于宽；花梗长远超过苞片 ········· 3. 阿拉伯婆婆纳 **V. persica**
   5. 叶片宽心形或扁圆形，长与宽近相等；花梗与苞片等长或比苞片略长
   ················· 4. 睫毛婆婆纳 **V. hederifolia**
  4. 花梗与苞片近相等或比苞片短；蒴果宽4～5mm，网脉不明显，2裂片叉开近90°，裂片顶端圆钝，宿存花柱与凹口齐或略超出；花冠淡蓝色、粉红色或白色············· 5. 婆婆纳 **V. polita**
1. 总状花序侧生于叶腋上，往往成对。
 6. 水生或沼泽生草本；茎多少肉质，中空·················· 6. 水苦荬 **V. undulata**
 6. 陆生草本；茎基部多分枝，实心。
  7. 蒴果折扇状菱形或三角状扇形，基部平截形或楔状平截形，侧角急尖或稍钝；花萼裂片常无毛；茎常单生·················· 7. 华中婆婆纳 **V. henryi**
  7. 蒴果倒心形或倒卵状心形，基部宽楔形或多少浑圆，最宽处在中下部；花萼裂片有毛；茎多分枝·
  ················· 8. 多枝婆婆纳 **V. javanica**

1. **直立婆婆纳**（图7-380）

Veronica arvensis L.

一年生或二年生小草本。茎直立或上伸，不分枝或铺散分枝，高5～30cm，有2列多细胞白色长柔毛。叶常3～5对，下部叶有短柄，中上部叶无柄，卵形至卵圆形，长5～15mm，宽4～10mm，具3～5脉，边缘具圆或钝齿，两面被硬毛。总状花序长，具多花，长可达20cm，各部分被多细胞白色腺毛；苞片下部的长卵形而疏具圆齿至上部的长椭圆形而全缘；花梗极短；花萼长3～4mm，裂片条状椭圆形，前方2枚长于后方2枚；花冠蓝紫色或蓝色，长约2mm，裂片圆形至长圆形；雄蕊短于花冠。蒴果倒心形，强烈侧扁，长2.5～3.5mm，宽略过之，边缘有腺毛，凹口很深，长近为果的一半，裂片圆钝，宿存花柱不伸出凹口。种子长圆形，长近1mm。花果期4—5月。

原产于欧洲，北温带广泛分布。华东、华中有归化。全省各地均有归化。生于路边及荒野草地。

全草可药用，能治疟疾。

图 7-380　直立婆婆纳

2. 蚊母草 （图7-381）
Veronica peregrina L.

一年生至二年生草本。株高10~25cm，常自基部多分枝，主茎直立，侧枝披散，全体无毛或疏被柔毛。叶无柄，下部叶倒披针形，上部叶长圆形，长10~20mm，宽2~6mm，全缘或中上部有三角状锯齿。总状花序长，果期达20cm；苞片与叶同形而略小；花梗极短；花萼裂片长圆形至宽条形，长3~4mm；花冠白色或浅蓝色，长2mm，裂片长圆形至卵形；雄蕊短于花冠。蒴果倒心形，明显侧扁，长3~4mm，宽略过之，边缘生短腺毛，宿存花柱不超出凹口。种子长圆形。花

图 7-381　蚊母草

果期4—7月。

全省各地普遍分布。生于潮湿的荒地、水田边、路旁草地等处。分布于东北、华东、华中、西南各地。日本、朝鲜半岛、俄罗斯西伯利亚地区、南北美洲也广泛分布，并在欧洲归化。

果实常因虫瘿而肥大，带虫瘿的全草可药用，有活血、止血、消炎、止痛等功效；嫩苗味苦，水煮去苦味，可食用。

3. 阿拉伯婆婆纳 （图7-382）
Veronica persica Poir.

一年生至二年生草本。铺散多分枝，高10～50cm。茎密生2列多细胞柔毛。叶2～4对（腋内生花的称苞片），具短柄，卵形或圆形，长6～20mm，宽5～18mm，基部浅心形，平截或浑圆，边缘具钝齿，两面疏被柔毛。总状花序细长；苞片互生，与叶同形且近等大；花梗比苞片长，有的超过1倍；花萼花时长3～5mm，果时增大达8mm，裂片卵状披针形，有睫毛，三出脉；花冠蓝色、紫色或蓝紫色，长4～6mm，裂片卵形至圆形，喉部疏被毛；雄蕊短于花冠。蒴果肾形，长约5mm，

图7-382　阿拉伯婆婆纳

宽约7mm，被腺毛，成熟后近无毛，网脉明显，凹口超过90°，裂片钝，宿存花柱长约2.5mm，超出凹口。种子背面具深横纹，长约1.6mm。花果期2—5月。

原产于亚洲西部及欧洲。华东、华中及贵州、云南、西藏东部、新疆有归化。全省普遍归化。生于田间、路旁，为早春常见杂草。

4. 睫毛婆婆纳　常春藤婆婆纳 （图7-383）
Veronica hederifolia L.

二年生草本。茎高10～20cm，自基部分枝，下部伏生地面，上部斜上，全体被多节长柔毛。叶在基部或下部的对生，上部的互生；叶片宽心形或扁圆形，长7～10mm，宽8～12mm，先端钝圆而微凹，基部宽楔形、浅心形或截形，边缘有1～2对粗钝锯齿，两面疏被柔毛；有叶柄或上部者无柄。花单生于叶状苞片的叶腋，苞片互生，与叶同形；花梗长约1cm，比苞片长或与苞片等长；花萼2深裂，长4～5mm，裂片膜质，卵形或卵状三角形，具多节长睫毛；花冠蓝紫色，直径2～4mm，4深裂，裂片比花冠筒短；雄蕊2，短于花冠。蒴果扁球形，无毛，宿存花柱长约1mm。种子4，长圆形，长2.5～3mm，黑褐色，背面圆，有横皱纹，腹面凹入。花果期2—5月。

原产于欧亚大陆，日本也有。江苏有归化。本省定海有归化。生于路旁、园地中及旷野处。

图7-383　睫毛婆婆纳

5. 婆婆纳 （图7-384）

Veronica polita Fr.—*V. didyma* Ten.

一年生至二年生草本。铺散多分枝，多少被长柔毛，高10～25cm。叶具长3～6mm的短柄，叶片心形至卵形，长5～10mm，宽6～7mm，每边有2～4深刻的钝齿，两面被白色长柔毛。总状花序很长；苞片叶状，下部的对生或全部互生；花梗比苞片略短；花萼裂片卵形，顶端急尖，果期稍增大，三出脉，疏被短硬毛；花冠淡紫色、蓝色、粉色或白色，直径4～5mm，裂片圆形至卵形；雄蕊比花冠短。蒴果近于肾形，密被腺毛，略短于花萼，宽4～5mm，凹口约90°，裂片顶端圆，脉不明显，宿存花柱与凹口齐或略过之。种子背面具横纹，长约1.5mm。花期3—10月。

原产于欧亚大陆北部。华东、华中、西南、西北及北京有归化。全省各地均有归化。生于路边、田间，为早春常见杂草。

全草可药用，治疝气、腰疼、白带异常等证；茎叶味甜，可作蔬菜食用。

图 7-384 婆婆纳

6. 水苦荬 （图7-385）

Veronica undulata Wall.

一年生或二年生草本，稍肉质，无毛。茎、花序轴、花梗、花萼和蒴果上多少被腺毛。茎直立，高15～40cm，圆柱形，中空。叶对生，叶片长圆状披针形或披针形，有时线状披针形，长3～8cm，宽0.5～1.5cm，先端近急尖，基部圆形或心形而呈耳状微抱茎，边缘有锯齿。多花排列成疏散的总状花序；花梗平展，长4～6mm；苞片宽线形，短于或近等于花梗；花萼4深裂，裂片狭长圆形，长3～4mm，先端钝；花冠白色、淡红色或淡蓝紫色，直径5mm。蒴果圆形，直径约3mm，宿存花柱长1.5mm。花果期4—5月。

产于全省各地。生于湿地、水沟边、农田、菜园等处。广泛分布于除内蒙古、西藏、宁夏、青海外的我国各地。日本、朝鲜半岛、印度、巴基斯坦、尼泊尔也有。

全草可药用，带虫瘿的全草有活血止痛、通经止血等功效。

图7-385　水苦荬

7. 华中婆婆纳 （图7-386）

Veronica henryi T. Yamaz.

一年生或二年生小草本。植株高8～25cm。茎直立、上伸或中下部匍匐，着地部分节外也生根，下部近无毛，上部被细柔毛，常红紫色。叶在茎上均匀分布或上部较密，下部的叶具长近1cm的叶柄，向上渐短；叶片薄纸质，卵形至长卵形，长2～5cm，宽1.2～3cm，基部通常楔形，顶端常急尖，两面无毛或仅上面被短柔毛或两面都有短柔毛。总状花序1～4对，侧生于茎上部叶腋，长3～6cm，具疏生的数花，花序轴和花梗被细柔毛；苞片条状披针形，比花梗短，无毛；花萼裂片条状披针形，无毛；花冠白色或淡红色，具紫色条纹，直径约10mm；雄蕊略短于花冠。蒴果折扇状菱形，基部成大于120°的角，有的近平截，上缘疏生多细胞腺质硬睫毛，具宿存花柱。种子多数。花果期4—6月。

产于龙游、莲都、庆元。生于林下或林缘阴湿处。分布于江西、湖北、湖南、四川、贵州、云南等地。

图 7-386　华中婆婆纳

8. 多枝婆婆纳 （图 7-387）

Veronica javanica Blume

一年生或二年生草本。植株高 10～30 cm，全体多少被多细胞柔毛。茎基部多分枝，主茎直立或上伸，侧枝常倾卧上伸。叶具 1～7 mm 的短柄，叶片卵形至卵状三角形，长 1～4 cm，宽 0.7～3 cm，顶端钝，基部浅心形或平截，边缘具深刻的钝齿。总状花序有的很短，几乎集成伞房状，有的很长，果期可达 10 cm；苞片条形或倒披针形，长 4～6 mm；花梗比苞片短得多；花萼裂片条状长椭圆形，长 2～5 mm；花冠白色、粉色或紫红色，长约 2 mm；雄蕊长约为花冠的一半。蒴果倒心形，长 2～3 mm，宽 3～4 mm，顶端凹口很深，深达果长的 1/3，基部宽楔形或多少浑圆，有睫毛，花柱长 0.3～0.5 mm。种子长约 0.5 mm。花果期 2—6 月。

产于温州及天台、临海、缙云、遂昌、龙泉、庆元。生于山坡、路边、溪边的阴湿草丛中。分布于华南、西南及江西、湖南和陕西。非洲及亚洲南部广泛分布。

图7-387　多枝婆婆纳

⑮ 腹水草属 Veronicastrum Heist. ex Fabr.

多年生草本或亚灌木。茎直立或伏卧地面。叶互生，有锯齿。穗状花序顶生或腋生，花常极为密集；花萼5深裂；花冠筒管状，内面常密生一圈柔毛，辐射对称或多少二唇形；雄蕊2，伸出花冠，花丝下部通常被柔毛，药室并连而不汇合；柱头小，几乎不扩大。蒴果卵圆状至卵状，稍侧扁，有2条沟纹，4瓣裂。种子多数，椭圆状或长圆状，具网纹。

约20种，产于亚洲东部和北美洲。我国有13种；浙江有2种。

1. 爬岩红 （图7-388）

Veronicastrum axillare (Siebold et Zucc.) T. Yamaz.

多年生草本，下部茎半木质化。茎细长而拱曲，顶端着地生根，圆柱形，中上部有条棱，无毛或极少在棱处有疏毛。叶互生；叶片纸质，无毛，卵形至卵状披针形，长5～12cm，顶端渐尖，边缘具偏斜的三角状锯齿。花序腋生，极少顶生于侧枝上，长1～3cm；苞片和花萼裂片条状披针形至钻形，无毛或疏被睫毛；花冠紫色或紫红色，偶见白色，长4～6mm，裂片长近2mm，狭三角形；雄蕊略伸出至伸出达2mm，花药长0.6～1.5mm。蒴果卵球状，长约3mm。种子长圆状，长0.6mm，有不明显的网纹。花果期7—11月。

产于全省各地。生于林下、林缘草地中及山谷阴湿处。分布于江苏、安徽、江西、福建、台湾、广东。日本也有。

全草可药用，有利尿消肿、消炎解毒等功效；对血吸虫病引起的腹水有一定疗效。

图 7-388　爬岩红

2. 毛叶腹水草 （图7-389）

Veronicastrum villosulum (Miq.) T. Yamaz.

多年生草本，下部茎半木质化，全体密被棕色多节长腺毛。茎圆柱形，有时上部有狭棱，拱状弯曲，顶端着地生根。叶互生，叶片常卵状菱形，长7～12cm，宽3～7cm，基部常宽楔形，少浑圆，顶端急尖至渐尖，边缘具三角状锯齿。花序头状，腋生，长1～1.5cm；苞片披针形，与花冠近等长或较短，密被棕色多细胞长腺毛和睫毛；花萼裂片钻形，短于苞片并同样被毛；花冠紫色或紫蓝色，长6～7mm，裂片短，长仅1mm，正三角形；雄蕊显著伸出，花药长1.2～1.5mm。蒴果卵形，长2.5mm。种子黑色，球状，直径约0.3mm。花果期6—10月。

产于临安、建德、淳安、开化、江山、磐安、龙泉、庆元、永嘉。生于溪边林下。分布于安徽、江西。日本也有。

全草可药用，功效同爬岩红。

与爬岩红的区别在于茎无棱或有时上部有狭棱脊；叶片卵状菱形；花序头状或近头状，长不超过1.5cm；花萼裂片密被硬睫毛。

图 7-389　毛叶腹水草

分变种检索表

1. 茎及叶被毛。
　　2. 茎、叶片密被棕色多节长腺毛，毛伸长 ·······················2. 毛叶腹水草 **var. villosulum**
　　2. 茎被卷毛、曲毛或长腺毛；叶片被短刚毛或短曲毛。

　　3. 茎常被棕黄色多节卷毛，少数被棕色多节长腺毛；叶片被短刚毛；花冠紫色·····················
　　·· **2b. 硬毛腹水草** var. **hirsutum**
　　3. 茎通常密被短曲毛；叶片两面仅脉上被短曲毛；花冠白色 ············· **2c. 两头连** var. **parviflorum**
1. 茎及叶完全无毛 ··· **2a. 铁钓竿** var. **glabrum**

2a. 铁钓竿（变种）（图7-390）
var. **glabrum** T.L. Chin et D.Y. Hong

图7-390　铁钓竿

　　茎叶完全无毛。叶片长卵形至卵状披针形，基部多浑圆，顶端渐尖，长6～15 cm，宽2.5～6 cm，通常厚纸质，表面多少有光泽，边缘具向叶顶端偏斜的三角状锯齿，有时叶缘浅波状凹缺而在凹口下缘有一个小突尖。苞片和花萼裂片密被硬睫毛；花冠紫色、淡紫色或紫蓝色，长5～6 mm，裂片狭三角形，长约1.5 mm；花药长1～1.3 mm。种子长0.5～0.6 mm。花果期7—10月。

　　产于淳安、衢州市区、开化、莲都、缙云、龙泉、庆元、景宁、乐清、文成、泰顺。生于林下及灌丛中。分布于安徽。

　　全草可药用，功效与爬岩红同。

2b. 硬毛腹水草（变种）（图7-391）
var. **hirsutum** T.L. Chin et D.Y. Hong

　　茎常被多细胞棕黄色卷毛，少数被棕色多细胞长腺毛。叶多为卵形、卵圆形，被短刚毛，少数被棕色多细胞长腺毛，极少仅主脉被短毛。苞片及花萼裂片被长腺毛或短腺毛；花冠紫色，长5～9 mm，裂片长1.5～2 mm，狭三角形；花药长1～1.3 mm。花果期7—10月。

　　产于淳安、莲都、遂昌、龙泉、庆元、平阳。生于林下水沟边湿地。分布于江西（东部）、福建（北部）。模式标本采自龙泉。

图 7-391　硬毛腹水草

2c. 两头连（变种）（图7-392）

var. parviflorum T.L. Chin et D. Y. Hong—*V. lungtsuanensis* M. Cheng et Z.J. Feng

茎相当密地被短曲毛。叶片小，卵形至卵状披针形，长4～8cm，宽1.5～3cm，基部平截或呈圆形，少宽楔形，两面叶脉被与茎上同类毛，边缘波状凹缺，凹口的下缘有一个小突尖。花序具少花，仅数花至10余花；苞片和花萼裂片常比花冠短得多，密被硬睫毛；花冠小，白色，长3.5～5mm，裂片长占1/4～1/3；花药长1～1.5mm。种子卵球状，长0.6mm。花果期7—10月。

产于开化、武义、仙居、遂昌、松阳、龙泉、庆元、景宁、泰顺。生于山坡、路旁、林下或林缘草丛中。模式标本采自龙泉昂山。

图 7-392　两头连

⑯ 山萝花属　Melampyrum L.

　　一年生半寄生草本。植株干时变为暗色或黑色。叶对生，全缘；苞叶与叶同形，常有尖齿或刺毛状齿，较少全缘。花具短梗，单生于苞叶腋中，集成总状花序或穗状花序，无小苞片；花萼钟状，萼齿4，后面2枚较大；花冠筒管状，向上渐变粗，檐部扩大，二唇形，上唇盔状，下唇稍长，开展，基部有2皱褶，顶端3裂；雄蕊4，二强，药室开裂后沿裂缝有须毛；子房每室有胚珠2，柱头头状，全缘。蒴果卵状，室背开裂，具种子1～4。种子长圆状，平滑。

　　约20种，产于北半球。我国有3种，除内蒙古、台湾、广西、西藏、宁夏、青海、新疆外全国均有；浙江有2种。

1. 圆苞山萝花 （图7-393）

Melampyrum laxum Miq.

　　一年生直立草本，高25～35cm。茎多分枝，有2列多细胞柔毛。叶片卵形，长2～4cm，宽0.8～1.5cm，基部近于圆钝至宽楔形，顶端稍钝，两面被鳞片状短毛；苞叶心形至卵圆形，顶端圆钝，下部的苞叶边缘仅基部有1～3对粗齿，上部的苞叶边缘有多个短芒状齿。花疏生至多少

图 7-393　圆苞山萝花

密集；萼齿披针形至卵形，顶端锐尖，花期长2～3mm，果期长达4mm，脉上疏被柔毛；花冠黄白色，长16～18mm，花冠筒长为檐部的3～4倍，上唇内面密被须毛。蒴果卵状渐尖，稍偏斜，长约1cm，疏被鳞片状短毛。花果期为夏秋季。

产于临安、衢州市区、磐安、武义、莲都、缙云、遂昌、龙泉、永嘉、瑞安、文成、苍南、泰顺。生于海拔800～1200m的山坡、路边与林缘。分布于福建。日本也有。

2. 山萝花 （图7-394）

Melampyrum roseum Maxim.

一年生直立草本，植株全体疏被鳞片状短毛，有时茎上还有2列多细胞柔毛。茎常多分枝，少不分枝，近四棱形，高15～80cm。叶片披针形至卵状披针形，顶端渐尖，基部圆钝或楔形，长2～8cm，宽0.8～3cm；苞叶绿色，仅基部具尖齿至整个边缘具多条刺毛状长齿，较少全缘；叶柄长约5mm。花萼长约4mm，常被糙毛，脉上常被多细胞柔毛，萼齿长三角形至钻状三角形，被短睫毛；花冠紫色、紫红色或红色，长15～20mm，花冠筒长约为檐部的2倍，上唇内面密被须毛。蒴果卵状渐尖，长8～10mm，直或顶端稍向前偏，被鳞片状毛，少无毛。种子黑色，长3mm。花期为夏秋季。

产于安吉、临安、淳安、开化、金华市区、义乌、磐安、武义、天台、临海、莲都、缙云、

图7-394　山萝花

松阳、龙泉、乐清、永嘉、文成、苍南、泰顺。生于山坡灌丛及高山草丛中。分布于东北、华东及河北、山西、河南、湖北、湖南、陕西、甘肃等地。日本、朝鲜半岛及俄罗斯远东地区也有。

与前种圆苞山萝花的区别在于苞叶卵状披针形至披针形，先端渐尖；花冠紫色、紫红色或红色；花萼筒短。

2a. 卵叶山萝花（变种）（图7-395）
var. ovalifolium (Nakai) Nakai ex Beauverd

与山萝花的区别在于叶片长卵形，基部浅心形、圆钝至宽楔形，顶端渐尖；苞叶顶端渐尖至长渐尖，两边具多条刺毛状长齿；花密集；萼齿长渐尖至尾状。

产于安吉、临安、浦江、磐安、天台、缙云、景宁。生于路边、林下坡地。日本和朝鲜半岛南部也有。

图7-395　卵叶山萝花

⑰ 马先蒿属　Pedicularis L.

多年生草本，稀一年生，通常半寄生。叶互生、对生或3～5叶轮生；叶片全缘或羽状分裂。总状或穗状花序，顶生；花萼管状，5裂；花冠变化甚大，二唇形，上唇头盔状，下唇3裂，广展，花冠筒圆柱形；雄蕊4，二强，花药包藏在盔瓣中，两两相对，药隔分离，相等而平行，基部有时具刺尖；子房2室，胚珠多数。蒴果室背开裂。种子多数，各式，种皮具网纹、蜂窝状孔纹或线纹。

约600种，分布于北半球，多数种类生于温带、寒带及高山上。我国有352种，主要分布于西南部；浙江有3种。

本属很多种类花色美丽，具有园林开发应用的价值。

分种检索表

1. 叶片羽状浅裂至羽状全裂。
　2. 叶片长卵形至披针状长圆形，羽状浅裂至羽状深裂；花冠向前端不狭缩成喙 ……………………………………………………………………………………… 1. 江西马先蒿 P. kiangsiensis
　2. 叶片长圆状披针形至条状披针形，羽状全裂；花冠向前端狭缩成喙……… 2. 江南马先蒿 P. henryi
1. 叶片卵形至长圆状披针形，边缘具钝圆的重锯齿；花冠前端具圆锥形短喙…………………………………………………………………… 3. 返顾马先蒿 P. resupinata

1. 江西马先蒿

Pedicularis kiangsiensis P.C. Tsoong et S.H. Cheng

多年生草本。茎直立，高70～80cm，紫褐色，有2被毛的纵浅槽。叶假对生，生在茎顶部者常为互生；叶片长卵形至披针状长圆形，羽状浅裂至深裂，裂片长圆形至斜三角状卵形，每边4～9，裂片自身亦有缺刻状小裂或有重锯齿，齿有刺尖头，上面疏被粗毛，下面近无毛。花序总状而短，生于主茎与侧枝之端；苞片叶状，有柄，卵状团扇形，短于花；花萼狭卵形，被腺毛；花冠筒在花萼内向前拱曲，二唇形，上唇盔状，成镰状拱曲，背略有毛，额部圆钝，前端突然向后下方成一方角，下缘伸长为极细的须状齿1对，下唇不展开，侧裂片斜肾脏状椭圆形，内侧大而成耳形，大于中裂片，中裂片三角状卵形，多少突出于侧裂片之前，与侧裂片组成2狭而深的缺刻；雄蕊花丝2对，均无毛；柱头头状，自盔端伸出。花期8—9月，果期9—11月。

产于景宁、泰顺。生长于海拔约1200m的阳坡岩石上或山沟林下阴湿岩缝中。分布于江西。

2. 江南马先蒿　亨氏马先蒿

Pedicularis henryi Maxim.

多年生草本。茎丛生，中空，高16～35cm，干时略变为黑色，密被锈褐色污毛，老时多少木质化。叶互生；叶片纸质，长圆状披针形至线状长圆形，长15～40mm，宽5～8mm，两面均被短毛，羽状全裂，裂片6～8对，基部叶多达24对，边缘具白色胼胝齿而常反卷。花生于茎中部以上枝叶腋中，总状花序；花梗纤细，密被短毛；花萼多少圆筒形，萼齿5，偶见3，深裂，有毛，常有胼胝；花冠浅紫红色，长18～25mm，盔直立部分长约5mm，中部向前上方拱曲成为短粗的含雄蕊的部分，前端狭缩为指向前下方的短喙，2浅裂，下唇与盔等长或稍长，下部以锐角开展，前半部3裂；雄蕊密被长柔毛；花柱略伸出。蒴果斜披针状卵形。种子卵形而尖，形如桃，褐色。花期5—9月，果期8—11月。

产于镇海、普陀、庆元、景宁、泰顺。生于草丛中及林缘。分布于长江以南各地。

3. 返顾马先蒿 （图7-396）

Pedicularis resupinata L.

多年生草本。茎直立，高20～70cm，干时不变为黑色，上部多分枝，粗壮而中空，多方形有棱。叶密生，互生或有时中下部者对生，无毛或有短毛；叶片膜质至纸质，卵形至长圆状披针形，长25～55mm，宽10～20mm，先端渐尖，基部宽楔形或圆形，边缘有钝圆的重齿，齿上具胼胝或刺状尖头，常反卷，两面无毛或疏被毛；叶柄长2～12mm，上部叶近无柄。花单生于茎枝顶端的叶腋中；花萼长6～9mm，长卵圆形，近无毛，前方深裂，齿仅2，宽三角形；花冠长20～25mm，淡紫红色，花冠筒伸直，近端处略扩大，自基部起向右扭旋，使下唇及盔部成为回顾状，盔的上部有两次膝盖状拱曲，顶端形成圆锥形短喙，下唇稍长于盔，3裂，中裂片较小；雄蕊前面1对花丝有毛；柱头伸出于喙端。蒴果斜长圆状披针形，稍长于萼。花期6—8月，果期7—9月。

产于临安、淳安。生于海拔约1200m的湿润草地及林缘。分布于东北及内蒙古、河北、山西、山东、安徽、四川、贵州、陕西、甘肃等地。欧洲、俄罗斯、蒙古、日本与朝鲜半岛也有。

图 7-396　返顾马先蒿

⑱ 松蒿属 Phtheirospermum Bunge

草本，全体密被黏质腺毛。叶对生；叶片一至三回羽状开裂。花具短梗，生于上部叶腋，成疏总状花序，无小苞片；花萼钟状，5裂；花冠黄色至红色，花冠管状，具2褶皱，上部扩大，5裂，裂片成二唇形；雄蕊4，二强，前方1对较长，内藏或多少露于筒口，药室2，相等，分离，并行，有1短尖头；子房长卵形，花柱顶部匙状扩大，2浅裂。蒴果扁平，具喙，室背开裂。种子具网纹。

3种，分布于亚洲东部。我国有2种；浙江有1种。

松蒿 （图7-397）
Phtheirospermum japonicum (Thunb.) Kanitz

一年生草本，高可达1m，全体被多细胞腺毛。茎直立或弯曲而后上伸，通常多分枝。叶具长5～12mm边缘有狭翅之柄；叶片长三角状卵形，长15～55mm，宽8～30mm，近基部的羽状全裂，向上则为羽状深裂；小裂片长卵形或卵圆形，多少歪斜，边缘具重锯齿或深裂，长4～10mm，宽2～5mm。花具长2～7mm的梗；花萼长4～10mm，萼齿5，叶状，披针形，羽状浅裂至深裂，裂齿先端锐尖；花冠紫红色至淡紫红色，长8～25mm，外面被柔毛，上唇裂片三角状

图7-397　松蒿

卵形，下唇裂片先端圆钝；花丝基部疏被长柔毛。蒴果卵球形。种子卵圆形，扁平。花果期6—10月。

产于全省各地。生于山坡灌丛或山地疏林下阴湿处。分布于我国除新疆、青海以外的全国各地。日本、朝鲜半岛及俄罗斯远东地区也有。

⑲ 阴行草属　Siphonostegia Benth.

一年生高大草本，密被短毛或腺毛。茎直立，中空，基部多少木质化。叶对生，或上部的为假对生；叶片掌状或羽状3深裂，或二回羽状全裂。总状花序生于茎枝顶端；花对生；花萼筒管状钟形而长，长超过宽4～8倍，萼齿5，近相等；花冠二唇形，下唇约与上唇等长，3裂；雄蕊二强，前方的较短；花药2室，背着，纵裂；子房2室，柱头头状。蒴果黑色，卵状长椭圆形，被包于宿萼筒内。种子多数，长卵圆形，种皮沿一侧具龙骨状而肉质透明的厚翅。

4种，分布于亚洲。我国有2种；浙江均产。

1. 阴行草　（图7-398）
Siphonostegia chinensis Benth.

图 7-398　阴行草

　　一年生草本，干时变为黑色，密被锈色短毛。茎中空，基部常有宿存膜质鳞片。叶对生，下部常早枯，基部下延；叶片厚纸质，广卵形，长8～55mm，宽4～60mm，二回羽状全裂，裂片约3对，仅下方2枚羽状开裂，小裂片1～3。花常对生于茎枝上部，形成稀疏的总状花序；苞片叶状，羽状深裂或全裂；花梗短而细，有1对线形小苞片；花萼具10质地厚而粗壮的主脉，齿5；花冠上唇红紫色，下唇黄色，长22～25mm，外面密被长纤毛，内面被短毛，上唇镰状拱曲，下唇与上唇等长或稍长，顶端3裂，褶襞的前部高突并成袋状伸长；雄蕊二强，前方1对较短，花药2室；柱头头状，常伸出于盔外。蒴果披针状长圆形，黑褐色，有纵沟。种子多数，黑色，长卵圆形，具横长的网眼和突起的窄翅。花期6—8月，果期9—10月。

　　产于临安、北仑、慈溪、余姚、奉化、象山、普陀、开化、常山、永康、龙泉、文成、平阳、泰顺。生于山坡、路旁或草地中。分布于东北、华北、华中、华南、西南等地。日本、朝鲜半岛、俄罗斯也有。

　　全草可药用，含挥发油、强心苷，有清湿热、凉血止血、祛痰止痛等功效。

2. 腺毛阴行草　（图7-399）
Siphonostegia laeta S. Moore

　　一年生草本，干时稍变为黑色，全体密被腺毛。茎基部木质化，中空。叶对生，下部者多早枯，叶片下延成翅；叶片三角状长卵形，长15～25mm，宽8～15mm，近掌状3深裂，裂片菱状长卵形或羽状半裂至羽状浅裂。总状花序，花成对；苞片叶状；花萼管状钟形，10主脉细而微突，萼齿5；花冠黄色，有时盔背部微带紫色，长23～27mm，外面密被

图7-399　腺毛阴行草

混杂的长腺毛及长毛，内面被短毛，花冠筒细长，盔略作镰状弯曲，下唇约与盔等长，顶端3裂，具多细胞长缘毛，褶襞稍隆起；雄蕊二强，前方的1对较短，花丝密被短柔毛，花药2室，长椭圆形，背着，纵裂；子房长卵圆形，柱头头状，稍伸出于盔外。蒴果黑褐色，卵状长椭圆形。种子多数，黄褐色，长卵圆形，种皮具狭翅和网纹。花期7—9月，果期9—10月。

产于全省各地山区。生于山坡、路旁或草地中。分布于安徽、福建、湖南、广东。

与阴行草的区别在于全株有腺毛；花萼筒的10脉较细，花萼裂片长，长6~10mm；种子为黄褐色。

⑳ 鹿茸草属　Monochasma Maxim. ex Franch. et Sav.

草本。茎多数，丛生，被绵毛、腺毛或柔毛。叶常对生，无柄，披针形至线形，全缘，下部者鳞片状。花具梗，腋生，成总状花序或仅1花而单生于茎顶；小苞片2，线状披针形；花萼管状，齿4~5，线形；花冠白色或粉红色，二唇形；雄蕊4，二强，花药2室，纵裂；子房不完全2室，胚珠倒生，花柱线形。蒴果卵形，具4沟，沿上缝线全长室背开裂。种子多数，小而卵形，种皮上常有微刺毛。

2种，分布于日本和我国华中、华东及华南各地；浙江也有。

1. 绵毛鹿茸草　沙氏鹿茸草　（图7-400）
Monochasma savatieri Franch. ex Maxim.

多年生草本，高15~23cm，常有残留的隔年枯茎，全体因密被绵毛而呈灰白色，上部近花处混生腺毛。茎多数，丛生，基部老时木质化，通常不分枝。叶交互对生或3叶轮生，下部者间

图7-400　绵毛鹿茸草

距极短，密集，向上逐渐疏离，下方叶片最小，鳞片状，向上则逐渐增大，呈长圆状披针形至线状披针形，长10～25mm，宽2～3mm。总状花序顶生；花少数，单生于叶腋，具短梗；花萼管状，膜质，萼筒上有9条突起的粗肋，萼齿4，线形或线状披针形；花冠淡紫色或近白色，长约为花萼的2倍，唇靠近喉部具黄色斑块，瓣片二唇形；雄蕊4，二强，前方1对较长；子房长卵形，花柱细长，先端弯向前方。蒴果长圆形，先端渐细而成1稍弯的尖嘴。花果期3—9月。

产于全省各地。生于向阳处山坡、岩石旁及松林下。分布于江西、福建。合模式标本采自绍兴、宁波。

全草可药用，有清热解毒等功效。

2. 鹿茸草 （图7-401）

Monochasma sheareri (S. Moore) Maxim. ex Franch. et Sav.

多年生草本。茎下部被少量绵毛，上部仅被短毛或近无毛，全体多少呈绿色。茎多数，成密丛，下部节间极短，向上渐伸长。茎下部叶呈鳞片状，向上渐大，线形或线状披针形，长20～30mm，宽1～3mm，先端急尖，基部无叶柄，全缘。花单生于茎上部叶腋，成总状花序状；花萼管状，具4齿，具突起肋9条，萼齿线状披针形，约为萼筒长的2倍，花开后萼筒迅速膨大，其肋变成狭翅状；花冠淡紫色或近白色，瓣片二唇形；雄蕊内藏或微露于花管喉部，前方1对较长；子房长卵形，花柱顶端弯向前方。蒴果为宿萼所包，具4纵沟，沿上缝线全长室背开裂。种子椭圆形，扁平，多数，被短毛。花果期4—5月，也有在10—11月开花。

产于临安、淳安、北仑、鄞州、余姚、象山、普陀、衢州市区、磐安。生于低山的多沙石山坡及草丛中。分布于山东、江苏、安徽、江西、湖北等地。

图 7-401　鹿茸草

本种与绵毛鹿茸草的区别在于植株呈绿色，茎节间较长；叶对生；花冠短于萼片。

㉑ 黑草属　Buchnera L.

一年生刚硬直立草本，常粗糙，干时变为黑色，多为寄生。下部叶对生，上部叶互生，狭而全缘，最下部叶常具粗齿。花无梗，小苞片2；花萼筒状，具10脉，萼齿5，短；花冠筒纤细，裂片5，彼此近于相等；雄蕊4，二强，内藏；花药1室，直立，背着；花柱上部增粗或棍棒状，先端具柱头，胚珠多数。蒴果长圆形，室背开裂，裂片全缘。种子多数，种皮具网纹或条纹，背腹略压扁。

约60种，分布于热带和亚热带地区。我国有1种；浙江也有。

黑草
Buchnera cruciata Buch.–Ham. ex D. Don

一年生直立草本，高8～50cm，全体被弯曲短毛。茎圆柱形，纤细而粗糙。基生叶呈莲座状，倒卵形，长2～2.5cm，宽1～1.5cm；茎生叶条形或条状长圆形，长15～45mm，宽3～5mm，下部叶常对生而较宽，常具2至数钝齿，上部叶互生或近于对生，狭而全缘。穗状花序圆柱状而略带四棱形，着生于茎或分枝的顶端；苞片卵形，先端渐尖，长约4.8mm，宽约2.5mm；小苞片条形，长2～3mm，先端短渐尖；花萼长4～4.5mm，稍弯曲，萼齿狭三角形，彼此近于相等，先端渐尖；花冠蓝紫色，狭管状，多少具棱，稍弯曲，长6～7mm，喉部收缩，花冠裂片倒卵形或倒披针形，长1.5～2mm，宽约1mm；花药先端具短尖；子房卵形，长2～2.5mm。蒴果多少圆柱状。种子多数，三角状卵形或椭圆形，多少具螺旋状的条纹。花果期4月至次年1月。

产于临海、遂昌、文成、泰顺。生于旷野、山坡草地及疏林中。分布于江西、福建、湖北、湖南、广东、广西、贵州、云南。东南亚、南亚也有。

全草可药用，有清热、解毒、祛邪等功效。

㉒ 独脚金属　Striga Lour.

草本，常寄生。全株被硬毛，干时通常变为黑色。下部叶对生，上部叶互生。花无梗，单生于叶腋或集成穗状花序，常有1对小苞片；花萼管状，具5～15明显的纵棱，5裂或具5齿；花冠高脚碟状，花冠筒在中部或中部以上弯曲，檐部开展，二唇形，上唇较短；雄蕊4，二强，花药仅1室，顶端有突尖，基部无距；柱头棒状。蒴果长圆状，室背开裂。种子多数，卵状或长圆状，种皮具网纹。

约20种，分布于亚洲、非洲和大洋洲热带和亚热带地区。我国有4种；浙江有1种。

独脚金 （图7-402）

Striga asiatica (L.) Kuntze

一年生半寄生草本，株高10～20（30）cm，直立，全体被刚毛。茎单生，少分枝。叶较狭窄，仅基部的为狭披针形，其余的为条形，长0.5～2cm，有时为鳞片状。单花腋生或在茎顶端形成穗状花序；花萼有10棱，长4～8mm，5裂近达中部，裂片钻形；花冠常黄色，少红色或白色，长1～1.5cm，花冠筒顶端急剧弯曲，上唇2浅裂，下唇3裂。蒴果卵状，包于宿萼内。花果期为秋季。

产于永嘉、苍南。生于庄稼地和荒草地，寄生于寄主的根上。分布于江西、福建、湖南、台湾、广东、广西、贵州、云南。亚洲和非洲热带地区广泛分布。

全草可药用，有清热、利湿、利尿等功效，为治小儿疳积的良药。

图7-402　独脚金

🄞胡麻草属 Centranthera R. Br.

一年生草本。叶对生或偶有互生，条形至长圆形，全缘或有疏齿。花具短梗，单生于叶腋，小苞片2；花萼常单面开裂，成佛焰苞状，先端急尖或渐尖，有时钝，全缘或具3～5小齿或裂片；花冠管状，向上逐渐扩大或在喉部以下多少膨胀，裂片5，略成二唇形，彼此近相等，圆钝，直立或开展；雄蕊4，二强，花丝常有毛；花药背着，成对靠近，药室横置，有距或突尖，1枚完全，另1枚较小或狭而中空；花柱顶端常舌状扩大而具柱头面。蒴果室背开裂，卵圆形或球形，具全缘的裂片。种子多数，有螺纹或网纹。

约9种，多分布于热带和亚热带地区。我国有3种；浙江有1种。

胡麻草 （图7-403）

Centranthera cochinchinensis (Lour.) Merr.

一年生直立草本，高30～60cm，稀仅高13cm。茎基部略成圆柱形，上部多少方形，具凹槽。叶对生，无柄，下面中脉突起，边缘多少背卷，两面与茎、苞片及花萼同被基部带有泡沫状突起的硬毛，条状披针形，全缘，中部的叶长20～30mm，宽3～4mm，向两端逐渐缩小。花具极短的梗，单生于上部苞腋；花萼长6～10mm，

图7-403　胡麻草

宽4～5mm，顶端收缩为稍弯而通常浅裂而成的3短尖头；花冠长15～22mm，通常黄色，裂片均为宽椭圆形，长约4mm，宽7～8mm；前方1对雄蕊比后方1对略长，花丝均被绵毛；子房无毛，柱头条状椭圆形，被柔毛。蒴果卵形，长4～6mm，顶部具短尖头。种子小，黄色，具螺旋状条纹。花果期6—10月。

产于海宁、莲都、遂昌、松阳、庆元、青田、文成、泰顺。生于海拔300～500m的山坡草地、田边及路旁干燥或湿润处。分布于长江流域以南各地。东南亚、南亚及大洋洲也有。

24 水八角属　Gratiola L.

直立或平卧肉质草本，无毛或被腺状柔毛。叶对生，无柄。花单生于叶腋，近花萼处有小苞片2，形似萼裂片；花萼5深裂，萼裂片狭长，稍呈覆瓦状排列；花冠二唇形，常为白色、黄色或紫红色，花冠筒管状，唇开展，上唇全缘或2浅裂，下唇3裂，裂片圆形；雄蕊2，内藏，花丝丝状，药室分离，平行而横向或垂直，退化雄蕊2或无，着生在花冠筒前方，内藏，丝状；花柱丝状，柱头扩大而外折或二片状，胚珠多数。蒴果卵球形，室背同室间开裂成4裂片。种子多数，小型，具条纹与横网纹。

约25种，主要分布于温带与亚热带地区。我国有3种，产于东北至西南各地；浙江有1种。

白花水八角 （图7-404）

Gratiola japonica Miq.

一年生草本，无毛。根状茎细长，须状根密簇生。茎高8～25cm，直立或上伸，肉质，中下部有柔弱的分枝。叶基部半抱茎，长椭圆形至披针形，长7～23mm，宽2～7mm，顶端具尖头，全缘，不明显三出脉。花单生于叶腋，无柄或近于无柄；小苞片草质，条状披针形，长4～4.5mm；花萼长3～4mm，5深裂近达基部，萼裂片条状披针形至长圆状披针形，具薄膜质的边缘；花冠稍二唇形，白色或带黄色，长5～7mm，花冠筒较唇部长，长4～4.5mm，上唇顶端钝或微凹，下唇3裂，裂片倒卵形，有时凹头；雄蕊2，位于上唇基部，药室略分离而并行，下唇基部有2枚短棒状退化雄蕊；柱头2浅裂。蒴果球形，棕褐色，直径4～5mm。种子细长，具网纹。花果期5—7月。

产于鄞州。生于低海拔稻田及水边带黏性的淤泥里。分布于东北及江苏、江西、云南。日本、朝鲜半岛及俄罗斯远东地区也有。

图7-404　白花水八角

25 短冠草属 Sopubia Buch.-Ham. ex D. Don

多为一年生直立草本。叶对生，但上部有时互生。花在茎枝之顶成总状或穗状花序，或复合而成大圆锥花序，有苞片；花萼钟状，具5齿；花冠瓣片5，伸张，后方2枚在花蕾中处于内方；雄蕊4，二强，不伸出，花药4；花柱上部变宽而多少舌状。蒴果卵形至长圆形，室背开裂。种子多数，有松散的种皮。

约40种，分布于非洲热带和南非（阿扎尼亚）、马达加斯加岛、印度、马来半岛及大洋洲。我国有2种；浙江有1种。

毛果短冠草
Sopubia lasiocarpa P.C. Tsoong

一年生草本，高达80cm。茎直立，下部圆柱形，上部和分枝均有棱角，被短卷毛。叶对生或上部者多少互生，条形，处于花序下者最大，长达5cm，宽约1.5mm，边缘反卷，中肋在下面有龙骨状突起，上面有粗涩的短硬毛，下面仅中肋上有毛。花在茎枝之顶端形成疏穗状总状花序，复成大圆锥状；苞片叶状，下部者长于花而上部者则较短；花梗短，有短毛，在花萼下有条形小苞片2；花萼细小，钟形，具10脉，齿狭三角形，顶端急尖，果时增大，外面被短粗毛；花冠淡紫色，长约10mm，有长筒；雄蕊4，二强，不伸出；子房有短粗毛，上部较密；花柱宿存，有短粗毛，柱头2，近舌状。蒴果外面尤其上半部被短粗毛，顶端有深达2/5的深缺，室背开裂。种子多数，暗棕色，呈不规则的长圆形。

产于衢州市区、遂昌、松阳。生于山坡、湿地草丛中。分布于江苏和湖南。

26 黑蒴属 Alectra Thunb.

常为直立、坚挺的粗糙草本，干后常变为黑色。叶通常对生，无柄，基出三脉。花单生于苞腋内，排成顶生穗状或总状花序；小苞片2，对生；花萼钟状，萼齿5，镊合状排列；花冠近钟形，花冠筒粗，比花萼短或稍伸出，裂片5，覆瓦状排列；雄蕊4，二强，药室并行，分离，基部具短突尖；花柱长，弯曲，柱头伸长，舌状。蒴果近圆球形，室背开裂，裂片全缘或2裂。种子小而极多。

约30种，除大洋洲外全球热带地区均有分布。我国有1种；浙江也有。

黑蒴

Alectra arvensis (Benth.) Merr. —*Melasma arvense* (Benth.) Hand.-Mazz.

一年生草本，干后变为黑色。茎高10～50cm，单一或有少数分枝，被柔毛，基部木质化。叶片纸质，宽卵形至卵状披针形，长2～3cm，顶端钝圆至渐尖，基部楔形，边缘有2～6对大小多变的三角状疏锯齿，两面皆密被短毛，有时在老的叶面被有刺毛。总状花序；小苞片条状长圆形，较花萼长或稍短，被毛；花萼长约5mm，膜质，被髯毛，萼齿三角形，顶端长渐尖，与萼筒近等长；花冠黄色，长6～8mm，花冠筒宽钟状，包在花萼内，花冠裂片除前方1枚稍大外，其余近相等，几圆形，开展；雄蕊着生于花冠筒的中部以下，后方的1对花丝被多细胞长腺毛；柱头舌状，被短绒腺毛。蒴果圆球形，平滑无毛。种子圆柱形，长小于1mm，包被于杯状的网膜中。花果期8—11月。

产于仙居（俞坑）、龙泉（均溪）。生于海拔500～700m的坑边、草丛中、山坡上或疏林中。分布于台湾、广东、广西、云南。菲律宾和印度也有。

㉗ 野甘草属 Scoparia L.

多枝草本或小灌木。叶对生或轮生，全缘或有齿，常有腺点。花腋生，具细梗，单生或常成对；花萼4～5裂，裂片覆瓦状，卵形或披针形；花冠近无管而近乎辐状，喉部生有密毛，裂片4，覆瓦状，在花蕾中后方1裂片处于外方，略较其他3裂片为宽；雄蕊4，近等长，药室分离，并行或二分；子房球形，内含多数胚珠，花柱顶生稍稍膨大。蒴果球形或卵圆形，室间开裂，果瓣薄，边缘内卷。种子小，倒卵圆形，有棱角，种皮贴生，有蜂窝状孔纹。

约20种，主要分布于墨西哥和南美洲。我国仅产1种；浙江也有。

野甘草 （图7-405）

Scoparia dulcis L.

直立草本或为亚灌木状，高可达1m。茎多分枝，枝有棱角及狭翅，无毛。叶对生或轮生，菱状卵形至菱状披针形，长可达35mm，宽可达15mm，枝上部叶较小而多，顶端钝，基部长渐狭，全缘而成短柄，前半部有齿，齿有时颇深，多少缺刻状而重出，有时近全缘，两面无毛。单花或更多成对生于叶腋，花梗细，长5～10mm，无毛，无小苞片；花萼分生，萼齿4，卵状长圆形，长约2mm，顶端有钝头，具睫毛；花冠小，白色，直径约4mm，有极短的筒，喉部生有密毛，瓣片4，上方1枚稍大，钝头，边缘有啮痕状细齿，长2～3mm；雄蕊4，近等长，花药箭形；花柱挺直，柱头截形或凹入。蒴果卵圆形至球形，直径2～3mm，室间、室背均开裂，中轴胎座宿存。花果期为夏秋季。

原产于美洲热带地区，现广泛分布于全球热带地区。福建、广东、广西、云南也有归化。温州鹿城（杨府山）有归化。生于荒地、路旁，亦偶见于山坡。

图 7-405　野甘草

28 蝴蝶草属　Torenia L.

草本。全体无毛或被柔毛,稀被硬毛。叶对生,具齿。花具梗,通常排列成总状或伞形花序,或单花腋生或顶生,无小苞片;花萼具棱或翅,萼齿通常5;花冠管状,5裂,裂片呈二唇形;雄蕊4,均发育,后方2枚内藏,前方2枚花丝长而拱曲,基部通常各具1齿状、丝状或棍棒状的附属物,药室顶部常汇合;通常子房上部被短粗毛,花柱先端2片状。蒴果长圆形,室间开裂。种子多数,具蜂窝状皱纹。

约50种,主要分布于亚洲和非洲热带地区。我国有10种,分布于我国长江以南和台湾等地;浙江含栽培在内有4种。本属花大多具观赏价值。

分种检索表

1. 植株全体密被硬毛;花萼具5棱,无翅 ·························· 1. 毛叶蝴蝶草 T. benthamiana
1. 植株全体被柔毛或无毛;花萼具5翅。
　2. 花序总状,顶生;花在花序上对生;植株通常挺直;叶片卵状三角形 ·········· 2. 夏堇 T. fournieri
　2. 花序近伞形,顶生;植株直立或匍匐。
　　3. 直立或近直立草本;花萼具宽翅;花丝基部无盲肠状附属物;叶片卵形 ·······················
　　·················· 3. 紫萼蝴蝶草 T. violacea
　　3. 匍匐草本;花萼翅较狭;花丝基部具盲肠状附属物;叶片近三角形 ···· 4. 光叶蝴蝶草 T. asiatica

1. 毛叶蝴蝶草

Torenia benthamiana Hance

一年生草本，全体密被白色硬毛。茎匍匐，节上生根，节间长2～4cm，枝多数，细长而稍弯曲。叶柄长约1cm；叶片卵形或卵心形，长1.5～2.2cm，宽1～1.8cm，两侧各具6～8枚带短尖的圆齿，两面密被硬毛，先端钝，基部楔形。花具梗，通常3朵排成伞形花序；花萼筒狭长，具5棱，萼齿略呈二唇形；花冠紫红色、淡蓝紫色或白色而略带红色，长1.2cm，上唇长圆形，先端2浅裂，下唇3裂片均近圆形，中裂片稍大，长约4mm，侧裂片长约3mm，前方1对花丝各具1长1.5～2mm的丝状附属物；花柱顶部扩大，2裂，裂片相等。蒴果长椭圆形，长约10mm，宽2～3mm。种子黄色，有不明显饰纹。花果期8月至次年5月。

产于淳安、开化、缙云、松阳、永嘉、瑞安、文成、泰顺。生于山坡、路旁或溪旁阴湿处。分布于福建、广东、广西和台湾。

2. 夏堇　蓝猪耳　（图7-406）

Torenia fournieri Linden. ex E. Fourn.

一年生直立草本。茎近无毛，具4窄棱，节间通常长6～9cm，不分枝或自中上部分枝。叶柄长1～2cm；叶片长卵形或卵形，长3～5cm，宽1.5～2.5cm，近无毛，先端略尖或短渐尖，基部楔形，边缘具带短尖的粗锯齿。花具梗，通常在枝的顶端排列成总状花序；苞片条形；花萼椭圆形，绿色或顶部与边缘略带紫红色，具多少下延的翅，果实成熟时翅宽可达3mm，萼齿2，多少三角形，彼此近相等；花冠长2.5～4cm，花冠筒淡青紫色，背面呈黄色，上唇直立，蓝紫色或紫红色，宽倒卵形，长1～1.2cm，宽1.2～1.5cm，顶端微凹，下唇裂片长圆形或近圆形，彼此近相等，蓝紫色或紫红色，中裂片的中下部有1黄色斑

图7-406　夏堇

块；花丝不具附属物。蒴果长椭圆形。种子小，黄色，圆球形或扁圆球形，表面有细小的凹窝。花果期6—12月。

原产于越南。我国南方常见栽培。本省街头花坛或绿地中常见栽培，有时在路旁、墙边或旷野草地上也偶有逸生。

3. 紫萼蝴蝶草 （图7-407）

Torenia violacea (Azaola ex Blanco) Pennell

一年生草本，直立或多少外倾，高8～35cm。叶片卵形或长卵形，先端渐尖，基部楔形或多少截形，长2～4cm，宽1～2cm，向上逐渐变小，边缘具略带短尖的锯齿，两面疏被柔毛。花梗长约1.5cm，果期梗长可达3cm，在分枝顶部排成伞形花序或单生于叶腋，稀同时有总状排列的存在；花萼长圆状纺锤形，具5翅，长1.3～1.7cm，宽0.6～0.8cm，果期变大，翅宽达2.5mm而略带紫红色，基部圆形，翅几不延，顶部裂成5小齿；花冠长1.5～2.2cm，超出萼齿部分长2～7mm，淡黄色或白色，上唇多少直立，近于圆形，直径约6mm，下唇3裂片彼此近相等，各有1蓝紫色或紫红色斑块，中裂片中央有1黄色斑块；花丝不具附属物。花果期8—11月。

图7-407 紫萼蝴蝶草

产于全省各地。生于山坡草地中、林下、田边及路旁。分布于华东、华中、华南和西南等地。

4. 光叶蝴蝶草　长叶蝴蝶草　（图 7-408）

Torenia asiatica L.—*T. glabra* Osbeck

匍匐或多少直立草本。茎节上生根，分枝多，长而纤细。叶柄长 2～8mm；叶片三角状卵形、长卵形或卵圆形，长 1.5～3.2cm，宽 1～2cm，边缘具带短尖的圆锯齿，基部突然收缩，多少截形或宽楔形，无毛或疏被柔毛。花梗长 0.5～2cm；单花腋生或顶生，或排列成伞形花序；花萼具 5 枚宽略超过 1mm 而多少下延的翅，长 0.8～1.5cm，果期长 1.5～2cm，萼齿 2，长三角形，先端渐尖，果期开裂成 5 小尖齿；花冠长 1.5～2.5cm，超出萼齿的部分长 4～10mm，紫红色或蓝紫色，前方 1 对花丝各具 1 长 1～2mm 的线状附属物。花果期 5 月至次年 1 月。

产于丽水、温州及建德、淳安、开化、常山、江山、武义、临海。生于山坡、路旁或阴湿处。分布于华南、西南及江西、湖北、湖南等地。

图 7-408　光叶蝴蝶草

㉙ 沟酸浆属　Mimulus L.

草本，稀灌木，无毛或有腺毛，有时有黏质。茎圆柱形或四方形而具窄翅。叶对生，不裂。花单生于叶腋或为顶生的总状花序；花萼筒状或钟状，果期有时膨大成囊泡状，具 5 肋，肋有时稍作翅状，萼齿 5；花冠二唇形，花冠筒喉部通常具 1 隆起成二瓣状褶襞，多少被毛，上唇 2 裂，下唇 3 裂；雄蕊 4，二强，内藏；子房 2 室，胚珠多数，花柱通常内藏，柱头扁平。蒴果 2 裂。种子小而多数。

约 150 种，广泛分布于全球，以美洲西北部最多。我国有 5 种，主要产于西南各地；浙江有 1 种。

尼泊尔沟酸浆（变种）（图7-409）

Mimulus tenellus Bunge var. **nepalensis** (Benth.) P.C. Tsoong

多年生柔弱铺散草本，无毛。茎长可达40cm，多分枝，下部匍匐生根，四方形，具窄翅。叶片卵形、卵状三角形至卵状长圆形，长10～30mm，宽4～15mm，顶端急尖，基部截形，边缘具明显的疏锯齿，羽状脉；叶柄细长，与叶片等长或比叶片略短，偶被柔毛。花单生于叶腋，花梗与叶柄近等长，明显较叶短；花萼圆筒形，长约5mm，果期膨大成囊泡状，增大近1倍，沿肋偶被茸毛，或有时稍具窄翅，萼口平截，萼齿5，细小，刺状；花冠比萼长1.5倍，漏斗状，黄色，喉部有红色斑点，唇片短，顶端圆形，竖直，沿喉部密被髯毛；雄蕊同花柱无毛，内藏。蒴果椭圆形，较萼稍短。种子卵圆形，具细微的乳头状突起。花果期6—9月。

产于临安（西天目山）、泰顺。生于林下、沟边。分布于秦岭-淮河以北，陕西以东各地。朝鲜半岛也有。

茎叶可食用，也可做酸菜。

图7-409　尼泊尔沟酸浆

30 虻眼属 Dopatrium Buch.-Ham. ex Benth.

一年生稍带肉质的纤弱草本。叶对生，全缘，肉质，有时退化为鳞片状，上部者常小。花腋生单出，无小苞；花萼5深裂；花冠超出于萼很多，向上扩大，瓣片二唇形；能育雄蕊2，处于后方，着生于花冠筒上，有丝状的花丝，药室并行，分离而相等，退化雄蕊2处于前方，小而全缘；花柱短；胚珠多数。蒴果小，球形或卵圆形，室背开裂。种子细小而多数，有结节或略有网脉。

约10种，分布于非洲、亚洲和大洋洲的热带地区。我国仅有1种；浙江也有。

虻眼 （图7-410）

Dopatrium junceum (Roxb.) Buch.-Ham. ex Benth.

一年生直立草本，稍带肉质，高者可达50cm，但矮小者5cm即开花。根须状成丛。茎自基部多分枝而纤细，有细纵纹，无毛。叶对生，无柄而抱茎，近基部者距离较近，叶片披针形或稍带匙状披针形，长者可达20mm，顶端急尖或微钝，基部常长渐狭，全缘，叶脉不明显；向上距离较远而较小，叶片常变为卵圆形或椭圆形，顶端钝，在茎之上部者很小，有时退化为鳞片状。花单生于叶腋，花梗纤细，下部的极短，向上渐长可达10mm；花萼钟状，长约2mm，萼齿5，钝；花冠白色、玫

图7-410 虻眼

瑰色或淡紫色，约比花萼长2倍，唇形，上唇短而直立，2裂，下唇开展，3裂；雄蕊4，后方2枚能育，药室并行，前方2枚退化而小。蒴果球形，直径2mm，室背2裂。种子卵圆状长圆形，有细网纹。花期8—11月。

产于杭州（云栖）、宁海、天台（天台山）、苍南（莒溪）。生于稻田中和潮湿处。分布于江苏、江西、河南、台湾、广东、广西和陕西等地。印度至日本，南至大洋洲也有。

㉛ 假马齿苋属　Bacopa Aubl.

直立或铺散草本。叶对生。花单生于叶腋或在茎顶端集成总状花序；小苞片1～2或没有；萼片5，完全分离，覆瓦状排列，后方1枚常常最宽大，前方1枚次之，侧面3枚被包裹，最狭小；花冠筒管状，檐部开展，二唇形，上唇微凹或2裂，下唇3裂；雄蕊4，二强，极少5，药室并行而分离；柱头扩大，头状或2浅短。蒴果卵状或球状，有2沟槽，室背2裂或4裂。种子多数，微小。

约60种，分布于热带和亚热带地区，主产于美洲。我国有3种；浙江有1种。

假马齿苋 （图7-411）
Bacopa monnieri (L.) Pennell

匍匐草本，节上生根，多少肉质，无毛，极像马齿苋。叶无柄，长圆状倒披针形，长8～20mm，宽3～6mm，顶端圆钝，极少有齿。花单生于叶腋，花梗长0.5～3.5cm，花萼下有1对条形小苞片；萼片前后2枚卵状披针形，其余3枚披针形至条形，长约5mm；花冠蓝色、紫色或白色，长8～10mm，不明显二唇形，上唇2裂；雄蕊4；柱头头状。蒴果长卵状，顶端急尖，包在宿萼内，4瓣裂。种子椭圆状，一端平截，黄棕色，表面具纵条棱。花期5—10月。

产于淳安、景宁。生于水边、湿地及沙石滩。分布于福建、台湾、广东、云南。全球热带地区广泛分布。

全草可药用，有消肿的功效。

图7-411　假马齿苋

32 泽番椒属　Deinostema T. Yamaz.

沼生一年生草本。叶对生。花单朵腋生，无小苞片；花萼管状钟形，5深裂近达基部，裂片在花蕾中镊合状排列；花冠明显二唇形，上唇2深裂，下唇3裂，裂片开展，比上唇长；雄蕊2，位于后方，前方2枚几乎完全退化，花丝顶端扭曲，花药被毛。蒴果4瓣裂。种子椭圆形，具网纹。

2种，产于我国及俄罗斯、日本、朝鲜半岛。浙江也有。

1. 有腺泽番椒
Deinostema adenocaula (Maxim.) T. Yamaz.

植株高7～15cm。茎单一或基部分枝，肉质，基部近无毛，向上被稀疏的头状腺毛。叶片近圆形至卵圆形，长5～10mm，宽3～8mm，在分枝上者更小，近抱茎，无毛，全缘，先端急尖或钝，叶脉5～9。花梗细直，被头状腺毛，长0.6～1.5cm；花萼长2～2.5mm，无毛，裂片条状披针形；花冠蓝色，直径约5mm，下唇中裂片2裂；花柱短。蒴果卵形，与花萼等长或稍短于花萼，室背2裂成4瓣。种子椭圆形，具网状脉纹。花果期8月。

产于杭州市区、临安、北仑、鄞州、奉化、象山、宁海。生于低海拔浅水池塘边或水田草丛中。分布于我国台湾、贵州。日本和韩国也有。

2. 泽番椒　（图7-412）
Deinostema violacea (Maxim.) T. Yamaz.

植株纤细，高约20cm，全体无毛。叶对生，条状钻形，全缘，长达1cm，宽约1mm。单花腋生，花梗极短至长4mm；花萼果期长3～5mm，裂片钻形。蒴果卵状椭圆形，长2mm。种子黄棕色，长约0.5mm。花果期8—11月。

产于临安（东天目山、玲珑山）、衢江、文成（西坑）。生于浅水池塘边、沼泽或水田草丛中。分布于东北及江苏（句容）。日本和朝鲜半岛也有。

本种与有腺泽番椒的区别在于后者叶片卵形至卵状长圆形，宽大于3mm；花梗长于6mm，具头状腺体。

图7-412　泽番椒

83 地黄属 Rehmannia Libosch. ex Fisch. et C.A. Mey.

多年生草本，全体被多细胞长柔毛和腺毛。叶具柄，在茎上互生或同时有基生叶存在，叶形变化很大，通常被毛。花具梗，单生于叶腋或有时在顶部排列成总状花序；花萼卵状钟形，具5不等长的齿；花冠紫红色或黄色，管状，裂片通常5，略呈二唇形，下唇基部有2褶襞直达筒的基部；雄蕊4，二强，内藏，花丝拱曲，基部着生处通常被毛；子房长卵形，花柱顶部2浅裂，胚珠多数。蒴果室背开裂。种子小，具网眼。

6种，全部产于我国；浙江有野生与栽培各1种。

本属根茎大多可药用；花色美丽，具有观赏价值。

1. 天目地黄 （图7-413）
Rehmannia chingii H.L. Li

多年生草本，全体被多细胞长柔毛，高30～60cm。基生叶多少呈莲座状，叶片椭圆形，长6～12cm，宽3～6cm，纸质，边缘具不规则圆齿或粗锯齿，先端钝或突尖，基部楔形，逐渐收缩成长2～7cm具翅的柄；茎生叶与基生叶同形，向上渐小。花单生；花梗多少弯曲而后上升，与花萼同被多细胞长柔毛及腺毛；萼齿披针形或卵状披针形，先端略尖；花冠紫红色，稀白色，长

图 7-413　天目地黄

5.5～7cm，外面被多细胞长柔毛，上唇裂片长卵形，先端略尖或钝圆，下唇裂片长椭圆形，先端尖或钝圆；雄蕊后方1对稍短，其花丝基部被短腺毛，前方1对稍长，其花丝无毛，药室长圆形，基部叉开成一直线；花柱顶端扩大，先端尖或钝圆。蒴果卵形，具宿存的花萼和花柱。种子多数，卵形至长卵形，具网眼。花期4—5月，果期5—6月。

　　产于全省各地。生于山坡、路旁草丛或石缝中。分布于安徽。模式标本采自天台天台山。

　　全草可药用，有润燥生津、清热凉血等功效；花大艳丽，具很高的观赏价值，可作花坛、花境或岩石园用。

　　本种有变型白花天目地黄 form. **albiflora** G.Y. Li et D.D. Ma（模式标本采自临安功臣山），紫斑白花天目地黄 form. **purpureo-punctata** G.Y. Li et G.H. Xia（模式标本采自临安）。

2. 地黄 （图7-414）

Rehmannia glutinosa (Gaertn.) Libosch. ex Fisch. et C.A. Mey.

　　多年生草本，高10～30cm，密被灰白色多细胞长柔毛和腺毛。根茎肉质，鲜时黄色，茎紫红色。叶通常在茎基部集成莲座状，向上则强烈缩小成互生的苞片；叶片卵形至长椭圆形，上面绿色，下面略带紫色或呈紫红色，长2～13cm，宽1～6cm，边缘具不规则圆齿或钝锯齿，基部渐狭成柄，叶脉在上面凹陷，下面隆起。花具梗，在茎顶部略排列成总状花序，或单生于叶腋而分散在茎上；花萼密被多细胞长柔毛和白色长毛，萼齿5；花冠长3～4.5cm，花冠筒多少拱曲，裂片5，先端钝或微凹，内面黄紫色，外面紫红色，两面均被多细胞长柔毛；雄蕊4，药室长圆形，基部叉开；子房幼时2室，老时因隔膜撕裂而成1室，无毛，花柱顶部扩大成二片状柱头。蒴果卵形至长卵形。花果期4—7月。

图7-414　地黄

原产于辽宁、内蒙古、河北、山西、山东、江苏、河南、湖北、陕西、甘肃等地。杭州、磐安、天台、莲都有栽培。

根可药用，含地黄素、甘露醇等物质，鲜地黄能清热、生津、凉血，熟地黄有滋阴补肾、补血、调经等功效；花色美丽，具很好的观赏价值，适合园林应用。

本种与天目地黄的区别在于后者茎生叶发达；花分散于具叶的茎上，花冠长6～7cm，下唇裂片长1.5cm，野生。

34 毛地黄属 Digitalis L.

草本。叶互生，下部叶常密集而伸长。花常排列成朝向一侧的长而顶生的总状花序；花萼5裂，裂片覆瓦状排列；花冠紫色、淡黄色或白色，有时内面具斑点，喉部被髯毛，花冠裂片多少二唇形；雄蕊4，二强，通常均藏于花冠筒内，花药成对靠近，药室叉开，顶部汇合；花柱先端2浅裂，胚珠多数。蒴果卵形，室间开裂。种子多数，小而具棱，有蜂窝状网纹。

约25种，分布于欧洲和亚洲的中部与西部。我国栽培1种；浙江也有。

毛地黄 （图7-415）
Digitalis purpurea L.

一年生或多年生草本，高60～120cm，除花冠外，全体被灰白色短柔毛和腺毛，有时茎上近无毛。茎单生或数条成丛。基生叶多数呈莲座状，叶柄具狭翅，长可达15cm；叶片卵形或长椭圆形，长5～15cm，先端尖或钝，基部渐狭，边缘具带短尖的圆齿，少有锯齿；下部的茎生叶与基生叶同形，向上渐小，叶柄短直至无柄而成为苞片。花萼钟状，长约1cm，果期略增大，5裂近达基部，裂片长圆状卵形，先端钝至急尖；花冠紫红色、淡紫红色、淡黄色或白色，内面具斑点，长3～4.5cm，裂片很短，先端被白色柔毛。蒴果卵形，长约1.5cm。种子短棒状，除被蜂窝状网纹外，尚有极细的

图7-415　毛地黄

柔毛。花果期5—7月。

原产于欧洲。吉林、河北、江苏、福建、湖南、四川、贵州、云南等地有栽培。全省各公园与街头绿地多有栽培。

叶可药用，有强心的功效；多在花坛、花境栽培。

35 钓钟柳属　Penstemon Schmidel

多年生草本或灌木，无毛或具腺毛。茎直立，四棱形。叶茎生，具短柄或无柄，对生，线状至卵状披针形，边缘具齿。花具梗；花萼5深裂；花冠蓝色、紫色、红色或白色，强二唇形，喉内膨大，无毛，裂片开展；雄蕊4，内藏，花丝有毛或无毛，2药室分离或汇合。蒴果卵圆形，褐色。种子小而多数。

约250种，分布于北美洲加拿大至墨西哥一带。我国常见栽培2种；浙江常见栽培1种。

毛地黄叶钓钟柳　（图7-416）
Penstemon digitalis Nutt. ex Sims

多年生草本。茎高0.9~1.6m，细长，多少带紫红色。基生叶呈莲座状密生，叶片椭圆形或卵圆形，先端圆钝，具叶柄，近无毛；茎生叶对生，叶片卵形至卵状披针形，先端渐尖，基部宽楔形至心形，边缘具细齿，叶面具光泽，无柄，下部叶微抱茎。圆锥花序大型，占整个植株的1/3

图7-416　毛地黄叶钓钟柳

以上；花梗约6mm，密被腺毛；苞片与叶同形，密被腺毛；萼片5，线状披针形至卵状披针形，深裂至基部，密被腺毛；花冠长2～3cm，紫红色至近白色，漏斗状钟形，花冠筒外面密被腺毛，里面除下唇突起处外近无毛，檐口明显二唇形，上唇先端2浅裂，下唇较大，3裂，有两圆形、白色突起，突起处密被长茸毛；雄蕊4，内藏，外面1对较长，并上弯靠近上唇，花丝无毛；花柱长至下唇开裂处，靠柱头处密被长柔毛。蒴果卵圆形，褐色。花期5—6月，果期7—8月。

原产于北美洲。北京、江苏、河南、湖北、湖南、四川、贵州、云南等地有栽培。本省公园及街头花境有栽培，并时有逸生。

花期长，花量多，具较高的观赏价值。

36 母草属 Lindernia All.

草本。叶对生，常有齿，稀全缘。花常对生，稀单生，生于叶腋或在茎枝之顶形成疏总状花序，有时短缩而成假伞形花序，偶有大型圆锥花序；常具花梗，无小苞片；花萼具5齿；花冠紫色、蓝色或白色，二唇形，上唇直立，2微裂，下唇较大而伸展，3裂；雄蕊4；花柱顶端常膨大，多为二片状。蒴果。种子小，多数。

约70种，主要分布于亚洲热带和亚热带地区，美洲和欧洲也有少数种类。我国有29种；浙江有12种。

分种检索表

1. 植物体通常直立，稀基部稍倾卧而即上升；叶片具3～5基生脉或平行脉。
　2. 叶片宽卵形至圆卵形；花二型，一种为无梗花，一种为有梗花。
　　3. 叶片先端圆钝，边缘有锯齿；植物体被稀疏柔毛或无毛
　　　4. 茎多少四角形，具棱，有毛；花萼下部1/2结合 ⋯⋯⋯⋯⋯⋯⋯ 1. 宽叶母草 L. nummulariifolia
　　　4. 茎圆柱形，无毛；花萼深裂达基部 ⋯⋯⋯⋯⋯⋯⋯⋯⋯⋯⋯ 2. 圆叶母草 L. rotundifolia
　　3. 叶片先端急尖，全缘；植物体被疏腺毛和柔毛 ⋯⋯⋯⋯⋯⋯⋯⋯ 3. 九华山母草 L. jiuhuanica
　2. 叶片披针形至长圆形；花一型，均有近等长的花梗。
　　5. 叶片长椭圆形或倒卵状长圆形；蒴果卵圆形或椭圆形，与宿萼近等长或比宿萼略长 ⋯⋯⋯⋯⋯⋯⋯⋯⋯⋯⋯⋯⋯⋯⋯⋯⋯⋯⋯⋯⋯⋯⋯⋯⋯⋯⋯⋯⋯⋯⋯⋯ 4. 陌上菜 L. procumbens
　　5. 叶片条状披针形至线形；蒴果线形，比宿萼长2倍 ⋯⋯⋯⋯⋯⋯⋯ 5. 狭叶母草 L. micrantha
1. 植物体通常铺散或蔓生，稀近直立；叶脉羽状。
　6. 花萼大部联合，仅开裂1/2，裂片三角形 ⋯⋯⋯⋯⋯⋯⋯⋯⋯⋯⋯⋯ 6. 母草 L. crustacea
　6. 花萼深裂，仅基部稍联合，裂片条形。
　　7. 果短，与花萼近等长。
　　　8. 植物体倾卧上升，基部蔓生，被刺毛；叶片多少成三角状卵形 ⋯⋯⋯⋯ 7. 刺毛母草 L. setulosa
　　　8. 植物体倾卧、铺散而蔓生，被伸展的粗毛；叶片卵状长圆形，基部的叶大，具柄，向上变小而圆，半抱茎 ⋯⋯⋯⋯⋯⋯⋯⋯⋯⋯⋯⋯⋯⋯⋯⋯⋯⋯⋯⋯ 8. 粘毛母草 L. viscosa

7.果长，远长于花萼。

  9.果柄短，长不超过6mm，果比花萼长1倍；植物体多短枝，短枝上的叶远小于茎上及长枝上的叶 ……
            …………………………………………… 9. 短梗母草 **L. brevipedunculata**

  9.果柄较长，长5～12mm，果比花萼长2～3倍；植物体多无短枝；叶同型。

    10.叶缘之齿较钝而浅，无明显突尖。

      11.叶片三角状卵形或卵形，基部截形至近心形，边缘有浅而不明显的锯齿；花单生 …………
        …………………………………………… 10. 长蒴母草 **L. anagallis**

      11.叶片长圆形、长圆状披针形或倒披针形，基部宽楔形，边缘有明显的锯齿；花单生或排成总
        状花序 …………………………………………… 11. 泥花草 **L. antipoda**

    10.叶缘之齿尖锐，有明显突尖 …………………………………………… 12. 旱田草 **L. ruellioides**

1. 宽叶母草 （图7-417）

Lindernia nummulariifolia (D. Don) Wettst.

  一年生草本，高5～15cm。茎直立，枝倾卧后上伸，茎枝多少四角形，棱上有伸展的细毛。叶无柄或有短柄；叶片宽卵形或近圆形，长5～15mm，宽4～8mm，顶端圆钝，基部宽楔形或近心形，边缘有浅圆锯齿或波状齿，齿顶有小突尖，边缘和下面中肋有极稀疏的毛。花序在茎枝顶端和叶腋中成近伞形；花二型；生于每花序中央者的花梗极短，或无，系闭花受粉，先期结实，种子成熟时才开放，常有败育现象，生于花序外方的1对或2对则为长花梗，花梗长可达2cm，花期较晚，能正常结实；花萼长约3mm，萼齿5，卵形或披针状卵形，通常结合到中部；花冠紫色，少有蓝色或白色，长约7mm，上唇直立，卵形，下

图7-417　宽叶母草

唇开展，3裂；雄蕊4，全育，前方1对花丝基部有短小的附属物。蒴果长椭圆形，顶端渐尖，约比宿萼长2倍。种子棕褐色。花期7—9月，果期8—11月。

产于安吉、德清、杭州市区、临安、鄞州、余姚、奉化、宁海、象山、衢江、松阳、龙泉、景宁、永嘉、文成、苍南、泰顺。生于田边、沟旁及路旁等湿润处。分布于西南及湖北、湖南、广西、陕西、甘肃等地。尼泊尔和印度也有。

2. 圆叶母草 （图7-418）

Lindernia rotundifolia (L.) Alston

一年生草本。茎圆柱形，无毛，匍匐多分枝，下部的节上生根，上部的分枝斜伸，高10～15cm。叶宽卵形，长5～13mm，宽4～12mm，基部平截，先端圆钝，疏生2～3对浅锯齿，具4～5基出脉，上面无毛，下面具疏柔毛。花单生于叶腋；花萼裂至基部，裂片披针形；花冠长10mm，蓝白色，裂片上面及喉部内面具深蓝色斑块，上唇阔锥形，顶端2浅裂，下唇3裂；雄蕊2，着生于花冠筒中部；花柱无毛，长约5mm，柱头薄片状。蒴果卵球形，无毛。种

图 7-418　圆叶母草

子椭圆形，淡褐色。花果期7—11月。

　　原产于毛里求斯、马达加斯加、印度西部和南部及斯里兰卡。广东有归化。泰顺（罗阳镇溪坪村）也有归化。生于水田、菜地、池塘和沟渠边。

3. 九华山母草 （图7-419）

Lindernia jiuhuanica X.H. Guo et X.L. Liu

　　一年生草本。茎直立，高10～15cm，有分枝，全体疏被腺毛和柔毛。叶对生；叶片宽卵形，长4～8mm，宽2～5mm，先端急尖，基部圆形或浅心形，全缘，两面疏被腺毛，叶脉平行，主脉达于叶片先端，侧脉2～4对，近叶缘联结；无叶柄。花生于茎和分枝上的具短花梗或近无花梗；花萼长约3mm，5深裂，仅基部联合，裂片线状披针形，外面被腺毛；花冠蓝紫色，长约4.5mm，二唇形，上唇直立，先端微凹，下唇前倾，3裂，中间裂片先端2深裂；能育雄蕊2，位

图7-419　九华山母草

于后方，内藏，花药互相靠合，花丝长约0.5mm；子房卵圆形，花柱粗，柱头盘状。蒴果卵圆形，长约4mm。种子多数，圆柱状纺锤形，长0.5～0.7mm，基部有黑色的短柄，表面有网状花纹。花果期7—11月。

产于开化（古田山）和庆元（百山祖）。生于海拔200～1000m的荒废的水田中。分布于安徽。

本种的外形与陌上菜相似，区别在于能育雄蕊2，内藏于花冠筒内；柱头盘状；植物体具腺毛和柔毛。

4. 陌上菜　（图7-420）
Lindernia procumbens (Krock.) Borbás

一年生直立小草本。茎高5～20cm，基部多分枝，无毛。叶无柄；叶片椭圆形至长圆形多少成菱形，长10～25mm，宽4～12mm，顶端钝至圆头，全缘或有不明显的钝齿，两面无毛，叶脉并行，自叶基发出3～5脉。花单生于叶腋，花梗纤细，长1.2～2cm，比叶长，无毛；花萼仅基部联合，萼齿5，条状披针形，长约4mm，顶端钝头，外面微被短毛；花冠粉红色或紫色，长5～7mm，花冠筒长约3.5mm，向上渐扩大，上唇短，长约1mm，2浅裂，下唇明显大于上唇，长约3mm，3裂，侧裂片椭圆形较小，中裂片圆形，向前突出；雄蕊4，全育，前方2雄蕊的附属物腺体状而短小，花药基部微凹；柱头2裂。蒴果球形或卵球形，与萼近等长或略长于萼，室间2裂。种子多数，有格纹。花期7—10月，果期9—11月。

图7-420　陌上菜

产于全省各地。生于田埂、水边及潮湿处。分布于西南、华中及黑龙江、吉林、河北、江苏、安徽、江西、广东、广西等地。欧洲南部至日本，南至马来西亚也有。

5. 狭叶母草 （图7-421）

Lindernia micrantha D. Don—*L. angustifolia* (Benth.) Wettst.

一年生草本，全体无毛。根须状而多。茎下部弯曲上升，长40cm以上。叶近无柄。叶片条状披针形至披针形或条形，长10～40mm，宽2～8mm，顶端渐尖而圆钝，基部楔形成极短的狭翅，全缘或有少数不整齐的细圆齿，自基部发出3～5脉。花单生于叶腋，有长梗，花梗在果时伸长达35mm，有条纹；萼齿5，仅基部联合，狭披针形，长约2.5mm，果时长达4mm，顶端圆钝或急尖；花冠紫色、蓝紫色或白色，长约6.5mm，上唇2裂，卵形，圆头，下唇开展，3裂，仅略长于上唇；雄蕊4，全育，前面2枚花丝的附属物呈丝状；花柱宿存，形成细喙。蒴果条形，长达14mm，约比宿萼长2倍。种子长圆形，浅褐色，有蜂窝状孔纹。花期5—10月，果期7—11月。

图7-421　狭叶母草

产于杭州、临安、建德、淳安、镇海、鄞州、慈溪、余姚、奉化、宁海、象山、开化、缙云、遂昌、松阳、龙泉、永嘉、泰顺。生于山坡、水田、河流旁等低湿处。分布于安徽、河南、湖北及长江以南各地。东亚、东南亚和南亚也有。

6. 母草 （图7-422）

Lindernia crustacea (L.) F. Muell.

一年生草本。茎高8～20cm，常铺散成密丛，多分枝，枝弯曲上升，微方形有深沟纹，无毛。叶片三角状卵形或宽卵形，长10～20mm，宽5～11mm，顶端钝或短尖，基部宽楔形或近圆形，边缘有浅钝锯齿，上面近于无毛，下面沿叶脉有稀疏柔毛或近无毛；叶柄长1～8mm。花单生于叶腋或在茎枝之顶而成极短的总状花序，花梗细弱，长5～22mm，有沟纹，近无毛；花萼坛状，长3～5mm，腹面较深，侧、背均开裂较浅的5齿，齿三角状卵形，中肋明显，外面有稀疏粗毛；花冠紫色，长5～8mm，花冠筒略长于花萼，上唇直立，卵形，钝头，有时2浅裂，下唇3裂，中间裂片较大，仅稍长于上唇；雄蕊4，全育，二强；花柱常早落。蒴果椭圆形，与宿萼近等长。种子近球形，浅黄褐色，有明显的蜂窝状瘤突。花果期7—11月。

产于全省各地。生于田边、草地、路边等低湿处。分布于华东、华中、华南、西南等地。热带和亚热带地区广泛分布。

全草可药用，有清热利湿、解毒等功效。

图7-422 母草

7. 刺毛母草 （图7-423）

Lindernia setulosa (Maxim.) Tuyama ex H. Hara

一年生草本。茎多分枝，大部倾卧多少蔓生，仅在基部1～3节上生根，较少上伸至近直立，多少方形，角上有翅状棱，面有条纹，疏布伸展之刺毛或近无毛。叶有柄，柄长不超过3mm；叶片宽卵形，长4～15mm，宽3～4mm，顶端微尖，基部宽楔形，边缘有明显的齿4～6对，齿宽三角状卵形而有突尖，上面被压平的粗毛，下面较少有毛或沿叶脉和近边缘处有毛，有时近无毛。花单生于叶腋，常占茎枝的大部而形成疏总状花序；花梗

图7-423 刺毛母草

纤细，长10～20mm；花萼仅基部联合，萼齿5，条形，有突起的坚强中肋，肋上及边缘有硬毛，花时开展，果时内弯而包裹蒴果；花冠大，白色或淡紫色，长约7mm，稍长于花萼，上唇短，卵形，下唇较长，伸展；雄蕊4，全育。蒴果纺锤状卵圆形，比萼短。花果期5—11月。

产于全省各地。生于山谷、路旁、林中、草地等比较湿润的地方。分布于江西、福建、广东、广西、四川和贵州等地。日本也有。

8. 粘毛母草
Lindernia viscosa (Hornem.) Merr.

一年生草本。茎直立或多少铺散，但不长蔓，高可达16cm，有时分枝极多，茎和枝均有条纹，被伸展的粗毛。下部叶卵状长圆形，长可达5cm，顶端钝或圆，基部下延而成约10mm的宽叶柄，边缘有浅波状齿，两面疏被粗毛，上部叶渐宽短，在花序下之叶有时为宽心状卵形，较基生叶小而无柄，半抱茎。花序总状，稀疏，具6～10花；苞片小，披针形；花序梗和花梗被粗毛，花时上伸或斜展，花后常反曲，果时长可达1cm；花萼长约3mm，仅基部联合，萼齿5，狭披针形，外被粗毛；花冠白色或微带黄色，长5～6mm，上唇长约2mm，2裂，三角状卵形，圆头，下唇长约3mm，3裂，裂片近相等；雄蕊4，全育。蒴果球形，与宿萼近等长。种子细小，椭圆状长方形。花果期5—11月。

产于瑞安。生于路边、林下及岩石旁。分布于江西、广东、云南。越南、泰国、缅甸、印度尼西亚、菲律宾、新几内亚岛也有。

9. 短梗母草
Lindernia brevipedunculata Migo

一年生草本，全体无毛，有须状分枝而长达10cm的根。茎细弱倾卧，四角形，长可达30cm，极多分枝，铺散，常在节上生根，枝伸展，叉分而倾卧，节间长2～3cm，但向上渐短。叶柄长3～5mm，向上渐短；叶二型，茎和长枝上的叶片卵状椭圆形、披针状长圆形或倒披针形，长1.5～2cm，宽0.4～1cm，顶端急尖或钝，基部圆形或近心形，有时宽楔形或渐狭成短柄，边缘有不明显的圆齿，而短枝上的叶则甚小，至少小2～3倍。花腋生，成对，在枝端成总状而伸展；花梗细，有棱，长约6mm，向上渐短；花萼钟状，仅基部联合，萼齿条状披针形，长约5mm，直立而稍开展；花冠堇紫色，长7～8mm，二唇形，下唇稍长于上唇；雄蕊4，二强，着生于喉部，前方1对花丝稍长于后方1对；子房卵圆形，花柱直立，丝状，顶端2裂。蒴果长圆形或圆柱状长圆形，约比萼长1倍，先端急尖，有宿存的花柱。花果期11月。

产于临安（昌化）、武义等地。生于山坡、田边。为浙江特有种，模式标本采自临安昌化。

10. 长蒴母草 （图7-424）

Lindernia anagallis (Burm. f.) Pennell

一年生草本，全体无毛。茎下部匍匐长蔓，节上生根，并有根状茎，有条纹。叶仅下部者有短柄；叶片三角状卵形、卵形或长圆形，长4～20mm，宽7～12mm，顶端圆钝或急尖，基部截形或近心形，边缘有不明显的浅圆齿，侧脉3～4对，约以45°伸展。花单生于叶腋；花梗长6～10mm；花萼长约5mm，仅基部联合，萼齿5，狭披针形；花冠白色或淡紫色，长8～12mm，上唇直立，卵形，2浅裂，下唇开展，3裂，裂片近相等，比上唇稍长；雄蕊4，全育，前面2枚的花丝在颈部有短棒状附属物；柱头2裂。蒴果条状披针形，约比萼长2倍，室间2裂。种子卵圆形，有疣状突起。花果期4—11月。

产于宁波、温州及杭州市区、建德、定海、普陀、开化、磐安、松阳、庆元。生于林边、溪旁及田野的较湿润处。分布于江西、福建、湖南、台湾、广东、广西、四川、贵州、云南等地。亚洲东南部也有。

图 7-424　长蒴母草

11. 泥花草 （图7-425）

Lindernia antipoda (L.) Alston

一年生草本，除萼片外全体无毛。茎幼时近直立，长大后多分枝，高可达30cm。叶片长圆形、长圆状披针形、长圆状倒披针形或近为条状披针形，长0.3～4cm，宽0.6～1.2cm，顶端急尖或圆钝，基部下延有宽短叶柄而近于抱茎，边缘全缘至有明显的锐锯齿。花多在茎枝之顶成总状着生，花序长者可达15cm，具2～20花；苞片钻形；花梗有条纹，长者可达1.5cm；花萼仅基部联合，萼齿5，条状披针形，沿中肋和边缘略有短硬毛；花冠紫色、紫白色或白色，上唇2裂，下唇3裂，上、下唇近等长；后方1对雄蕊可育，前方1对退化，花丝端钩曲有腺；花柱细，柱头扁平，片状。蒴果圆柱形，顶端渐尖，长约为宿萼的2倍或更多。种子为不规则三棱状卵形，褐色，有网状孔纹。花果期为春季至秋季。

产于全省各地。多生于田边及潮湿的草地中。分布于长江以南各地。从印度到澳大利亚北部的热带和亚热带地区广泛分布。

图7-425　泥花草

12. 旱田草 （图7-426）

Lindernia ruellioides (Colsm.) Pennell

一年生草本，高10～15cm。茎常分枝而长蔓，节上生根，长可达30cm，近无毛。叶柄长3～20mm，前端渐宽而连于叶片，基部多少抱茎；叶片长圆形、椭圆形、卵状长圆形或圆形，长1～4cm，宽0.6～2cm，顶端圆钝或急尖，基部宽楔形，边缘除基部外密生整齐而急尖的细锯齿，两面有粗涩的短毛或近无毛。花序为顶生的总状花序，具2～10花；苞片披针状条形；花梗短，无毛；花萼在花期长约6mm，果期增大，仅基部联合，萼齿条状披针形，无毛；花冠淡紫红色至紫红色，长10~14mm，花冠筒长7~9mm，上唇直立，2裂，下唇开展，3裂，裂片近相等，或中间稍大；前方2枚雄蕊不育，后方2枚能育；柱头宽而扁。蒴果圆柱形，向顶端渐尖，约比宿萼长2倍。种子椭圆形，褐色。花期6—9月，果期7—11月。

　　产于苍南（腾垟乡）。生于海拔220~480m的草地中、溪边及田埂上。分布于华南、西南及江西、福建、湖北、湖南等地。印度至印度尼西亚、菲律宾也有。

图7-426　旱田草

37 通泉草属 Mazus Lour.

　　一年生或二年生矮小草本。茎圆柱形，少为四方形。叶以基生为主，多呈莲座状或对生，茎上部叶多为互生，叶基部逐渐狭窄成有翅的叶柄，边缘通常有锯齿。花小，排成顶生稍偏向一边的总状花序；苞片小；花萼漏斗状或钟形，萼齿5；花冠二唇形，紫白色；雄蕊4，二强；花柱无毛，柱头二片状。蒴果被包于宿萼内，球形或多少压扁，室背开裂。种子小，极多数。

　　约35种，分布于亚洲（北部、东部和南部）和澳大利亚。我国有25种；浙江有6种。

分种检索表

1. 子房被毛；茎老时至少下部木质化，有时倾卧而节上生根，但无长蔓的匍匐茎；萼齿多为披针形，锐尖。
　2. 茎生叶无柄；叶片长椭圆形至倒披针形，长2～4cm，稀7cm；花梗比花萼短或与花萼近等长 ┄┄┄┄
　　┄┄┄┄┄┄┄┄┄┄┄┄┄┄┄┄┄┄┄┄┄┄┄┄┄┄┄┄┄┄ 1. 弹刀子菜 **M. stachydifolius**
　2. 茎生叶有带翅的柄；叶片卵状匙形，长3.5～8cm，稀10cm；花梗与花萼等长或比花萼长 ┄┄┄┄┄┄
　　┄┄┄┄┄┄┄┄┄┄┄┄┄┄┄┄┄┄┄┄┄┄┄┄┄┄┄┄┄ 2. 早落通泉草 **M. caducifer**
1. 子房无毛；茎完全草质，直立或倾卧而节上生根，或有长蔓的匍匐茎；萼齿多为卵形，钝头至短尖。
　3. 植株倾卧或至少有倾卧的茎，无匍匐茎或有的分枝短距离匍匐上伸，并不比直立茎长很多；花萼在果期常增大。
　　4. 茎生叶少数，与基生叶近等大，叶片卵状披针形；茎分枝多而披散，少不分枝，常在近基部即生花
　　　┄┄┄┄┄┄┄┄┄┄┄┄┄┄┄┄┄┄┄┄┄┄┄┄┄┄┄┄┄┄┄┄ 3. 通泉草 **M. pumilus**
　　4. 茎生叶多数，长仅为基生叶的一半，叶片倒卵形至近圆形；茎单生或数支，不分枝或少分枝，基部无花 ┄┄┄┄┄┄┄┄┄┄┄┄┄┄┄┄┄┄┄┄┄┄┄┄┄┄┄ 4. 林地通泉草 **M. saltuarius**
　3. 植株有明显的匍匐茎，比直立茎长很多，或全为匍匐茎而无直立茎；花萼在果期不增大或稍增大。
　　5. 除匍匐茎外，常有直立或上伸的茎，匍匐茎长15cm，有时不发育；花大，花冠长1.5～2cm；花萼长7～10mm ┄┄┄┄┄┄┄┄┄┄┄┄┄┄┄┄┄┄┄┄┄┄┄┄ 5. 匍茎通泉草 **M. miquelii**
　　5. 茎完全匍匐，仅花序部分上伸，匍匐茎长30cm；花较小，花冠长1.2～1.5cm；花萼长4～7mm ┄┄┄┄┄┄┄┄┄┄┄┄┄┄┄┄┄┄┄┄┄┄┄┄┄┄┄┄┄ 6. 纤细通泉草 **M. gracilis**

1. 弹刀子菜 （图7-427）

Mazus stachydifolius (Turcz.) Maxim.

　多年生草本，高10～50cm，粗壮，全体被多细胞白色长柔毛。茎直立，稀上伸，圆柱形，不分枝或少分枝，老时基部木质化。基生叶匙形，有短柄，常早枯；茎生叶对生，上部的常互生，

图7-427　弹刀子菜

无柄，长椭圆形至倒卵状披针形，长2～4（7）cm，以茎中部的较大，边缘具不规则锯齿。总状花序顶生，花稀疏；苞片三角状卵形，长约1mm；花萼漏斗状，比花梗长或与花梗近等长，萼齿略长于筒部，披针状三角形；花冠蓝紫色，长15～20mm，花冠筒与唇部近等长，上唇短，顶端2裂，下唇宽大开展，3裂，中裂片约比侧裂片小1倍，近圆形，2皱褶从喉部直通至上、下唇裂口，被白色至黄色斑点与稠密的乳头状腺毛；雄蕊4，二强；子房上部被长硬毛。蒴果扁卵球形。花果期4—9月。

产于全省各地。生于较湿润的路旁、山坡及林缘。北至东北、华北，南至台湾、广东，西至四川、陕西，均有分布。俄罗斯、蒙古和朝鲜半岛也有。

2. 早落通泉草 （图7-428）

Mazus caducifer Hance

多年生草本，高20～50cm，粗壮，全体被多细胞白色长柔毛。茎直立或倾斜状上伸，圆柱形，近基部木质化，有时有分枝。基生叶倒卵状匙形，多数呈莲座状，但常早枯落；茎生叶卵状匙形，纸质，长3.5～8（10）cm，基部渐狭成带翅的柄，边缘具粗而不整齐的锯齿。总状花序顶生，长可达35cm，或稍短于茎，花稀疏；花梗在下部的长8～15mm，与花萼等长或比花萼长；苞片小，卵状三角形，先端急尖，早枯落；花萼漏斗状，果时增长达13mm，直径超过1cm，萼齿与筒部近等长，卵状披针形，先端急短尖，10脉纹，突出，明显；花冠淡蓝紫色，长超过花萼的2倍，上唇裂片锐尖，下唇中裂片突出，较侧裂片小；子房被毛。蒴果圆球形。种子棕褐色，多而小。花期4—5月，果期6—8月。

产于全省各地。生于路旁、林下、草坡的阴湿处。分布于安徽、江西。

图 7-428　早落通泉草

3. 通泉草 （图7-429）

Mazus pumilus (Burm. f.) Steenis—*M. japonicus* (Thunb.) Kuntze

一年生草本，无毛或疏被短柔毛。茎多分枝，直立、上伸或倾卧状上伸，着地部分节上常长不定根。基生叶少数至多数，有时呈莲座状或早落，倒卵状匙形至卵状倒披针形，长2～6cm，顶端全缘或有不明显的疏齿，基部楔形，下延成带翅的叶柄，边缘具不规则的粗齿或基部有1～2浅羽裂；茎生叶对生或互生，少数，与基生叶相似。总状花序生于茎、枝顶端，常在近基部即生花，伸长或上部成束状，常具3～20花，花稀疏；花梗果时长达10mm，上部的较短；花萼钟状，萼片与萼筒近等长，卵形，端急尖；花冠白色、紫色或蓝紫色，长约10mm，上唇裂片卵状三角形，下唇中裂片较小，稍突出，倒卵圆形；子房无毛。蒴果球形。种子小而多数，黄色，种皮上有不规则的网纹。花果期4—10月。

产于全省各地。生于湿润的草坡、沟边、路旁及林缘。除内蒙古、宁夏、青海及新疆外，遍布我国各地。俄罗斯、日本、朝鲜半岛、越南、菲律宾也有。

图7-429　通泉草

4. 林地通泉草

Mazus saltuarius Hand. -Mazz.

多年生草本，被多细胞白色长柔毛。茎1～5，短距离匍匐上伸，不分枝。基生叶常多数，呈莲座状，倒卵状匙形，纸质，连柄长1.5～6（9）cm，基部渐狭成明显、有翅的柄，边缘具波状齿或不整齐的浅圆齿；茎生叶稀疏，2～4对，少互生，比基生叶小2～3倍，倒卵圆形至近圆形，有粗锯齿，具短柄。总状花序顶生，具3～12花，稀疏；苞片卵状披针形，长约2mm；花梗不超过10mm，下部的较长；花萼漏斗状，长6～7mm，果时稍增大，萼齿与萼筒近等长，卵状长圆形，端钝或有短突尖；花冠蓝紫色，长10～16mm，上唇裂片卵形至长圆形，下唇裂片圆形，中裂片较小，稍突出；子房卵圆形，无毛。花果期3—9月。

产于庆元。生于岩石旁潮湿处。分布于江西、湖南。

5. 匍茎通泉草 （图7-430）

Mazus miquelii Makino

多年生草本，无毛或少有疏柔毛。茎有直立茎和匍匐茎，直立茎倾斜上伸，高10～15cm，匍匐茎花期发出，长15～20cm，着地部分节上常生不定根，有时不发育。基生叶常多数呈莲座状，倒卵状匙形，有长柄，连柄长3～7cm，边缘具粗锯齿，有时近基部缺刻状羽裂；茎生叶在直立茎上的多互生，在匍匐茎上的多对生，具短柄，连柄长1.5～4cm，卵形或近圆形，宽不超过2cm，具疏锯齿。总状花序顶生，伸长，花稀疏；花梗在下部的长达2cm，越往上越短；花萼钟状漏斗形，长7～10mm，萼齿与萼筒等长，披针状三角形；花冠紫色或白色而有紫斑，长1.5～2cm，上唇短而直立，顶端2深裂，下唇中裂片较小，稍突出，倒卵圆形。蒴果圆球形，稍伸出于萼筒。花果期2—8月。

产于杭州、宁波及吴兴、安吉、天台、瓯海、泰顺。生于潮湿的路旁、田边、沟边及山坡草丛中。分布于江苏、安徽、江西、福建、湖南、台湾、广西。日本也有。

图7-430　匍茎通泉草

6. 纤细通泉草 （图7-431）

Mazus gracilis Hemsl.

多年生草本，无毛或很快变无毛。茎完全匍匐，长可达30cm，纤细。基生叶匙形或卵形，连叶柄长2～5cm，质薄，边缘有疏锯齿；茎生叶常对生，倒卵状匙形或近圆形，有短柄，连柄长1～2.5cm，边缘有圆齿或近全缘。总状花序常侧生，少有顶生，上伸，长达15cm，花稀疏；花梗果时长1～1.5cm，纤细；花萼钟状，长4～7mm，萼齿与萼筒等长，卵状披针形，急尖或钝头；花冠淡黄色有紫斑或白色、蓝紫色、淡紫红色，长12～15mm，上唇短而直立，2裂，下唇3裂，中裂片稍突出，中央有黄色斑块，长卵形，有2条疏生腺毛的纵皱褶；子房无毛。蒴果球形，包被于稍增大的宿萼内，室背开裂。种子小而多数，棕黄色，平滑。花果期4—7月。

产于富阳、临安、绍兴市区、奉化、宁海、天台、乐清、泰顺。生于海拔500m以下潮湿的山坡、路旁及水边草丛中。分布于江苏、江西、河南、湖北等地。

图7-431　纤细通泉草

一五四　苦槛蓝科 Myoporaceae

常绿灌木或小乔木。单叶互生，常有半透明的腺点，无托叶。花腋生或簇生，两性；花萼5裂，宿存；花冠合瓣，5裂，整齐或为唇形，裂片在花蕾中呈覆瓦状排列；雄蕊常4，药室2，顶端汇合，分生；子房2～10室，花柱1，柱头不分裂。果为核果。种子有少量胚乳或无胚乳，胚直伸或稍弯曲。

7属，约250种，分布于大洋洲至东南亚、东亚、美国夏威夷、毛里求斯。我国仅产1属，1种；浙江也有。

苦槛蓝属　Pentacoelium Siebold et Zucc.

常绿灌木或小乔木。叶通常互生；叶片全缘或有锯齿，具半透明腺点。花腋生；花萼5裂，宿存；花冠近辐射对称，钟状或漏斗状管形，白色或粉红色，通常具紫斑；雄蕊4；子房5～8室，每室1胚珠。核果多少肉质，卵球形至近球形，先端有小尖头，成熟时呈红色或蓝紫色。

1种，产于我国、日本和越南北部沿海地带。浙江也有。

苦槛蓝　（图7-432）
Pentacoelium bontioides Siebold et Zucc.—*Myoporum bontioides* (Siebold et Zucc.) A. Gray

常绿灌木，高1～2m。茎直立，多分枝，具略突出的圆形叶痕。叶互生，无毛，软革质，稍多汁，狭椭圆形、椭圆形至倒披针状椭圆形，长5～10cm，宽1.5～3.5cm，先端急尖或短渐尖，常具小尖头，全缘，基部渐狭，侧脉每边3～4。聚伞花序具2～4花，或为腋生单花，无总梗；花梗先端增粗，无毛；花萼5深裂，裂片卵状椭圆形或三角状卵形，先端急尖，微具腺点，无毛，宿存；花冠漏斗状钟形，檐略反曲，5裂，白色或粉红色，有紫色斑点，外面无毛，内面从裂片下方至筒部散被短柔毛；雄蕊无毛，花药宽卵形，开裂时基部极叉开，黄褐色；雌蕊无毛，子房卵球形，具5～8分隔室，花柱丝状，柱头小头状。核果卵球形，成熟时呈紫红色，多汁，无毛，干后具5～8纵棱，内含5～8种子。花期3—6月，果期5—7月。

原产于福建、台湾、广东、广西、海南。日本、越南北部沿海地区也有。北仑、慈溪、象山、三门、温岭、玉环、龙湾、洞头、乐清等地有见。生于海滨潮汐带以上沙地上或多石地灌丛中。

根可药用，有解诸毒的功效。

本种在浙江是野生还是栽培需进一步考证。

图 7-432　苦槛蓝

一五五　列当科 Orobanchaceae

一年生或多年生寄生草本，不含叶绿素。叶鳞片状。花多数，沿茎上部排列成总状或穗状花序，或簇生于茎端成近头状花序；苞片1，常与叶同形；花两性；花萼顶端4～6裂；花冠左右对称，常弯曲，二唇形；雄蕊4，二强；子房不完全2室，胚珠2～4，柱头膨大。果实为蒴果，室背开裂，常2瓣裂。种子细小，种皮具凹点或网状纹饰，胚乳肉质。

15属，约150多种，主要分布于北温带，少数种分布在非洲、大洋洲。我国有9属，42种，主要分布于西部；浙江有5属，6种。

分属检索表

1. 心皮3，胎座多为6；花萼退化；花白色，多密集呈头状 ·················· 1. 黄筒花属 Phacellanthus
1. 心皮2，侧膜胎座多为2或4；花萼存在。
  2. 花药1室发育，另1室不存在或退化成距或距状物。
    3. 花萼佛焰苞状，边缘常全缘，顶端急尖或钝圆，一侧斜裂至近基部 ········· 2. 野菰属 Aeginetia
    3. 花萼筒状，顶端4～5浅裂 ······································ 3. 假野菰属 Christisonia
  2. 花药2室全部发育。
    4. 胎座2；花萼有4齿；雄蕊伸出花冠外 ·························· 4. 齿鳞草属 Lathraea
    4. 胎座4；花萼有不等4裂或2深裂；雄蕊内藏 ·················· 5. 列当属 Orobanche

① 黄筒花属 Phacellanthus Siebold et Zucc.

一年生肉质寄生小草本。叶鳞片状，螺旋状排列于茎上。常数花至10余花簇生于茎端成近头状花序；苞片1；无小苞片；无花萼，或有3枚离生萼片；花冠管状二唇形，白色，上唇顶端微凹或2浅裂，下唇3裂；雄蕊常4，内藏，花药2室，发育；雌蕊由3合生心皮组成，子房1室，侧膜胎座常6，花柱伸长，柱头稍2浅裂。蒴果卵形。种子多数，极小，种皮网状。

1种，分布于我国、日本、朝鲜半岛和俄罗斯远东地区。浙江也有。

黄筒花 （图7-433）
Phacellanthus tubiflorus Siebold et Zucc.—*Tienmuia triandra* Hu

肉质寄生小草本，全株近无毛。茎不分枝。叶鳞片状，较稀疏地螺旋状排列于茎上，卵状三角形或狭卵状三角形，长5～8（10）mm，宽3～4mm。常4至10余花簇生于茎端成近头状花序；

苞片1，宽卵形至长椭圆形，具脉纹；花近无梗；无花萼；花冠筒状二唇形，白色，后渐变为浅黄色，长2.5～3.5cm，花冠筒长2.5～3cm，上唇顶端微凹或2浅裂，下唇3裂，明显短于上唇，裂片近等大，裂片之间具褶；雄蕊4，花丝纤细，下部疏被柔毛，花药2室，全部发育，药隔稍伸长；子房椭圆球形，侧膜胎座常6，花柱伸长，无毛，柱头棍棒状，近2浅裂。蒴果长圆形，长1～1.4cm，直径5～8mm。种子多数，卵形，长0.3～0.4mm，直径0.2～0.25mm，种皮网状。花期5—7月，果期7—8月。

产于临安（西天目山、龙塘山、大明山）。生于山坡林下，寄生在木本植物的根部或树洞中。分布于吉林、湖北、湖南、陕西和甘肃。日本、朝鲜半岛和俄罗斯远东地区也有。

全草可药用，有补肝肾、强腰膝、清热解毒等功效。

图7-433　黄筒花

② 野菰属 Aeginetia L.

一年生寄生草本。茎极短。叶退化成鳞片状,生于茎的近基部。花大,茎端单生或数花簇生而成短缩的总状花序;无小苞片;花梗长而直立;花萼佛焰苞状,一侧开裂至近基部;花冠筒状或钟状,稍弯曲,不明显的二唇形;雄蕊4,二强,内藏,花药仅1室发育,下方1对雄蕊的药隔基部延长成距或距状物;雌蕊由2合生心皮组成,子房通常1室,柱头盾状。蒴果2瓣裂。种子小而多数,种皮网状。

有4种,分布于亚洲南部和东南部。我国有3种,分布于华东、华南及西南地区;浙江有2种。

1. 野菰 (图7-434)

Aeginetia indica L.

一年生寄生草本,全体无毛。根稍肉质。茎黄褐色或紫红色,不分枝或近基部分枝。叶肉红色,卵状披针形或披针形,长5～10mm,宽3～4mm。花常单生于茎端,稍俯垂;花梗长而粗壮,常直立,常具紫红色的条纹;花萼一侧开裂至近基部,紫红色至黄白色,具紫红色条纹,先端急尖或渐尖;花冠带黏液,常与花萼同色,凋谢后变绿黑色,干时变为黑色,长4～6cm,不明显的

图7-434 野菰

二唇形，筒部宽，稍弯曲，在花丝着生处变窄，顶端5浅裂，近圆形，全缘；雄蕊4，内藏，紫色，花药黄色，有黏液，成对黏合，仅1室发育，下方1对雄蕊的药隔基部延长成距；子房1室，柱头膨大，淡黄色，盾状。蒴果圆锥状或长卵球形，2瓣裂。种子小而多数，椭圆形，黄色，种皮网状。花期4—8月，果期8—10月。

产于全省各地。生于土层深厚、湿润及枯叶多之处的禾草类植物根上。分布于华东、华南、西南地区。东南亚也有。

全草可药用，有清热解毒、消肿等功效；也可用于妇科调经。

2. 中国野菰 （图7-435）

Aeginetia sinensis Beck

一年生寄生草本，全株无毛。茎常自下部分枝。叶鳞片状，疏生于茎的近基部。花单生于茎端，花梗紫红色，直立，具明显的条纹；花萼佛焰苞状，船形，长4.5~5cm，一侧开裂至距基部附近，先端钝圆；花冠近唇形，红紫色，或有时下部白色，长5.5~6cm，顶端5浅裂，裂片近圆形或近扇形，边缘具小齿；雄蕊4，花丝纤细，着生于花冠筒的近基部，长1.3~1.5cm，花药仅1室发育，下方1对雄蕊的药隔基部延长成距状物；子房1室，侧膜胎座4，横切面有极多的分枝，花柱粗壮，无毛，长2~2.5cm，柱头肉质，盾状，直径8~9mm。蒴果长圆锥形或圆锥形，长2~2.5cm，直径约1.5cm，成熟后2瓣裂。种子甚多，微小，近圆形，直径约0.04mm，种皮网状。花期4—6月，果期6—8月。

产于丽水及临安、淳安、开化、天台、仙居、永嘉、文成、泰顺。常寄生于山坡或溪边禾草类植物的根上。分布于安徽、江西和福建。日本也有。

本种与野菰的区别在于花萼先端钝圆。

图7-435 中国野菰

③ 假野菰属　**Christisonia** Gardner

一年生寄生草本，常数株簇生。茎短，不分枝。叶鳞片状，螺旋状排列于茎基部。花簇生于茎端而成总状或穗状花序；花萼筒状，顶端 4～5 浅裂；花冠筒状钟形或漏斗状，顶端 5 等裂；雄蕊 4，花丝纤细，花药 1 室发育，另 1 室不存在或退化成距或距状物；子房常 1 室，侧膜胎座 2，花柱无毛或被腺毛，柱头盘状，常 2 浅裂。蒴果卵形或近球形，室背开裂。种子多数，极小，种皮网状。

约 16 种，分布于亚洲热带地区。我国有 1 种，分布于南部和西南部；浙江也有。

假野菰　（图 7-436）
Christisonia hookeri C.B. Clarke ex Hook. f.

一年生寄生草本，植株大小变化大，高 3～8（12）cm，常数株簇生，近无毛。茎极短，不分枝。叶少数，鳞片状，卵形。常 2 至数花簇生于茎的顶端；苞片长圆形或卵形，近无梗或具极短的梗；花萼筒状，干后近膜质或近革质，顶端常不整齐 5 浅裂，裂片三角形或披针形，不等大；花冠筒状，长 2～7cm，常白色，稀浅紫色，下唇常具 1 黄色斑纹，顶端 5 裂，裂片近圆形，全缘；雄蕊 4，内藏，无毛或基部疏被腺毛，花药黏合，上方的 2 雄蕊 1 室发育，下方的 2 雄蕊 1 室发育，另 1 室退化成棍棒状附属物；子房 1 室，胎座 2，卵形，花柱通常无毛，柱头盘状，具毛。果实卵形。种子小，多数。花期 5—8 月，果期 8—9 月。

产于遂昌（九龙山）、松阳（安民）。生于林下或溪边潮湿处。分布于广东、海南、广西、四川、贵州和云南。斯里兰卡也有。

图 7-436　假野菰

④ 齿鳞草属 Lathraea L.

寄生肉质草本。茎直立。叶鳞片状，螺旋状排列。总状或穗状花序；苞片1；无小苞片；花萼钟状，顶端4裂，裂片稍不等大；花冠二唇形，花冠筒近直立；雄蕊4，二强，稍伸出于花冠之外，花丝着生于花冠筒近中部，花药2室，常被柔毛；子房1室，胎座2，基部常具蜜腺，柱头盘状。蒴果2瓣裂。种子球形或近球形，外面网状或沟状。

5种，分布于我国、日本、俄罗斯和欧洲。我国仅产1种，分布于西南和西北等地；浙江也有。

齿鳞草 （图7-437）
Lathraea japonica Miq.

植株高20～30（35）cm。茎高10～20cm，常从基部分枝，下部近无毛，上部渐被黄褐色腺毛。叶白色，生于茎基部，菱形、宽卵形或半圆形，长0.5～0.8mm，宽0.7～0.9mm，上部的渐变狭披针形，两面近无毛。总状花序，狭圆柱形，长10～20（25）cm，直径1.5～2.5cm；苞片1，着生于花梗基部，卵状披针形或披针形，连同花梗、花萼及花冠密被腺毛；花萼钟状，顶端不整齐4裂，裂片三角形，后面2枚较宽，前面2枚较窄；花冠紫色或蓝紫色，长1.5～1.7cm，花冠筒白色，明显比花萼长，下唇短于上唇；雄蕊4，花丝着生于距筒基部，被柔毛，花药长卵形，密被白色长柔毛；子房近倒卵形，柱

图7-437　齿鳞草

头2浅裂。蒴果倒卵形，顶端具短喙。种子4，干后呈浅黄色，不规则球形，种皮具沟状纹饰。花期3—5月，果期5—7月。

产于龙泉（凤阳山）。生于路旁及林下阴湿处。分布于广东、四川、贵州、陕西及甘肃。日本也有。

⑤ 列当属　Orobanche L.

一年生或多年生肉质寄生草本，植株常被蛛丝状长绵毛、长柔毛或腺毛。叶鳞片状。花多数，排列成穗状或总状花序；苞片1，常与叶同形；花萼杯状或钟状，通常4~5裂；花冠弯曲，二唇形；雄蕊4，二强，内藏，花药2室，平行，能育；雌蕊由2合生心皮组成，子房上位，1室，侧膜胎座4，柱头膨大，盾状或2~4浅裂。蒴果卵球形或椭圆形，2瓣裂。种子小，多数，种皮表面具网状纹饰。

约100种，主要分布于北温带，少数种分布在中美洲南部和非洲东部及北部。我国有25种，大多数分布于西北部，少数分布在北部、中部及西南部；浙江有1种。

列当　（图7-438）
Orobanche coerulescens Stephan

二年生或多年生寄生草本，全株密被蛛丝状长绵毛。茎直立，不分枝，具明显的条纹，基部常稍膨大。叶干后呈黄褐色，生于茎下部的较密集，上部的渐变稀疏，卵状披针形，长15~20mm，宽5~7mm。花多数，排列成穗状花序，长10~20cm，顶端钝圆或呈锥状；苞片与叶同形并近等大，先端尾状渐尖；花萼2深裂达近基部，每裂片中部以上再2浅裂，先端长尾状

图7-438　列当

渐尖；花冠深蓝色、蓝紫色或淡紫色，长2~2.5cm，上唇2浅裂，下唇3裂；雄蕊4，花药卵形，无毛；子房椭圆状或圆柱状，柱头常2浅裂。蒴果卵状长圆形或圆柱形，干后呈深褐色。种子多数，干后呈黑褐色，不规则椭圆形或长卵形，表面具网状纹饰，网眼底部具蜂巢状凹点。花期4—7月，果期7—9月。

产于定海、普陀、洞头、瑞安、平阳。多寄生于海边或山坡草丛中的菊科蒿属植物的根部。分布于东北、华北、西北地区以及湖北、四川、云南和西藏。东亚、北亚和中亚也有分布。

全草可药用，有补肾壮阳、强筋骨、润肠、消肿等功效。

一五六　苦苣苔科 Gesneriaceae

　　多年生草本或小灌木。单叶，无托叶。花序通常为双花聚伞花序，或单歧聚伞花序；苞片通常2；花两性，通常左右对称，较少辐射对称；花萼4～5裂，通常辐射对称，二唇形；花冠辐状或钟状，檐部多少二唇形，上唇2裂，下唇3裂；雄蕊4～5，常有1枚或3枚退化，花药分生，2室；雌蕊由2心皮构成，1室，子房2室，胚珠多数，倒生。蒴果，室背开裂或室间开裂。种子小而多数。

　　约133属，3000余种，分布于亚洲东部和南部、非洲、欧洲南部、大洋洲、南美洲及墨西哥的热带至温带地区。我国有56属，442种；浙江有11属，19种。

分属检索表

1. 草本；种子无毛。
　2. 花排成聚伞花序，如排成假总状花序时，则花梗不严格生于苞片腋部。
　　3. 能育雄蕊4～5。
　　　4. 能育雄蕊5 ·· 1. 苦苣苔属 Conandron
　　　4. 能育雄蕊4。
　　　　5. 花药合生，药室平行，开裂时不汇合 ························· 2. 马铃苣苔属 Oreocharis
　　　　5. 花药成对连着或全部连着，药室基部叉开，开裂缝在顶端汇合 ····· 3. 粗筒苣苔属 Briggsia
　　3. 能育雄蕊2。
　　　6. 蒴果成熟时不螺旋状卷曲，平直。
　　　　7. 子房内仅1胎座有发育的胚珠。
　　　　　8. 花药2室平行，顶端不汇合。
　　　　　　9. 地上茎存在，叶对生；花序苞片大，合生成球形总苞；花冠内面基部之上有1毛环；子房有中轴胎座，2室，下室的胎座退化 ···················· 4. 半蒴苣苔属 Hemiboea
　　　　　　9. 无地上茎，叶基生；花序苞片2，小而分生；花冠内面无毛环；子房通常有侧膜胎座，1室 ·· 5. 全唇苣苔属 Deinocheilos
　　　　　8. 药室2室极叉开，顶端汇合。
　　　　　　10. 子房及蒴果均为线形，蒴果通常比宿萼长多倍；花丝通常中部最宽，向顶端或两端渐变狭，并稍膝状弯曲 ·································· 6. 报春苣苔属 Primulina
　　　　　　10. 子房卵球形，蒴果长椭圆形，与宿萼近等长；花丝全长等宽，不膝状弯曲 ············ 7. 小花苣苔属 Chiritopsis
　　　　7. 子房2胎座都有发育的胚珠 ·································· 8. 长蒴苣苔属 Didymocarpus
　　　6. 蒴果成熟时螺旋状卷曲 ·· 9. 旋蒴苣苔属 Boea
　2. 花排成直立的总状花序，每花梗都严格生于1苞片腋部 ············ 10. 台闽苣苔属 Titanotrichum
1. 附生的攀缘状灌木；种子顶端有1条长毛 ···················· 11. 吊石苣苔属 Lysionotus

🄵 苦苣苔属　Conandron Siebold et Zucc.

多年生草本。具短根状茎。叶基生，椭圆状卵形，具羽状脉。聚伞花序腋生，2～3次分枝；苞片2；花辐射对称；花萼宽钟状，5裂达基部；花冠紫色或白色，檐部5深裂；雄蕊5，与花冠裂片互生，花丝短，分生，花药底着，2室平行，不汇合；花盘不存在；子房狭卵球形，1室，侧膜胎座2，内伸，2裂，花柱细长，宿存，柱头扁球形。蒴果长椭圆球形，室背开裂成2瓣。种子小，纺锤形，表面光滑。

1种，产于我国东部及日本。浙江也有。

苦苣苔　（图7-439）
Conandron ramondioides Siebold et Zucc.

多年生草本。芽密被黄褐色长柔毛。叶1～2（3），叶片草质或薄纸质，椭圆形或椭圆状卵形，长18～24cm，宽3～14.5cm，顶端渐尖，基部宽楔形或近圆形，边缘具齿，两面通常无毛，侧脉每侧8～11；叶柄扁而具翅，无毛。聚伞花序，2～3次分枝，具5～23花，分枝及花梗被疏柔毛或近无毛；苞片对生，线形；花萼5全裂，裂片狭披针形或披针状线形，顶端微钝，外面被疏柔毛，内面无毛；花冠紫色或白色，直径1～1.8cm，无毛，裂片5，三角状狭卵形；雄蕊5，无毛；子房与花柱散生小腺体，柱头小。蒴果狭卵球形或长椭圆球形。种子淡褐色，纺锤形。花期6—8月，果期8—10月。

产于丽水、温州及临安、淳安、奉化、普陀、开化、武义、天台、仙居、临海。生于山谷溪边石上，山坡林中石壁上阴湿处。分布于安徽、江西、福建及台湾等地。

图7-439　苦苣苔

日本也有。

　　全草可药用，与秋海棠、夏枯草等合用外敷可治毒蛇咬伤。

② 马铃苣苔属 Oreocharis Benth.

　　多年生草本。根状茎短而粗。叶基生。聚伞花序腋生，1至数条，有1至数花；苞片2，对生，有时缺；花萼钟状，5裂至近基部；花冠檐部稍二唇形或二唇形，上唇2裂，下唇3裂；雄蕊4，分生，通常内藏，花药药室2，平行，顶端不汇合，稀呈马蹄形，退化雄蕊1；花盘环状；雌蕊通常无毛，柱头2或1。蒴果倒披针状长圆形或长圆形。种子卵圆形，两端无附属物。

　　28种，分布于东亚、东南亚。我国约有27种，产于西南部至东部；浙江有2种。

1. 长瓣马铃苣苔　绢毛马铃苣苔　（图7-440）
Oreocharis auricula (S. Moore) C.B. Clarke—*O. sericea* H. Lév.

　　多年生无茎草本。叶基生，具柄；叶片长圆状椭圆形、椭圆形或宽椭圆形，长2～10cm，宽1.5～5cm，顶端锐尖，基部近圆形，边缘具浅齿至近全缘，两面被淡褐色绢状柔毛，有时脱落近无，侧脉每边7～10，下面隆起；叶柄与花序梗密被绢状绵毛。聚伞花序2～3次分枝，2～6条，每花序具4～6花；苞片2，长圆状披针形，密被淡褐色绢状柔毛；花梗疏被绢状柔毛；花萼5裂至近基部，线状披针形，外面密被淡褐色绢状柔毛，内面无毛；花冠细

图7-440　长瓣马铃苣苔

筒状，紫色或紫红色，长1.6～2cm，外面被短柔毛，花冠筒喉部缢缩，近基部稍膨大，檐部二唇形；雄蕊分生，内藏，花丝无毛，退化雄蕊小或不明显；花盘环状；雌蕊无毛，子房线状长圆形，柱头盘状，微凹。蒴果线状长圆形，无毛。花期6—8月，果期9—10月。

产于丽水及富阳、临安、淳安、衢州市区、开化、武义、临海、仙居、乐清、永嘉、平阳、泰顺。生于山坡、山谷、林下阴湿岩石上。分布于安徽、江西、福建、湖北、湖南、广东、广西及贵州。

2. 大花石上莲 （图7-441）

Oreocharis maximowiczii C.B. Clarke

多年生无茎草本。叶基生，有柄；叶片狭椭圆形，长3～10cm，宽1.7～4.5cm，顶端钝，基部楔形，边缘具不规则的细锯齿，上面密被贴伏短柔毛，下面密被褐色绢状绵毛，侧脉每边6～7，下面稍隆起；叶柄密被褐色绢状绵毛。聚伞花序2次分枝，2～6条，每花序具（1）5至10余花；花序梗与花梗被绢状绵毛和腺状短柔毛；苞片2，长圆形，密被褐色绢状绵毛；花萼5裂至近基部，裂片长圆形，外面被绢状绵毛；花冠钟状粗筒形，长2～2.5cm，粉红色或淡紫色，外面近无毛，花冠筒喉部不缢缩，檐部稍二唇形，上唇2裂，下唇3裂；雄蕊无毛，药室2，平行，顶端不

图7-441　大花石上莲

汇合，退化雄蕊着生于花冠基部；花盘环状，全缘；雌蕊无毛，略伸出花冠外，子房线形，柱头1，盘状。蒴果倒披针形，无毛。花期4月。

产于衢州市区、江山、遂昌、松阳、龙泉、庆元、景宁、平阳、苍南。生于山坡路旁及林下岩石上。分布于江西和福建。

本种与长瓣马铃苣苔的区别在于叶片上密被贴伏短柔毛，下面密被锈褐色绢状绵毛；花冠喉部不缢缩；花序梗和花梗被腺状短柔毛。

⑧ 粗筒苣苔属 Briggsia Craib

多年生草本。叶近莲座状。聚伞花序1～2次分枝，腋生；苞片2；花梗具柔毛或腺状柔毛；花萼钟状，5裂至近基部；花冠粗筒状，花冠筒长为檐部的2～3倍，檐部二唇形，上唇2裂，下唇3裂；能育雄蕊4，二强，内藏，花丝扁平，花药顶端成对连着，药室2，基部略叉开，退化雄蕊1或不存在；花盘环状；子房长圆形、线形，柱头2。蒴果披针状长圆形或倒披针形，褐黄色。种子小，多数。

约22种，分布于我国、缅甸、不丹、印度、越南。我国有21种，分布于西南、华南及湖南、湖北、安徽、浙江等地；浙江有2种。

1. 浙皖粗筒苣苔 （图7-442）
Briggsia chienii Chun

多年生草本。叶基生，有柄；叶片椭圆状长圆形或狭椭圆形，长3.5～12cm，宽1.8～5.2cm，顶端钝，基部宽楔形，稍不对称，边缘有锯齿，除两面密被灰白色贴伏短柔毛外，下面沿叶脉至叶柄密被锈色绵毛，侧脉在下面隆起。聚伞花序2次分枝，1～2（6）条，每花序具1～5花；花序梗疏生锈色绵毛；苞片2，外面上部疏生柔毛，下面密被锈色绵毛；花萼常5裂至基部，

图7-442　浙皖粗筒苣苔

裂片卵状长圆形，外面密被锈色绵毛，内面近无毛；花冠紫红色，长3.5～4.2cm，外面疏生短柔毛，内面具紫色斑点，下方肿胀，上唇2深裂，下唇3裂至中部；花丝线形，被微柔毛至近无毛，花药肾形，顶端不汇合，退化雄蕊长3mm；花盘环状；子房狭线形，无毛，花柱短，被微柔毛，柱头2。蒴果倒披针形，无毛，顶端具短尖头。花果期9—10月。

产于全省各地。生于潮湿岩石上及草丛中。分布于安徽和江西。模式标本采自龙泉。

2. 宽萼粗筒苣苔
Briggsia latisepala Chun ex K.Y. Pan

多年生草本。叶基生，似莲座状，具柄；叶片椭圆形，长4.5～6.5cm，宽2～3.5cm，顶端圆形，基部宽楔形，边缘具锐齿，除两面密被灰白色贴伏短柔毛外，下面沿叶脉至叶柄密被锈色绵毛，脉在下面隆起，结成网状。聚伞花序1～2条，每花序具2花；花序梗与花梗被锈色绵毛；苞片2，全缘，被锈色绵毛；花萼5裂至近基部，顶端尾尖，全缘，被睫毛，外面沿中脉被锈色绵毛，内面无毛，具5～7脉；花冠粗筒状，下方肿胀，长约4cm，外面疏被短柔毛，内面无毛，紫色，上唇2深裂，下唇3裂；花丝无毛，花药肾形，2室，不汇合，退化雄蕊着生于花冠基部；花盘环状；雌蕊无毛，子房线形，柱头2。蒴果线形。花果期9—11月。

产于松阳、庆元、云和。生于山坡阴处。模式标本采自云和王蛇坞。

本种与浙皖粗筒苣苔极相似，主要以花萼裂片形状、大小、毛被以及花丝、花柱毛被来区别。但据现有的标本和野外植株来看，均存在着过渡或交叉性状，是否合并还需进一步研究。

④ 半蒴苣苔属　Hemiboea C.B. Clarke

多年生有茎草本。叶对生。花序假顶生或腋生，常二歧聚伞状或合轴式单歧聚伞状；总苞球形；花萼5裂；花冠漏斗状管形，内面常具紫斑，檐部二唇形，上唇2裂，下唇3裂，花冠筒内具1毛环；能育雄蕊2，药室平行，顶端不汇合，退化雄蕊3或2；花盘环状；子房上位，2室，1室发育。蒴果长椭圆状披针形至线形，室背开裂。种子细小而多数，长椭圆形或狭卵形，具6纵棱及多数网状突起，无毛。

23种，我国均产，日本和越南也有。浙江有1种。

降龙草　半蒴苣苔　（图7-443）
Hemiboea subcapitata C.B. Clarke—*H. henryi* C.B. Clarke

多年生草本。茎肉质，无毛或疏生白色短柔毛，散生紫褐色斑点。叶对生；叶片稍肉质，干时草质，椭圆形、卵状披针形或倒卵状披针形，长3～22cm，宽1.4～11.5cm，全缘或中部以上具浅钝齿，基部楔形或下延，上面散生短柔毛或近无毛，深绿色，背面无毛或沿脉疏生短柔毛，淡绿色或紫红色，皮下散生蠕虫状石细胞，侧脉每侧5～6；叶柄基部有时联合成船型。聚伞花序腋生或假顶生，具3～10花；花序梗和花梗无毛；总苞球形，顶端具突尖，无毛，开裂后呈船形；萼片5，无毛，干时膜质；花冠白色或略带浅粉色，具紫斑，花冠筒外面疏生腺状短柔毛，内面基部处有1毛环，上唇2浅裂，下唇3浅裂；花丝无毛，花药顶端连着，退化雄蕊3；花盘环状；子房无毛。蒴果线状披针形，多少弯曲，无毛。花期8—10月，果期9—12月。

产于全省丘陵山地。生于山谷林下石上或沟边阴湿处。分布于江西、湖北、湖南、广东、广西、四川、贵州、云南、陕西及甘肃。

全草可药用，有清热解毒、利尿、止咳、生津等功效，也可作猪饲料；叶可作蔬菜。

图7-443　降龙草

⑤ 全唇苣苔属　Deinocheilos W.T. Wang

多年生无茎草本。具短根状茎。叶基生，具柄，边缘有齿，具羽状脉。聚伞花序腋生，有2苞片和少数花；花萼钟状，5裂达基部，裂片线形；花冠白色或淡紫色，檐部二唇形，上唇不分裂，下唇3浅裂；能育雄蕊2，花药底着，药室平行，顶端不汇合，退化雄蕊3或不存在；花盘杯状；雌蕊内藏，子房线形，柱头扁头形。蒴果线形，室背开裂。种子小，纺锤形，光滑。

我国特有属，2种，分布于华东和四川东部；浙江有1种。

江西全唇苣苔 （图7-444）

Deinocheilos jiangxiense W.T. Wang

多年生草本。根状茎短。叶片草质或薄纸质，椭圆形，两侧稍不相等，长2.5～8cm，宽1.3～4.8cm，顶端钝，基部稍斜，宽楔形或近圆形，边缘有重牙齿，上面被白色贴伏短柔毛，下面疏被短柔毛，在中脉和侧脉上初被褐色绵毛，后毛稍变疏，侧脉每侧6～8，上面平，下面稍隆起；叶柄被褐色绵毛或密柔毛。聚伞花序2～4条，1～2次分枝，具2～8花；花序梗与花梗均被开展的白色短柔毛和短腺毛；苞片线形；花萼5裂片稍不等大，线形或匙状线形，顶端微尖，边缘上部每侧有1～2齿，外面被短柔毛，内面无毛；花冠淡紫色，漏斗状筒形，长约1.5cm，外面上部被短柔毛，内面无毛，上唇近半圆形，下唇3浅裂；雄蕊无毛，退化雄蕊无；花盘杯状，边缘浅波状；雌蕊无毛，子房线形，柱头扁头形。花果期7—12月。

产于桐庐（富春江白云源）。生于阴湿岩壁上。分布于江西（寻乌）、福建（将乐）。

为浙江省重点保护野生植物。

图7-444　江西全唇苣苔

⑥ 报春苣苔属 Primulina Hance

多年生草本。根状茎短而粗。无地上茎。叶基生，多少肉质。聚伞花序腋生；苞片通常2，对生；花萼5裂达基部；花冠管状漏斗形、管状或细管状，檐部二唇形，上唇2裂，下唇3裂；能育雄蕊2，花药以整个腹面连着，在顶端汇合，退化雄蕊3；花盘环状；子房线形，1室，柱头斜，不等的2裂。蒴果线形，室背开裂。种子小，椭圆形，光滑，常有纵纹。

约140种，分布于东南亚和南亚。我国约有100种，自西南、华南向东达浙江、福建、台湾，向北达四川、湖北；浙江有4种。

本属植物多有美丽的花，可供观赏；蚂蝗七等植物可供药用。

分种检索表

1. 叶片羽状浅裂至深裂。
　　2. 仅叶片下部边缘浅裂或波状 ···················· 1. 温氏报春苣苔 P. wenii
　　2. 整个叶片不规则羽状浅裂至深裂 ·············· 2. 羽裂报春苣苔 P. pinnatifida
1. 叶片不分裂。
　　3. 叶片边缘具齿；花冠筒喉部有黄色条纹 ·············· 3. 蚂蝗七 P. fimbrisepala
　　3. 叶片全缘；花冠筒喉部无黄色条纹 ·············· 4. 牛耳朵 P. eburnea

1. 温氏报春苣苔 （图7-445）
Primulina wenii Jian Li et L. J. Yan

多年生草本。根状茎圆筒状。叶片草质，4～6，长圆形至宽椭圆形，长10～20 cm，宽7～14 cm，基部宽楔形

图7-445　温氏报春苣苔

至楔形，边缘有不规则锯齿，具纤毛，先端钝，上面密被短柔毛和柔毛，下面密被贴伏短柔毛和沿脉具柔毛，侧脉3～4；叶柄扁。聚伞花序2～3条，腋生，每花序具3～7花或更多；花序梗长8～10cm，密被直立展开的白色短柔毛和长柔毛；苞片3，轮生，线形到披针形，密被白色短柔毛；花萼5裂达基部，裂片线形，长14～15mm，密被白色短柔毛；花冠淡蓝色或蓝紫色，长约3.2cm，上唇喉部具深紫色和棕色斑点，下唇喉部具2紫色条纹，密被白色腺毛；雄蕊2，贴生于花冠基部上方约1.2cm处；雌蕊长约2.3cm。蒴果线形，长约5cm。花果期4—6月。

产于泰顺（司前镇黄桥三插溪）。生于海拔130～600m的低山山谷溪边石上阴湿处。分布于福建。

刘西等人（2017）报道浙江有分布的大齿报春苣苔 *P. juliae* (Hance) Mich. Moller et A. Weber 实为本种的误定。

2. 羽裂报春苣苔　羽裂唇柱苣苔 （图7-446）
Primulina pinnatifida (Hand.-Mazz.) Yin Z. Wang—*Chirita pinnatifida* (Hand.-Mazz.) Burtt.

多年生草本。叶基生；叶片草质，长圆形、披针形或狭卵形，长3～18cm，宽1.5～7.8cm，顶端急尖或微钝，基部楔形或宽楔形，边缘不规则羽状浅裂，或有牙齿，或呈波状，两面疏被短伏毛，侧脉每侧3～5；叶柄扁，被柔毛。聚伞花序具1～4花；花序梗被柔毛；花梗密被柔毛及腺毛；苞片对生，长圆形、卵形或倒卵形，长5～14（23）mm，宽1.5～8（10）mm，被柔毛；花萼5裂至基部，被短柔毛；花冠紫色或淡紫色，长3.2～4.5cm，外面被短柔毛，内面只在上唇之下被柔毛；花丝有少数腺毛，花药下面有疏柔毛或无毛，退化雄蕊有疏柔毛；花盘环状；子房及花柱密被短柔毛，柱头顶端不明显2浅裂。蒴果长3～4cm，粗2～3mm，被短柔毛。种子褐色或暗紫色，

图7-446　羽裂报春苣苔

狭椭圆球形。花期6—8月，果期7—9月。

　　产于江山、开化、遂昌、松阳、景宁、永嘉、文成、泰顺。生于山谷林中石上或溪边。分布于江西、福建、湖南、广东、广西、贵州。

　　全草在民间供药用，治跌打损伤等证。

3. 蚂蝗七 （图7-447）

Primulina fimbrisepala (Hand.-Mazz.) Yin Z. Wang—*Chirita fimbrisepala* Hand.-Mazz.

　　多年生草本，具粗根状茎。叶基生；叶片草质，两侧不对称，卵形、宽卵形或近圆形，长4～10cm，宽3.5～11cm，顶端急尖或微钝，基部斜宽楔形或截形，或一侧钝或宽楔形，另一侧心形，边缘有小或粗牙齿，上面密被短柔毛并散生长糙毛，下面疏被短柔毛，侧脉在狭侧3～4；叶柄被疏柔毛。聚伞花序1～12条，具2～5花；花序梗和花梗被柔毛；苞片狭卵形至狭三角形，被柔毛；花萼5裂至基部，裂片披针状线形，边缘上部有小齿，被柔毛；花冠淡紫色或紫色，长3.5～6.4cm，下部被少数柔毛，在内面上唇紫斑处有2纵条毛，花冠筒细漏斗状；花丝上部疏被极短的毛，基部被疏柔毛，退化雄蕊无毛；花盘环状；子房及花柱密被短柔毛，柱头2裂。蒴果线状圆柱形，被短柔毛。种子纺锤形。花期3—5月，果期4—6月。

　　产于庆元、乐清、永嘉、平阳、苍南。生于山地林中石上或石崖上，或山谷溪边。分布于江西、福建、湖南、广东、广西和贵州。

　　根状茎有健脾和中、清热除湿、消肿止痛等功效。

图7-447　蚂蝗七

4. 牛耳朵 （图7-448）

Primulina eburnea (Hance) Yin Z. Wang—*Chirita eburnea* Hance—*P. xiziae* F. Wen, Yue Wang et G.J. Hua

多年生草本。根状茎短缩。叶片纸质至肉质，卵状椭圆形或卵形，长3.5～17cm，宽2.0～11.5cm，基部偏斜，宽楔形下延，边缘全缘或波状，先端钝或圆，两面具贴伏短毛，3～5对脉；叶柄被短柔毛，间或有长柔毛。聚伞花序1～4，腋生，具1～17花；花序梗密被短柔毛；苞片2，对生，卵形、宽卵形或圆卵形，外面具硬短毛，内面无毛；花梗密被短直腺毛；花萼5深裂至基部，线状披针形，外面密被短直腺毛，密被短柔毛；花冠淡紫色或紫红色，有时白色，长3～4.5cm；两面疏被短柔毛，与上唇2裂片相对有2纵条毛，檐部明显二唇形，上唇2中裂，下唇3中裂；雄蕊2，花药肾形，无毛，花丝基部具柔毛，上部具不明显的腺毛，不育雄蕊2；花盘环状；雌蕊密被直立腺毛，子房线形，柱头2裂。蒴果线形，被短柔毛。花期6—7月，果期8—9月。

产于杭州市区、临安、建德、淳安、衢州市区、常山、金华市区、兰溪、磐安、青田、乐清、泰顺。生于山谷林中或溪边岩壁上。分布于湖北、湖南、广东、广西、四川、贵州。

全草可药用，有清肺止咳等功效。

本种分布广，形态变化较大。李健等人在2011年发表的模式标本采自杭州太子湾公园的新种 *P. xiziae*，并以花冠筒喉部无2列黄色条纹，退化雄蕊3，做为与本种的主要区别特征，但模式标本绘制的插图上退化雄蕊却只有2枚，

图7-448　牛耳朵

经模式产地调查，也未发现有3枚退化雄蕊的植株，故赞成将其作为 *P. eburnea* 的异名。

⑦ 小花苣苔属 Chiritopsis W.T. Wang

多年生无地上茎草本。叶基生，具长柄。花序聚伞状，腋生，2或3次分枝，具2苞片；花小；花萼钟状，5裂达基部；花冠筒粗筒状或筒状，檐部二唇形，上唇2浅裂，下唇3深裂；雄蕊稍伸出，仅下（前）方2雄蕊能育，花药腹面连着，2药室极叉开，顶端汇合；花盘环状或间断；子房卵球形，柱头1，片状。蒴果长卵球形，室背2瓣裂。种子小，椭圆球形。

我国特有属，9种，分布于广西和广东西部；浙江有1种。

休宁小花苣苔 （图7-449）
Chiritopsis xiuningensis X.L. Liu et X.H. Guo

多年生草本。根状茎极短。叶基生，具柄；叶片薄草质，卵形、宽卵形、椭圆形至近圆形，长2～9cm，宽1～6cm，顶端钝或圆形，基部楔形至近圆形，两面均被白色短柔毛，侧脉每边2～4；叶柄密被开展的短柔毛。花葶1～7，纤细，与花梗均被开展的短柔毛；聚伞花序1或2次分枝，具2～10花；苞片2，条形，被短柔毛；花萼5裂达基部；花冠淡黄色，长约12mm，外面被疏柔毛，里面无毛，喉部有紫红色斑点，上唇2浅裂，下唇3深裂；雄蕊2，无毛，花药腹面连着，退化雄蕊2，无毛，丝状；花盘间断；子房卵球形，密被短柔毛，花柱细，被疏柔毛，柱头2浅裂。蒴果长卵球形，密被柔毛。种子小，多数，黄棕色，椭圆状球形，种皮饰纹纵向排列成网状不规则突起。花期6—8月，果期7—9月。

产于江山（江郎山）。生于路边岩石上。分布于安徽休宁。

图7-449　休宁小花苣苔

⑧ 长蒴苣苔属 Didymocarpus Wall.

通常为多年生草本。聚伞花序腋生；苞片对生；花萼小，5裂；花冠淡紫色至红紫色，细筒状或漏斗状筒形，檐部二唇形，上唇2裂，下唇3裂；能育雄蕊2，花丝狭线形，花药腹面连着，2药室极叉开，顶部汇合，退化雄蕊2~3或不存在；花盘环状或杯状；子房通常线形，1室，柱头1，盘状、扁球形或截形。蒴果线形或披针状线形，室背开裂为2瓣。种子小，椭圆形或纺锤形，光滑。

约180种，多数分布于亚洲热带地区，少数分布于非洲和澳大利亚。我国约有31种，由西藏南部、云南及华南地区向北分布，达四川、贵州、湖南和安徽南部；浙江有3种。

分种检索表

1. 花萼钟状，5浅裂或深裂，顶端具齿；叶片上面被短柔毛，下面有短柔毛或锈色长柔毛。
  2. 花萼5浅裂，裂片卵状三角形，边缘具小齿；叶片上面密被短柔毛，下面沿脉有锈色长柔毛⋯⋯⋯⋯⋯⋯⋯⋯⋯⋯⋯⋯⋯⋯⋯⋯⋯⋯⋯⋯⋯⋯ **1. 温州长蒴苣苔 D. cortusifolius**
  2. 花萼5深裂至基部，裂片披针形；叶片两面密被紧贴短柔毛⋯⋯ **2. 闽赣长蒴苣苔 D. heucherifolius**
1. 花萼坛状钟形，5浅裂，顶端截形，裂片扁四边形，边缘互相覆压外卷；叶片上面被绢丝状柔毛，下面被白色柔毛⋯⋯⋯⋯⋯⋯⋯⋯⋯⋯⋯⋯⋯⋯⋯⋯⋯⋯⋯⋯⋯⋯⋯⋯ **3. 迭裂长蒴苣苔 D. salviiflorus**

1. 温州长蒴苣苔 （图7-450）
Didymocarpus cortusifolius (Hance) W.T. Wang

多年生草本。具粗根状茎。叶基生；叶片纸质，卵圆形或近圆形，长4.6~10cm，宽3.2~9cm，基部心形，边缘浅裂，有不整齐小牙齿，上面被密柔毛，下面疏被短柔毛，沿

图7-450　温州长蒴苣苔

脉还有锈色长柔毛，基出脉3，侧脉每侧2；叶柄密被开展的锈色长柔毛。花序1～2次分枝，具2～10花；花序梗与花梗被锈色长柔毛和短腺毛；苞片对生，卵形或椭圆形，被柔毛；花萼钟状，外面被短柔毛及短腺毛，内面疏被短伏毛，5浅裂，裂片卵状三角形；花冠白色或粉红色，长2.4～3cm，外面被短柔毛，内面近无毛或散生短柔毛，上唇2裂近中部，下唇3裂至稍超过中部；花丝近无毛，在基部之上稍膝状弯曲，花药密被白色绵毛，退化雄蕊3；花盘环状；子房密被短柔毛，花柱被短柔毛，柱头截形。蒴果线形，被短柔毛。花果期5—8月。

　　产于温州及诸暨、天台、仙居。生于山地石壁上。模式标本采自温州。

　　本种有变型红花温州长蒴苣苔 form. **rubra** W.Y. Xie, G.Y. Li et Z.H. Chen。

2. 闽赣长蒴苣苔 （图7-451）

Didymocarpus heucherifolius Hand.-Mazz.

　　多年生草本。具粗根状茎。叶基生；叶片纸质，心状圆卵形或心状三角形，长3～9cm，宽3.5～11cm，顶端微尖，基部心形，边缘浅裂，有不整齐牙齿，两面被柔毛或下面仅沿脉被短柔毛，基出脉4～5；叶柄与花序梗密被开展的锈色长柔毛。花序1～2次分枝，具3～8花；苞片椭圆形或狭椭圆形，边缘有1～2齿，被长睫毛；花梗被短腺毛；花萼5裂达基部，裂片宽披针形或倒披针状狭线形，边缘每侧有1～3小齿，外面被短柔毛，内面无毛；花冠粉红色，长2.5～3.2cm，外面被短柔毛，内面无毛，上唇2深裂，下唇3深裂；花丝有小腺体，花药椭圆形，被短柔毛，退化雄蕊3；花盘环状；子房被短柔毛，柱头扁头形。蒴果线形或线状棒形，长5.5～7cm，被短柔毛。种子狭椭圆形。花期5—6月，果期7—11月。

　　产于临安、桐庐、建德、淳安、兰溪、永康。生于山谷路边、溪边石上或林下。分布于安徽、江西、福建、广东。

图 7-451　闽赣长蒴苣苔

3. 迭裂长蒴苣苔 （图7-452）

Didymocarpus salviiflorus Chun

多年生草本。叶基生；叶片纸质，心状卵形、三角状卵形或心状扁圆形，长4.5～7cm，宽6.5cm，顶端微尖，基部心形或截状心形，边缘浅裂，有不整齐小牙齿，表面稍密被短柔毛和长柔毛，下面被短柔毛，沿脉毛较密，基出脉4～5，每侧2侧脉；叶柄粗壮，与花序梗密被开展的锈色长柔毛和白色短柔毛。聚伞花序约具3花；苞片对生，近半圆形，边缘有少数浅牙齿，上面被疏伏毛，下面被短柔毛；花梗密被短腺毛及少数柔毛；花萼钟状，外面被短柔毛，内面无毛，5浅裂；花冠粉红色至紫红色，外面和内面均疏被短柔毛，花冠筒漏斗状，上唇2裂至近基部，下唇3深裂；花丝疏被短柔毛，稍弧状弯曲，花药被白色绵毛，退化雄蕊3，顶端近头状；花盘杯状；子房密被短腺毛，花柱无毛，柱头点状。蒴果线状圆柱形。花期4—5月，果期5—7月。

产于莲都、遂昌、泰顺。生于林下岩壁上。模式标本采自丽水莲都。

图 7-452　迭裂长蒴苣苔

⑨ 旋蒴苣苔属　Boea Comm. ex Lam.

多年生草本。叶对生，有时螺旋状，被单细胞长柔毛，稀被短柔毛或腺状柔毛。聚伞花序伞形，腋生；苞片小，不明显；花萼钟状，5裂至基部；花冠狭钟形，上唇2裂，下唇3裂；雄蕊2，花丝不膨大，花药顶端连着，药室2，汇合，极叉开，退化雄蕊2～3；子房长圆形，花柱细，与子房等长或短于子房，柱头1，头状。蒴果螺旋状卷曲。

约20种，分布于我国及中南半岛、马来西亚、印度东部、澳大利亚至波利尼西亚。我国有3种，分布于华东、华中、华南及辽宁、河北、山西、四川、陕西和贵州等地；浙江有2种。

1. 大花旋蒴苣苔　（图7-453）
Boea clarkeana Hemsl.

多年生无茎草本，全体被灰白色短柔毛。叶基生，具柄；叶片宽卵形，长2.5～11cm，宽1.5～4.5cm，顶端圆形，基部宽楔形或偏斜，边缘具细圆齿，侧脉每边5～6，上面不明显，下面稍隆起。聚伞花序伞形，1～3条，每花序具1～5花；苞片2，卵形或卵状披针形，长5～7mm；花萼钟状，5裂至中部，裂片相等，长圆形或卵状长圆形，长3.5～4mm，宽1.2～3mm，顶端钝或短渐尖，全缘；花冠较大，长2～2.2cm，直径1.2～1.8cm，白色或淡紫色，檐部稍二唇形，上唇2裂，下唇3裂；雄蕊2，花丝扁平，无毛，花药大，药室2，汇合，退化雄蕊2；无花盘；子房长圆形，花柱无毛，柱头1，头状，膨大。蒴果长圆形，螺旋状卷曲，干时变为黑色。种子卵圆形，长0.6～0.8mm。花期7—8月，果期9—10月。

产于临安、淳安、诸暨、宁波市区、鄞州、奉化、衢州市区、开化、武义、苍南。生于阴湿的山坡岩石缝中。分布于安徽、江西、湖北、湖南、四川、云南、陕西。

全草可药用，可治外伤出血、跌打损伤等。

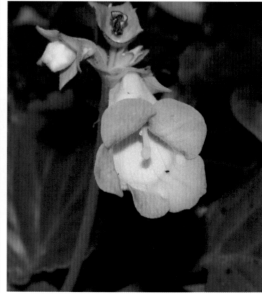

图7-453　大花旋蒴苣苔

2. 旋蒴苣苔 （图7-454）

Boea hygrometrica (Bunge) R. Br.

多年生草本。叶基生，莲座状，无柄；叶片近圆形、卵圆形或卵形，长1.8～7cm，宽1.2～5.5cm，上面被白色贴伏长柔毛，下面被白色或淡褐色贴伏长绒毛，顶端圆形，边缘具牙齿或波状浅齿，叶脉不明显。聚伞花序伞形，2～5条，每花序具2～5花；花序梗和花梗被淡褐色短柔毛和腺状柔毛；苞片2，极小或不明显；花萼钟状，5裂至近基部，裂片稍不等，外面被短柔毛，全缘；花冠淡蓝紫色，长8～15mm，直径6～10mm，外面近无毛，檐部稍二唇形，上唇2裂，下唇3裂；雄蕊2，花丝扁平，无毛，花药卵圆形，顶端连着，药室2，顶端汇合，退化雄蕊3，极小；子房卵状长圆形，被短柔毛，花柱无毛，柱头1，头状。蒴果长圆形，外面被短柔毛，螺旋状卷曲。种子卵圆形。花期6—8月，果期9—10月。

产于杭州市区、富阳、临安、建德、诸暨、宁波市区、鄞州、余姚、奉化、宁海、永康、武义、天台、仙居、温岭、莲都、云和、景宁、乐清、永嘉、文成、泰顺。生于山坡路旁岩石上。分布较广，北至辽宁，西至陕西和云南，南至广东各地。

全草可药用，味甘、性温，有散瘀、止血、解毒等功效。

本种与大花旋蒴苣苔的区别在于叶无柄，叶片圆卵形或卵形，上面被贴伏的白色长柔毛，下面被白色或淡褐色茸毛；花较小，花萼5裂至近基部。

图7-454　旋蒴苣苔

⑩ 台闽苣苔属　**Titanotrichum** Soler.

多年生落叶草本。根状茎有肉质鳞片。叶对生，上部叶有时互生，具柄。总状花序，有苞片；花萼5裂至基部；花冠漏斗状管形，檐部二唇形；雄蕊4，二强，花药顶端连着，2药室平行，顶端不汇合，退化雄蕊1，小；花盘下位；雌蕊内藏，子房卵球形，有2侧膜胎座，柱头2，2浅裂。不孕花有时存在，小，组成细长的穗状花序。蒴果卵球形，裂成4瓣。种子近杆状，两端有膜质鳞状翅。

1种，分布于我国和日本；浙江也有。

台闽苣苔　（图7-455）

Titanotrichum oldhamii (Hemsl.) Soler.

多年生草本。茎下部疏被短柔毛，上部密被开展的褐色短柔毛。叶对生，同一对叶不等大，有时互生；叶片草质或纸质，狭椭圆形、椭圆形或狭卵形，长4.5～24cm，宽2.8～10cm，基部楔形或宽楔形，边缘有齿，两面疏被短柔毛，侧脉每侧约7；叶柄被短柔毛。能育花花序总状，顶生，长10～15cm，轴和花梗均被开展的褐色短柔毛；苞片披针形，小苞片生于花梗基部，被短柔毛；不育花的花序似穗状花序，长约26cm；花萼5裂达基部，宿存，两面均被短柔毛，有3条脉；花冠黄色，裂片有紫斑，无毛，花冠筒管状漏斗形，上唇2深裂，下唇3裂；雄蕊无毛，花药扁圆形，退化雄蕊无毛；子房卵球形，密被贴伏短柔毛，花柱无毛。蒴果褐色，卵球形，疏被短柔毛。种子褐色。除正常发育的果实外，本种果序还具珠芽，珠芽直径约2mm，绿色。花期8—9月，果期10—11月。

产于莲都、云和、庆元、景宁、泰顺。生于山谷阴湿处。分布于福建和台湾。

为浙江省重点保护野生植物。

图7-455　台闽苣苔

⑪ 吊石苣苔属　Lysionotus D. Don

小灌木或亚灌木，通常附生。叶对生或轮生。聚伞花序；苞片对生；花萼5裂；花冠筒细漏斗状，檐部二唇形，上唇2裂，下唇3裂；2雄蕊能育，内藏，花药连着，2室近平行，退化雄蕊2～3，较小；花盘环状或杯状；子房线形，侧膜胎座2，花柱常较短，柱头盘状或扁球形。蒴果线形，室背开裂成2瓣，以后每瓣又纵裂为2瓣。种子纺锤形，每端各有1附属物。

约25种，产于自印度北部、尼泊尔向东经我国、泰国及越南北部到日本南部。我国有23种，分布于秦岭以南各地，多数分布于广西、四川、云南等地；浙江有1种。

吊石苣苔　（图7-456）
Lysionotus pauciflorus Maxim.

附生的攀缘状小灌木。3叶轮生，有时对生或多叶轮生，具短柄或近无柄；叶片革质，形状变化大，线形、线状倒披针形、狭长圆形或倒卵状长圆形，长1.5～6.8cm，宽0.4～1.5（2）cm，顶端急尖或钝，基部钝、宽楔形或近圆形，边缘在中部以上或上部有少数牙齿或小齿，有时近全缘，两面无毛，中脉上面下陷，侧脉每侧3～5，不明显；叶柄上面常被短伏毛。花序具1～2（5）花；花序梗和花梗无毛；苞片披针状线形，疏被短毛或近无毛；花萼5裂至近基部，无毛或疏被短伏毛，裂片狭三角形或线状三角形；花冠白色带淡紫色条纹或淡紫色带紫色条纹，长3.5～4.8cm，无毛，花冠筒细漏斗状，上唇2浅裂，下唇3裂；雄蕊无毛，退化雄蕊3，无毛；花盘杯状，有尖齿；雌蕊无毛。蒴果线形，无毛。种子纺锤形，具毛。花期7—8月，果期9—10月。

产于全省各地。生于丘陵或山地林中或阴湿处石崖上或树上。分布于长江以南各地及西南地区。日本及越南也有。

全草可药用，有益肾强筋、散瘀镇痛、舒筋活络等功效。

图7-456　吊石苣苔

一五七 爵床科 Acanthaceae

草本、灌木或藤本，稀为小乔木。叶对生，稀互生，无托叶，叶片、小枝和花萼上常有条形或针形的钟乳体。花两性，左右对称，通常组成总状、穗状或聚伞花序，有时单生或簇生而不组成花序；苞片通常大；小苞片2或退化；花萼通常5裂或4裂，裂片镊合状或覆瓦状排列；花冠合瓣，具长或短的花冠筒，冠檐通常5裂，整齐或二唇形，上唇通常2裂，下唇3裂，裂片旋转状排列、双盖覆瓦状排列或覆瓦状排列；发育雄蕊4或2，通常为二强，花药背着，2室或退化为1室，不育雄蕊1~3或无；子房上位，其下常有花盘，2室，中轴胎座，花柱单一，柱头通常2裂。蒴果室背开裂为2瓣。种子扁或透镜形，通常生于上弯的种钩上，成熟时从种钩弹出。

约220属，4000种，主要分布于热带和亚热带地区。我国有35属，304种，多产于长江以南各地，以云南种类最多；浙江有10属，19种。

分属检索表

1. 花冠显著二唇形；雄蕊2（水蓑衣属雄蕊4）。
 2. 蒴果有种子多粒。
  3. 圆锥花序；雄蕊2 ··· 1. 穿心莲属 Andrographis
  3. 花簇生叶腋；雄蕊4 ··· 2. 水蓑衣属 Hygrophila
 2. 蒴果有种子2~4。
  4. 聚伞花序下有2总状苞片；药室基部无附属物。
   5. 药室卵形；蒴果开裂时，胎座自蒴底弹起 ·················· 3. 观音草属 Peristrophe
   5. 药室线形；蒴果开裂时，胎座不从蒴底弹起 ·············· 4. 狗肝菜属 Dicliptera
  4. 花序下无总苞状苞片；药室基部有附属物。
   6. 苞片大而鲜艳，棕红色，长达2cm（引种栽培） ············ 5. 虾衣草属 Calliaspidia
   6. 苞片较小，若为宽大则不为棕红色。
    7. 蒴果开裂时，胎座自蒴底弹起 ························· 6. 孩儿草属 Rungia
    7. 蒴果开裂时，胎座不自蒴底弹起 ······················· 7. 爵床属 Justicia
1. 花冠裂片近相等或略成二唇形；雄蕊4。
 8. 常绿灌木；引种植物 ·· 8. 芦莉草属 Ruellia
 8. 地上茎枯萎多年生草本；野生或栽培植物。
  9. 花冠里面无毛，或有毛而不为2行；花丝基部无薄膜相连；蒴果下部实心，细长似柄 ··············
   ·· 9. 白接骨属 Asystasia
  9. 花冠里面有2短行柔毛；花丝基部有薄膜相连；蒴果下部不为柄状 ···· 10. 马蓝属 Strobilanthes

① 穿心莲属 Andrographis Wall. ex Nees

草本或亚灌木。叶全缘。花具梗，通常组成疏松的圆锥花序或有时成头状紧密的总状花序，具苞片；花萼5深裂，裂片狭，等大；花冠筒管状或膨大，冠檐二唇形或稍成二唇形，上唇2裂，下唇3裂，裂片覆瓦状排列；雄蕊2，花丝被毛，花药2室；子房每室有3至多数胚珠，花柱细长，柱头齿状2裂。蒴果线状长圆形或线状椭圆形，两侧呈压扁状。种子通常长圆形，种皮骨质，有种钩。

约20种，分布于亚洲热带地区的中南半岛、马来半岛至加里曼丹岛、印度，印度是分布中心。我国有2种；浙江有1种。

穿心莲 （图7-457）
Andrographis paniculata (Burm. f.) Wall.

一年生草本。茎高50~80cm，4棱，下部多分枝，节膨大。叶片卵状长圆形至长圆状披针形，长4~8cm，宽1~2.5cm，顶端略钝，花序轴上叶较小。总状花序顶生和腋生，集成大型圆锥花序；苞片和小苞片微小，长约1mm；花萼裂片三角状披针形，长约3mm，有腺毛和微毛；花冠白色而小，下唇有2块紫色斑纹，长约12mm，外有腺毛和短柔毛，二唇形，上唇2微裂，下唇3深裂，花冠筒与唇瓣等长；雄蕊2，花药2室，一室基部和花丝一侧有柔毛。蒴果扁，中有一沟，长约10mm，疏生腺毛。种子12，四方形，有褶皱。花期9—10月，果期10—11月。

原产于南亚；澳大利亚有栽培。杭州市区、文成等地有引种栽培。

全草可药用，茎叶极苦，有清热解毒、消肿止痛等功效。

图7-457　穿心莲

② 水蓑衣属 Hygrophila R. Br.

灌木或草本。叶对生。花无梗，2至多花簇生于叶腋；花萼圆筒状，5深裂；花冠筒管状，喉部常一侧膨大，冠檐二唇形，上唇2浅裂，下唇3浅裂，裂片旋转状排列；雄蕊4，2长2短，花药2室等大，平行，中下部常分开；子房每室有4至多数胚珠，柱头2裂，后裂片常消失。蒴果圆筒状或长圆形，2室。种子宽卵形或近圆形，两侧压扁，被紧贴长白毛，遇水胀起有弹性。

约100种，广泛分布于热带和亚热带的水湿或沼泽地区。我国有6种，分布于东部至西南部；浙江有1种。

水蓑衣 （图7-458）

Hygrophila ringens (L.) R. Br. ex Spreng. —*H. salicifolia* (Vahl) Nees

一年生或二年生草本，高可达80cm。茎四棱形，幼枝被白色长柔毛，不久脱落近无毛或无毛。叶近无柄，纸质，长椭圆形、披针形、线形，长3～13cm，宽0.5～2.2cm，两端渐尖，先端钝，两面被白色长硬毛，背面脉上较密，侧脉不明显。花簇生于叶腋，无

图7-458　水蓑衣

梗；苞片披针形，长5～10mm，宽约6.5mm，基部圆形，外面被柔毛，小苞片细小，线形，外面被柔毛，内面无毛；花萼圆筒状，长4～8mm，被短糙毛，5深裂至中部，裂片稍不等大，渐尖，通常被皱曲的长柔毛；花冠淡紫色或粉红色，长0.7～1.3cm，被柔毛，上唇卵状三角形，下唇长圆形，喉凸上有疏而长的柔毛，花冠筒稍长于裂片；后雄蕊的花药比前雄蕊的小一半。蒴果比宿萼长1/4～1/3，干时呈淡褐色，无毛。花果期为秋季。

产于杭州、绍兴、温州及宁波市区、普陀、衢州市区、开化、金华市区、磐安、永康、天台、临海、莲都、缙云、松阳、龙泉。生于溪沟边、水田或湿地等潮湿处。广泛分布于长江流域及以南各地。亚洲东南部至日本东部也有。

全草可入药，干燥的地上部分通称大青草，有活血通络、理气祛瘀、解毒等功效。

③ 观音草属（山蓝属）Peristrophe Nees

草本或灌木。叶通常全缘或稍具齿。由2至数个头状花序组成的聚散式或呈伞形花序，有时因花叶退化形成圆锥花序；总苞片通常2，对生，内具数花，仅1花发育；花萼5深裂；花冠红色或紫色，冠檐二唇形，上唇全缘或微缺，下唇齿状3裂；雄蕊2，花药2室，通常下方的1室较小；子房每室有胚珠2。蒴果开裂时胎座不弹起。种子每室2，阔卵形或近圆形，表面有多数小突点。

约40种，主产于亚洲、非洲和马达加斯加的热带和亚热带地区。我国约10种；浙江有2种。

1. 九头狮子草 （图7-459）
Peristrophe japonica (Thunb.) Bremek.

多年生草本。茎直立，高20～50cm，有棱或纵沟，被倒生伏毛。叶卵状长圆形，长2.5～13cm，宽1～5cm，顶端渐尖或尾尖，基部钝或急尖。花序顶生或腋生于上部叶腋，由2～10（14）聚伞花序组成，每个聚伞花序下托以2总苞状苞片，一大一小，卵形或倒卵形，长1.5～2.5mm，宽5～12mm，顶端急尖，基部宽楔形或平截，全缘，近无毛，羽脉明显，内有1至少数花；花萼裂片5，钻形，长约3mm；花冠粉红色至微紫色，长2.5～3cm，外疏生短柔毛，二唇形，下唇3裂；雄蕊2，花丝细长，伸出，花药被长硬毛，2室叠生，一上一下，线形纵裂。蒴果长1～1.2cm，疏生短柔毛，开裂时胎座不弹起，上部具4种子，下部实心。种子有小疣状突起。

产于杭州、丽水、温州及安吉、绍兴市区、诸暨、宁波市区、余姚、奉化、舟山、普陀、开化、磐安、天台。生于海拔400～1000m的树荫下、溪边、路旁及草丛中。分布于江苏、安徽、江西、福建、河南、湖北、湖南、广东、广西、重庆、贵州、云南。日本也有。

全草可入药，有解表发汗、清热解毒、活血消肿等功效。

图 7-459　九头狮子草

2. 天目山蓝 （图 7-460）

Peristrophe tianmuensis H.S. Lo

多年生草本。茎直立，高 30～35cm，茎具 6 钝棱，嫩枝上被短小硬毛。叶阔卵形，顶端骤尖或短尖，钝头，基部阔尖至近圆形，长 1.5～6cm，宽 1～4cm，纸质，两面近无毛或背面中脉和侧脉上疏生短毛，钟乳体针形，稍密，侧脉 3～6 对，纤细，两面近同等突起。聚伞花序顶生或近腋生；总苞片和苞片小，狭披针形，长 3.5～6mm，被微柔毛；花萼 5 深裂至基部，被疏柔毛；花冠淡紫色，长约 2cm，外面喉部和下唇被短硬毛，冠檐二唇形，喉部稍扭转，上唇长圆状椭圆形，长约 1cm，顶端钝圆，齿状 2 裂，下唇长圆状匙形，3 浅裂；雄蕊 2，生于喉部，花丝长 7.5～8cm，被硬毛，花药 2 室，药室线形，无距。蒴果长 8～9mm，被硬毛。种子每室 2。花期 8—9 月，果期 9—10 月。

产于临安（天目山）、武义（三笋坑）、遂昌（杨梅坑）、泰顺（竹里）。模式标本采自临安天目山。

本种与九头狮子草的区别在于叶片宽卵形，长 1.5～6cm，宽 1～4cm，先端骤尖或短尖、钝尖，基部宽楔形至近圆形；总苞片和苞片小，狭披针形，长 3.5～6mm。

图 7-460　天目山蓝

④ 狗肝菜属　Dicliptera Juss.

草本。叶通常全缘或浅波状。花序通常腋生，由数个至多个头状花序组成聚伞或圆锥花序；总苞片2，叶状，对生，内具数花，通常仅1花发育；花无梗；花萼5深裂，裂片等大；花冠粉红色，冠檐二唇形，上唇全缘或2浅裂，下唇3浅裂或有时全缘；雄蕊2，花药2室，基部无附属物；子房每室具胚珠2，柱头2浅裂。蒴果卵形。种子每室2，近圆形，表面有小疣点或有小乳突。

约100种，分布于热带和亚热带地区。我国约4种，产于南部或西南部；浙江有1种。浙江分布新记录属。

狗肝菜　（图7-461）
Dicliptera chinensis (L.) Juss.

一年生或二年生草本，植株高30～80cm。茎具6钝棱和浅沟，节常膨大成膝曲状，近无毛或节处被疏柔毛。叶片卵状椭圆形，顶端短渐尖，基部阔楔形或稍下延，长2～7cm，宽1.5～3.5cm，纸质，两面近无毛或背面脉上被疏柔毛；叶柄长5～25mm。花序腋生或顶生，由3～4聚伞花序组成，每聚伞花序具1至少数花，具长3～5mm的花序梗，下面有2总苞状苞片，总苞片阔倒卵形或近圆形，大小不等，长6～12mm，宽3～7mm，顶端有小突尖，具脉纹，被柔毛；小苞片线状披针形，长约4mm；花萼裂片5，钻形，长约4mm；花冠淡紫红色，长10～12mm，外面被柔毛，二唇形，上唇阔卵状近圆形，全缘，有紫红色斑点，下唇长圆形，3浅裂；雄蕊2，花丝被柔毛，药室2，卵形，一上一下。蒴果被柔毛，开裂时由蒴底弹起，具种子4。花期9—10月，果期10—11月。

产于鹿城。生于平原荒地或路旁。分布于华南、西南及福建。孟加拉国、印度和中南半岛也有。浙江分布新记录。

　　全草可药用，有清热解毒、生津利尿等功效。

图 7-461　狗肝菜

⑤ 虾衣草属 Calliaspidia Bremek.

　　草本。叶有柄，对生。穗状花序顶生；苞片仅2列生花，其余的无花；小苞片较苞片稍小；花萼5深裂；花冠白色，有红色糠秕状斑点，花冠筒狭钟形，冠檐二唇形，裂片近相等，覆瓦状排列，上唇全缘或微缺，下唇3浅裂；雄蕊2，花药2室；花盘马蹄形；子房每室有胚珠2，花柱无毛。蒴果棒状。种子两侧呈压扁状，无毛。

　　1种，原产于墨西哥，全球热带和亚热带地区都有栽培。浙江偶见栽培。

虾衣草　虾衣花　（图7-462）
Calliaspidia guttata (Brandegee) Bremek.

多分枝的草本或亚灌木，高20～50cm。茎圆柱状，被短硬毛。叶对生，卵形，长2.5～6cm，宽0.8～2.3cm，先端短渐尖，基部渐狭而成细柄，全缘，两面被短硬毛。穗状花序紧密，稍弯垂，长6～9cm；苞片砖红色，长1.2～1.8cm，被短柔毛；花萼白色，长约为花冠筒的1/4；花冠白色，在喉凸上有红色斑点，长约3cm，伸出苞片之外，被短柔毛，二唇形，深裂至中部，上唇全缘或微缺，下唇3浅裂；2药室一上一下，基部均有极短的附属物。蒴果卵状椭圆形。全年有花果。

原产于墨西哥，全球热带和亚热带地区多有栽培。温州地区的温室及室外偶见栽培。

可供观赏；全草可入药；也可作洗涤剂。

图7-462　虾衣草

⑥ 孩儿草属　Rungia Nees

直立或披散草本。叶全缘。花无梗，组成密集的穗状花序；苞片常4列，仅2列有花；花萼5深裂；花冠檐部二唇形，上唇全缘或2浅裂，下唇较长，3裂，裂片覆瓦状排列；雄蕊2，较上唇短，花药2室，下方的1室基部常有距；子房每室有胚珠2，柱头全缘或不明显2裂。蒴果卵形或长圆形，开裂时胎座连同珠柄钩自果基部弹起。种子每室2，近圆形，两侧压扁，表面有小突点。

约50种，产于全球热带和亚热带地区。我国有16种，以云南最多；浙江有2种。

1. 中华孩儿草

Rungia chinensis Benth.

多年生草本。茎基部匍匐，高达70cm，茎纤细，具4棱，有沟槽。叶具柄，柄长5～15mm；叶片卵形、椭圆形至椭圆状长圆形，长2.5～9cm，宽1.8～3cm，顶端尖至近渐尖，基部宽楔形，侧脉每边5～6。穗状花序较疏松，长1～7cm，宽约1.5cm，顶生或生于上部叶腋，具花序梗，长1～2cm；花在花序轴上互生，密集，排列在一侧；苞片椭圆形至匙形，长7～8mm，疏被短柔毛，覆瓦状排列；小苞片2，椭圆形，长约5mm，具膜质边缘和睫毛；花萼裂片5，条状披针形，长3～4mm；花冠淡紫蓝色，长约1.5cm，二唇形，上唇三角形，下唇3裂，外面被白色柔毛；雄蕊2，药室不等高，下方1室具小距。蒴果长约6mm，开裂时胎座由蒴底弹起。种子4。

产于临安、温岭、龙泉、景宁、泰顺。生于山坡路旁和溪边。分布于安徽、江西、福建、台湾、广东、广西。

2. 密花孩儿草 （图7-463）

Rungia densiflora H.S. Lo

多年生草本。茎稍粗壮，被2列倒生柔毛；小枝被白色皱曲柔毛。叶片纸质，椭圆状卵形、卵形或披针状卵形，长2～8.5cm，宽1～3cm，顶端渐尖，稍钝头，基部楔形或稍下延，两面无毛或疏生短硬毛，侧脉6～8对；叶柄长0.5～2cm，被柔毛。穗状花序顶生和腋生，长达3cm，密花，花序梗短；苞片4列，全都能育，通常匙形或有时倒卵形，长7～11mm，宽1.5～3mm，顶端圆或钝，3脉，无干膜质边缘，缘毛硬，上部稍密；小苞

图7-463　密花孩儿草

片2，有干膜质边缘和缘毛；花萼5深裂，几达基部；花冠天蓝色，长11～17mm，上唇长三角形，顶端2短裂，下唇长圆形，顶端3裂，外面被毛；雄蕊2，花丝无毛，下方药室有白色的距。蒴果卵圆形，长约6mm。种子4，种皮具小乳头状突起。花期8—10月，果期9—11月。

产于杭州、丽水、温州及鄞州、奉化、衢州市区、开化、江山、磐安、武义。生于海拔400～800m的潮湿的沟谷林下、山坡上、路旁、溪边及石缝中。分布于安徽、江西、广东。

药用功效与爵床基本相似。

本种与中华孩儿草的区别在于花序不偏向一侧；苞片无干膜质边檐；花冠为天蓝色。

7 爵床属 Justicia L.

草本。叶对生；叶片全缘，表面散生粗大通常横列的钟乳体。穗状花序顶生或腋生，花序梗极短或无；花小，无梗；苞片交互对生，每苞片中具1花；小苞片、花萼裂片与苞片相似，均被缘毛；花萼4裂；花冠二唇形；雄蕊2，外露，花药2室，药室一上一下，下室基部有尾状附属物；花盘坛状；子房被丛毛，柱头2裂。蒴果小，卵形或长圆形。种子每室2，常有瘤状褶皱。

约700种，主要分布于热带和亚热带地区。我国有43种，主要产于台湾、海南、云南；浙江有3种。

分种检索表

1. 花萼4等裂。
  2. 苞片倒卵状椭圆形，最宽处在中上部，宽2～3mm ·················· 1. 早田氏爵床　**J. hayatai**
  2. 苞片卵形至椭圆状披针形或长圆状披针形，最宽处在基部，宽0.6～1.3mm ···········
  ··· 2. 爵床　**J. procumbens**
1. 花萼5等裂 ··· 3. 杜根藤　**J. championii**

1. 早田氏爵床 （图7-464）

Justicia hayatea Yamam.—*Rostellularia procumbens* (L.) Nees var. *ciliata* (Yamam.) S.S. Ying

一年生草本。茎铺散或外倾，具4棱，沿槽具2列硬毛。叶卵形或近圆形，长10～35mm，宽8～20mm，顶端钝，基部圆或宽楔形，多少下延至叶柄，上面具钟乳体，两面具硬毛，下面更甚，侧脉3～4，顶端钝，边全缘。穗状花序顶生或上部叶腋生，长1～4cm，果期可达7cm；苞片倒卵状椭圆形，长4.2～5mm，宽1.2～5mm，顶端钝，边缘稍透明，无毛，背面密被长硬毛；小苞片披针形，两面密被短硬毛；花萼4等裂，裂片线状披针形，密被硬毛；花冠堇色，长7～9mm，宽

4～5mm，外面被微柔毛，冠檐二唇形，上唇直立，三角形，下唇倒卵形；花丝稀被纤毛；花柱长约5mm，近基部被纤毛。蒴果顶端稍被微柔毛。花期7—8月，果期8—9月。

产于平阳（南麂岛）。生于山坡上和路边草丛中。分布于我国台湾地区。

图7-464　早田氏爵床

2. 爵床 （图7-465）

Justicia procumbens L.—*Rostellularia procumbens* (L.) Nees

一年生匍匐或披散草本，植株高10～50cm。茎通常具6钝棱及浅槽，沿棱被倒生短毛，节稍膨大。叶片椭圆形至椭圆状长圆形，长1.5～3.5cm，宽1.3～2cm，先端锐尖或钝，基部宽楔形或近圆形，两面常被短硬毛；叶柄短，长3～5mm，被短硬毛。穗状花序顶生或生于上部叶腋，长1～3mm，宽6～12mm；苞片1，小苞片2，均披针形，长4～6mm，有缘毛；花萼裂片4，线形，约与苞片等长，有膜质边缘和缘毛；花冠粉红色或紫红色，长7mm，二唇形，下唇3浅裂；雄蕊2，药室

图7-465　爵床

不等高，下方1室有距。蒴果线形，长约6mm，上部具4种子，下部实心似柄状。种子近卵圆形，黑色，表面有瘤状褶皱。

产于全省各地。生于海拔850m以下的旷野草地、林下、路旁、水沟边阴湿处。分布于秦岭以南，东至江苏、台湾，南至广东，西南至云南、西藏。亚洲南部至澳大利亚也有。

全草可入药，有清热解毒、利尿消肿等功效。

本种还有变型白花爵床form. **albiflora** Z.H. Chen，模式标本采自景宁。

3. 杜根藤　圆苞杜根藤　（图7-466）

Justicia championii T. Anderson ex Benth. —*Calophanoides chinensis* (Benth.) C.Y. Wu et H.S. Lo

多年生草本。茎基部匍匐，下部节上生根，后直立，近四棱形，在两相对面具沟，幼时被短柔毛，后近圆柱形而无毛。叶有柄，柄长0.3～1.5（2）cm；叶片长圆形或披针形，基部锐尖，先端短渐尖，边缘常具有间距的小齿，背面脉上无毛或被微柔毛，长2.5～13cm，宽1～4cm，叶片干时呈黄褐色。花序腋生，苞片卵形、倒卵圆形，具长3～4mm的柄，具羽脉，两面疏被短柔毛；小苞片线形，无毛，长1mm；花萼裂片线状披针形，被微柔毛，长5～6mm；花冠白色，具红色斑点，被疏柔毛，上唇直立，2浅裂，下唇3深裂，开展；雄蕊2，花药2室，上下叠生，下方药室具距。蒴果无毛，长8mm。种子无毛，被小瘤。花期6—10月，果期8—11月。

产于温州及临安、桐庐、建德、余姚、奉化、宁海、衢州市区、开化、常山、江山、金华市区、浦江、磐安、武义、临海、三门、仙居、缙云、遂昌、松阳、龙泉。生于海拔350～800m的沟谷林缘、林下、灌丛及草丛中。分布于湖北、广东、海南、广西、重庆、云南。越南、泰国、缅甸、印度尼西亚、印度也有。

全草可入药，功效与水蓑衣基本相同。

图7-466　杜根藤

⑧ 芦莉草属（蓝花草属）Ruellia L.

多年生草本或灌木，具钟乳体。叶具柄或无柄，全缘或具齿。花序顶生或腋生，二歧聚伞花序或圆锥花序，稀缩减至单花；苞片对生，全缘；小苞片2或无；花萼5深裂，裂片相等或近相等；花冠漏斗状，檐5裂，基部弯曲；雄蕊4，二强，内藏，花药2室，退化雄蕊1或无；子房可多达10室，柱头2裂。蒴果具4～26种子。种子圆盘状，具毛。

约250种，广泛分布于热带至温带地区。我国有5种；浙江常见栽培或逸生1种。

翠芦莉　蓝花草　（图7-467）
Ruellia brittoniana Leonard

多年生常绿草本，高可达1m。地下茎发达，形成交织的水平根茎网。茎略成方形，具沟槽，下部通常木质化，红褐色。单叶对生；叶片线状披针形，上面暗绿色，下面绿色，新叶及叶柄常呈紫红色，全缘或疏锯齿，长8～30cm，宽0.5～1.9cm。花腋生，二歧聚伞花序；花序梗和花梗具棱；苞片对生，全缘，线状披针形；小苞片2，线形；花萼5深裂，裂片相等，线状披针形，两面具短毛；花冠蓝紫色、粉色或白色，漏斗状，直径3～5cm，5裂，宽椭圆形或宽卵形，具放射状条纹，边缘细波浪状；雄蕊4，二强，内藏，花药2室，退化雄蕊1。蒴果线形，成熟后呈褐色。果实开裂后种子散出。种子细小，粉末状。花期3—10月，果期4—11月。

原产于墨西哥。长江以南各地常见栽培。浙江公园与街头绿地常见栽培，但冬季易遭霜冻。

图7-467　翠芦莉

⑨ 白接骨属（十万错属）Asystasia Blume

草本或灌木。叶对生，全缘或稍有齿。花排列成顶生的总状花序或圆锥花序；苞片和小苞片均小；花萼5裂至基部，裂片相等；花冠通常钟状，近漏斗形，冠檐近于5等裂，上面的细长裂片略凹；雄蕊4，二强，内藏，基部成对联合，花药2室，药室平行，有胼胝体或附着物；花柱头状，2浅裂或2齿，胚珠每室2粒。蒴果长椭圆形，有种子4。

40种，分布于东半球热带地区。我国有4种，产于南部和西南部；浙江有1种。

白接骨　（图7-468）

Asystasia neesiana (Wall.) Nees—*Asystasiella chinensis* (S. Moore) E. Hossain

多年生草本。根状茎白色，富黏液。茎高达1m，略呈四棱形。叶片卵形至椭圆状长圆形，纸质，长3～20cm，先端尖至渐尖，边缘微波状至具浅齿，基部下延成柄，侧脉6～7，两面突起，疏被微毛。总状花序或基部有分枝，顶生，长4.5～21cm；花单生或对生；苞片2，微小，长1～2mm；花萼裂片5，长约6mm，主花轴和花萼被有柄腺毛；花冠淡紫红色，漏斗状，外疏被腺毛，花冠筒细长，长3.5～4cm，裂片5，略不等，长约1.5cm；雄蕊二强，长花丝3.5mm，短花丝2mm，着生于花冠喉部，2药室等高。蒴果长18～25mm，上部具4种子，下部实心细长似柄。花期7—10月，果期8—11月。

产于杭州及安吉、德清、诸暨、宁波市区、鄞州、余姚、奉化、象山、宁海、衢江、开化、常山、浦江、武义、磐安、天台、遂昌、庆元、永嘉、泰顺。生于阴湿的山坡林下、溪边石缝间、路边草丛中及田畔。分布于长江以南及西南各地。越南、缅甸至印度也有分布。

全草可入药，有清热解毒、活血止血、利尿等功效。

图7-468　白接骨

⑩ 马蓝属 Strobilanthes Blume

草本或亚灌木。叶对生。花序穗状、头状、聚伞状或圆锥状，顶生或腋生；苞片叶状，小苞片近线形，两者有时早落；花萼5裂；花冠5裂，里面有2列短行的毛，裂片相等或略成二唇形，喉部钟状；雄蕊4，二强，内藏，直立，花丝全无毛，在下延褶处有纤毛，退化雄蕊无；子房被头状毛及短簇毛，每室具2胚珠，花柱被头状毛或稀疏短硬毛。蒴果纺锤状，具4种子，被柔毛或长柔毛。

约400种，分布于亚洲热带与亚热带地区。我国有128种，产于广西、四川、云南、西藏等地；浙江有6种。

据 *Flora of China* 记载，浙江还有翅柄马蓝 *S. atropurpurea* Nees ex Wall. 的分布，但未见标本，暂不收录。

分种检索表

1. 茎直立或基部匍匐草本。
  2. 叶椭圆形或卵状椭圆形，边缘有粗大深波状锯齿或羽状浅裂至深裂；穗状花序顶生……………………………………………………………………………………………… 1. 羽裂马蓝 **S. pinnatifida**
  2. 叶片边缘全缘或具锯齿，非上述情况。
    3. 叶片椭圆形或长圆状披针形至披针形；花序头状或短穗状；苞片卵状椭圆形，长1.2~1.5cm。
      4. 叶片椭圆形至长椭圆形，先端长渐尖，上部各对叶常一大一小；头状花序，近球形；苞片和小苞片早落；蒴果被腺毛；根不肉质增厚…………………… 2. 球花马蓝 **S. dimorphotricha**
      4. 叶片长圆状披针形至披针形，先端渐尖，上部各对叶近等大或一大一小；短穗状花序顶生；苞片宿存，与小苞片均具密被白色或淡褐色的多细胞柔毛；蒴果无毛；根常肉质增厚…………………………………………………………………………………… 3. 菜头肾 **S. sarcorrhiza**
    3. 叶片宽卵形、卵形至长圆形或椭圆状长圆形；花序穗状或圆锥状；苞片叶状，长1.5~2.5cm。
      5. 叶片宽卵形至长圆形，边缘具疏锯齿，干时不为黑色；苞片无柄，与小苞片均被白色多细胞柔毛；花萼裂片5，近相等；蒴果近顶端有短柔毛 ………… 4. 少花马蓝 **S. oligantha**
      5. 叶片卵形至椭圆状长圆形，边缘具浅锯齿，干时变黑色；苞片有短柄，无毛，早落；花萼裂片5，其中1枚较长，匙形；蒴果无毛 …………………………… 5. 马蓝 **S. cusia**
1. 茎匍匐，稀直立草本；叶片卵形至椭圆形，边缘具圆钝浅齿，先端钝至略尖；穗状花序短而紧密；苞片叶状，倒卵形；蒴果近顶端有微毛 …………………… 6. 四籽马蓝 **S. tetrasperma**

1. 羽裂马蓝 （图7-469）

Strobilanthes pinnatifida C.Z. Zheng—*Pteracanthus pinnatifidus* (C.Z. Zheng) C.Y. Wu et C.C. Hu

多年生草本。根状茎匍匐，木质。茎直立，高40cm，单一，少分枝，有棱，被褐色短糙毛。叶对生，椭圆形或卵状椭圆形，长3～13cm，宽1～5cm，先端长渐尖或尾尖，基部楔形，常下延，边缘有粗大深波状锯齿或羽状深裂或浅裂，两面被平贴白色短糙毛，中脉和侧脉两面突起，侧脉6～7条；叶柄被短硬毛。穗状花序顶生单一，长5～9cm；花疏生，无柄，对生；苞片倒卵状匙形，长达1.2cm；小苞片线形与花萼裂片同形且等长；花萼5裂至基部，等长，密被柔毛或腺状纤毛；花冠淡红色，长3.5cm，稍有弯曲，花冠筒下部细长，向上逐渐扩大，冠檐裂片5，近相等，圆形，先端微凹或圆钝，具缘毛，外面被柔毛；雄蕊4，二强，花药长圆形，长雄蕊基部膜边缘有2列柔毛；子房长圆形，无毛。蒴果长圆形有柔毛。花期9月，果期11月。

产于龙泉、庆元。生于海拔约650m的林下阴湿地。模式标本采自庆元和山。为浙江省重点保护野生植物。

图7-469　羽裂马蓝

2. 球花马蓝 （图7-470）

Strobilanthes dimorphotricha Hance—*S. pentstemomoides* (Nees) T. Anderson

多年生草本。茎近梢部多作"之"字形曲折。叶对生，不等大，椭圆形或椭圆状披针形，长1.3～15cm，宽1.5～6cm，先端长渐尖，基部楔形渐狭，边缘有锯齿或柔软胼胝狭锯齿，两面有不明显的钟乳体，上面被白色贴伏的微柔毛，背面脉上有短毛，侧脉5～6对；叶柄长约1.2cm。花序头状，近球形，为苞片所包覆，1～3花序生于一花序梗，每花序具2～3花；苞片近圆形或卵状椭圆形，外部的长1.2～1.5cm，先端渐尖，无毛；小苞片微小，二者均早落；花萼裂片5，条

图 7-470　球花马蓝

状披针形，果时增长，有腺毛；花冠紫红色，长约4cm，稍弯曲，冠檐裂片5，近相等，顶端微凹；雄蕊无毛，前雄蕊达花冠喉部，后雄蕊达花冠中部。蒴果长圆状棒形，长14～18mm，有腺毛。种子4，有毛。花期8—10月，果期11月。

产于温州及杭州市区、临安、建德、淳安、余姚、衢州市区、开化、常山、天台。生于山地沟谷、林下、林缘、路边、溪旁等阴湿处。长江以南各地广泛分布。越南至印度也有。

3. 菜头肾　肉根马蓝　（图7-471）
Strobilanthes sarcorrhiza (C. Ling) C.Z. Zheng ex Y.F. Deng et N.H. Xia

多年生草本。根状茎粗短，根肉质增厚。茎高20～40cm，微粗糙，节稍膨大。叶对生，无柄或几无柄；叶片长圆状披针形，长4～18cm，宽1.5～3cm，顶端渐尖，基部狭楔形，侧脉7～9对，上面无毛，下面脉上被微毛，边缘具钝齿或呈微波状。花序短穗状

图 7-471　菜头肾

或半球形，顶生，长 1.7～4（5）cm；苞片倒卵状椭圆形，长约 1.5cm，宿存，小苞片条形；花萼裂片 5，条状线形，不等长，苞片、小苞片和萼片均密被白色或淡褐色多节长柔毛；花冠淡紫色，漏斗形，长 3.5～4.5cm，花冠中部弯而下部极收缩，外面无毛，里面有 2 列微毛，裂片 5，近相等；雄蕊 4，二强，花丝有短柔毛，花药条形，直立，花粉粒圆球形，表面散生乳头状突起；花柱有短柔毛。蒴果无毛，具 4 种子。花期 7—10 月，果期 9—11 月。

产于温州及临海、温岭、玉环、景宁、缙云。生于低山区林下或丘陵地带阴湿处。模式标本采自瑞安坑源东坑。

全草和根可入药，根含酚类物质；味微甘、性凉，有养阴清热、补肾等功效；温州民间著名的草药，为"七肾汤"的原料之一，治肾虚、腰痛等证。为浙江省重点保护野生植物。

4. 少花马蓝　紫云菜 （图 7-472）
Strobilanthes oligantha Miq.

图 7-472　少花马蓝

多年生草本，植株高 30～60cm，茎基部节膨大而膝曲，上部具沟槽，疏被白色柔毛，有时倒向毛。叶具柄，柄长 2～4cm；叶片宽卵形至椭圆形，长 4～11cm，宽 2～6cm，顶端渐尖，基部宽楔形，边缘具疏锯齿，侧脉每边 4～6，上面白色钟乳体密而明显。数花集生成头状的穗状花序；苞片叶状，外方长约 1.5cm，内方较小；小苞片条状匙形，长约 1cm，苞片与小苞片均被多节（间隔）的白色柔毛；花萼 5 裂，裂片条形，约与小苞片等长；花冠筒圆柱形，稍弯曲，长 1.5cm，向上扩大成钟形，长 2.5cm，冠檐外面疏生短柔毛，里面有 2 列短柔毛，裂片 5，近相等，约 5mm；雄蕊 4，二强，花丝基部有膜相连，花药直立。

蒴果长约1cm，近顶端有短柔毛。种子4，具微毛。花期8—9月，果期9—10月。

产于杭州、宁波、温州及诸暨、新昌、开化、金华市区、磐安、永康、武义、天台、仙居、温岭、莲都、缙云、云和、景宁。生于山坡林下、林缘阴湿处及溪旁或路边草丛中。分布于安徽、江西、福建、湖北、湖南、四川。日本也有。

全草可药用，有清热解毒的功效。

5. 马蓝　板蓝　（图7-473）

Strobilanthes cusia (Nees) Kuntze

多年生草本。根状茎粗壮，切面呈蓝色。茎直立，基部稍木质化，高约1m，多分枝，节部膨大，幼嫩部分和花序均被锈色、鳞片状毛。叶片柔软，纸质，椭圆形或卵形，长7～20（25）cm，宽4～9cm，顶端短渐尖，基部楔形，边缘有稍粗的锯齿，两面无毛，干时呈黑色，侧脉每边5～8，两面均突起；叶柄长1.5～2cm。穗状花序顶生或腋生，直立，长10～30cm，1～3节，每节具2对生的花；苞片叶状，对生，狭卵形，长1.5～2.5cm，早落，无小苞片；花萼5深裂，裂片线形，被短柔毛；花冠漏斗状，淡紫红色，长4.5～5.5cm，外面无毛，内面有2行短柔毛，檐部5裂，裂片近相等；雄蕊二强。蒴果长2～2.2cm，无毛。种子卵形，长3.5mm。花期6—11月，果期11—12月。

原产于华南、西南及福建。日本、越南至印度也有。本省南部有栽培，以永嘉、乐清和泰顺较多。

茎叶可加工成靛蓝染料；根、茎及叶可入药，有清热解毒、凉血消肿等功效。

图7-473　马蓝

6. 四籽马蓝 （图7-474）

Strobilanthes tetrasperma (Champ. ex Benth.) Druce

多年生细弱草本。茎通常匍匐，稀直立，高约30cm，具淡紫红色刺毛，后渐脱落。叶对生；叶片纸质，卵形至椭圆形，长1.5～5cm，宽1～3.2cm，先端钝或略尖，基部渐狭或稍收缩，边缘具圆钝浅齿，两面无毛，侧脉3～4对；叶柄长0.5～1cm。穗状花序短而紧密，通常仅具数花；苞片叶状，倒卵状匙形，具羽状脉；小苞片线形；花萼裂片5，线形，先端略钝，三者均被短柔毛和缘毛；花冠漏斗形，淡紫色，长12～23mm，花冠筒稍弯曲，外被短柔毛，内面近喉部有长曲柔毛，冠檐裂片5，近相等，有缘毛；雄蕊二强，花丝基部有膜相连，膜的两侧边缘有柔毛，两短雄蕊之间有一退化雄蕊残迹。蒴果长7～10mm，近顶端有微毛。种子4，有微毛。花期9月，果期10—11月。

产于衢州市区、庆元。生于海拔约550m的沟谷林缘。分布于江西、福建、湖北、湖南、广东、海南、四川。越南北部也有。

图7-474　四籽马蓝

一五八　胡麻科 Pedaliaceae

　　一年生或多年生草本。叶对生或上部的互生，全缘、有齿缺或分裂。花左右对称，单生、腋生或组成顶生的总状花序；花梗短，苞片缺或极小；花萼4～5深裂；花冠筒状，一边肿胀，呈不明显二唇形，檐部裂片5，花蕾时覆瓦状排列；雄蕊4，二强，常有1退化雄蕊，花药2室，内向，纵裂；花盘肉质；子房上位，稀下位，2～4室，稀为假1室，中轴胎座，花柱丝形，柱头2浅裂，胚珠多数，倒生。蒴果不开裂，常覆以硬钩刺或翅。种子多数，具薄肉质胚乳及小型劲直的胚。

　　13～14属，62～85种，分布于旧大陆热带与亚热带的沿海地区及沙漠地带，一些种类已在新大陆热带地区归化。我国有2属，2种；浙江也有。

① 胡麻属 Sesamum L.

　　草本。下部叶对生，其他的互生或近对生，叶片全缘、有齿缺或分裂。花腋生、单生或数花丛生，具短柄；花萼小，5深裂；花冠筒状，基部稍肿胀，白色或淡紫色，檐部裂片5，圆形，近轴的2裂片较短；雄蕊4，二强，着生于花冠筒近基部，花药箭头形，药室2；花盘微突；子房2室，每室再由1假隔膜分为2室，每室具有多数叠生的胚珠。蒴果长圆形，室背开裂为2瓣。种子多数。

　　21种，分布于热带非洲和亚洲。我国南北各地有栽培1种；浙江也有。

芝麻　胡麻 （图7-475）
Sesamum indicum L.

　　一年生直立草本。茎高0.6～1.5m，四棱形，具纵槽，中空或具有白色髓部，微有毛。叶对生或上部互生；叶片长圆形或卵形，长3～10cm，宽2.5～4cm，形状和大小在同一植株上变化很大，下部叶常掌状3裂，中部叶有齿缺，上部叶近全缘；叶柄长1～5cm。花单生或2～3花同生于叶腋内；花萼裂片披针形，长5～8mm，宽1.6～3.5mm，被柔毛；花冠长2.5～3cm，筒状，直径1～1.5cm，长2～3.5cm，白色而常有紫红色或黄色的彩晕；雄蕊4，内藏；子房上位，通常4室，被柔毛。蒴果长圆形，长2～3cm，直径6～12mm，有纵棱，直立，被毛，分裂至中部或至基部。种子黑色、白色或淡黄色。花果期6—7月。

　　原产于印度。全球大部分热带地区以及部分温带地区广泛栽培。我国各地广泛栽培；全省各地普遍有栽培。

　　种子榨油，可供食用或工业用；种子为滋养强壮药，又为糖果和点心的原料。

图7-475　芝麻

2 茶菱属　Trapella Oliv.

浮水草本。叶对生，浮水叶片三角状圆形至心形，沉水叶片披针形。花单生于叶腋，果期花梗下弯；萼齿5，萼筒与子房合生；花冠漏斗状，檐部广展，二唇形；雄蕊2，内藏；子房下位，2室，上室退化，下室有胚珠2。果实狭长，不开裂，顶端具锐尖的3长2短的钩状附属物，有种子1。

2种，分布于亚洲东部及俄罗斯。我国有1种；浙江也有。

本属与胡麻属的区别为水生植物；蒴果不开裂；子房下位；具2能育雄蕊。

茶菱　茶麦　（图7-476）

Trapella sinensis Oliv.

多年生水生草本。根状茎横走。茎绿色，长达60cm。叶对生，表面无毛，背面淡紫红色；沉水叶片三角状圆形至心形，长1.5～3cm，宽2～3.5cm，顶端钝尖，基部呈浅心形；叶柄长1.5cm。花单生于叶腋内，在茎上部叶腋多为闭锁花；花梗长1～3cm，花后增长；萼齿5，长约2mm，宿存；花冠漏斗状，白色或淡红色，花冠筒黄色，长2～3cm，直径2～3.5cm，裂片5，圆形，薄膜质，具细脉纹；雄蕊2，内藏，花丝长约1cm，药室2，极叉开，纵裂；子房下位，2室，上室退化，下室有胚珠2。蒴果狭长，不开裂，有1种子，顶端有锐尖、3长2短的钩状附属物，其中3枚长的附属物可达7cm，顶端卷曲成钩状，2枚短的长0.5～2cm。花期8—9月，果期10—11月。

产于宁波及湖州市区、桐乡、杭州市区、临安、建德、新昌、开化、金华市区、义乌、永康、天台、莲都、缙云、瓯海。生于池塘、湖泊或浅水沟中。分布于东北、华东及河北、湖北、湖南、广西。日本、朝鲜半岛、俄罗斯远东地区也有。

图7-476　茶菱

中名索引

拉丁名索引

附 录

照片提供作者名录（非本卷编著者）

陈贤兴 折冠牛皮消（中、下），朱砂藤（下左、下右），柳叶白前（左），竹灵消（2），蔓剪草（上），毛白前（下），山白前（下左），马利筋（下右），萝藦（上），匙羹藤（下左），牛奶菜（上、下右），球兰（2），通天连（下），七层楼（上、下右），假酸浆（2），毛酸浆（3），水茄（右），北美刺龙葵（左上，下），野海茄（2），红丝线（上、中），飞蛾藤（下左），柔毛打碗花（右），篱栏网（下左），北鱼黄草（2），三裂叶薯（3），瘤梗甘薯（2），牵牛（上左），蕹菜（右），橙红茑萝（1），厚壳树（左上、左下），粗糠树（右），台湾附地菜（左、右下），皿果草（下），多苞斑种草（1），柔弱斑种草（左下），小花琉璃草（下左、下右），弯齿盾果草（1），毛药花（左上），大花腋花黄芩（下左），一串红（右），东北薄荷（1），山香（3），凉粉草（左），日本水马齿（左），车前（左下），驳骨丹（左），南方泡桐（1），石龙尾（3），金鱼草（左、中），鞭打绣球（3），野甘草（2），虻眼（左），宽叶母草（左上），纤细通泉草（上左），苦槛蓝（3），牛耳朵（3），穿心莲（下左、下右）。共89张。

吴棣飞 山白前（上、下右），马利筋（右、下左），匙羹藤（下右），黑鳗藤（下左），天仙子（2），夜香树（3），黄花夜香树（2），花烟草（2），柔毛打碗花（左），篱栏网（下右），圆叶牵牛（中），蕹菜（上左），厚藤（下），金灯藤（上、中），针叶天蓝绣球（2），基及树（1），紫草（2），梓木草（右），聚合草（右），附地菜（右上），马缨丹（下左），狭叶兰香草（右下），粉花香科科（2），广防风（右上），二回羽裂丹参（左），一串红（左），溪黄草（2），疏花车前（2），北美车前（3），长叶车前（2），大叶醉鱼草（上、下右），醉鱼草（右），卵叶女贞（1），金鱼草（右），爆仗竹（3），紫毛蕊花（左），毛蕊花（左），荷包花（2），直立婆婆纳（左、中），水苦荬（上左、右），华中婆婆纳（3），毛叶腹水草（上左），毛地黄钓钟柳（左、中、右上），旱田草（3），江西全唇苣苔（2），蚂蝗七（左），穿心莲（上），虾衣草（3），茶菱（左）。共80张。

陈征海 马鞭草（左），马缨丹（上、下右），假连翘（3），兰香草（2），狭叶兰香草（右上），单花莸（左），紫珠（右上、右下），枇杷叶紫珠（3），全缘叶紫珠（2），杜虹花（下），红紫珠（右），钝齿红紫珠（左），白棠子树（下），老鸦糊（上、下右），南方紫珠（右上、右下），上狮紫珠（左），短柄紫珠（左），赪桐（2），臭牡丹（2），尖齿臭茉莉（上），大青（上左、下），江西大青（1），海州常山（下左）：苦梓（左），山牡荆（左），广东牡荆（左），黄荆（2），单叶蔓荆（3），云亿黄芩（右

注：括号中的数字为张数。

上），浙荆芥（3），毛果假糙苏（3），短花假糙苏（3），浙江犁头尖（右下、左下），浙江琴柱草（左、右上），鄂西香茶菜（3），华女贞（右），扩展女贞（下左），戟叶凯氏草（3）。共66张。

王军锋　柳叶白前（右），白前（3），毛白前（上），黑鳗藤（下右），七层楼（下左），马蹄金（下右），土丁桂（3），飞蛾藤（上、下右），田旋花（3），篱栏网（上），番薯（上右），圆叶牵牛（右），厚藤（上），裂叶鳞蕊藤（1），南方菟丝子（2），原野菟丝子（右），小天蓝绣球（2），砂引草（2），梓木草（中上），聚合草（左），短蕊车前紫草（左），皿果草（右上），琉璃草（上左、上中），小花琉璃草（右上），盾果草（上、中），灰毛大青（左），庐山香科科（右上），永泰黄芩（左、右上），柔弱黄芩（下左），地蚕（上右），广防风（下右），浙江琴柱草（右下），皱叶留兰香（左），驳骨丹（右），醉鱼草（左），毛泡桐（3），柳穿鱼（2），卵叶山萝花（3），假马齿苋（1），弹刀子菜（3），茶菱（右）。共61张。

李根有　鹅绒藤（2），徐长卿（1），海枫藤（左），水茄（左），茄（右），中华红丝线（左上、左下），番茄（左），烟草（3），毛果甘薯（2），南美天芥菜（1），狭叶兰香草（左），苦郎树（1），广东牡荆（中、右），四棱草（3），京黄芩（上、下右），连钱黄芩（3），仙居鼠尾草（3），小叶地笋（左），水虎尾（左），水蜡烛（2），银叶马刺花（2）。共46张。

高亚红　龙珠（下），红丝线（下），葵叶茑萝（1），匍匐筋骨草（2），银石蚕（下），夏至草（左、右上），欧活血丹（下），大花夏枯草（1），假龙头花（下右），绵毛水苏（右），婺源鼠尾草（2），红根草（3），迷迭香（下右），美国薄荷（右），拟美国薄荷（2），花叶圆叶薄荷（2），肾茶（下左、下右）。共25张。

李华东　荆芥（3），甘露子（下左、下右），丁香罗勒（2），加拿大柳蓝花（3），水蔓菁（4），胡麻草（3），白花水八角（左上、下），九华山母草（3），天目山蓝（2）。共24张。

李　攀　杠柳（3），太行白前（2），百里香（2），海州香薷（2），穗状香薷（2），北玄参（3），紫毛蕊花（中、右），爬岩红（左），地黄（3），休宁小花苣苔（3）。共23张。

刘　军　月光花（2），菟丝子（2），浙赣车前紫草（中），水珍珠菜（1），睫毛婆婆纳（3），尼泊尔沟酸浆（下左），黄筒花（3），列当（1），大花石上莲（左上、下）。共16张。

张宏伟　睡菜（右上、右下），毛药花（右下），柔弱黄芩（上、下右），浙江犁头尖（下右），光风轮（左上、左下），中华香简草（3），歧伞香科科（左），尖萼楼（2），庐山楼（2）。共16张。

刘西　泰顺皿果草（3），台湾附地菜（右上），圆叶母草（3），温氏报春苣苔（3），羽裂苣苔（左、右上）。共12张。

叶喜阳　田紫草（2），麝香草（2），兰考泡桐（2），纤细通泉草（上右、下），齿鳞草（上左），四籽马蓝（上）。共10张。

华国军　大叶石龙尾（2），尼泊尔沟酸浆（上、中），齿鳞草（下），.迭裂长蒴苣苔（3）。共8张。

林海伦　小荇菜（右下），长毛香科科（右上），小叶地笋（右），水虎尾（右），小果草（3）。共7张。

姚亚萍　假活血草（左下、右），五彩苏（左），罗勒（2）。共5张。

徐跃良　原野菟丝子（左），浙皖丹参（左下、右、右下）。共4张。

池方河　过江藤（3）。共3张。

徐绒娣　欧活血丹（上），绵毛水苏（左），朱唇（中）。共3张。

吴天明　长叶木犀（左，右下）。共2张。

张佳平　返顾马先蒿（2）。共2张。

浦锦宝　薰衣草（下），丹参（右上）。共2张。

马丹丹　浙江铃子香（上）。

王黎明　爬岩红（右）。

孙庆美　齿鳞草（上右）。

陈德良　凉粉草（右）。

林　峰　云南木犀榄（左）。

夏国华　浙江香科科（下右）。

徐绍清　华紫珠（下）。

陶正明　肾茶（上）。

梅旭东　灰毛大青（右）。

潘成椿　日本水马齿（右）。